“十二五”普通高等教育本科国家级规划教材

“高等学校本科计算机类专业应用型人才培养研究”项目规划教材

计算机网络（第2版）

Computer Network (Second Edition)

杨　庚　胡素君　叶晓国　李　鹏　王雪梅　倪晓军

中国教育出版传媒集团
高等教育出版社·北京

内容提要

本书系统地介绍了计算机网络的基本理论与技术，内容包括概论、物理层、数据链路层、局域网与广域网、网络层与网络互联、传输层、应用层以及网络管理和网络安全等相关内容。

本书注重基本概念，从实际应用出发，重点突出、叙述清楚、深入浅出、论述详尽，通过较多的例题来说明概念和理论，便于教和学，是国家精品课程、国家级精品资源共享课“计算机通信与网络”的配套教材。本书内容覆盖了全国硕士研究生入学统一考试“计算机学科专业基础综合”中“计算机网络”课程的大纲范围。

本书可作为高等学校计算机及相关专业计算机网络等相关课程的教材，也可作为其他专业师生和科技工作者的参考用书。

图书在版编目（CIP）数据

计算机网络 / 杨庚等主编. --2 版. --北京：高等教育出版社，2022.8

ISBN 978-7-04-058163-8

Ⅰ. ①计… Ⅱ. ①杨… Ⅲ. ①计算机网络-高等学校-教材 Ⅳ. ①TP393

中国版本图书馆 CIP 数据核字（2022）第 026668 号

Jisuanji Wangluo

策划编辑 张海波	责任编辑 张海波	封面设计 张 志	版式设计 杜微言
责任绘图 杨伟露	责任校对 窦丽娜	责任印制 田 甜	

出版发行	高等教育出版社	网 址	http://www.hep.edu.cn
社 址	北京市西城区德外大街 4 号		http://www.hep.com.cn
邮政编码	100120	网上订购	http://www.hepmall.com.cn
印 刷	北京七色印务有限公司		http://www.hepmall.com
开 本	787 mm × 1092 mm 1/16		http://www.hepmall.cn
印 张	20.5	版 次	2010 年 3 月第 1 版
字 数	460 千字		2022 年 8 月第 2 版
购书热线	010－58581118	印 次	2022 年 8 月第 1 次印刷
咨询电话	400－810－0598	定 价	38.00 元

物 料 号 58163-00

计算机网络
(第2版)

杨　庚　胡素君　叶晓国
李　鹏　王雪梅　倪晓军

1　计算机访问http://abook.hep.com.cn/1877023，或手机扫描二维码、下载并安装Abook应用。
2　注册并登录，进入“我的课程”。
3　输入封底数字课程账号（20位密码，刮开涂层可见），或通过Abook应用扫描封底数字课程账号二维码，完成课程绑定。
4　单击“进入课程”按钮，开始本数字课程的学习。

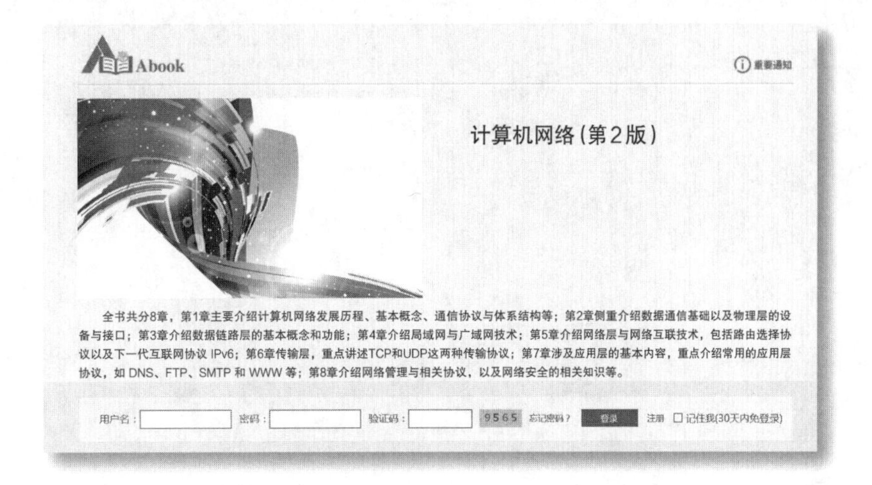

课程绑定后一年为数字课程使用有效期。受硬件限制，部分内容无法在手机端显示，请按提示通过计算机访问学习。

如有使用问题，请发邮件至abook@hep.com.cn。

http://abook.hep.com.cn/1877023

前　言

以因特网为标志的计算机网络的发展，改变了人们的生活方式，引起了巨大的社会变革，而计算机网络与通信技术的融合为人们展示了更宽广的应用前景。当前，以大数据、云计算、移动互联网、物联网、人工智能、区块链为代表的新一代信息技术的发展，促使网络理论和技术研究面临新的机遇与挑战，网络高端人才培养需求增大。本书紧紧抓住计算机网络技术与通信的结合，以TCP/IP 协议体系为基础，深入浅出，全面、系统地阐述了计算机网络涉及的基本概念和基本内容。

本书是首批国家级一流本科课程“网络技术与应用”以及国家精品课程、国家级精品资源共享课“计算机通信与网络”的配套教材，总结了编者30多年来讲授该课程的经验和体会；同时，教材内容覆盖了全国硕士研究生入学统一考试“计算机学科专业基础综合”中“计算机网络”部分的大纲范围。

全书共分 8 章，第 1 章主要介绍计算机网络发展历程、基本概念、通信协议与体系结构等；第 2 章侧重介绍数据通信基础以及物理层的设备与接口；第 3 章介绍数据链路层的基本概念和功能；第 4 章介绍局域网与广域网技术；第 5 章介绍网络层与网络互联技术，包括路由选择协议以及下一代互联网协议 IPv6；第 6 章传输层，重点讲述 TCP 和 UDP 这两种传输协议；第 7 章涉及应用层的基本内容，重点介绍常用的应用层协议，如 DNS、FTP、SMTP 和 WWW 等；第 8 章介绍网络管理与相关协议，以及网络安全的相关知识等。

该教材的第一版于 2010 年 3 月出版，为了体现网络技术新发展带来的新问题、新动向，我们对教材进行了修订，并获得“十三五”江苏省高等学校重点教材立项。在不增加教材篇幅的基础上，重新调整了知识体系与教学内容。为了满足工科类专业的计算机网络课程教学需求，我们对教学内容重新进行规划，避免了各部分之间的交叉重叠，加强或新增部分适合工科类专业的教学内容。

全书配有若干知识点讲解、例题讲解视频以及阅读资料等供读者参考学习，每章最后附有习题，以便学生巩固所学的内容。同时，为了便于学生学习与教师授课，本书还配有习题参考答案和电子教案等教学辅助材料，可发邮件至 husj@njupt.edu.cn 垂询。

本书由南京邮电大学计算机网络课程组杨庚、胡素君、叶晓国、李鹏、王雪梅、倪晓军、章韵、成卫青编写，杨庚负责统稿。南京邮电大学教务处和计算机学院的各位领导、老师对本书的编写给予了大力支持，本书中还引用了其他同行的工作成果，在此一并表示感谢。

由于作者水平有限，书中难免存在疏漏与不妥之处，敬请广大读者批评指正。

编　者

2021 年 11 月

第一版前言

以因特网为标志的计算机网络的发展，改变了人们的生活方式，引起了巨大的社会变革，而计算机网络与通信技术的融合为人们展示了更宽广的应用前景。基于 IP 技术的网络互连与通信使其理论和技术研究面临新的挑战，各类层次的人才培养需求增大。本书紧紧抓住计算机网络技术与通信的结合，以 TCP/IP 协议为基础，深入浅出，全面、系统地阐述计算机网络所涉及的基本概念和基本内容。

本书是国家精品课程“计算机通信与网络”的配套教材，总结了笔者 20 多年来讲授该课程的经验和体会，内容覆盖了全国硕士研究生入学统一考试“计算机学科专业基础综合”中的“计算机网络”课程的大纲范围，同时参照了教育部高等学校计算机科学与技术教学指导委员会于 2009 年公布的《高等学校计算机科学与技术专业核心课程教学实施方案》。

全书共分 8 章：第 1 章主要介绍计算机通信与网络的基本概念和发展历史；第 2 章侧重介绍通信技术基础，以及物理层的概念和功能；第 3 章介绍数据链路层的基本概念和功能；第 4 章介绍局域网与广域网技术；第 5 章介绍网络层与网络互连技术，包括基本概念和路由协议；第 6 章传输层，重点讲述 TCP 和 UDP 这两种传输协议；第 7 章涉及应用层的基本内容，重点介绍常用的应用协议，如 DNS、FTP、WWW 和电子邮件等；第 8 章介绍网络管理的内容与相关协议，以及网络安全相关的知识等。

全书每章最后附有练习题，以便巩固所学内容。为了便于学习与教师授课，本书配有练习题参考答案和电子教案等教学辅助材料，可在高等教育出版社的相关网站下载网址，或向 yangg@njupt.edu.cn 垂询。

本书由国家精品课程组杨庚、胡素君、章韵、叶晓国、成卫青、李鹏、沈金龙、倪晓军等编写，由杨庚负责统稿。南京邮电大学教务处对本书的编写给予了支持，清华大学史美林教授对书稿进行了认真、细致的审阅，本书中还引用了其他同行的工作成果，在此一并表示感谢。

由于作者水平有限，书中难免存在疏漏与不妥之处，敬请广大读者批评指正。

编　者

2009 年 10 月

目　录

第1章　概　　论

进入 20 世纪 90 年代以后，以因特网（Internet）为代表的计算机通信与网络技术得到了飞速的发展，改变了人们的生活方式，引发了社会、经济、工业生产、传媒等多方面的变革，其重要特征是数字化、网络化和信息化，技术基础是通信技术与计算机技术的融合，而计算机网络就是这些信息交流与共享的载体。

计算机网络技术始于 20 世纪 50 年代中期，它的诞生和发展的动力是人们对信息交换和资源共享的需求。计算机网络中的数据通信是一个复杂的过程，需要解决信息从发送方到接收方的一系列问题，包括信息的生成、表示、处理、传输、保密等过程，这些也是本书所要讨论的问题。

本章主要介绍计算机网络的发展历程、基本概念、计算机网络通信协议与体系结构、计算机网络发展动态等内容。通过本章的学习，读者要掌握计算机网络的基本概念和计算机网络体系结构与参考模型，特别是计算机网络的分层协议，了解国际标准化工作与相关组织。

1.1　计算机网络发展历程

1946 年，世界上第一台电子数字积分计算机 ENIAC 在美国诞生。随着计算机性能的不断发展与应用需求的不断提升，计算机技术与通信技术的融合使计算机网络经历了从简单到复杂、从低级到高级、从地区到全球的发展历程。从为解决远程计算信息的收集和处理而形成的联机系统，发展为以资源共享为目的而互联的计算机群，计算机网络已渗透到社会生活的各个领域。

计算机网络发展
4 个阶段

1.1.1　主要发展历程

从计算机网络的发展历程看，可将计算机网络大致划分为 4 个阶段。

第一阶段：20 世纪 50 年代中期—60 年代中期，面向终端的计算机网络。这种计算机网络实际上就是以单台计算机为中心的远程联机系统，所有数据处理和通信处理都由中心计算机完成，在地理上分散的终端不具备自主计算与处理功能，它们通过通信线路连接到中心计算机上，实现对中心计算机上资源的访问和使用。这样的系统除了一台中心计算机外，其余的终端设备都没有自主处理的功能，所以，严格讲这不能算是计算机网络。但现在为了更明确地区别于后来发展的多计算机互联的计算机网络，将这一时期的计算机网络称为面向终端的计算机网络。随着所连接终端的数目的增多，为了减轻中心计算机数据处理负载，在通信线路上终端和中心计算机之间设置了一个前端处理器（front-end processor，FEP），专门负责实现与终端的通信控制，出现了数据处理和通信控制的分工，从而更好地发挥中心计算机的数据处理能力。另外，在终端较集中的地区，设置集中器和多路复用器，首先通过低速线路将附近集群的终端连至集中器或多路复用器，然后通过高速通信线路、调制解调器与远程中心计算机的前端处理器相连。

第二阶段：20 世纪 60 年代中期—70 年代末，多计算机互联的计算机网络。在第一阶段的基础上，发展形成了若干计算机互联的系统，发展并开创了从计算机到计算机通信的时代。第二阶段的典型代表是阿帕网（Advanced Research Project Agency network，ARPANET），它标志着人们目前常称的计算机网络的兴起。20 世纪 60 年代后期，由美国国防部高级研究计划局提供经费，由计算机公司和大学共同研制了阿帕网，其主要目标是借助通信系统，使网内各计算机系统能够共享资源。在随后的几年里，阿帕网扩展为可连接数百台计算机，覆盖范围上不仅跨越美国本土，而且通过卫星链路连接了美国夏威夷州和欧洲的节点。

阿帕网的研制对计算机网络的发展起到了重要的推动作用，它在概念、结构和网络设计等方面的研究为后续计算机网络打下了基础。此阶段计算机网络技术的发展主要体现在三个方面：① 提出了分组交换技术，② 提出了以太网技术，③ 形成了传输控制协议/互联网协议（transmission control protocol/internet protocol，TCP/IP）雏形。基于这些技术人们于 1969 年 10 月 29 日建立了计算机与计算机的互联与通信，实现了计算机资源的共享。但此阶段的计算机互联没有形成统一的标准，这使计算机网络在规模与应用等方面受到了限制。

拓展阅读（人物传记）

第三阶段：20 世纪 80 年代—90 年代初期，面向标准化的计算机网络。这是开放式、标准化的计算机网络阶段。国际标准化组织（International Organization for Standardization，ISO）于 1984 年正式颁布了称为开放系统互连参考模型（open systems interconnection reference model，OSI-RM）的国际标准 ISO 7498，该模型按层次结构划分为七个子层，OSI-RM 模型目前已被国际社会普遍接受，是公认的计算机网络系统结构的基础。

20 世纪 80 年代中期，以 OSI-RM 模型为基础，ISO 以及当时的国际电报电话咨询委员会（CCITT）等为各个层次开发了一系列的协议标准，组成了庞大的 OSI 基本标准集，CCITT 是国际电信联盟（International Telecommunication Union，ITU）下属的一个组织，目前已经撤销，更名为电信标准部（Telecommunication Standardizations Sector，ITU-T）。CCITT 颁布的关于数据通信与网络的建议中最著名的就是 X 系列建议，如在公用数据网中广泛采用的 X.25、X.3、X.28、X.29 和 X.75 等。

此阶段计算机网络技术的发展主要体现在三个方面：制定了网络体系结构 OSI-RM 模型，形成了 TCP/IP 协议体系，提出了 Web 技术与浏览器技术。此阶段以阿帕网为基础，形成了基于 TCP/IP 协议族的因特网。即任何一台计算机只要遵循 TCP/IP 协议族的标准，并有一个合法的 IP 地址，就可以接入因特网。TCP 和 IP 是因特网采用的协议族中最核心的两个协议，分别称为传输控制协议（transmission control protocol，TCP）和互联网协议（internet protocol，IP）。它们尽管不是某个国际组织制定的标准，但由于被广泛采用，已成为事实上的标准。基于 TCP/IP 协议族的因特网是当今计算机网络互联的基础。

第四阶段：20 世纪 90 年代中期至今，全球互联的计算机网络。1993 年美国政府发布了名为《国家信息基础设施行动计划》的文件，其核心是构建国家信息高速公路，即建设一个覆盖美国的高速宽带通信与计算机网络。此计划的实施在全世界范围内引起了巨大的反响，许多国家和地区纷纷效仿，制定各自的建设计划，我国也在这个阶段快速推进了国家信息网络的建设。所有这一切在全球范围内极大地推动了计算机网络及其应用的发展，使计算机网络进入了一个新的发展阶段。

这一时期的计算机网络技术以高速率、高服务质量、高可靠性等为指标，出现了高速以太网、VPN、无线网络、对等网络、NGN 等技术，计算机网络的发展与应用渗透到人们生活的各个方面，计算机网络进入了一个多层次的发展阶段。

1.1.2 我国网络发展现状

我国信息网络与计算机网络的大规模发展始于 20 世纪 90 年代初。1993 年年底国家有关部门决定兴建“金桥”“金卡”“金关”工程，简称“三金”工程。“金桥”工程是以卫星综合数字网为基础，以光纤、微波、无线移动等方式，形成空地一体的网络结构，可传输数据、语音、图像等，以电子邮件、电子数据交换（electronic data interexchage，EDI）为信息交换平台，为各类信息的流通提供物理通道。“金卡”工程即电子货币工程。它的目标是建立现代化、实用、比较完整的电子货币系统，形成和完善符合我国国情又能与国际接轨的金融卡业务管理体制，推广、普及金融卡的应用。“金关”工程是用 EDI 实现国际贸易信息化，进一步与国际贸易接轨。

目前在公用数据通信网建设方面，电信部门建立了中国公用分组交换数据网（ChinaPAC）、中国公用数字数据网（ChinaDDN）和中国公用帧中继网（ChinaFRN）等数字通信网络，形成了我国的公用数据通信网。ChinaPAC 由国家骨干网和各省、自治区、直辖市的区域网组成。通过和电话网的互联，ChinaPAC 可以覆盖电话网通达的所有地区。ChinaPAC 设有一级交换中心和二级交换中心，一级交换中心之间采用不完全网状结构，一级交换中心到所属二级交换中心之间采用星形结构。ChinaDDN 由于协议简单、传输速率较高，这几年这一技术在我国得到迅速发展。1994 年开始组建 ChinaDDN 一级干线网。目前一级干线网已通达所有省会城市，各省、直辖市、自治区都在积极建设经营数字数据网，ChinaDDN 已经覆盖到 2 100 个县以上城市，发达地区已覆盖到乡镇，端口总数达 l8 万个。ChinaFRN 是我国第一个向公众提供服务的宽带数据通信网络，ChinaFRN 主要提供 64 Kbps 以上的中高速数据通信服务。

我国因特网建设发展历程可分为三个阶段。

第一阶段是 1986—1994 年。这个阶段主要通过中国科学院高能物理研究所的网络线路，实现了与欧洲及北美地区的电子邮件通信。中国科技界从1986年开始使用Internet。中国科学院高能物理研究所、中国电子科技集团公司第十五研究所和第五十四研究所等科研单位，先后将自己的计算机以X.28或X.25与ChinaPAC相连接。同时，以欧洲国家或北美国家计算机为网关，在X.25网与Internet之间进行转接，使中国的ChinaPAC用户可以与Internet用户实现电子邮件通信。

第二阶段是1994—1995年。这一阶段是教育科研网发展阶段。由中国科学院主持组建“中国国家计算机与网络设施”（The National Computing and Networking Facility of China，NCFC），于1994年4月开通与Internet的64 Kbps专线连接，同时还设立了中国最高域名（cn）服务器。中国真正加入Internet行列。此后又建成了中国教育和科研计算机网（CERNET）。

CERNET是由国家投资建设，教育部负责管理，清华大学等高等学校承担建设和管理运行的全国性学术计算机互联网络，建设的总体目标是：利用先进、实用的计算机技术和网络通信技术实现校园间的计算机联网和信息资源共享，并与国际学术计算机网络互联，建立功能齐全的网络管理系统。

Internet在我国的发展

第三阶段是1995年至今，该阶段开启了商业应用。1995年5月开通中国公用计算机互联网即ChinaNET，1996年9月又开通了中国金桥信息网即ChinaGBN。根据2021年2月发布的《第47次中国互联网络发展状况统计报告》，表1-1给出了国内几个主要骨干网络的国际出口带宽。

表1-1 国内主要骨干网络国际出口带宽

网络	国际出口带宽/Mbps
中国电信，中国联通，中国移动	11 243 109
中国教育和科研计算机网	153 600
中国科技网	114 688
合计	11 511 397

《第47次中国互联网络发展状况统计报告》指出，新冠肺炎疫情加速推动了从个体、企业到政府全方位的社会数字转型浪潮。从个体来说，疫情的隔离使个体更加倾向于使用互联网连接，用户上网意愿、上网习惯加速形成，使中国网络用户规模继续呈现持续快速发展的趋势。截至2020年12月，中国网民规模达9.89亿，互联网普及率达到70.4%。手机网民规模达9.86亿，台式计算机、笔记本计算机的使用率均出现下降趋势，手机不断挤占其他个人上网设备的使用时间。移动互联网与线下经济联系日益紧密，近几年，我国手机网络支付用户规模增长迅速，截至2020年12月的用户数达到8.53亿，网民手机网络支付的使用比例提升至手机网民的86.5%。表1-2给出了中国互联网基础资源发展对比，高速的增长显示中国互联网

行业整体向规范化、价值化发展，同时，移动互联网推动消费模式共享化、设备智能化和场景多元化。综合反映我国互联网发展状况的详细统计数据请参考由中国互联网络信息中心通过其官方网站发布的统计报告。

表 1-2 2019.12—2020.12 中国互联网基础资源发展对比

对比项	至 2019 年 12 月	至 2020 年 12 月	年增长量	年增长率/%
IPv4	387 508 224	389 231 616	1 723 392	0.44
IPv6①	50 877	57 634	6 757	13.28
国际出口带宽/ Mbps	8 827 751	11 511 397	2 683 646	30.40

注：① IPv6 地址数以块/32 为单位，“/32”是 IPv6 的地址表示方法，对应的地址数量是 $2^{128-32}=2^{96}$ 个。

1.2 计算机网络基本概念

在后面的章节中将涉及一些计算机网络的概念，尽管有一些概念目前还没有严格的定义，但本书将力图从不同的角度解释这些概念。

1.2.1 计算机网络的定义

通信技术与计算机技术的结合促进了计算机网络的发展，计算机网络强调的是在网络范围内计算机资源的共享，是构建在计算机通信的基础之上的。所以，计算机网络必须具有互联和共享的功能，主要涉及三个方面的问题。

（1）两台或两台以上的计算机相互连接构成网络，实现资源共享。

（2）两台或两台以上的计算机连接，互相通信交换信息，需要有通信通道。这条通道的连接是物理的，由硬件实现，这就是连接介质（有时称为信息传输介质、传输媒体）。它们可以是双绞线、同轴电缆或光纤等有线介质；也可以是激光、微波或卫星等无线介质。

（3）计算机之间通过通信交换信息，彼此就需要有某些约定和规则，这就是协议。

因此，可以把计算机网络定义为：把分布在不同地点且具有独立功能的多台计算机，通过通信设备和线路连接起来，在功能完善的网络软件运行环境下，以实现网络中资源共享为目标构建的系统。

必须指出，计算机网络与分布式系统有着明显的区别。计算机网络是把分布在不同地点且具有独立功能的多台计算机，通过通信设备和线路连接起来，实现资源的共享；分布式系统是在分布式计算机操作系统或应用系统的支持下实现分布式数据处理和各计算机之间的并行工作，分布式系统在计算机网络基础上为用户提供了透明的集成应用环境。所以，分布式系统和计算机网络之间的区别主要体现在软件系统上。

1.2.2 计算机网络的组成

根据定义可以把一个计算机网络概括为一个由通信子网和终端系统组成的通信系统，如图 1-1 所示。

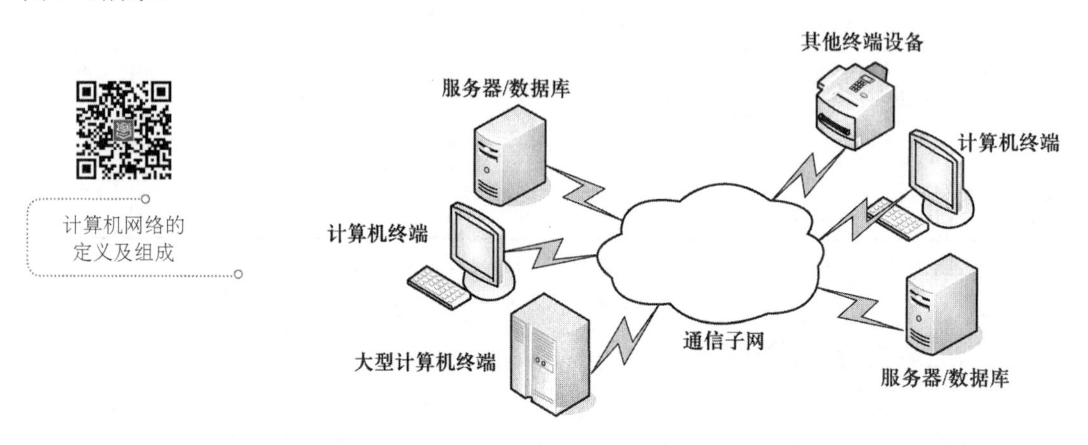

图 1-1 计算机网络的组成

1. 终端系统

终端系统由计算机、终端控制器和计算机提供的共享软件资源及数据（如数据库和应用程序）构成，在有些教材中也将这部分称为资源子网。计算机通过一条高速多路复用线路或通信线路连接到通信子网的节点上。终端用户通常借助终端控制器访问网络，终端控制器能对一组终端实施控制。

2. 通信子网

通信子网是由用作信息交换的网络节点和通信线路组成的、独立的数据通信系统，它承担全网的数据传输、转接、加工和变换等通信处理工作。网络节点提供双重作用，一方面作为终端系统的接口，另一方面作为其他网络节点的存储转发节点。作为网络节点，其功能需按指定用户的特定要求来编制。而存储转发节点提供了交换功能，故报文可在网络中传送到目的节点。它同时又与网络的其余部分合作，以避免拥塞并提供对网络资源的有效利用。

1.3 网络的类型及其特征

对计算机网络的划分，常见的方法主要从网络拓扑结构、网络覆盖范围、网络传输介质、网络通信方式、网络功能等方面进行分类。本节主要介绍根据网络拓扑结构、网络覆盖范围和网络传输介质的分类方法。

1.3.1 根据网络拓扑结构分类

网络的拓扑（topology）结构是指网络中各节点的连接与分布形式，也就是连接布线的方式。网络拓扑结构主要有五种：星形、树状、总线型、环形和网状，如图 1-2 所示。

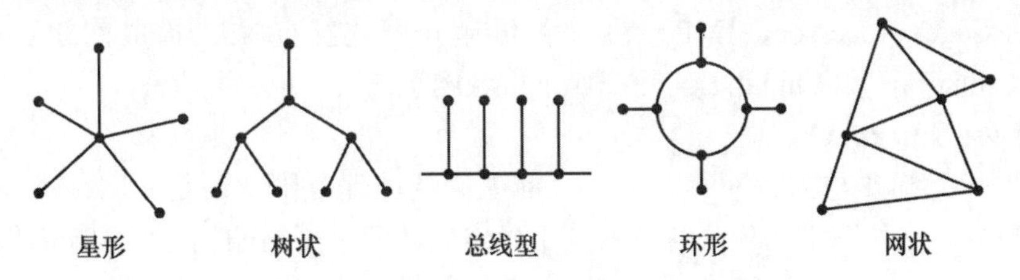

图 1-2 计算机网络的拓扑分类

星形拓扑的特点是存在一个中心节点，其他计算机与中心节点互联，系统的连通性与中心节点的可靠性有很大的关系；树状拓扑的特点是从根节点到叶子节点呈现层次性；总线型拓扑的特点是存在一条主干线，所有的计算机连接到主干线上；环形拓扑的网络存在一个环形的总线，节点到节点间存在两条通路；网状拓扑是一种不规则的连接形式，其特点是一个节点到另一个节点之间可能存在多条通路。目前因特网拓扑结构是基于网状拓扑，与其他拓扑结构结合形成的混合型拓扑结构。

1.3.2 根据网络覆盖范围分类

根据网络覆盖的地理范围划分，可以将计算机网络分为个人区域网、局域网、城域网、广域网和因特网。

1. 个人区域网

个人区域网（personal area network，PAN）是在个人工作区内把个人使用的电子设备，如笔记本计算机和打印机等，采用无线技术连接起来的网络，作用范围在 10 m 左右。

2. 局域网

局域网（local area network，LAN）覆盖的范围往往是地理位置概念上的某个区域，如某一企业或学校等，一般把计算机和服务器通过高速通信线路连接起来，其传输速率在 10 Mbps 以上。把校园或企业内部的多个局域网互联起来，就构成了校园网或企业网。目前局域网主要有以太网（Ethernet）和无线局域网（wireless local area network，WLAN）等。

3. 城域网

城域网（metropolitan area network，MAN）一般来说是由一个城市但不在同一地理范围内的计算机互联构成的网络。这种网络的连接距离为 10～100 km，MAN 与 LAN 相比，连接距离更长，连接的计算机数量更多，在地理范围上可以说是 LAN 的延伸。在一个大型城市或地区内，一个 MAN 通常连接着多个 LAN，如连接政府机构 LAN、医院 LAN、电信 LAN 及公司企业 LAN 等。

4．广域网

广域网（wide area network，WAN）也称为远程网，所覆盖的范围比 MAN 更广，它一般是由不同城市之间的 LAN 或者 MAN 互联构成的网络，覆盖范围可从几百千米到几千千米。因为距离较远，信号衰减比较严重，所以这种网络一般是要租用专线，通过接口消息处理器（interface message processor，IMP）协议和传输介质连接起来，构成网络。前面提到的 ChinaNET、ChinaPAC 和 ChinaDDN 网都属于广域网范畴。

5．因特网（Internet）

人们几乎每天都要与因特网打交道，目前无论从地理范围，还是从网络规模来讲它都是最大的一种网络，这种网络的最大特点就是不确定性，整个网络的拓扑结构随着网络的接入时刻发生变化。当一台计算机连接到因特网时，该计算机就成为因特网的一部分，一旦断开与因特网的连接，此计算机就不属于因特网了。

从覆盖的范围来说，因特网也是一种广域网，但由于其应用层的多样性、终端接入形式的多样性和网络拓扑覆盖的不确定性，这里单独列出。

1.3.3 根据网络传输介质分类

根据网络传输的介质不同，又可以将计算机网络分为有线网络和无线网络。无线网络已成为当今人们关注的热点，利用无线网络技术，可以构造一个覆盖全球的网络。又因无线网络在接入与组网方面的便利性，人们可以在任何地点接入网络以获取各种信息资源，为移动设备接入网络提供了途径。如用个人数字助理（personal digital assistant，PDA）或笔记本计算机等浏览网页、实现网上支付等。互联网的出现改变了人们传统的工作与生活方式，而无线网络的应用将进一步推动这种变革。

无线网络与有线网络的最大不同是传输介质不同。无线通信是利用电磁波在空中传播实现信息的交换。为了区分不同的信号，采用不同的频率实现信号的传输。无线通信中的频率国际上由 ITU-R 主管，在国内由工业和信息化部指定无线电频率规划专家咨询委员会统一管理。不同的行业使用的无线信号被规定在不同的频率范围内，以保证相互之间不发生冲突。由于要传输的信号往往是低频率信号，因此需要进行调制处理，把低频率信号附着到指定的频率上进行发送。

与有线网络类似，可以按照无线网络覆盖的范围，将无线网络划分为无线个域网、无线局域网、无线城域网和无线广域网。

1．无线个域网

无线个域网（wireless personal area network，WPAN）的通信范围通常为 10～100 m，蓝牙（bluetooth）技术、蜂舞（ZigBee）技术和新近提出的超宽带（ultra-wide band，UWB）技术是目前主要的无线个域网技术。

蓝牙技术运行于 2.4 GHz 频带，可以将计算机以无线方式组成网络，同时还可以将数码照相机、扫描仪、打印机等设备连接到计算机上，构成一个个人办公网络。蓝牙具有低功耗、低代价等特点。

ZigBee 技术也可以用于构建无线个域网，它已经被标准化，标准编号为 802.15.4。ZigBee 的射频标准及工作频率包括全球频段 2.4 GHz、北美频段 915 MHz 和欧洲频段 868 MHz。ZigBee 具有低功耗、低成本、短时延、高容量等特点。

UWB 技术不仅频宽高、传输耗电量低，而且可用频率范围相当宽，目前 IEEE 正在制定 UWB 物理层规范 IEEE 802.15.3a，UWB 技术提供的数据传输速率更高，是未来发展的方向之一。

2. 无线局域网

无线局域网（wireless local area network，WLAN）的覆盖范围更广泛，它的标准编号为 IEEE 802.11。IEEE 802.11b 是第一个成功实现商业化的无线局域网技术，它运行于 2.4 GHz 频段上，能提供 11 Mbps 数据传输速率。IEEE 802.11a 和 IEEE 802.11g 分别运行于 5 GHz 频段与 2.4 GHz 频段，它们可以提供 54 Mbps 数据传输速率，IEEE 802.11n 协议为双频工作模式（包含 2.4 GHz 和 5 GHz 两个工作频段），这样保障了与以往 IEEE 802.11a、b、g 标准兼容，IEEE 802.11n 能提供 108 Mbps 数据传输速率。

3. 无线城域网

无线城域网（wireless metro politan area network，WMAN）是以 IEEE 802.16 标准为基础、可以覆盖城市或郊区等较大范围区域的无线网络。目前比较成熟的标准有 IEEE 802.16d 和 IEEE 802.16e。IEEE 802.16d 标准在 50 km 范围内的最高数据传输速率可达 70 Mbps。IEEE 802.16e 标准可以支持移动终端设备在 120 km/h 速度下以 70 Mbps 数据传输速率接入。

4. 无线广域网

无线广域网（wireless wide area network，WWAN）是移动电话和数据业务所使用的数字移动通信网络，可以覆盖相当广泛的范围，甚至全球，一般由电信运营商来维护。目前数字移动通信网络主要采用全球移动通信系统（global system for mobile communications，GSM）和码分多址（code division multiple access，CDMA）技术，分别称为第 2 代和第 2.5 代移动通信系统，它们最高只能提供 100 Kbps 的数据传输速率。第 3 代移动通信技术可选用时分同步码分多址、宽带码分多址、CDMA2000 三种标准，将支持更高数据传输速率的接入。

1.4 计算机网络通信协议与体系结构

计算机网络由多个互联的节点组成，节点之间要不断地交换数据和控制信息。要做到有条不紊地交换数据，每个节点就必须遵守一整套合理而严谨的规则，计算机网络的定义也阐述了网络互联必须遵循某些约定和规则，这就是通信协议。解决计算机互联和资源共享是一个复杂的理论和技术问题，而将一个比较复杂的问题分解成若干个相对比较容易处理的子问题是一种常用的设计方法，协议层次化就是解决网络互联复杂性的系统分解方法。

由此给出计算机网络体系结构的定义。计算机网络体系结构是计算机网络分层及其服务和协议的集合，也就是定义它们所应完成的所有功能，是用户进行网络互联和通信系统设计的基础。因此，体系结构是一个抽象的概念，它只从功能上描述计算机网络的结构，而不涉及每层的具体组成和实现细节。网络体系结构的出现，极大地推动了计算机网络的发展。

1.4.1 通信协议与分层体系结构

在讨论协议与层次体系结构之前，先来看一个现实生活中的例子。如图 1-3 所示模拟发信人向收信人寄一封信。首先发信人采用某种语言写成一封信，按照某种格式填好地址，投入信箱。邮局收集信件，按照目的地址进行分类打包，并送到邮政处理中心。处理中心汇集各个邮包，并再次进行分类，送到铁路等运输部门。运输部门将邮包送到目的地所在邮政处理中心。目的地邮政处理中心拆包后根据目的地址，将信件送到相应的邮政处理中心。处理中心将信件送到收信人处。收信人最终拆开信封，阅读信函。

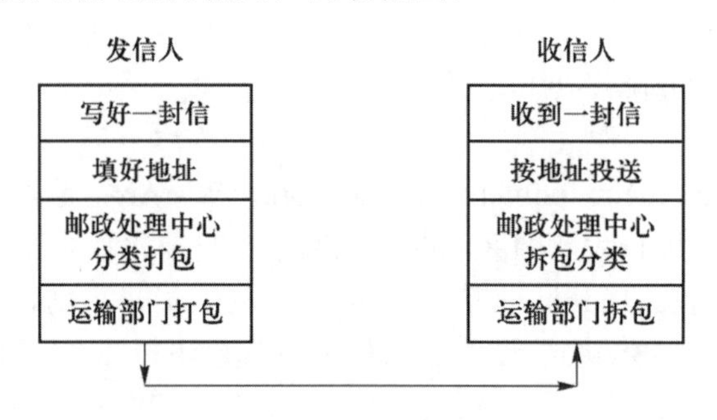

图 1-3 信件传统处理过程

这个过程中包含了两个概念，一是每个部门完成相应的工作，既相互独立，又存在内在联系。如运输部门负责邮包的运输，邮政处理中心负责邮件分类打包与拆包等，这就是分层的概念。二是信件的书写、地址的格式、邮政处理中心覆盖的范围等都是事先约定好的，保证了信函被准确地送到目的地，同时使收信人能正确阅读信函内容。因此，为了保证计算机之间能够相互通信，它们必须遵循一定的协议，下面就讨论计算机互联协议等问题。

1. 通信协议

网络中计算机的硬件和软件存在各种各样的差异，为了保证相互通信及双方能够正确地接收信息，必须事先形成一种约定，即通信协议。协议代表着标准化，是一组规则的集合，是进行交互的双方必须遵守的约定。所以，通信协议是计算机通信与网络不可缺少的组成部分。

通信协议与分层体系结构

1）通信协议的定义

简单地说，协议是指通信双方必须遵循的、控制信息交换的规则的集合，是一套语义和语法规则，用来规定有关功能部件在通信过程中的操作，它定义了数据发送和接收工作中的相关过程。协议规定了通信双方在通信过程中使用的数据格式、定时方式、顺序和差错控制等。

2）通信协议的组成

一般来说，一个通信协议主要由语法、语义和同步三个要素组成。

语法是指数据与控制信息的结构或格式，确定通信时采用的数据格式、编码及信号电平等。即对所表达内容的数据结构形式的一种规定，即“怎么讲”。例如，在传输一份数据报文时使用的数据格式，传输一封信函的地址格式等。

协议的语义是指对构成协议的协议元素含义给出解释，即“讲什么”。不同类型的协议元素规定了通信双方所要表达的不同内容（含义）。例如，在数据链路控制协议中规定，协议元素 SOH 的语义表示所传输报文的报头开始，而协议元素 ETX 的语义则表示正文结束等。

同步规定了事件的执行顺序，例如在双方通信时，首先由源站发送一份数据报文，如果目标站收到的是正确的报文，就应遵循协议规则，利用协议元素 ACK 来回答对方，使源站知道其所发出的报文已被正确接收。

3）协议的特点

网络通信协议的特点是层次性、可靠性和有效性。

在设计和选择协议时，不仅要考虑网络系统的拓扑结构、信息的传输量、采用的传输技术、数据存取方式，还要考虑效率、价格和适用性等问题。因此，协议的分层可以将复杂的问题简单化。通信协议可被分为多个层次，在每个层次内又可分成若干子层次，协议各层次有高低之分。每一层和相邻层有接口，较低层通过接口向其上一层提供服务，但服务实现细节对上层是屏蔽的。较高层是在较低层提供的低级服务的基础上实现更高级的服务的。

采用层次化方法的优点是：各层之间相互独立，即不需要知道低层的结构，只要知道是通过层间接口来提供相应服务；灵活性好，是指只要接口不变各层功能就不会因层次的变化（甚至是取消该层）而变化；各层采用最合适的技术实现而不影响其他层；有利于实现标准化，因为各层功能和服务都已经有了明确的说明。

协议可靠性和有效性是对实施正常和正确通信的保证，只有协议可靠和有效，才能实现系统内各种资源的共享。如果通信协议不可靠就会造成通信混乱或中断。

2．协议层次模型

正如前面指出的，协议层次化结构具有许多优点，本节将讨论协议的层次模型。图 1-4 显示了计算机网络的协议层次模型。协议中包含实体和接口。实体（entity）是通信时能发送和接收信息的任何软硬件设施，接口（interface）是指网络分层结构中各相邻层之间的通信接口。

在如图 1-4 所示的分层结构中，n 层是 $n-1$ 层的用户，又是 $n+1$ 层的服务提供者。$n+1$ 层虽然只直接使用了 n 层提供的服务，但实际上它通过 n 层还间接地使用了 $n-1$ 层以及以下所有各层的服务。分层应遵循如下原则。

（1）每层的功能应是明确的，并且相互独立。当某一层的具体实现方法更新时，只要保持层间接口不变，就不会对邻层造成影响。

（2）层间接口清晰，跨越接口的信息量应尽可能少。

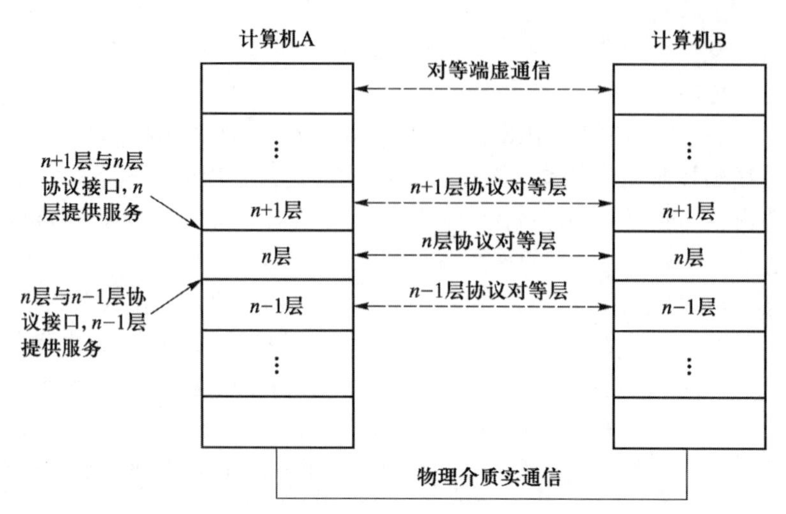

图 1-4　计算机网络的协议层次模型

（3）层数要适中。若层数太少，则层间功能划分不明确，多种功能会混杂在一起，造成每一层的协议太复杂；若层数太多，则体系结构过于复杂，各层间的交互过于频繁。

1.4.2　OSI-RM 体系结构

开放系统互连基本参考模型（OSI-RM）是由国际标准化组织制定的标准化开放式计算机网络层次结构模型。要把世界上不同厂家制造的不同型号的计算机系统互联起来，就需要一个统一的互联标准，使系统彼此开放。所谓开放系统就是遵守互联标准协议的系统。OSI-RM 体系结构是一种分层的结构，它遵循协议分层的原则。

1. OSI-RM

OSI-RM 包括体系结构、服务定义和协议规范三级抽象。在体系结构方面，定义了一个七层模型，用以实现进程间的通信，并作为一个框架来协调各层标准的制定。在服务定义方面，描述了各层所提供的服务，以及层与层之间的抽象接口和交互用服务原语。在各层协议规范方面，精确地定义了应当发送何种控制信息及何种过程来解释该控制信息。

OSI-RM

需要强调的是，OSI-RM 模型并非对具体实现的描述，它只是一个为制定标准机而提供的概念性框架。

如图 1-5 所示，OSI-RM 的七层模型从下到上分别为物理层（physical layer）、数据链路层（data link layer）、网络层（network layer）、传输层（transport layer）、会话层（session layer）、表示层（presentation layer）和应用层（application layer）。各层的功能简单概括如下。

（1）物理层：利用传输介质为通信节点之间建立、维护和释放物理连接，实现比特流的透明传输，进而为数据链路层提供数据传输服务。

（2）数据链路层：在为物理层提供服务的基础上，在通信实体间建立数据链路连接，传输以帧（frame）为单位的数据包，并采用差错控制和流量控制方法，使有差错的物理线路变成无差错的数据链路。

（3）网络层：为网络上的不同主机提供通信服务，为以分组（packet）为单位的数据包通过通信子网选择适当的路由，并实现拥塞控制、网络互联等功能。

（4）传输层：向用户提供端到端（end-to-end）的数据传输服务，对上层屏蔽低层的数据传输问题。

（5）会话层：负责维护通信中两个节点之间会话连接的建立、维护和断开，以及数据的交换。

（6）表示层：用于处理在两个通信系统中交换信息的表示问题，主要包括数据格式变换、数据的加密与解密、数据压缩与恢复等。

（7）应用层：为应用程序提供网络服务，包含了用户使用的各种协议。

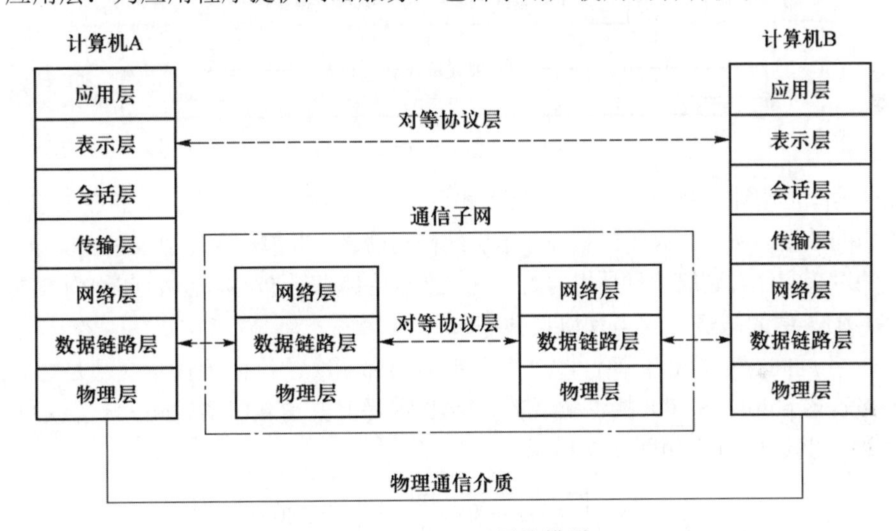

图 1-5 OSI-RM 层次模型

由图 1-5 可见，整个开放系统环境由作为信源和信宿的端开放系统及若干中继开放系统通过物理介质连接而成。这里的端开放系统和中继开放系统是国际标准 OSI 7498 中使用的术语。通俗地说，它们相当于终端系统中的主机和通信子网中的节点机。只有在主机中才可能包含所有七层功能，而在通信子网中的节点机上一般只需要最低三层甚至只要最低两层的功能，即可实现对等实体间的通信及信息流动。

层次结构模型中数据实际传送过程如图 1-6 所示。其中发送进程送给接收进程的数据，实际上是经过发送方各层从上到下传递到物理介质；通过物理介质传输到接收方后，再经过从下到上各层的传递，最后到达接收进程。

必须指出的是，在发送方从上到下逐层传递的过程中，每层都要加上适当的控制信息，即 H7，H6，…，H1，统称为报头。最底层成为由 0 或 1 组成的数据比特流，然后再转换为电信号在物理介质上传输至接收方。接收方在向上传递时过程正好相反，要逐层剥去发送方相应层加上的控制信息。而如何加拆这些报头将是后续章节要讨论的主要问题。

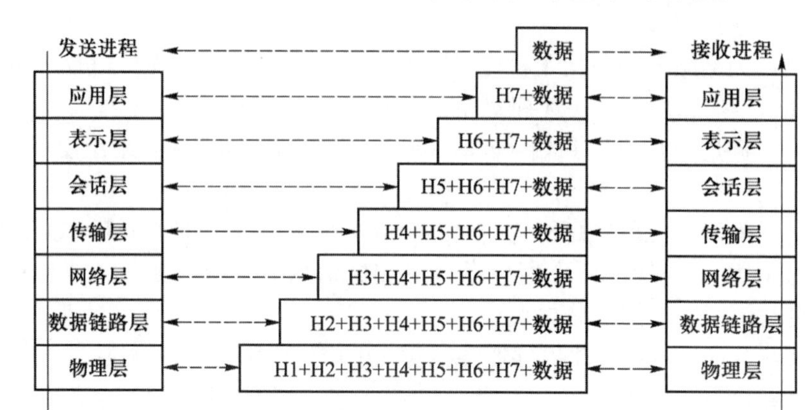

图 1-6　数据的传递过程

另一个方面，因接收方的某一层不会收到底下各层的控制信息，而高层的控制信息对于它来说又只是透明的数据，所以它只阅读和去除本层的控制信息，并按相应的协议进行操作即可。发送方和接收方的对等实体看到的信息是相同的，就好像这些信息通过虚拟通路直接给了对方一样。

2．OSI-RM 中的服务访问点和协议数据单元

OSI-RM 各层间存在信息交换，一个系统中的相邻两个层次间的信息交换是通过服务访问点（service access point，SAP）接口实现的，SAP 实际上就是 *n* 层实体和上一层 *n*+1 层实体之间的逻辑接口，其访问过程如图 1-7 所示。

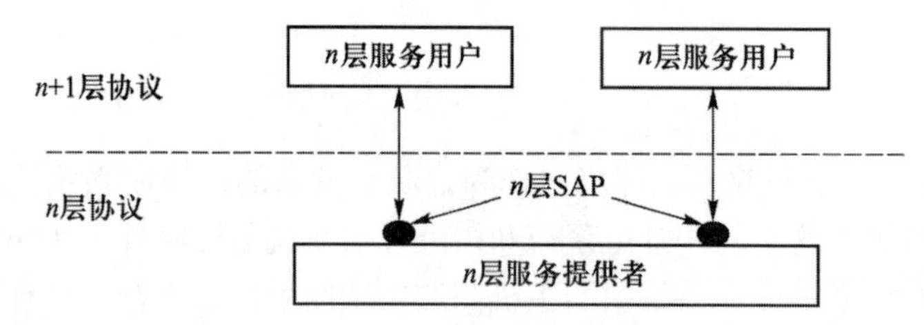

图 1-7　访问 SAP 的过程

n+1 层实体通过访问 SAP 向 *n* 层实体发送协议数据单元（protocol data unit，PDU）。PDU 由两部分组成，图 1-8 给出了 *n* 层 PDU 的组成。一部分为本层用户的数据，记为 *n* 层用户数据；另一部分为本层的协议控制信息（protocol control information，PCI），记为 *n* 层 PCI。PCI 就是前面讲到的每一层传递过程中加上的报头。

3．OSI-RM 中的服务原语

前面已经指出，当 *n*+1 层实体向 *n* 层实体请求服务时，服务请求者与服务提供者之间要进行一些交互，而这种交互将通过原语来实现。服务原语用于表明本地或远端对等实体需要做哪些事情。OSI 规定了各层可以使用的四种服务原语，其类型和含义如表 1-3 所示。

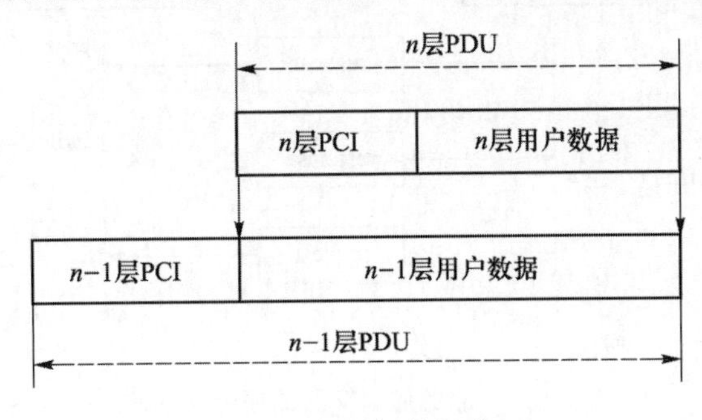

图 1-8 PDU 的组成

表 1-3 四种服务原语类型和含义

服务原语类型	名称	含义
request	请求	一个实体希望获得某种服务
indication	指示	把关于某种事件的信息告诉某一实体
response	回应	一个实体对某一事件的回应
confirm	确认	一个实体对某一事件的确认

如图 1-9 和图 1-10 所示，服务原语的相互关系有两种表示方法，分别为层次表示法和序列表示法。假定系统 A 中的 n+1 层用户 A 要与系统 B 中的 n+1 层用户 B 进行通信，于是用户 A 就先向系统 A 中的 n 层实体发出 request 原语，以调用服务提供者的某个进程，这就引起系统 A 中的 n 层实体向其对等的系统 B 的 n 层实体发出一个 PDU。当系统 B 中的 n 层实体收到这个 PDU 后，就向其服务用户 B 发送原语 indication，用户 B 再向系统 B 中的 n 层实体发送原语 response，以调用服务提供者的某个进程，进而引起系统 B 中的 n 层实体向其对等的系统 A 的 n 层实体发出一个 PDU，当系统 A 中的 n 层实体收到这个 PDU 后，就向其服务用户 A 发送原语 confirm。

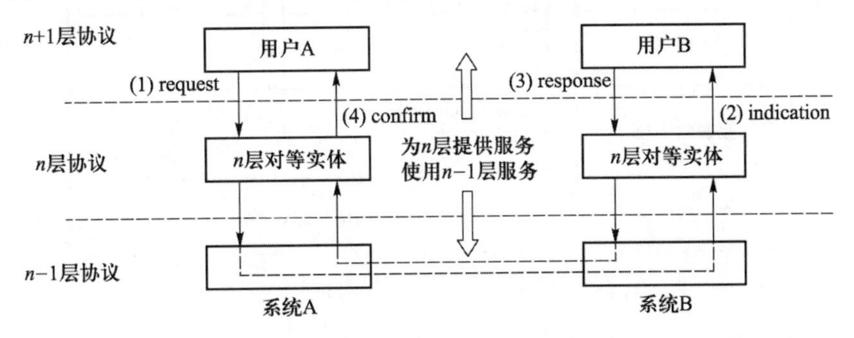

图 1-9 服务原语交互的层次表示法

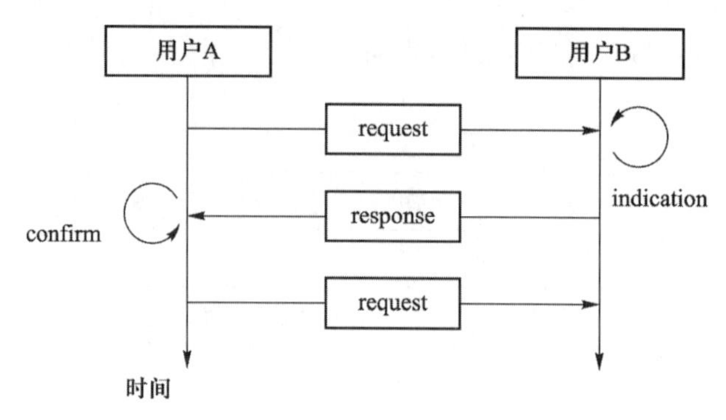

图 1-10 服务原语交互的序列表示法

1.4.3 TCP/IP 体系结构

除了 OSI-RM 外，目前流行的网络体系结构还有 TCP/IP、IBM 公司的 SNA 和 Digital 公司的 DNA。这三种体系结构的开发都先于 OSI-RM，实际上 OSI-RM 的制定吸收了它们的成功经验，它们都属于层次结构。

TCP/IP 体系结构

TCP/IP 协议是于 1977—1979 年形成的协议规范，是在阿帕网上使用的传输层和网络层协议。由于在阿帕网上运行的协议很多，因此人们常常将这些相关协议称为 TCP/IP 体系结构，或简称 TCP/IP。现在的因特网就是以 TCP/IP 协议为核心的网络系统。

类似于 OSI-RM，TCP/IP 的层次结构如图 1-11 所示。它包含了四个层次，从下到上分别为网络接口层（host-to-network layer，主机到网络接口层）、互联网络层（internet layer）、传输层（transport layer）和应用层（application layer）。只有在端系统主机中才可能需要包含所有四层的功能，而通信子网中的处理设备一般只需要最低两层的功能，即可实现对等实体间的通信及信息流动。目前，TCP/IP 模型使用的协议如图 1-11 所示。

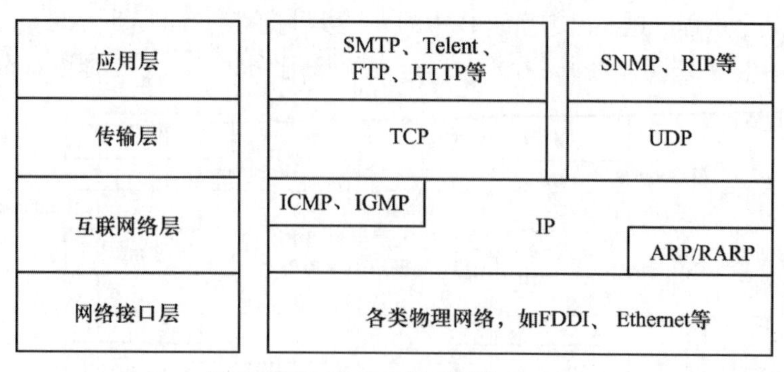

图 1-11 TCP/IP 层次模型与协议族

说明：

（1）应用层的协议相对较多，分别使用 UDP（user datagram protocol，用户数据报协议）

和 TCP 协议进行承载。UDP 和 TCP 的具体内容和区别将在后续章节讨论。

（2）互联网络层除核心协议 IP 外，还有 ICMP（Internet control message protocol，因特网控制消息协议）、ARP（address resolution protocol，地址解析协议）和 RARP（reverse address resolution protocol，反问地址解析协议），分别位于 IP 协议的上下方。

（3）TCP/IP 模型中的核心协议是 TCP、UDP 和 IP，且呈漏斗状分布，IP 协议处于漏斗的最窄处。因此，所有的高层数据将被封装成 IP 数据包，而 IP 数据包可以采用多种低层协议进行处理。

1.4.4　OSI-RM 和 TCP/IP 体系结构的比较

OSI-RM 和 TCP/IP 体系结构的对应关系如图 1-12 所示，TCP/IP 体系结构的应用层对应于 OSI-RM 体系结构的上三层，网络接口层对应 OSI-RM 的下两层，其他两层分别对应。

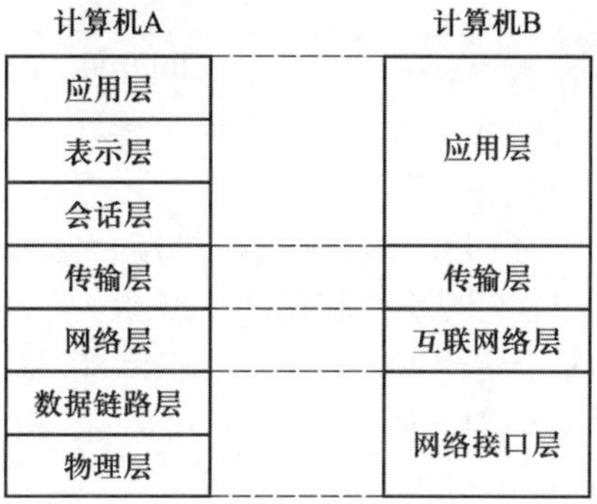

计算机A	计算机B
应用层	应用层
表示层	
会话层	
传输层	传输层
网络层	互联网络层
数据链路层	网络接口层
物理层	

图 1-12　OSI-RM 和 TCP/IP 体系结构的对应关系

TCP/IP 体系结构与 OSI-RM 的差别主要体现在以下两方面。

（1）出发点不同。OSI-RM 是作为国际标准而制定的，不得不兼顾各方，考虑各种情况，因此造成 OSI-RM 比较复杂，协议的数量和复杂性都远高于 TCP/IP。早期 TCP/IP 协议是专为阿帕网设计的体系结构，一开始就考虑了一些特殊要求，如可用性、残存性、安全性以及处理瞬间大信息量的能力等。此外，TCP/IP 是最早的互联协议，它的发展顺应社会需求，来自实践，在实践中不断改进与完善，有成熟的产品和市场，被人们广泛接受。

（2）对以下问题的处理方法不相同。

① 对层次间的关系处理不同。OSI-RM 是严格按“层次”关系处理的，两个 n 层实体通信必须通过下一层的 n-1 层实体，不能越层。而 TCP/IP 则不同，它允许越层直接使用更低层次所提供的服务，这种关系实际上是“等级”关系，这种等级关系减少了一些不必要的开销，提高了协议的效率。② 对异构网互联问题处理不同。TCP/IP 一开始就考虑对异构网络的互联，并将 IP 协议单设一层。但 OSI-RM 最初只考虑用一个标准的公用数据网互联不同系统，后来认识到 IP 协议的重要性，才在网络层中划出一个子层来完成 IP 任务。③ OSI-RM 开始

只提供面向连接的服务，而 TCP/IP 一开始就将面向连接和无连接服务并重，因为无连接的数据报服务对互联网中的数据传送和分组话音通信是很方便的。此外，TCP/IP 有较好的网络管理功能，而 OSI-RM 后来才考虑这个问题。

1.4.5 网络通信标准化组织

网络通信涉及不同设备之间的交互，要使这些不同制造商生产的设备能够实现交互，必须遵循一些标准。目前在国际上最著名的两个国际标准化组织分别是 ISO 和 ITU-T。ISO 的宗旨是开展有关标准化活动，在世界范围内促成国际标准的制定等。ISO 现有 165 个成员、611 个分技术委员会、2 022 个工作组、38 个特别工作组。与网络通信关系比较密切的两个分技术委员会分别是系统间远程通信和信息交换分技术委员会、信息技术设备互联分技术委员会。国际电信联盟电信标准部（ITU-T）主要负责电话和数字通信领域的建议和标准。表 1-4 列出了部分 ISO 的标准，以及对应的 CCITT 标准。

因特网的标准化工作由因特网体系结构委员会（Internet Architecture Board，IAB）负责，下设任务组负责具体的某一方面标准，如因特网工程任务组（Internet Engineering Task Force，IETF）负责因特网发展的工程与标准问题，有关文档称为 RFC（request for comments），如著名的 IP 协议和 TCP 协议的文档为 RFC 791 和 RFC 793。

必须指出的是，电气电子工程师学会（IEEE）也曾致力于一些标准的制定工作，如表 1-4 中的局域网标准最初就是由该学会提出的，也称为 IEEE 802 标准。同时，美国电子工业协会（EIA）制定的一些标准目前也可使用，如有关物理层的标准 EIA RS-232-C 给出了目前计算机串行接口的标准规范。

表 1-4 部分 ISO 和 CCITT 标准

标准分类	ISO 标准	CCITT 标准	说明
应用层	8571	—	文件传送、访问和管理
	10021	X.400	电子邮件
	9040、9041	—	虚拟终端服务定义和协议规范
表示层	8822、8823	X.216、X.226	服务定义和协议规范
会话层	8326、8327	X.215、X.225	服务定义和协议规范
传输层	8072、8073	X.214、X.224	服务定义和协议规范
网络层	8348	X.213、X.25	服务定义和分组协议规范
数据链路层	—	X.25	数据链路级协议
	3309、4335、7809	—	高级数据链路控制协议
	8802	—	局域网标准

续表

标准分类	ISO 标准	CCITT 标准	说明
物理层	2110、2593、4902	—	机械规范
	—	V.28、V.35、V.10、V.11	电气规范
	—	V.24	功能规范
	—	V.20、V.21	过程规范
模型	7498	V.200	OSI-RM

1.5 计算机网络发展动态

基于计算机网络的应用是网络技术发展的原动力，随着用户的急剧增加，不同类型的新业务先后推出，对网络技术提出了更高的要求，推动了网络技术的不断发展，如 IPv6 技术、对等网络技术、软件定义网络（SDN）、物联网技术等，展示了计算机网络发展的趋势。其中，IPv6 将在第 5.7 节详细介绍，本节主要介绍其余几种技术。

1.5.1 P2P 网络技术

对等网络（peer-to-peer，P2P）是一种在对等实体（peer entities）之间分配任务和工作负载的分布式应用架构，是对等计算模型在应用层形成的一种组网或网络形式。也就是说，对等网络的参与者共享它们所拥有的一部分硬件资源（处理能力、存储能力、网络连接能力、打印机等），这些共享资源通过网络提供服务和内容，能被其他对等实体直接访问而无须经过中间实体。此网络中的参与者既是资源、服务和内容的提供者，又是资源、服务和内容的获取者。

对等网络是一种网络结构的思想。它与目前网络中占据主导地位的客户-服务器（client/server，C/S）结构（也就是 WWW 所采用的结构方式）的一个本质区别是，整个网络结构中不存在中心节点（或中心服务器）。在 P2P 环境中，彼此连接的多台计算机处于对等的地位，各台计算机功能相同，无主从之分，一台计算机既可以作为服务器，设定共享资源供网络中其他计算机使用；又可以作为工作站，整个网络一般来说不依赖专用的集中服务器，也没有专用的工作站。网络中的每一台计算机既能充当网络服务的请求者，又能对其他计算机的请求做出响应，提供资源、服务和内容。通常这些资源和服务包括信息的共享和交换、计算资源（如 CPU 计算能力）共享、存储共享（如缓存和磁盘空间的使用）、网络共享、打印机共享等。

P2P 网络技术的特点体现在以下几个方面。

（1）非中心化。网络中的资源和服务分散在所有节点上，信息传输和服务的实现都直接在节点之间进行，无须中间环节和服务器的介入，避免了可能出现的瓶颈。P2P 的非中心化这一特点带来了其在可扩展性、健壮性等方面的优势。

（2）可扩展性。在 P2P 中，随着用户的加入，不仅服务的需求变化了，系统整体的资源和服务能力也在同步扩充，始终能比较容易地满足用户的需要。从理论上说其可扩展性几乎是无限的。例如，在利用 FTP 下载文件时，当下载用户增加之后，下载速度会变慢。然而 P2P 网络正好相反，加入的用户越多，P2P 网络中提供的资源就越多，下载的速度反而越快。

（3）健壮性。P2P 架构天生具有耐攻击、高容错的优点。由于服务是分散在各个节点上实现的，部分节点或网络遭到破坏对网络其他部分的影响很小。P2P 网络一般在部分节点失效时能够自动调整整体拓扑结构，保持其他节点的连通性。P2P 网络通常都是以自组织的方式建立起来的，允许节点自由加入和离开。

（4）高性价比。性能优势是 P2P 被广泛关注的一个重要原因。随着硬件技术的发展，个人计算机的计算和存储能力以及网络带宽等性能依照摩尔定律高速增长。采用 P2P 架构可以有效地利用互联网中散布的大量普通节点，将计算任务或存储资料分布到所有节点上。利用其中闲置的计算能力或存储空间，达到高性能计算和海量存储的目的。目前，P2P 在这方面的应用还处于学术研究层面，一旦技术成熟，能够在工业领域推广，将为许多企业节省购买大型服务器的资金。

（5）隐私保护。在 P2P 网络中，由于信息的传输分散在各节点之间进行而无须经过某个中心环节，用户的隐私信息被窃听和泄露的可能性大大减小。此外，目前解决因特网隐私问题主要采用中继转发的方法，从而将通信的参与者隐藏在众多的网络实体之中。在一些传统的匿名通信系统中，中继转发依赖于某些中继服务器节点实现。而在 P2P 中，所有参与者都可以提供中继转发的功能，因而大大提高了匿名通信的灵活性和可靠性，能够为用户提供更好的隐私保护。

（6）负载均衡。P2P 网络环境下各节点既是服务器又是客户机，从而减弱了对传统 C/S 结构服务器计算能力、存储能力的要求，同时因为资源分布在多个节点中，更好地实现了整个网络的负载均衡。

1.5.2 软交换技术

软交换（softswitching）的概念最早起源于美国企业网的应用。在企业网环境中，用户基于以太网进行电话通信，即 IP 电话，通过服务器呼叫控制软件实现用户交换机（即 IP 专用小交换机，IP PBX）的功能，综合成本远低于传统的专用小交换机（private branch exchange，PBX）。

在软交换进入商用之后，第三代伙伴组织计划（Third Generation Partnership Project，3GPP）为移动网定义了 IP 多媒体子系统（IP multimedia subsystem，IMS）。IMS 是一种基于会话起始协议（session initiation protocol，SIP）的网络体系结构，有利于各种业务的融合及有效出台。

软交换是一种功能实体，为下一代网络（next-generation network，NGN）提供具有实时性要求的呼叫控制和连接控制功能。与传统的程控交换不同，软交换中的“呼叫控制”功能是各种业务的基本控制功能，与业务类型无关。

软交换系统是按下一代网络的业务化、分组化、分层化要求来实现的。其体系结构按功能分为4个层次：接入层、传送层、呼叫控制层和业务功能层，各功能层间采用标准化协议进行连接与通信。软交换的基本含义就是将呼叫控制功能从介质网关传送层中分离出来，通过软件来实现基本呼叫与控制功能。因此，软交换系统是以软件为基础的、多种通信网逻辑功能实体的集合。

软交换功能结构如图 1-13 所示。其中，软交换设备应包括呼叫控制、地址解析路由、网管/计费、业务交换、业务实现、互联互通等功能模块。

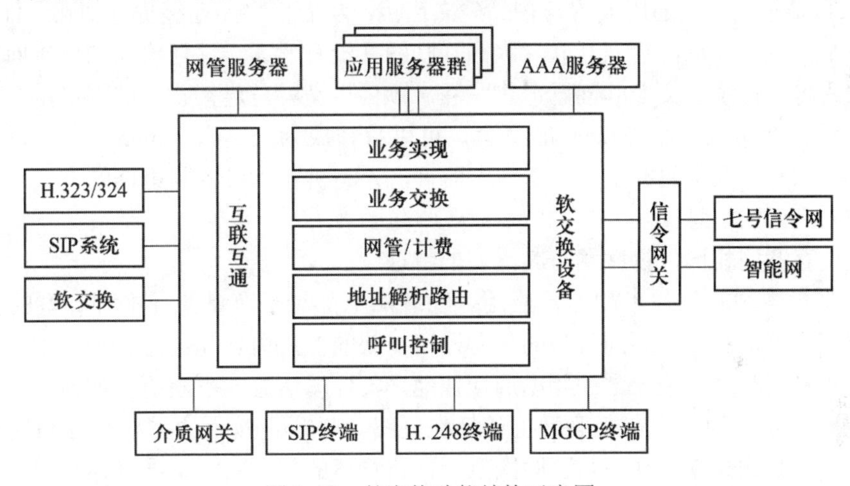

图 1-13　软交换功能结构示意图

1.5.3　物联网技术

物联网（internet of things，IoT）是物物相连的互联网。这有两层含义，其一，物联网的核心和基础仍然是互联网，是在互联网基础上延伸和扩展的网络，是互联网、移动通信网和传感网等网络的融合；其二，其用户端延伸和扩展到任何物品与物品之间实现信息交换和通信，也就是物物相连。物联网通过智能感知、识别技术与普适计算等通信感知技术，把任何物品与互联网相连接，进行信息交换和通信。因此物联网也被称为继计算机、互联网之后世界信息产业发展的第三次浪潮，是互联网的应用拓展。

国际电信联盟（ITU）对物联网定义如下：物联网是通过二维码识读设备、射频识别装置、红外感应器、全球定位系统和激光扫描器等信息传感设备，按约定的协议，把任何物品与互联网相连接，进行信息交换和通信，以实现智能化识别、定位、跟踪、监控和管理的一种网络。物联网层次结构如图 1-14 所示。

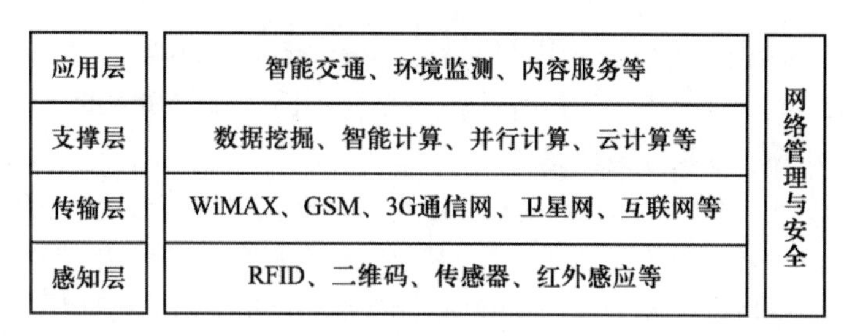

图 1-14 物联网的层次结构

根据国际电信联盟的定义，物联网主要解决物品与物品（thing to thing，T2T）、人与物品（human to thing，H2T）、人与人（human to human，H2H）之间的互联。但是与传统互联网不同的是，H2T 是指人利用通用装置与物品建立连接，从而使物品连接更加简化，而 H2H 是指人与人之间不依赖计算机而建立互联。因为互联网并没有考虑对任何物品的连接问题，故使用物联网来解决这个传统意义上的问题。物联网，顾名思义就是连接物品的网络，许多学者讨论物联网时，经常会引入一个 M2M 的概念，可以解释成为人到人（man to man）、人到机器（man to machine）、机器到机器。从本质上而言，人与机器、机器与机器的交互，大部分是为了实现人与人之间的信息交互。

和传统的互联网相比，物联网有其鲜明的特征。

（1）它是对各种感知技术的广泛应用。物联网上部署了海量的、多种类型的传感器，每个传感器都是一个信息源，不同类型的传感器所捕获的信息内容和信息格式是不同的。传感器获得的数据具有实时性，按一定的频率周期性地采集环境信息，不断更新数据。

（2）物联网是一种建立在互联网上的泛在网络。物联网技术的重要基础和核心仍旧是互联网，通过各种有线和无线网络与互联网融合，将物体的信息实时、准确地传递出去。物联网中的传感器定时采集的信息需要通过网络传输，由于其规模极其庞大，形成了海量信息，在传输过程中，为了保障数据的正确性和及时性，必须适应各种异构网络和协议。

（3）物联网不仅仅提供了传感器的连接，其本身也具有智能处理的能力，能够对物体实施智能控制。物联网将传感器和智能处理相结合，利用云计算、模式识别等智能技术，扩充其应用领域。从传感器获得的海量信息中分析、加工和处理得到有意义的数据，以适应不同用户的不同需求，发现新的应用领域和应用模式。

（4）物联网的实质是提供不拘泥于任何场合、任何时间的应用场景与用户的自由互动，它依托云服务平台和互联互通的嵌入式处理软件，弱化技术色彩，强化与用户之间的良性互动，更佳的用户体验、更及时的数据采集和分析建议、更自如的工作和生活，这是通往智能生活的物理支撑。

1.5.4 SDN 技术

软件定义网络（software defined network，SDN）是网络虚拟化的一种实现方式，其核心技术 OpenFlow 通过将网络设备控制平面与数据平面分离，实现了对网络流量的灵活控制，使网络作为管道变得更加智能。

传统 IT 架构中的网络，根据业务需求部署上线以后，如果业务需求发生变动，重新修改相应网络设备（如路由器、交换机、防火墙等）上的配置是一件非常烦琐的事情。在互联网/移动互联网瞬息万变的业务环境下，除要求网络的高稳定性外，灵活性和敏捷性更为关键。SDN 将网络设备上的控制权分离出来，由集中的控制器管理，无须依赖底层网络设备（如路由器、交换机、防火墙等），屏蔽了来自底层网络设备的差异。而控制权是完全开放的，用户可以自定义任何想实现的网络路由和传输规则策略，网络更加灵活和智能。

实施 SDN 改造后，无须对网络中每个节点的路由器反复进行配置，设备本身就是自动连通的，只需要在使用时定义好简单的网络规则即可。也可以不对路由器设置内置协议，而通过编程方式对其进行修改，以实现更好的数据交换性能。

假如网络中有 SIP、FTP、流媒体等多种业务，网络的总带宽是一定的，如果某个时刻流媒体业务需要占用更多的带宽和流量，在传统网络中这很难处理，而在 SDN 改造后的网络中却很容易实现，SDN 可以将流量整形、规整，临时让流媒体的“管道”更粗一些，让流媒体的带宽更大些，甚至关闭 SIP 和 FTP 的“管道”，待流媒体需求减少时再恢复原先的带宽占比。正是这种业务逻辑的开放性，使网络作为“管道”的发展空间更广阔。如果未来云计算的业务应用模型可以简化为云—管—端，那么 SDN 就是 “管”这一环的重要技术支撑。

本 章 总 结

1．计算机网络的发展主要经历了 4 个阶段，可概括为：第一阶段为面向终端的计算机网络，第二阶段为多计算机互联的计算机网络，第三阶段为面向标准化的计算机网络，第四阶段为全球互联的计算机网络。

2．计算机网络可定义为把分布在不同地点且具有独立功能的多台计算机，通过通信设备和线路连接起来，在功能完善的网络软件运行环境下，以实现网络中资源共享为目标构建的系统。它由终端系统和通信子网组成。

3．计算机网络可以根据不同的分类方法进行分类，根据网络覆盖范围可以将计算机网络分为因特网、广域网、城域网、局域网和个人区域网。根据网络的拓扑结构，可以将网络分为星形、树状、总线型、环形和网状。

4．计算机网络体系结构是计算机网络各层及其服务和协议的集合，也就是它们所应完成的所有功能的定义，是用户进行网络互联和通信系统设计的基础。

5．网络中计算机的硬件和软件存在差异，为了保证通信双方能够正确地收发信息，必须事先形成一种约定，即通信协议。协议是指通信双方必须遵循的、控制信息交换的规则的集合，是一套语义和语法规则，用来规定有关功能部件在通信过程中的操作，它定义了数据发送和接收工作的相关过程。协议规定了网络中使用的格式、定时方式、顺序和差错控制。一般来说，一个通信协议主要由语法、语义和同步三个要素组成。

6. OSI 七层模型从下到上分别为物理层、数据链路层、网络层、传输层、会话层、表示层和应用层。类似于 OSI-RM 层次模型，TCP/IP 体系结构包含了四个层次，从下到上分别为网络接口层、互联网络层、传输层和应用层。它们有一定的对应关系。

7. 协议各层间存在信息交换，一个系统中的相邻两个层次间的信息交换是通过服务访问点接口实现的。每一层和其相邻层有接口，较低层通过接口向它的上一层提供服务，但这一服务的实现细节对上层是屏蔽的。较高层又是在较低层提供的低级服务的基础上实现了更高级的服务。

8. 目前在国际上最著名的两个国际标准化组织分别是 ISO 和 ITU-T。ITU-T 主要负责电话和数字通信领域的建议与标准。因特网的标准化工作由 IAB 负责，下设任务组负责具体的某一方面标准，如 IETF 负责因特网发展的工程与标准问题。有关文档称为 RFC，如著名的 IP 协议和 TCP 协议的文档为 RFC 791 和 RFC 793。

▶ 习题 1

1.1 什么是计算机网络？

1.2 试阐述计算机网络与分布式系统的异同点。

1.3 计算机网络的拓扑结构种类有哪些？各自的特点是什么？

1.4 从逻辑功能上看，计算机网络由哪些部分组成？各自的内涵是什么？

1.5 在由 n 个节点构成的星形拓扑结构的网络中，共有多少个直接连接？对由 n 个节点构成的环形、网状拓扑结构的网络中呢？

1.6 什么是网络体系结构？为什么要定义网络的体系结构？

1.7 什么是通信协议？它由哪几个基本要素组成？

1.8 试分析协议分层的理由。

1.9 OSI-RM 的层次划分原则是什么？画出 OSI-RM 体系结构图，并说明各层次的功能。

1.10 在 OSI-RM 中各层的协议数据单元是什么？

1.11 试比较 OSI-RM 与 TCP/IP 体系结构的对应关系及异同点。

1.12 设有一个系统具有 n 层协议，其中应用进程生成长度为 m 字节的数据，在每层都加上长度为 h 字节的报头，试计算传输报头所占用的网络带宽百分比。

第2章　物　理　层

物理层是网络层次模型的最底层，它建立在物理传输介质的基础上，作为系统和通信介质的接口，用来实现数据链路实体之间比特流的透明传输。同时，计算机网络是由数据通信技术和计算机技术结合发展而来的，可见，数据通信技术是计算机网络技术发展的基础。随着计算机技术与通信技术的结合日趋紧密，数据通信作为计算机技术与通信技术相结合的产物，在现代通信领域中扮演着越来越重要的角色。

本章主要介绍有关数据通信的一些基础知识，包括基本概念和术语、传输介质、编码和调制技术、多路复用技术、数据交换技术等，最后讨论物理层的设备和接口。通过本章的学习，能够掌握数据通信中的基本概念，掌握奈奎斯特和香农定理的应用，了解各种传输介质的特征，理解多路复用技术和交换技术的原理，了解物理层的设备特征与作用。

2.1　数据通信基础

随着社会的发展，人们进行通信的方式不再局限于传统的电话、电报，因为它们不能满足大信息量的需求，而以数据作为信息载体的通信手段应用日益广泛。在计算机网络中，数据通信是指在计算机与计算机以及计算机与终端之间数据信息传送的过程。人们通过字符、数字、语音、图像等数据的传递，实施收发电子邮件、共享各种文件、视频聊天等各种通信活动。本节主要介绍有关数据通信的一些基本概念和术语。

2.1.1　信息、数据与信号

在数据通信技术中，信息（information）、数据（data）与信号（signal）是十分重要的概念。正如前面所说，数据通信的目的是交换信息，而数据是信息的载体，数据又是以信号的形式进行传输的。

1．数据和信息

数据是任何描述物体、概念、形态的事实、数字、字母和符号，可定义为有意义的实体，涉及事物的形式。信息，从通信的意义上理解，主要涉及数据的内容和解释。

“数据”目前并没有严格的定义，通常是指预先约定的、具有某种含义的数字、字母和符号的组合。数据中包含着信息，涉及信息的表现形式，信息可通过解释数据而产生。从形式上，数据可分为模拟数据和数字数据两种。

（1）模拟数据：模拟数据的取值是连续的，现实生活中的数据取值大多是连续的，如声音或视频都是强度连续变化的波形，又如，用传感器采集的数据包括温度和压力等，是指在某个区间内连续的值。

（2）数字数据：数字数据的取值是离散的，如计算机输出的二进制数据只有 0、1 两种状态。数字数据比较容易存储、处理和传输，模拟数据经过处理也能变成数字数据。

2．信号

在数据通信中，数据被转换为适合在通信信道上传输的电子或电磁编码。这种在信道上传输的电子或电磁编码称为信号，所以信号是数据在传输过程中的电子或电磁表现形式。和数据的分类类似，信号也分为模拟信号和数字信号两种类型。有关信息、数据和信号等基本概念之间的关系如图 2-1 所示。

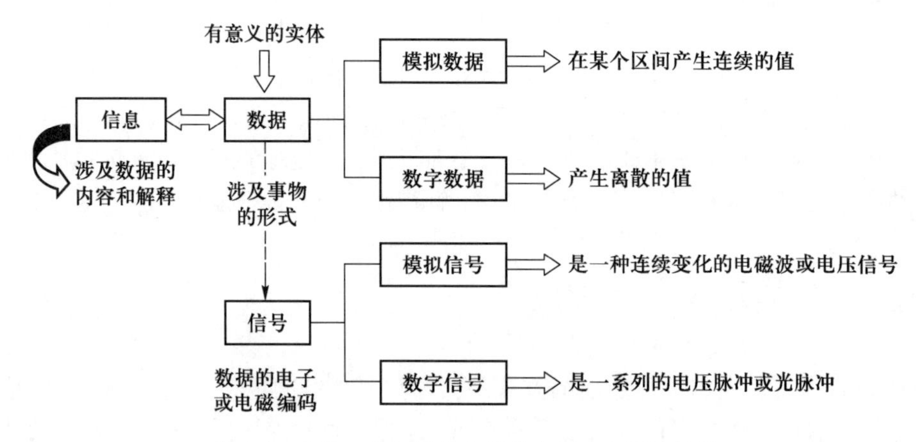

图 2-1 信息、数据和信号等基本概念之间的关系

（1）模拟信号是指信号的幅度随时间做连续变化的信号。传统电视里的图像和语音信号是模拟信号。传统电话线上传送的电信号随通话者声音的变化而变化，这个变化的电信号无论在时间上或是在幅度上都是连续的，这种信号也是模拟信号。模拟信号无论在时间上和幅度上均是连续变化的，它在一定范围内可能取任意值。

（2）如果说模拟信号是用一系列连续变化的电磁波或电压信号来表示的，那么数字信号则是用一系列断续变化的电压脉冲（如可用恒定的正电压表示二进制数 1，用恒定的负电压表示二进制数 0）或光脉冲来表示。数字信号在时间上是不连续的、离散的信号，一般数字脉冲在一个短时间内维持一个固定的值，然后快速变换为另一个值。

模拟信号和数字信号都可以在合适的传输介质上进行传输。我们常用“信道”（channel）一词来表示由传输介质（以传输介质为基础）构成的、用来传输模拟信号或数字信号的通道（path）。由于目前使用的传输介质有多种，它们在传输特性上存在着差别，在后面的章节中会对此做专门介绍。因此，数据传输设备需采用不同的信号变换技术，以得到较满意的数据传输质量。

2.1.2 数据通信系统

从数据通信定义中可以看出，它包括数据传输和数据传输前后的数据处理两方面的内容。数据传输是指通过某种方式建立一个数据传输的通道，并将数据以信号的形式在其中传输；数据传输前后的处理可以使数据的传输更加可靠、有效，主要包括数据交换、差错控制、多路复用等。所以，数据通信系统就是完成上述两个部分功能的通信系统。由此看来，对于数据通信系统来说，应该由三个部分构成，即发送部分、传输部分（传输介质）和接收部分，其中传输部分完成数据的传输，发送部分和接收部分完成数据传输前后的处理。数据通信系统的基本模型如图 2-2 所示。

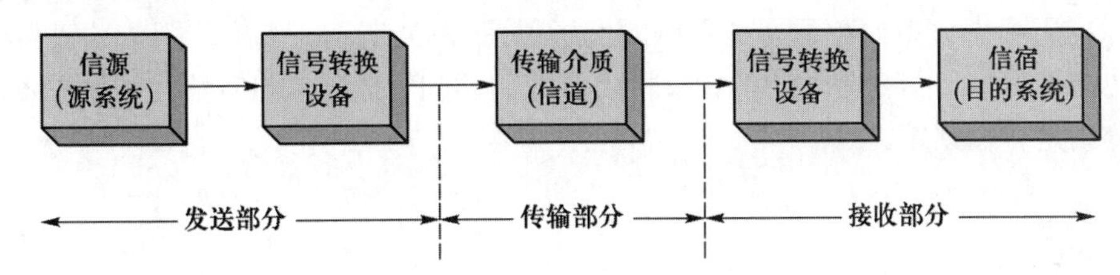

图 2-2　数据通信系统的基本模型

信源主要负责将要处理的原始数据转换成原始的电信号。由于信源发出的原始信号需要进行信号转换后才能够在信道中传输，所以，发送部分的信号转换设备负责将原始电信号转换成合适的信道传输信号，通过传输部分将信号传输到接收部分，接收部分的信号转换设备负责把收到的信号还原为原始电信号，然后交由信宿处理。信宿则从收到的信号中识别数据，如果在整个系统中各个部分都没有出错，那么接收到的数据应和发送的数据完全一致。

1. 信源和信宿

信源就是信息的发送方，是发出待传送信息的设备；信宿就是信息的接收方，是接收所传送信息的设备。在实际应用中，大部分信源和信宿设备都是计算机或其他数据终端设备（data terminal equipment，DTE）。

2. 信道

信道是通信双方信息传输的通道，它是建立在通信线路及其附属设备（如收发设备）上的。该定义似乎与传输介质一样，但实际上两者并不完全相同。一条传输介质构成的线路上往往包含多个信道。信道本身可以是模拟的或数字的，用以传输模拟信号的信道称为模拟信道，用以传输数字信号的信道称为数字信道。

3. 信号转换设备

发送部分的信号转换设备的作用是将信源发出的信息转换成适合于信道传输的信号，它可以是编码器或调制器；接收部分的信号转换设备功能相反，对应的则是译码器或解调器。对应不同的信源/信宿和信道，信号转换设备有不同的组成和转换功能。

编码器的功能是把信源或其他设备输入的二进制数字序列转换成其他形式的数字信号或

模拟信号。编码的目的有两个：一是将信源输出的信息变换后便于在信道上有效传输，此为信源编码；二是将信源输出的信息或经过信源编码后的信息再根据一定规则加入一些冗余码元，以便接收方能够正确识别信号，降低信号在传输过程中出错的概率，提高信息传输的可靠性，此为信道编码。译码器则是编码的反过程。

调制器是把信源或编码器输出的二进制脉冲信号变换（调制）成模拟信号，以便在模拟信道上进行远距离传输；解调器的作用是反调制，即把接收方接收的模拟信号还原为二进制脉冲数字信号。

由于网络中绝大多数信息都是双向传输的，信源也做信宿，信宿也做信源；编码器和译码器合并称为编译码器；同样，调制器和解调器合并称为调制解调器（modem）。

在实际应用中，典型的数据通信系统的例子如图 2-3 所示。其中，用户通过拨号上网，信源是左边的计算机，信宿是右边的计算机，两边的调制解调器承担着信号转换设备的功能，中间的部分则是传输系统。

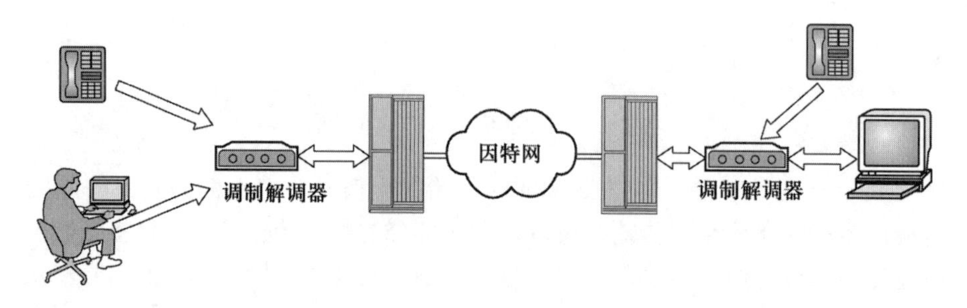

图 2-3 用户通过电话线拨号上网

2.1.3 数据通信系统的技术指标

1. 数据传输速率

数据传输速率是衡量数据通信系统能力的主要指标，主要包括调制速率、传输速率等。

1）调制速率

调制速率又称传码速率、波特率，记作 N_{Bd}，是指在数据通信系统中，每秒传输信号码元的个数，单位是波特（baud）。我们在前面介绍过数据和信号的概念，数据以 0、1 的形式表示，在传输时通常用某种信号脉冲来表示 0、1。这种携带数据信息的信号脉冲称为信号码元。例如，对图 2-4 给出的二电平信号，一个信号码元携带 1 b（0 或 1）数据；图 2-5 为四电平信号，一个信号码元中就会携带 2 b（00、01、10 或 11）数据。如信号码元持续的时间为 T 秒，则调制速率为 $1/T$ 波特。

2）传输速率

传输速率又称传信速率、比特率，记作 R_b，是指在数据通信系统中，每秒传输二进制码元的个数，单位是 bps（位每秒），或 Kbps、Mbps 等。

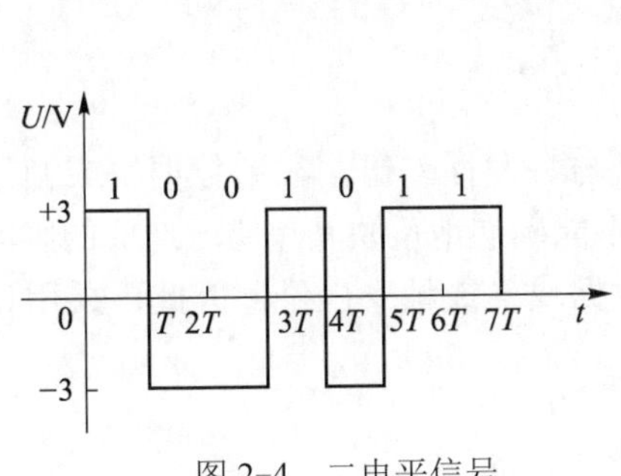

图 2-4 二电平信号

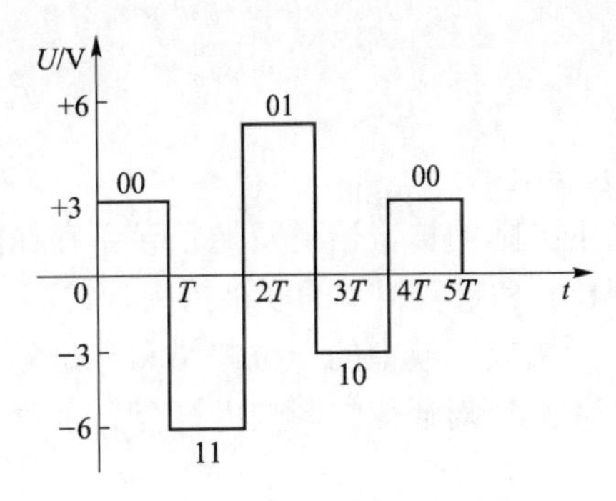

图 2-5 四电平信号

从传输速率的定义可以看出，它是为了衡量数据通信系统单位时间内传输的信息量。需要提醒的是，虽然两者的单位不同，但是在数值上有着对应关系。若是二电平传输，则在一个信号码元中包含一个二进制码元，即二者在数值上是相等的；若是多电平（M 电平）传输，则二者在数值上的关系为 $R_b=N_{Bd}\times\log_2 M$。

数据传输速率

例 2-1 若信号码元持续时间为 1×10^{-4} s，若传送 8 电平信号，则调制速率和传输速率各是多少？

解： 由于 $T=1\times10^{-4}$ s，所以调制速率 $N_{Bd}=1/T=10\ 000$ 波特。

由于传送的信号是 8 电平，所以，$M=8$，则传输速率 $R_b=N_{Bd}\log_2 M=30\ 000$ bps。

2．信道带宽

带宽（bandwidth）本来是指某个信号具有的频带宽度。我们知道，一个特定的信号往往是由许多不同的频率成分组成的。因此一个信号的带宽是指该信号的各种不同频率成分所占据的频率范围。例如，在传统通信线路上传送的电话信号的标准带宽是 3.1 kHz（300 Hz～3 400 Hz），即话音的主要成分的频率范围，其单位是 Hz（或 kHz、MHz）。

在过去很长的一段时间中，通信的主干线路都是用来传送模拟信号的，因此，表示通信线路允许通过的信号频带范围就称为线路的带宽。当通信线路用于传送数字信号时，数据传输速率就成为数据通信系统中最重要的指标。但人们仍然愿意将“带宽”作为数字信道的“数据传输速率”的同义语，尽管这种叫法不太严格。所以此时带宽的单位等同于上面介绍的数据传输速率，是 bps、Kbps 或 Mbps。

3．误码率和误组率

数据传输的目的是确保在接收方能恢复原始发送的二进制数字信号序列。但在传输过程中，不可避免地会受到噪声和外界的干扰，导致出现差错。通常，采用误码率、误组率作为衡量数据传输信道的质量指标。

1）误码率

误码率 P_e 是指在一定时间（ITU-T 规定至少 15 min）内接收出错的位数 e_1 与总的传输位数 e_2 之比，它是评定数据传输设备和信道质量的一项基本指标。

$$P_e = \frac{e_1}{e_2} \times 100\% \tag{2-1}$$

2）误组率

由于实际的传输信道及通信设备存在随机性差错与突发性差错，在用数据块或帧结构进行数据校验和重发纠错的差错控制方式下，误码率尚不能确切地反映其差错所造成的影响，例如，在一块或一帧中的一位差错和几位差错都导致数据块（或帧）出错，因此，采用误组率P_B来衡量差错对通信的影响更符合实际。

$$P_B = \frac{b_1}{b_0} \times 100\% \tag{2-2}$$

其中，b_1为接收出错的组数，b_0为总的传输组数。

误组率在一些采用块或帧校验以及重发纠错的应用中能反映重发的概率，从而也能反映出该数据链路的传输效率。

例 2-2 在数据传输速率为 9 600 bps 的线路上，进行 1 h 的连续传输，测试发现有 150 b 的差错，该数据通信系统的误码率是多少？

解：由于 $P_e = \frac{e_1}{e_2} \times 100\%$，$e_1$=150 b，1 h=3 600 s，$e_2$=9 600 bps×3 600 s=34 560 000 b。

所以误码率 P_e=150 b/34 560 000 b=4.34×10^{-6}。

4．时延

在实际的数据通信系统中，经常会将传输的基本单位定义为分组或者报文，后面论及数据交换技术时会详细讨论这一概念，在这里，读者只需知道分组或者报文都是由若干位组成的就行了。时延（delay）是指一个报文或分组从一条链路的一端传送到另一端所需的时间。需要注意的是，时延是由以下几个不同的部分组成的。

（1）发送时延：又称传输时延，是指节点在发送数据时使数据块（一个分组或者一个报文）从节点进入传输介质所需要的时间，也就是从数据块的第一位开始发送算起，到最后一位发送到传输介质完毕所需的时间。

发送时延计算公式是：

$$发送时延 = \frac{数据块长度}{信道带宽} \tag{2-3}$$

其中，数据块长度单位是 b，信道带宽单位是 bps。信道带宽就是数据在信道中的发送速率，也常称为数据在信道上的传输速率。

（2）传播时延：是指信号在信道中传播一定的距离所花费的时间。传播时延计算公式是：

$$传播时延 = \frac{信道长度}{信号在信道上的传播速度} \tag{2-4}$$

其中，信道长度单位是 m，信号在信道上的传播速度单位是 m/s。信号在自由空间的传播速度是光速，即 3×10^5 km/s，信号在有线传输介质中的传播速度比在自由空间略低一些，如在铜线电缆中的传输速度约为 2.3×10^5 km/s，在光纤中的传播速度约为 2×10^5 km/s。

从以上讨论可以看出，数据发送速率（即带宽）和信号在信道上的传播速度是两个完全不同的概念，因此不能将发送时延和传播时延混为一谈。

（3）处理时延：这是数据在交换节点为存储转发而进行一些必要处理所花费的时间。在节点缓存队列中分组排队所经历的时延是处理时延的重要组成部分。因此，处理时延的长短往往取决于数据通信系统中当时的通信量。当通信量很大时，还有可能会发生队列溢出，使分组丢失。

这样，数据经历的总时延就是以上三种时延之和，即

$$\text{总时延}=\text{发送时延}+\text{传播时延}+\text{处理时延} \tag{2-5}$$

例 2-3 若 A、B 两台计算机之间的距离为 1 000 km，假定在电缆内信号的传播速度是 2×10^8 m/s，试对下列类型的链路分别计算发送时延和传播时延。

（1）数据块长度为 10^8 b，数据发送速率为 1 Mbps；

（2）数据块长度为 1 000 b，数据发送速率为 1 Gbps。

时延

解：（1）发送时延=10^8 b/1 Mbps=100 s。

传播时延=1 000 km/（2×10^8 m/s）=5 ms。

（2）发送时延=1 000 b/1 Gbps=1 μs。

传播时延=1 000 km/（2×10^8 m/s）=5 ms。

从例 2-3 可以看出，若只考虑发送时延和传播时延，不能笼统地说哪一种时延所占比例更大，应该具体情况具体分析，在第一种情况中，发送时延占据主导地位，而在第二种情况中，传播时延反而占比更大。所以并非信道带宽越大，数据在信道上传输速度越快，在 A、B 两台设备之间传输数据时花费的总时间越少，总时间（即总时延）是由传播时延、发送时延、处理时延共同决定的。

5．信道容量

通信系统基础设施的建设费用投入很大，在总投资额中传输线路的投资比例通常占到 80%。如何高效地使用带宽、提高信道的利用率，一直是研究的重要课题。

任何实用的传输通道的带宽都是有限的，所以信道容量是指在给定条件下，给定通信路径（或信道）上所能达到的最大的数据传输速率，单位是 bps。

1）奈奎斯特定理（Nyquist theorem）

1942 年，奈奎斯特证明，任意一个信号如果通过带宽为 W 的理想低通滤波器，每秒采样 $2W$ 次，就可完整地重现该滤波信号。

在理想的条件下，即无噪声、有限带宽为 W 的信道，其最大数据传输速率 C（即信道容量）为

$$C = 2W \log_2 M \tag{2-6}$$

其中 M 是电平数。这就是著名的奈奎斯特公式，也称奈奎斯特定理，或采样定理。

如何应用奈奎斯特公式，现举例如下。

例 2-4 在一个无噪声的 3 000 Hz 信道上传送二电平信号，允许的最大数据传输速率是多少？

解： 由于传送的是二电平信号，也就是 M=2。再结合带宽 W=3 000 Hz，则信道容量，即数据传输速率 $C = 2W\log_2 M$=6 000 bps。

例 2-5 一个无噪声的话音信道带宽为 4 000 Hz，采用 8 相调制解调器传送信号，试问信道容量是多少？

解： 采用 8 相调制解调器传送信号时，对应的信号有 8 种样式，即电平数 M=8。则信道容量，即数据传输速率 $C = 2\times4\ 000\log_2 8 = 24$ Kbps。

2）香农定理（Shannon theorem）

1948 年，香农提出在有噪声的环境中，信道容量与信噪比有关。所谓的信噪比（signal to noise ratio，SNR，S/N），是指信号和噪声的功率之比。根据香农定理，在给定带宽 W 下，信噪比为 S/N 的信道中，可以达到的最大数据传输速率 C 为

$$C = W\log_2(1+\mathrm{S/N}) \tag{2-7}$$

需要注意，在日常应用中，为了方便起见，信噪比常用式（2-8）来表示，单位是分贝（dB）。因此在实际应用时，需要先通过式（2-8）进行换算。

$$\text{信噪比} = 10\log_{10}(\mathrm{S/N}) \tag{2-8}$$

例 2-6 一个数字信号经信噪比为 20 dB 的 3 kHz 带宽信道传送，其数据传输速率不会超过多少？

信道容量

解： 按香农定理，在信噪比为 20 dB 的信道上，信道最大容量为 $C=W\log_2(1+\mathrm{S/N})$。

已知信噪比为 20 dB，则 S/N = 100，即信号的功率是噪声功率的 100 倍。

$$C = 3\ 000\times\log_2(1+100)=3\ 000\times6.66=19.98\ \text{Kbps}$$

因此，其数据传输速率不会超过 19.98 Kbps。

由香农定理可知，在信道容量不变时增加带宽即允许降低信噪比。也就是说，如果通信系统扩展到宽带上，就可以在保持误码率性能以及保证信道容量达到预期水平的情况下降低信噪比。

2.2 传输介质

在一个数据通信系统中，连接发送部分和接收部分的物理通路称为传输介质，也称为传输媒体或传输媒介。传输介质可分为两大类，即有线传输介质和无线传输介质。在有线传输介质中，信号沿着固体介质如铜线或光纤向前传播，而无线传输介质则是指利用大气和外层空间

作为信号的传播通路。有线传输介质主要有双绞线、同轴电缆和光缆等，无线传输介质主要包括无线电波、地面微波、卫星微波、红外等。

2.2.1 双绞线

双绞线（twisted pair，TP）是目前使用最广泛、价格也较低廉的有线传输介质，它是由两根互相绝缘的铜导线并排放在一起，然后用规则的方法绞合起来构成。导线的典型直径为 0.4～1.4 mm，采用两两相绞的绞线技术可以抵消相邻线对之间的电磁干扰，减少近端串扰。

为了进一步提高双绞线的抗干扰能力，可以在双绞线的外面加上一个用金属丝编织的屏蔽层，这就是屏蔽双绞线（shielded twisted pair，STP）。它的价格比非屏蔽双绞线（unshielded twisted pair，UTP）贵一些。屏蔽双绞纹和非屏蔽双绞线的结构如图 2-6 所示。

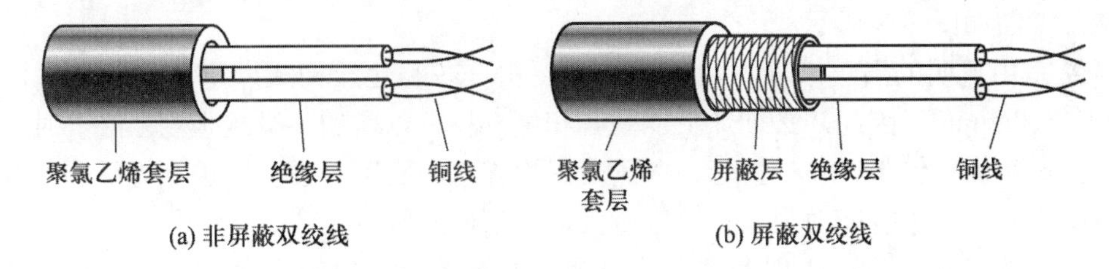

图 2-6 非屏蔽双绞线和屏蔽双绞线示意图

非屏蔽双绞线具有成本低、重量轻、易弯曲、尺寸小、适于结构化综合布线等优点，在局域网中得到广泛应用。但是它也存在传输时有信息辐射、容易被窃听等缺点，所以，在一些对信息保密级别要求较高的场合，还必须采取相应辅助屏蔽措施。屏蔽双绞线具有抗电磁干扰能力强、传输质量高等优点，但是也存在接地要求高、安装复杂、弯曲半径大、成本高等缺点，所以，实际应用并不普遍。

2.2.2 同轴电缆

同轴电缆（coaxial cable）是另外一种常见的有线传输介质，由内导体铜质芯线（单股实心线或多股绞合线）、绝缘层、网状编织的外导体屏蔽层以及坚硬的绝缘保护套层组成，其结构如图 2-7 所示。由于外导体屏蔽层的作用，同轴电缆具有较好的抗干扰特性（特别是高频段），适用于高速数据传输。

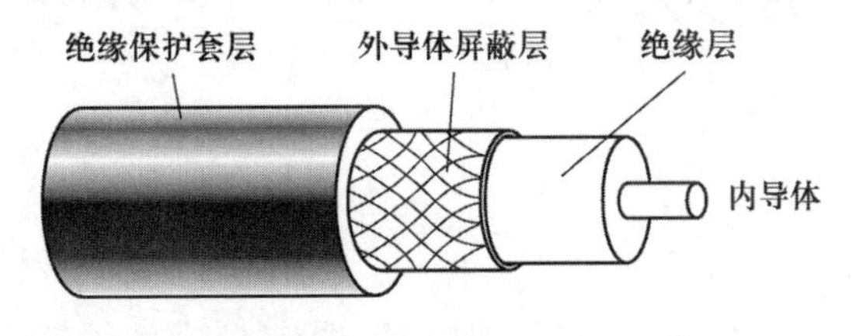

图 2-7 同轴电缆结构图

在计算机网络中常用的同轴电缆分为粗缆和细缆两种，二者结构是相似的，只是直径不同。粗缆传输距离较远，适用于规模较大的局域网，传输损耗较低，可靠性较高。由于粗缆在安装时不需要切断电缆，所以可以根据需要灵活调整计算机接入网络的位置。但是粗缆在使用时必须安装收发器和收发器电缆，安装难度较大，总体成本较高。细缆安装则比较简单，造价也较低，但是传输距离较短，一般不超过 185 m。由于安装过程中需要切断电缆，在电缆两头装上基本网络连接头，然后与 T 型接头连接，所以存在接触不良的隐患。

2.2.3 光纤

光纤（optical fiber）是一种光传输介质，由于可见光的频率高达 10^8 MHz，因此光纤传输系统具有足够的传输带宽。光缆是由一束光纤组装而成，用于传输调制到光载波上的信号。光缆的结构示意图如图 2-8 所示。

光纤通常由透明的石英玻璃拉成细丝，主要由纤芯和包层构成双层通信圆柱体，其直径（含包层）仅 0.2 mm。因此，必须加上加强芯和填充物，以增加其机械强度。必要时可接入远供电源线，最后加封包带层和外护套，以满足工程施工和应用的强度要求。光纤通信具有衰耗小、传输距离长、抗干扰能力强、传输容量大、保密性好等特点。

实际上，光波按一定的入射角注入光纤后，在纤芯与包层的界面上会不断发生全反射，如图 2-9 所示。因此，含有许多条不同入射角的光线在一条光纤中传输，这种光纤称为多模光纤（multimode fiber，MMF），如图 2-10（a）所示。若光纤的直径足够细，如仅有一个光波波长，则光纤能使光线一直向前传播，这种光纤则称为单模光纤（single mode fiber，SMF），如图 2-10（b）所示。多模光纤直径较大，不同波长和相位的光束沿光纤不停地发生反射并向前传输，造成色散，限制了两个中继器之间的传输距离和带宽，多模光纤的带宽约为 2.5 Gbps。单模光纤的直径较细，光线在其中直线传播，很少发生反射，所以色散小、传输距离远，单模光纤的带宽超过 10 Gbps。但是与之配套的光端设备价格较高。

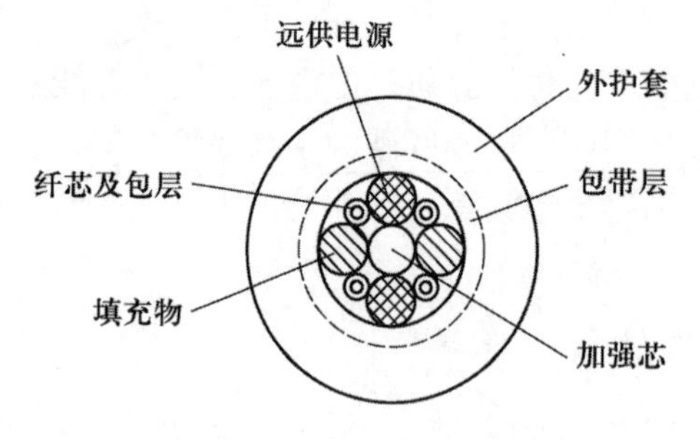

图 2-8 光缆结构剖面图

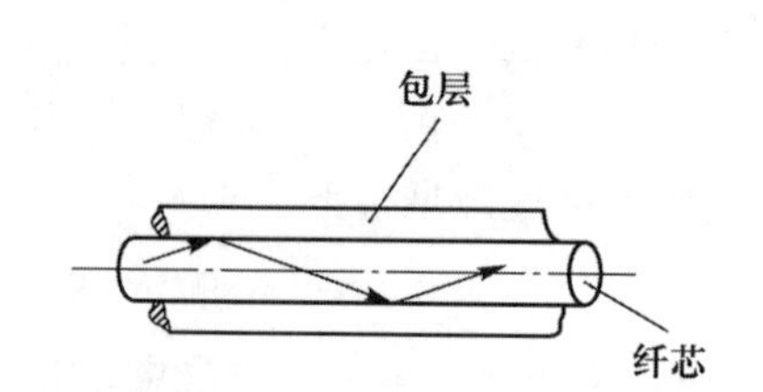

图 2-9 光波在纤芯中传播

光纤作为通信传输介质，其主要优点如下。

（1）由于光纤对不同频率的光线有不同程度的损耗，会使频带宽度受到影响，但在最低损耗区的频带宽度也可达 30 000 GHz。目前单个光源的带宽只占了其中很小的一部分（多模光纤的频带为几百兆赫，好的单模光纤可达 10 GHz 以上），采用先进的相干光通信可以在 30 000 GHz 范围内安排 2 000 个光载波，通过波分多路复用，可以容纳上百万个子信道。

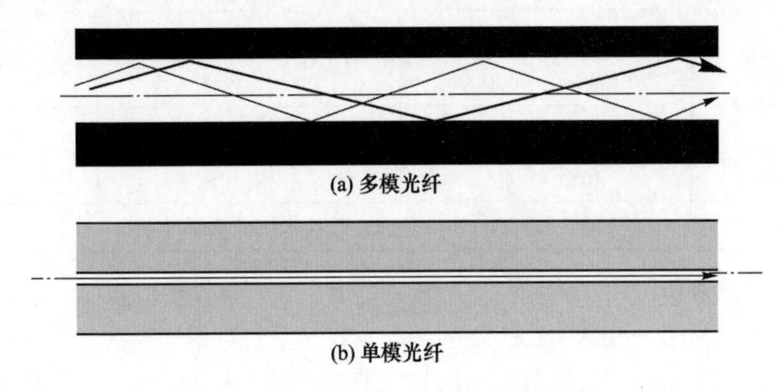

(a) 多模光纤

(b) 单模光纤

图 2-10 多模光纤和单模光纤示意图

（2）光纤不受电磁干扰和静电干扰等影响，即使在同一光缆中，各光纤间几乎没有干扰；易于保密；光纤的衰减频率特性平坦，对各频率的传输损耗和色散几乎相同，因而接收方或中继站不必对幅度和时延等采取均衡措施。

（3）光纤的原料为二氧化硅，原料丰富。相对双绞线、同轴电缆，光纤单价虽较贵，但随着生产成本的日益降低，光纤已经成为全球信息基础设施的主要传输介质。

2.2.4 无线的传输介质

1. 无线电波

无线电波是一个广义的术语，从含义上讲，无线电波是全向传播，而微波则是定向传播。无线电波的频段分配见表 2-1。

表 2-1 无线电波频段和波段名称

频带名称	频率范围/Hz	波段名称	波长范围/m
极低频（ELF）	3～30	极长波	$10^7 \sim <10^8$
超低频（SLF）	>30～300	超长波	$10^6 \sim <10^7$
特低频（ULF）	>300～3 000	特长波	$10^5 \sim <10^6$
甚低频（VLF）	>3 k～30 k	甚长波	$10^4 \sim <10^5$
低频（LF）	>30 k～300 k	长波	$10^3 \sim <10^4$
中频（MF）	>300～3 000 k	中波	$10^2 \sim <10^3$
高频（HF）	>3 M～30 M	短波	$10 \sim <10^2$

续表

频带名称	频率范围/Hz	波段名称	波长范围/m
甚高频（VHF）	>30 M～300 M	米波	1～<10
特高频（UHF）	>300 M～3 000 M	分米波	10^{-1}～<1
超高频（SHF）	>3 G～30 G	厘米波	10^{-2}～<10^{-1}
极高频（EHF）	>30 G～300 G	毫米波	10^{-3}～<10^{-2}
至高频（THF）	>300 G～3 000 G	丝米波或亚毫米波	10^{-4}～<10^{-3}

无线电波的不同频段可用于不同的无线通信方式。

（1）频率范围 3 MHz～30 MHz 通称为高频（HF）段，可用于短波通信。它是利用地面发射无线电波，通过电离层的多次反射到达接收方的一种通信方式。由于电离层随季节、昼夜以及太阳黑子活动情况而变化，所以通信质量难以达到稳定。当实施数据传输时，将会对邻近的传输码元造成干扰。

（2）频率范围 30 MHz～300 MHz 为甚高频（VHF）段，频率范围 300 MHz～3 000 MHz 为特高频（UHF）段，电磁波可穿过电离层，不会因反射而引起干扰，可用于数据通信。例如，ALOHA 系统使用两个频率：上行频率为 407.35 MHz，下行频率为 413.35 MHz，两个信道的带宽均为 100 kHz，可数据传输速率为 9 600 bps。传输是以分组形式进行的，所以也称 ALOHA 系统为分组无线电通信（packet radio communication）网络。

此外，蜂窝移动通信系统（cell mobile communication system）得到了广泛的应用。例如，蜂窝移动电话模拟系统提供多种制式服务，其中全接入通信系统基站发射频段为 935～960 MHz，移动台发射频率范围为 890～915 MHz，收发间隔为 45 MHz，频道间隔为 25 kHz，允许 1 000 个频带通话。再如，全球移动通信系统基于数字射频调制技术，采用时分多路访问或码分多路访问技术提高系统容量和传送质量，有利于引入 ISDN 业务。

在表 2-1 中，分米波、厘米波、毫米波和亚毫米波统称为微波。

2. 地面微波

地面微波的工作频率范围一般为 1～20 GHz，它是指无线电波在对流层的视距范围内实施的传输。受地形和天线高度的限制，两个微波站间的通信距离一般为 30 km～50 km。当用于长途传输时，必须架设多个微波中继站，每个微波中继站的主要功能是变频和放大，这种通信方式称为微波接力通信，如图 2-11 所示。

微波通信可传输电话、电报、图像、数据等信息，其主要特点如下。

（1）微波波段频率高，通信信道容量大，传输质量较平稳，但遇到雨雪天气时会增加损耗。

（2）与电缆通信相比，微波接力信道能通过有线线路难于跨越或不易架设的地区（如高山或深水），故有较大的灵活性，抗灾能力也较强；但通信隐蔽性和保密性不如电缆通信。

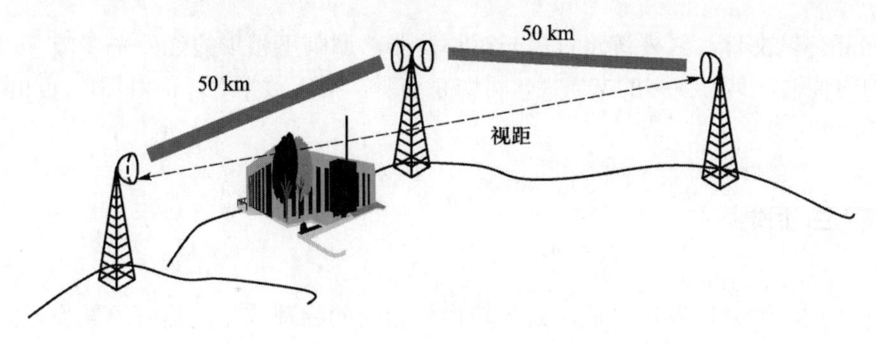

图 2-11 地面微波接力通信

3. 卫星微波

通信卫星是现代电信的重要通信设施之一，它被置于地球赤道上空约 36 000 km 处的对地静止的轨道上，与地球保持相同的转动周期，故称为同步通信卫星。实际上，它是一个悬空的微波中继站，用于连接两个或多个地面微波发射/接收设备（称为卫星通信地球站，简称地球站），如图 2-12 所示。

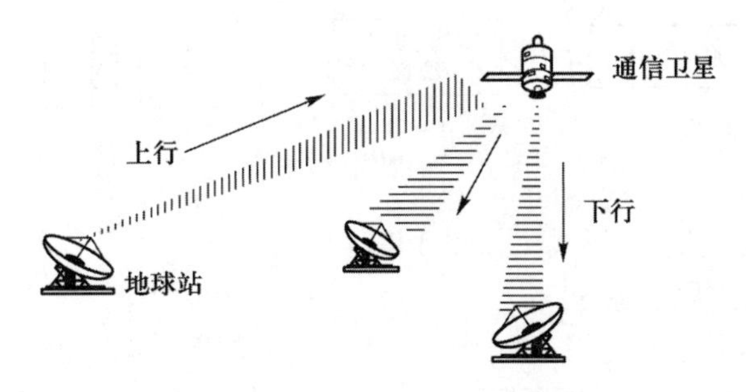

图 2-12 卫星微波中继通信

卫星通信是利用同步通信卫星作为微波中继站，接收地球站送出的上行频段信号，然后以下行频段信号转发到其他地球站的一种通信方式。经卫星一跳（hop），可实现地面最长距离 1.3×10^4 km 的两个地球站间的通信。

卫星微波通信的主要特点如下。

（1）通信覆盖区域广，距离远。

（2）从卫星到地球站是广播型信道，易于实现多址传输。

（3）考虑通信卫星本身和发射卫星的火箭费用很高，且受电源和元器件寿命限制等因素，同步卫星的使用寿命一般多则七八年，少则四五年。

（4）卫星通信的传播时延大，一跳的传播时延约为 270 ms，因此，利用卫星微波作数据传输时，必须考虑这一特点。

4. 红外技术

红外（infrared）技术已经在计算机通信中得到了应用，例如两台笔记本计算机对着红外接口，可相互传输文件。红外链路只需一对收发器，调制不相干的红外光（10^{12}～10^{14} Hz），在视距范围内传输，具有很强的方向性，可防止窃听、插入数据等，但对环境（如雨、雾）干扰特别敏感。

2.3 编码与调制

数据在通过传输介质发送之前，必须转换成相应的物理信号，信号的转换方式依赖于数据的原始格式和通信硬件支持的格式。在实际应用中，比较常用的有四种方式：数字-数字编码、模拟-数字编码、数字-模拟调制和模拟-模拟调制，本节就将介绍这四种信号转换方式。

2.3.1 数字-数字编码

数据终端产生的数据信息是以“1”和“0”两种代码为代表的随机序列，它可以用不同形式的电信号来表示，使其有利于传输，从而构成不同形式的数字-数字编码，如图2-13所示。

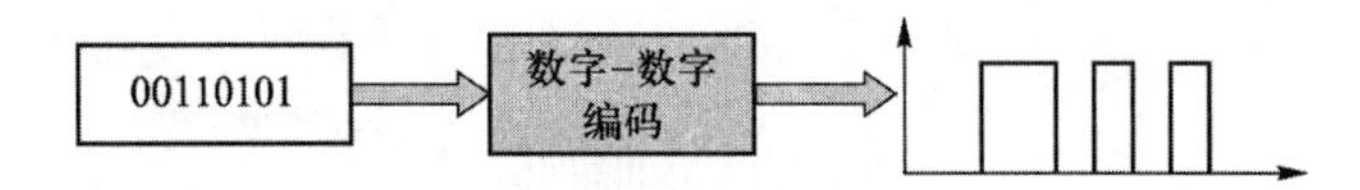

图2-13 数字-数字编码

典型的几种数字-数字编码形式，如图2-14所示。

1. 单极性编码和双极性编码

二进制数字的表示方法若是用正电平表示1，0电平表示0，则称为单极性编码（unipolar coding）；若用正电平表示1，负电平表示0，则称为双极性编码（bipolar coding）。

2. 不归零编码和归零编码

若在一个码元周期内，数据电信号的电平值保持不变，称为不归零编码（non-return-to-zero，NRZ）；若在一个码元周期内，电平维持某个值（正电平或负电平）一段时间就返回零，就称为归零编码（return to zero，RZ）。其中，零电平占整个码元周期的比例称为占空比，占空比通常为50%。

这样，把单极性编码和双极性编码以及不归零编码和归零编码进行组合，则有单极性不归零编码、单极性归零编码、双极性不归零编码和双极性归零编码，如图2-14（a）～图2-14（d）所示。

3. 差分编码

差分编码（differential encoding）又称为相对码，它是用前后码元的电平是否有变化来表示所要传送的0和1，如图2-14（e）所示。其编码规则是：用前后码元的电平有变化（低—高或高—低）来表示二进制1；用前后码元的电平无变化来表示二进制0。并且假设初始状态为低电平，当然也可以假设初始状态为高电平，这样其对应的波形就和图2-14（e）相反了。

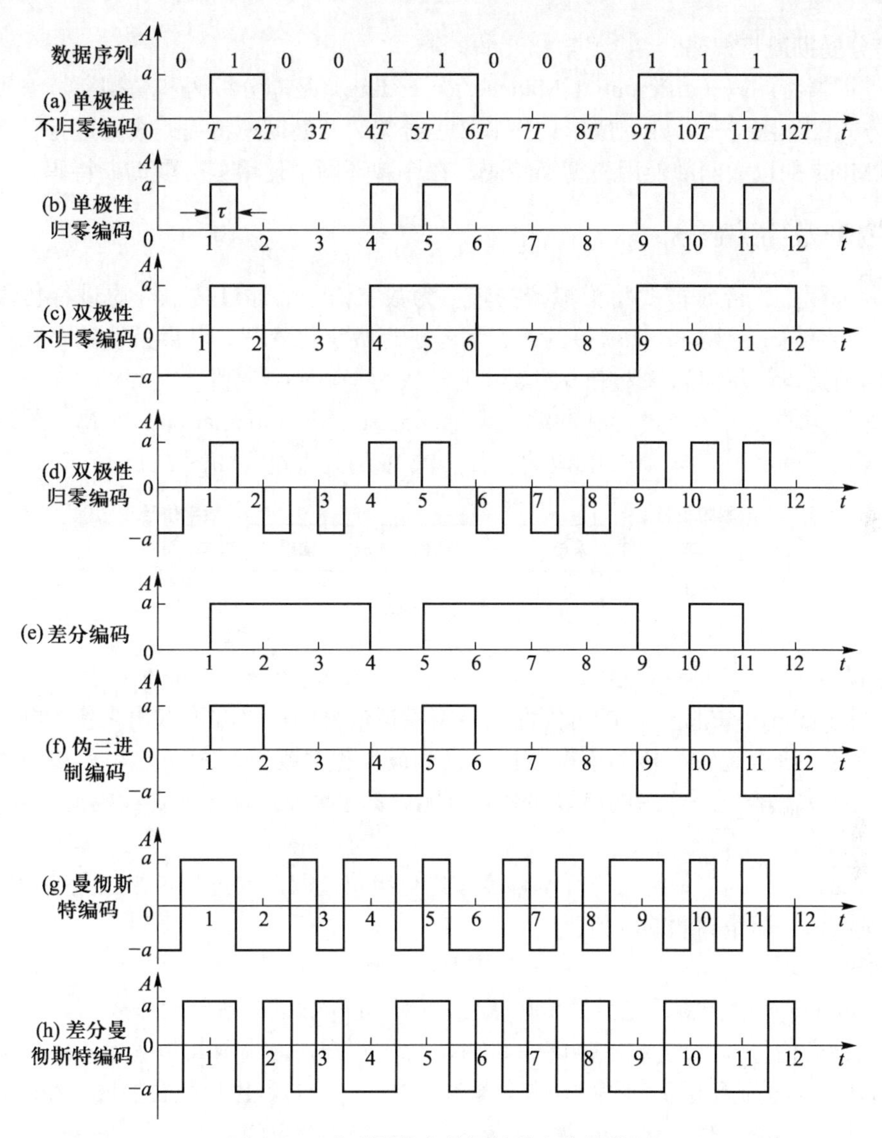

图 2-14　典型的数字数据的数字信号编码

4．伪三进制编码

伪三进制码实际上是用三种电平来表示二进制数据。其编码规则是：对于二进制 0，用零电平表示；二进制 1，采用正电平-负电平交替表示，如图 2-14（f）所示。

5．曼彻斯特编码

曼彻斯特编码（Machester coding）如图 2-14（g）所示。其编码规则：每个码元周期的中间有跳变（极性转换），二进制 0 表示负电平到正电平的跳变；二进制 1 表示为正电平到负电平的跳变。

6．差分曼彻斯特编码

差分曼彻斯特编码（differential Manchester coding）是差分编码和曼彻斯特编码相结合的一种编码方式，如图 2-14（h）所示。先后按差分编码及曼彻斯特编码规则进行转换即可。一般，在 10 Mbps 的以太网中使用曼彻斯特码，在令牌环网中使用差分曼彻斯特码。

2.3.2 模拟-数字编码

在实际应用中，经常需要将模拟数据转换为数字信号后通过传输介质进行传输，就是所谓的模拟-数字编码。例如，把模拟的声音信号进行数字化处理，其要解决的是在尽量不损失信号质量的前提下，将信息从无穷多的连续值转换为有限个离散值。

通过对模拟的语音信号进行脉冲编码调制（pulse code modulation，PCM）处理后变成的数字化语音信号就属于模拟-数字编码的一种，PCM 的处理过程如图 2-15 所示。

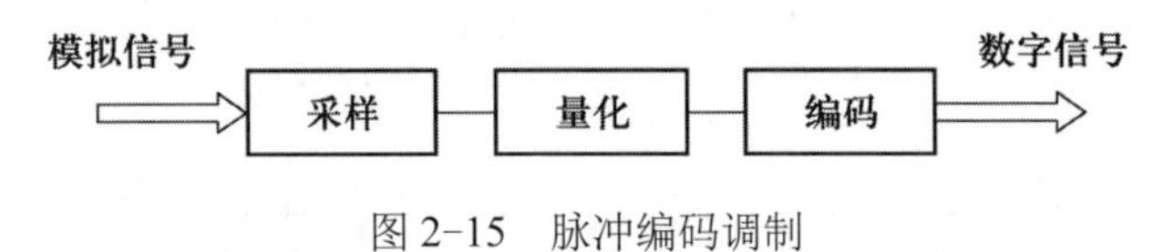

图 2-15　脉冲编码调制

1．采样

采样（sampling）是隔一定的时间间隔，将模拟信号的电平幅度取出来作为样本，让其表示原来的信号。一个连续变化的模拟数据，设其最高频率或带宽为 F_{max}，则按照采样定理：若采样频率≥$2F_{max}$，则采样后的离散序列就可无失真地恢复出原始的连续模拟信号。

2．量化

量化（quantization）是将采样样本幅度按量化级决定取值的过程，经过量化后的样本幅度为离散的量级值，即是离散的取值。

3．编码

编码（coding）是指将量化后的量化幅度，用一定位数的二进制码来表示。

大多数话音信号频率范围在 300～3 400 Hz 标准频谱内，当取其带宽为 4 kHz 时，采样频率为 8 000 Hz。二进制码组称为码字，其位数称为字长。此过程由模数转换器（A/D converter）实现。在 PCM 系统的数字化话音中，通常分为 N=256 个量级，即采用 $\log_2 N$=8 位二进制编码。这样，话音信号的数据传输速率为

$$8\,000\ \text{Hz}\times 8\ \text{b}=64\ \text{Kbps}$$

脉冲编码调制过程示例如图 2-16 所示。其中，采用 3 位二进制编码，3 个采样点经编码后分别量化为 011、111、010。

除此以外，还可以采用自适应差分脉冲编码调制（adaptive differential pulse code modulation，ADPCM）的方法进行模拟信号的数字化处理，ADPCM 是在 PCM 基础上进行的改进，对实际信号与按其前一部分信号而得的预测值间的差值信号进行编码。话音信号样值的相关性，使差值信号的动态范围较话音样值本身的动态范围大大缩小，因此用较低码速也能得

到足够精确的编码效果。在 ADPCM 中所用的量化间隔的大小还可按差值信号的统计结果进行自动适配，达到最佳量化，从而使因量化造成的失真最小。ADPCM 方式已广泛应用于数字通信、卫星通信、数字话音插空设备及变速率编码器中。

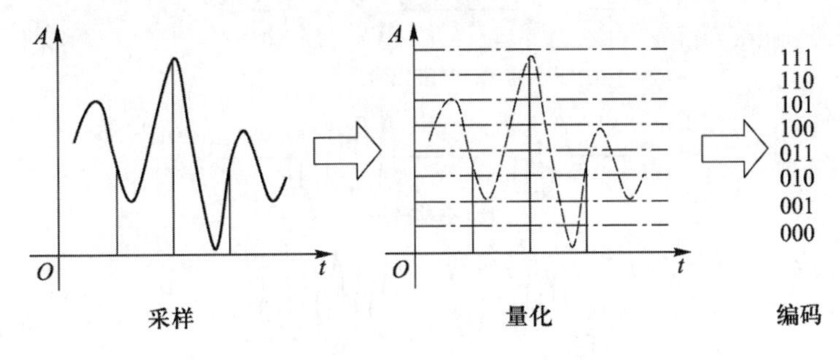

图 2-16　脉冲编码调制过程

2.3.3　数字-模拟调制

数字-模拟调制是把以二进制 0 或 1 表示的数字数据转换为模拟信号，从而在相应传输介质上传输的一种调制方式。

例如当通过一条电话线将数字数据从一台计算机传送到另外一台计算机时，由于电话线只能传送模拟信号，所以必须对计算机发出的二进制数据进行转换，也就是将二进制数据调制为模拟信号。

所谓调制就是用基带信号对载波信号的某些参数进行控制，使这些参数随基带信号的变化而变化。用于调制的基带信号是数字信号，所以又称为数字调制。调制解调器是比较典型的通信设备，在调制解调器中一般选择正弦信号作为载波，因为它形式简单，便于产生和接收。由于正弦信号可以通过三个特征来定义，即幅度、频率和相位，所以在频带传输中所使用的调制方法主要有幅移键控、频移键控和相移键控三种。

幅移键控（amplitude-shift keying，ASK）又称数字调幅，是指用基带信号来控制载波信号的幅度发生变化，从而携带基带的 0、1 数据。对如图 2-17（a）所示基带信号，用载波信号的不同幅值来表示两个二进制值，如图 2-17（b）所示，1 有载波，0 无载波。

数字-模拟调制

频移键控（frequency-shift keying，FSK）又称数字调频，是指用基带信号来控制载波信号的频率发生变化，从而携带基带的 0、1 数据。如图 2-17（c）所示，用不同的载波频率（相同幅度）来表示两个二进制数据，即 1 载频 F_1，0 载频 F_2。

相移键控（phase-shift keying，PSK）又称数字调相，是指用基带信号来控制载波信号的相位发生变化，从而携带基带的 0、1 数据。如图 2-17（d）所示，用不同的载波相位（相同幅度）来表示两个二进制值，“1”载频相位与前一信号相反，“0”载频相位与前一信号相同。

在现代调制技术中，常将上述基本调制方法加以组合应用，以求在给定的传输带宽内，可提高数据的传输速率，如正交调幅调制、数字调幅调相等。

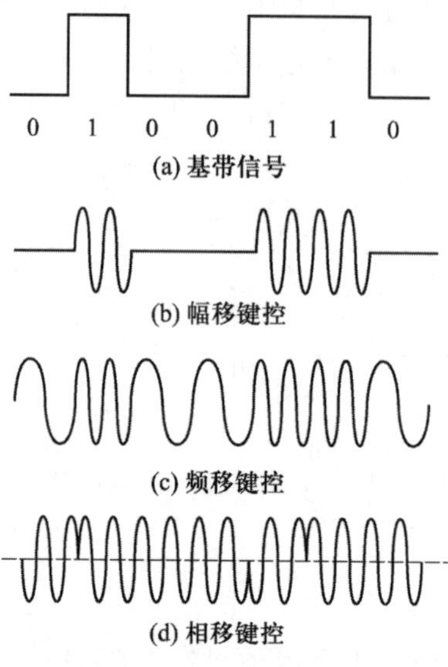

图 2-17 基本的调制方法

2.3.4 模拟-模拟调制

模拟-模拟调制的目的是将模拟信号调制到高频载波信号上，主要用于信号的远距离传输。该调制主要是通过三种方式实现：调幅、调频和调相。

调幅（amplitude modulation，AM）是指使载波信号的幅度随原始模拟数据（即调制信号）的幅度变化而得到的信号（已调信号），而载波的频率是不变的。

调频（frequency modulation，FM）是指使载波信号的频率随原始模拟数据的频度变化而得到的信号，而载波的幅度是不变的。

调相（phase modulation，PM）是指使载波信号的相位随原始模拟数据的幅度变化而得到的信号，而载波的幅度是不变的。

载波通信就是采用幅度调制实现频率搬移的一种模拟通信方式。现有的无线广播电台仍采用调幅、调频技术。

2.4 多路复用技术

我们知道，在整个通信工程的投资成本中传输介质占有相当大的比重，传输介质由于资源有限，制造成本增加，即使采用原料丰富的光纤线路，铺设费用也在增长。尤其对有线传输介质而言，其投资在整个通信网络中所占比重越来越大。对于无线传输介质来说，有限的可用频率是一种非常宝贵的通信资源。因此，如何提高传输介质的利用率，是数据通信系统研究中一个不可忽视的重要内容。

信道多路复用技术是指在一条传输信道中传输多路信号，以提高传输介质利用率的技术。常用的多路复用技术有时分多路复用（time division multiplexing，TDM）、频分多路复用（frequency division multiplexing，FDM）、码分多路复用（code division multiplexing，CDM）和波分多路复用（wavelength division multiplexing，WDM）等。下面分别介绍这几种多路复用技术。

2.4.1 频分多路复用

任何信号只占据宽度有限的部分频带，而在实际应用中，一个信道可以被利用的频率比一个信号的频率宽得多，因而可以利用频率分隔的方式来实现多路复用。

频分复用是利用频率分割方式来实现多路复用，传统的多路载波电话系统就是一种典型的频分多路复用系统。它是利用频率变换或调制的方法，将若干路信号搬移到频谱的不同位置，相邻两路的频谱之间留有一定的频率间隔，这样排列起来的信号就形成一个频分多路复用信号。它将被发送设备发送出去，传输到接收方以后，接收方利用滤波器把各路信号区分开来。这种方法起源于电话系统，我们就利用电话系统这个例子来说明频分多路复用的原理。

我们知道，一路电话的标准频带是 0.3 kHz～3.4 kHz，高于 3.4 kHz 和低于 0.3 kHz 的频率分量都将被衰减掉（这对于语音的清晰度和自然度的影响都很小，不会令人不满意）。若在一对导线上传输若干路这样的电话信号，即它们所占用的频段是一样的，接收方则无法把它们分开。利用频率变换，则将三路电话信号搬到频段的不同位置，如图 2-18 所示，就形成了一个带宽为 12 kHz 的频分多路复用信号，其中一路电话信号共占用 4 kHz 的带宽。由于每路电话信号占用不同的频带，到达接收方后，就可以将各路电话信号用滤波器区分开。由此可见，信道的带宽越大，容纳的电话路数就越多。

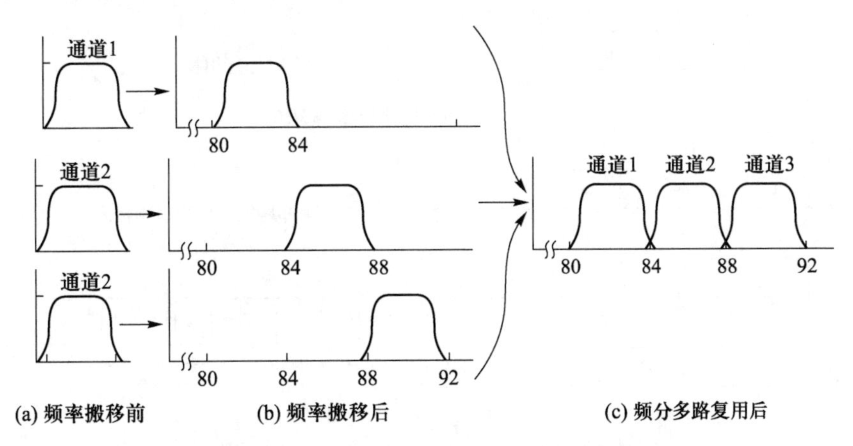

图 2-18 使用频分多路复用技术的多路载波电话系统

由前所述，尽管数字化技术发展迅速，但利用软传输介质的无线电通信、微波通信、卫星通信以及移动通信中仍然少不了使用频分多路复用技术。

2.4.2 时分多路复用

时分多路复用是利用时间分片方式来实现传输信道的多路复用。从分配传输介质资源的角度出发，时分多路复用又可分为以下两种。

1. 静态时分多路复用

静态时分多路复用又称同步时分复用（synchronous time division multiplexing），是一种固定分配资源的方式，即将多个用户终端的数据信号分别置于预定的时隙（time-slot，TS）内传输，如图 2-19（a）所示。不论用户有无数据发送，其分配关系是固定的，即使图 2-19（a）中部分时隙无数据发送，此时其他用户也不得占用。这种方式的发收之间周期性地依次重复传送数据，且保持严格的同步。使用这种方式时，高速的传输介质容量（即线路可允许的数据传输速率）等于各个低速用户终端的数据传输速率之和。

时分复用

例如，设线路传输速率为 19.2 Kbps，若用户终端数为 4，则采用静态时分多路复用方式时，如图 2-19（a）所示，每个用户的平均数据传输速率可达 4 800 bps。这种方式构成的设备常称为复用器（multiplexer，MUX）。

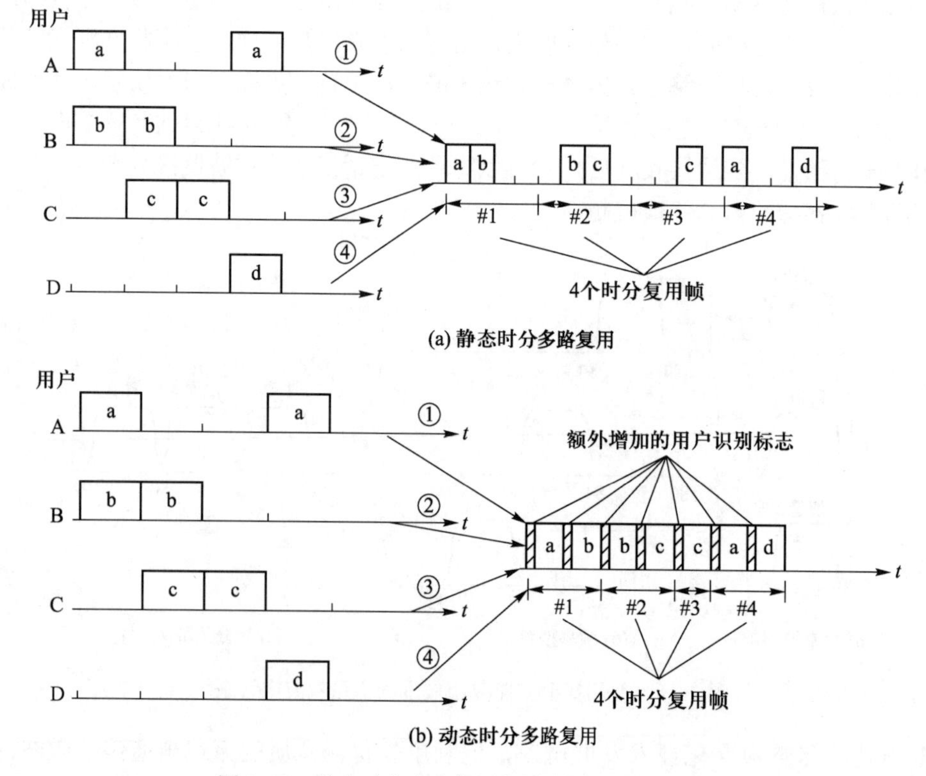

(a) 静态时分多路复用

(b) 动态时分多路复用

图 2-19 静态时分多路复用与动态时分多路复用

2．动态时分多路复用

动态时分多路复用又称异步时分多路复用或统计时分多路复用（statistical time division multiplexing，STDM），是一种按需分配介质资源的方式，也就是说，只有当用户有数据要传输时才分配资源，若用户暂停发送数据，就不分配，如图 2-19（b）所示。由此可知，动态时分多路复用方式可以提高传输线路的利用率，这种方式特别适合于计算机通信中突发性或断续性的应用需求。基于这种方式构成的设备，称为集中器（concentrator）；分组交换设备及分组型终端设备也采用了这种工作机制。

从图 2-19 可知，当采用动态时分多路复用时，每个用户的数据传输速率可高于平均速率，最高可达到线路传输速率 19.2 Kbps。但动态时分多路复用方式在各个线路接口处应采取必要的技术措施，例如：

- 设置缓冲区，可存储已到达但尚未发出的数据单元；
- 设置流量控制，以利于缓和用户争用资源而引发的冲突。

在动态时分多路复用方式中，每个用户的数据单元在一条线路上互相交织着传输，为了便于接收方区分其归属，必须在所传数据单元前附加用户标识符，并对所传数据单元加以编号。这种机理就像把传输信道分成了若干子信道，这种信道通常称为逻辑信道（logical channel，LC）。每个子信道都可用相应的号码表示，称为逻辑信道号（logical channel number，LCN）。逻辑信道号作为传输线路的一种资源，可由网中分组交换机或分组型终端根据数据用户的通信要求予以动态分配。逻辑信道为用户提供了独立的数据流通路，对同一个用户而言，每次通信可能分配不同的逻辑信道号。

2.4.3　码分多路复用

码分多路复用又称为码分多路访问（code division multiple access，CDMA），是蜂窝移动通信中迅速发展的一种信号处理方式。全球移动通信系统（GSM）采用了时分多路访问（time division multiple access，TDMA）技术，依据帧的属性来分配信道，将整个信道按 TDM（静态）和 ALOHA（动态）方法分配给联网的各个站点，可看作是一种强制性的信道分配方法，结构复杂。而 CDMA 则完全不同，它允许所有站点同时在整个频段上进行数据传输，也就是说，每个用户可以在同一时间使用同样的频带进行通信，那么彼此之间又是如何进行区分的呢？

实际上，它是采用按照码片序列来划分信道的方法去区分每个用户的数据。每个用户被指派一个长度为 m 位的码片序列，该码片序列如果要发送 1，则发送其自身 m 位码片序列；如果要发送 0，则会发送该码片序列的二进制反码。那么对于每个用户来说，实际上单位时间发送的数据是原来的 m 倍，所以其占用的频带宽度也是原来的 m 倍，也就是采用了扩频技术。回想一下前面介绍信道容量时的香农公式 $C=W\log_2(1+S/N)$，如果保持 C 不变，那么在带宽 W 提高 m 倍的情况下，信噪比 S/N 降低，也就是可以降低信号的发送功率。这也说明了为什么 CDMA 具有隐蔽性，并且早期会用于军事中。

假设 m=8（实际上，码片序列可能远远不止 8 位），某站点 S 被分配的码片序列是 00011011。当发送 1 时，就发送序列 00011011，当发送 0 时，实际上发送的是序列 11100100。

同时，从代数的角度，可以把 S 站的码片序列表示为(−1 −1 −1 +1 +1 −1 +1 +1)，即 0 用−1 表示，码片中的 1 用+1 表示。为什么要这么表示呢？因为每个站点的码片序列不但要各不相同，彼此之间还必须呈现正交的关系。所谓正交就是指任意两个站点的码片向量对应位相乘再相加后代数和为 0。例如，假设站点 S 的码片向量表示为(−1 −1 −1 +1 +1 −1 +1 +1)，站点 T 的码片序列是 00101110，也就是(−1 −1 +1 −1 +1 +1 +1 −1)，把这两个站的码片序列对应位相乘再相加，则其代数和等于 0。

假设站点 S 和站点 T 同时发送数据，接收方站点若要从接收到的信号中提取站点 S 发送的数据，就必须事先知道站点 S 的码片序列，尽管接收方收到的是同一频段内所有站点（S 站和 T 站）发送的信号的叠加，但是由于不同站点码片序列之间呈正交关系，所以 T 站点发送的信号不会对接收方的判断产生影响。也就是说，接收方通过计算收到的码片序列（各站发送的线性总和）和待接收站点 S 的码片序列的内积，就可还原出站点 S 实际发送的比特流。

码分复用

2.4.4 波分多路复用

网络用户的数量越来越多，人们对网络的需求和依赖性也越来越高，显而易见，运营商们也迫切需要更高的网络容量来满足用户日益增长的服务需求。波分多路复用技术也就应运而生了。波分多路复用（WDM）是在光纤成缆的基础上实现的大容量传输技术。其实，它本质上是一种光的频分多路复用，因为所用的频率比较高，习惯上就用光的波长来表示，名字也就变成了波分多路复用。

采用波分多路复用技术后，由于可以在一根光纤上使用不同的波长来传输多道光信号，所以可以进一步提高光纤的传输容量，满足迅速增长的通信需求和多媒体通信。如图 2−20 所示，若单纤可传送 16 种波长的信号，每种一波长的信号传输速率为 2.5 Gbps，则可以构成 40 Gbps 的传输系统。

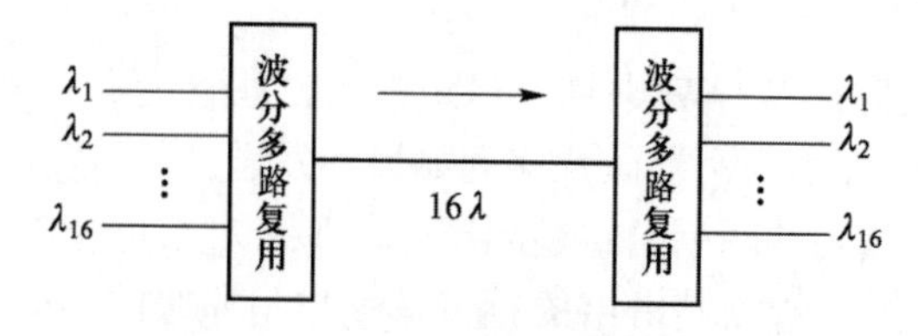

图 2−20 波分多路复用

密集波分多路复用（dense wavelength division multiplexing，DWDM）一词常用来描述支

持巨大数量信道的系统，但对“密集”尚无明确的定义。例如，通道间隔为 100 GHz、通道数为 40 的 DWDM 模块采用干涉滤波器技术，其功能是将满足 ITU 波长的光信号分开（解复用）或将不同波长的光信号合成（复用）至一根光纤上，可支持 100 万个话音信道和 1 500 个视频信道。

2.5　数据交换技术

在大量用户（人或计算机）群体之间互相要求通信时，如何有效地进行接续？实践表明，采用交换技术是一种有效且经济的解决办法。例如，数据经过编码后要在通信线路上传输，最简单的形式是用传输介质将两个端点直接连接起来进行数据传输。但是，每个通信系统都采用收发两端直接相连的形式是不可行的。一般要通过一个由多个节点组成的中间网络来把数据从源点转发到目的点，以实现通信。这个中间网络不关心所传输数据的内容，只是为这些数据从一个节点到另一个节点直至到达目的点提供交换功能。因此，这个中间网络也称通信子网，组成通信子网的节点称为交换节点。交换节点泛指通信子网内各类交换设备，这类交换设备通常由交换设备内部的交换网络（switching network，SN）、通信接口（用户接口、中继接口等）、控制单元以及信令单元等部分所组成，如图 2-21 所示。

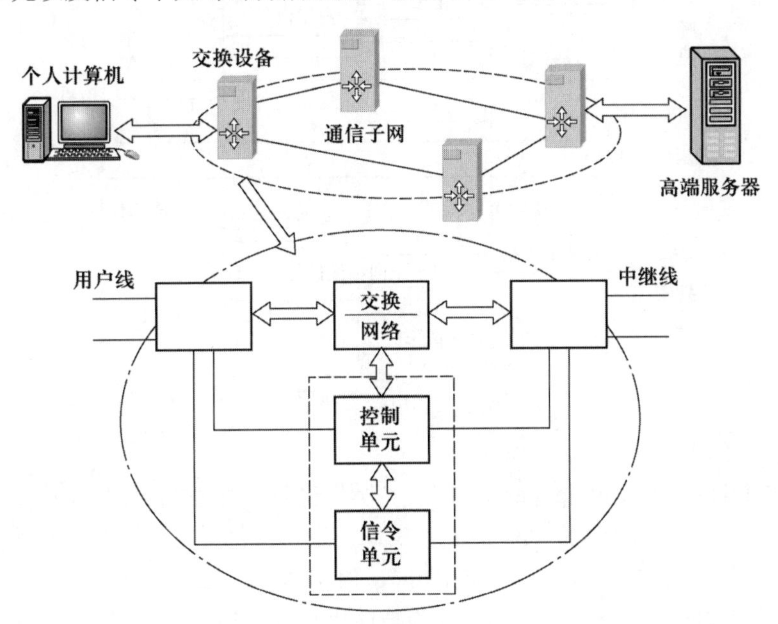

图 2-21　交换节点的基本组成

数据交换是在多节点网络中实现数据传输的有效手段。常用的数据交换方式有电路交换和存储转发交换两大类，存储转发交换又可分为报文交换和分组交换方式。下面分别介绍这几种交换方式。

2.5.1 电路交换

电路交换（circuit switching）也称线路交换，是数据通信领域最早使用的交换方式。通过电路交换进行通信，就是要通过中间交换节点在两个站点之间建立一条专用的通信线路。最普通的电路交换例子是电话通信系统。电话交换系统利用交换机，在计算机通信网络中应用的电路交换和电话交换系统工作原理是相似的，但从系统设计的对象来讲是不同的：电话交换系统是以话音业务通信为目标，而计算机网络中的电路交换是面向数据业务的，组成电路交换公用数据网（circuit switched public data network，CSPDN）。

电路交换

所有电路交换的基本处理过程都包括呼叫建立、通信（信息传送）、连接释放三个阶段，如图 2-22 所示。

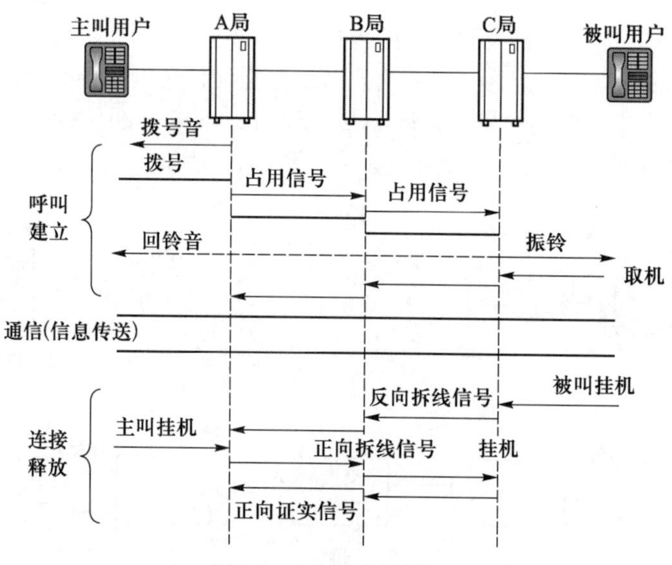

图 2-22 电路交换原理

1．呼叫建立阶段

图 2-22 中主叫用户（calling party）取机，听拨号音，拨被叫用户（called party）号码。若与被叫用户不在同一个交换局，则 A 局向 B 局发送占用信号，转接被叫号码，再由 B 局转发到 C 局。A 局常称为本地局，C 局为远端局，而 B 局仅起到中转作用，称为中转局。最终 C 局按被叫号码向被叫用户发送振铃信号。当被叫用户取机后，C 局接收应答信号，然后通知各局加以连接。

2．通信阶段

在通信阶段，始终在主叫用户与被叫用户间保持一条物理连接线路。

3. 连接释放阶段

当主叫或被叫任一方挂机时，局间互送正向或反向拆线信号，经证实后释放连接。值得说明的一点，目前电路交换系统采用了主叫方计费方式，因此，若被叫用户先挂机，物理连接暂不释放，由端局向主叫用户送忙音催挂。

电路交换的主要特点归纳如下。

（1）电路交换是一种实时交换，适用于对实时性要求高的话音通信（全程不超过200 ms）。

（2）在通信前要通过呼叫，为主叫、被叫用户建立一条物理的连接。

（3）电路交换是预分配带宽，话路接通后，即使无信息传送也虚占电路，据统计，传送数字话音时电路利用率仅为36%。

（4）在传送信息时，没有任何差错控制措施，不利于传输对可靠性要求高的突发性数据业务。

2.5.2　报文交换

早在20世纪40年代，电报通信系统采用了报文交换（message switching）方式。它与电路交换的工作原理不同，传送报文时，没有连接建立/释放两个阶段。在报文交换节点中，不断接收报文并存储，再按报文的报头（内含收报人地址、流水号）进行转发，如图2-23所示。

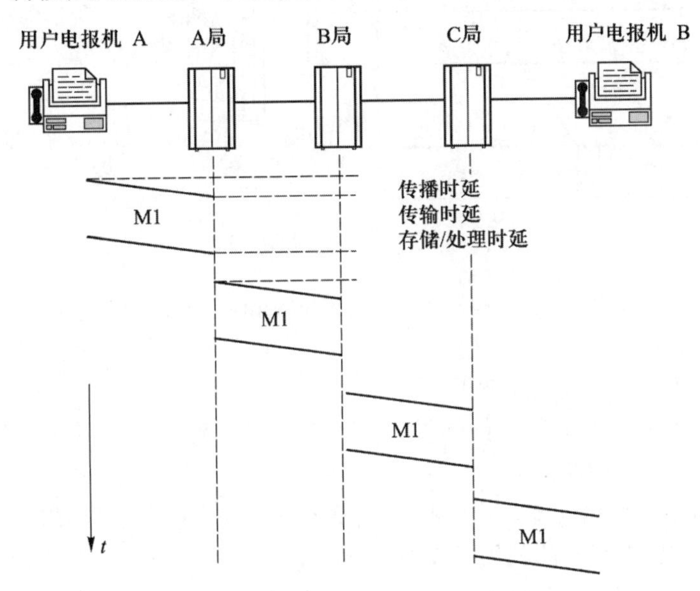

图2-23　报文交换的基本处理过程

报文交换的特点如下。

（1）交换节点采用存储转发方式对每份报文完整地加以处理。

（2）每份报文中含有报头，必须包含收、发双方的地址，以便交换节点进行路由选择。

（3）报文交换可进行速率、码型的变换，具有差错控制功能，便于一对多地传送报文，过载时将会导致报文延迟。

2.5.3 分组交换

分组交换也是一种存储转发处理方式，其处理过程是将用户原始信息（报文）分成若干个小的数据单元来传送，这个数据单元称为分组（packet），也可称为包。每个分组中必须附加一个分组标题，含可供处理的控制信息（路由选择、流量控制和阻塞控制等）。图 2-24 给出了三台分组交换机（packet switching equipment，PSE）互联而成的分组交换网示意图，假设每台分组交换机各连接一台计算机（或称主机）。

分组交换

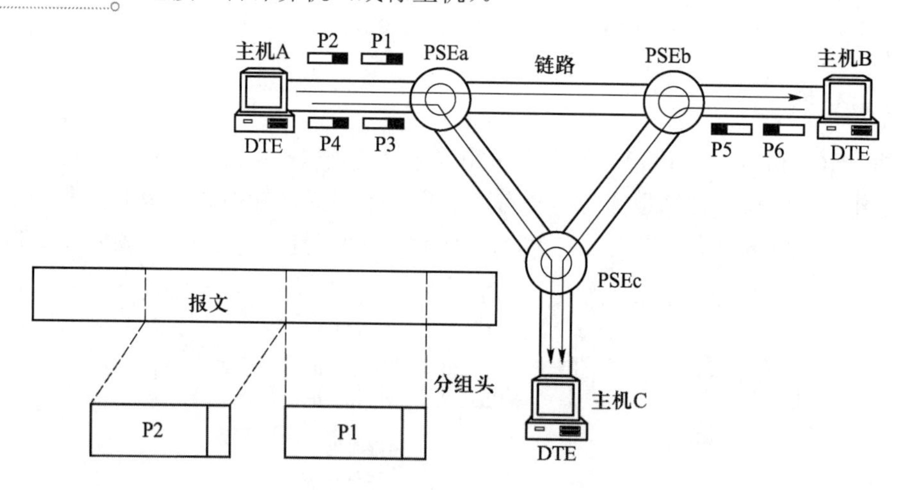

图 2-24 分组交换网的虚连接

分组交换提供两种服务方式：虚电路（virtual circuit，VC）和数据报（datagram），在第 4 章中会详细介绍这两种服务方式。

分组交换的主要优点可以归纳如下。

（1）能够实现不同类型的数据终端设备（含有不同的数据传输速率、不同的代码、不同的通信控制规程等）之间的通信。

（2）提供分组多路通信功能。由于提供线路的分组动态时分多路复用，因此提高了传输介质（包括用户线和中继线）的利用率。各个分组都有控制信息，使分组型终端和分组交换机间的一条传输线路上可同时与多个不同用户终端进行通信。

（3）数据传输质量高、可靠性高。各分组在网络中传输时可以分段、独立地进行差错流量控制，因而网内全程误码率可达 10^{-10} 以下。由于分组交换网具有路由选择、拥塞控制等功能，当网内线路或设备产生故障后，可自动为分组选择一条迂回路由，避开故障点，不会引起通信中断。

（4）经济性好。分组交换网是以分组为单元在交换机内进行存储和处理的，因而有利于降低网内设备的费用，提高交换机的处理能力。由于分组采用动态时分多路复用，大大提高了通信线路的利用率，可相对降低用户的通信费用。另外，利用分组交换方式可准确地计算用户的通信量，因此通信费用可按通信量和时长相结合的方法来计算，而与通信距离无关。分组交换网可通过网络管理系统对网内实行分散式处理、控制和集中维护，提高网络运行效率。

分组交换的缺点如下。

例题讲解

（1）由于采用存储转发方式处理分组，所以分组在网内的平均时延可达几百毫秒。

（2）每个分组附加的分组标题都需要交换机分析、处理，导致开销增加，因此分组交换适于突发性或断续性通信业务需求，而不适于在实时性要求高、信息量大的环境中应用。

（3）分组交换技术比较复杂，涉及网络的流量控制、差错控制、代码、传输速率的变换方法和接口以及网络的管理和控制的智能化等。

2.6 物理层设备与接口

在物理层进行网络扩展时必须使用相应的网络设备和接口，本节首先简单介绍工作在物理层的网络设备——中继器，然后较为详细地讨论物理层另外一个网络设备——集线器，最后叙述物理层的接口特性。

2.6.1 中继器

中继器（repeater）是连接网络线路的一种装置，常用于两个网络节点之间物理信号的双向转发工作。中继器是最简单的网络设备，主要完成物理层的功能，负责在两个节点的物理层上按位传递信息，完成信号的复制、调整和放大等工作，以延长网络传输的距离。

由于在传输的过程中存在损耗，在线路上传输的信号功率会逐渐衰减，一旦衰减到一定程度将造成信号失真，进而导致接收错误。中继器就是为解决这一问题而设计的。它完成物理线路的连接，对衰减的信号进行放大，使之与原数据保持一致。

一般情况下，中继器两端连接的介质相同，但有的中继器也可以完成不同介质的转接工作。从理论上讲，中继器的使用可以是无限的，网络也因此可以无限延长。但事实上这是不可能的，因为网络标准中都对信号的延迟范围做了具体的规定，中继器只能在此规定范围内进行有效的工作，否则会引起网络故障。以太网络标准中就约定了一个以太网上只允许出现 5 个网段，最多使用 4 个中继器，而且其中只有 3 个网段可以挂接计算机终端。

2.6.2 集线器

集线器（hub）的主要功能是对接收的信号进行再生、整形、放大，以扩展网络的传输距离，同时把所有节点集中在以它为中心的节点上，其本质上是一个多端口的中继器。它工作于OSI参考模型的最底层，也就是本章所介绍的物理层。集线器与网卡、网线等传输介质一样，属于局域网中的基础设备，采用CSMA/CD访问方式。

1．集线器的作用

集线器是以优化网络布线结构、简化网络管理为目标设计的。常见的集线器基本结构如图2-25所示，其外部结构比较简单。集线器是一个多端口的转发器，当以集线器为中心设备时，网络中某条线路产生故障后并不会影响其他线路的工作，所以集线器在局域网中得到了广泛的应用。

图2-25 集线器

2．集线器的分类

按照输入信号处理方式，可以将集线器分为无源集线器、有源集线器与智能集线器。

无源集线器不对信号做任何处理，对介质的传输距离没有扩展，并且对信号会有一定的影响。连接在这种集线器上的每台计算机都能收到来自同一台集线器上所有其他计算机发出的信号。

有源集线器与无源集线器的区别就在于它能对信号放大或再生，这样就延长了两台主机间的有效传输距离。

智能集线器除具备有源集线器所有的功能外，还有网络管理及路由功能。在智能集线器网络中，不是每台机器都能收到所有信号的，只有与信号目的地址相同地址端口的计算机才能收到相关信息。有些智能集线器还可自行选择最佳路径。

按其他方法还有很多种类，如10 Mbps、100 Mbps、10/100 Mbps自适应集线器等，这里就不再赘述了。

3．集线器的端口

集线器通常提供三种类型的端口，即RJ-45端口、BNC端口和AUI端口，以连接由不同类型电缆构建的网络。一些高档集线器还提供光纤端口和其他类型的端口。

1）RJ-45端口

RJ-45端口可用于连接RJ-45接头，适用于由双绞线构建的网络，这种端口是最常见的，一般来说以太网集线器都会提供这种端口。人们平常所说的几口集线器，就是指集线器具有几个RJ-45端口。如图2-26所示。

集线器的RJ-45端口既可直接连接计算机、网络打印机等终端设备，也可以与其他交换机、集线器等集线设备和路由器进行连接。需要注意的是，当连接至不同设备时，所使用的双绞线电缆的跳线方法有所不同。

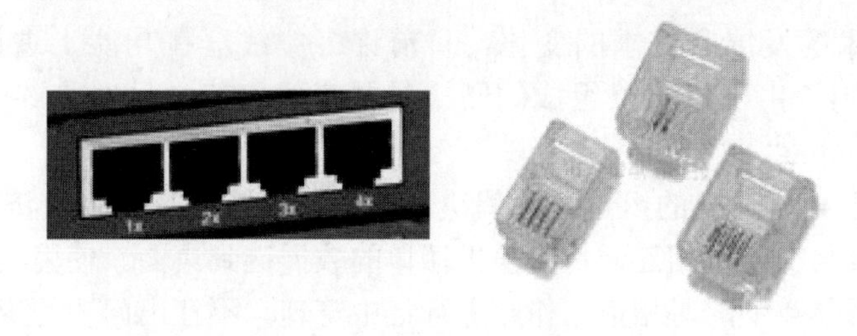

图 2-26　RJ-45 端口和 RJ-45 接头

2）BNC 端口

BNC 端口是与细同轴电缆连接的接口，它一般是通过 BNC T 型接头进行连接的。

大多数 10 Mbps 集线器都拥有一个 BNC 端口。当集线器同时拥有 BNC 和 RJ-45 端口时，由于既可通过 RJ-45 端口与双绞线网络连接，又可通过 BNC 端口与细缆网络连接，因此，可实现双绞线和细同轴电缆两个采用不同通信传输介质的网络之间的连接。这种双接口的特性使其既可兼容原有的细同轴电缆网络（10BASE-2），并可逐步实现向主流双绞线网络（10BASE-T）过渡，当然还可实现与远程细同轴电缆网络（少于 185 m）之间的连接。

同样，如果两个网络之间的距离大于 100 m，使用双绞线不能实现两个网络之间的连接，则也可以通过集线器的 BNC 端口利用细同轴电缆将两个网络连接起来，而两个网络内仍可采用双绞线。

3）AUI 端口

AUI 端口是用于连接粗同轴电缆的接口，目前带有这种接口的集线器比较少，主要用于一些骨干级集线器中。

4．集线器的工作特点

依据 IEEE 802.3 协议，集线器功能是随机选出某一端口的设备，并让它独占全部带宽，与集线器的上联设备（交换机、路由器或服务器等）进行通信。由此可以看出，集线器在工作时具有以下两个特点。

首先，集线器只是一个多端口的信号放大设备，工作中当一个端口接收到数据信号时，由于信号在从源端口到集线器的传输过程中已产生衰减，所以集线器便将该信号进行整形、放大，使被衰减的信号再生（恢复）到发送时的状态，紧接着转发到其他所有处于工作状态的端口上。从集线器的工作方式可以看出，它在网络中只起到信号放大和重发作用，其目的是扩展网络传输范围，而不具备信号的定向传送能力，是一个标准的共享式设备。因此有人称集线器为“哑 Hub”。

其次，集线器只与它的上联设备（如上层集线器、交换机或服务器）进行通信，同层的各端口之间不会直接进行通信，而是通过上联设备再将信息广播到所有端口上。由此可见，即使是在同一集线器的不同两个端口之间进行通信，也必须经过两步操作：第一步是将信息上传到上联设备，第二步是上联设备再将该信息广播到所有端口上。

不过，随着技术的发展和需求的变化，目前许多集线器在功能上进行了拓宽，不再受这种工作机制的限制。由于集线器组成的网络是共享式网络，同时集线器也只能够在半双工模式下工作。

集线器主要用于共享网络的组建，是解决从服务器直接到桌面最经济的方案。在交换式网络中，集线器直接与交换机相连，将交换机端口的数据送到桌面。使用集线器组网灵活，它处于网络的一个星形节点上，对相连工作站进行集中管理，不让出问题的工作站影响整个网络的正常运行，并且用户的加入和退出也很自由。

5. 集线器常见故障的分析处理

对于最普通、最常见的星形拓扑结构来说，集线器是“心脏”部分，一旦它出问题，整个网络便无法工作，所以它的好坏对于整个网络来说都是相当重要的。

集线器或交换机（switch）是局域网中最普及的设备。一般情况下，它们为用户查找网络故障提供了方便，如通过观察与集线器（或交换机）连接端口的指示灯是否亮来判断网络连接是否正常。对于 10/100 Mbps 自适应集线器（或交换机）而言，还可通过连接端口指示灯的不同颜色来判断连接计算机是工作在 10 Mbps 状态下，还是在 100 Mbps 状态下。所以，在大多数应用场合中，集线器（或交换机）的使用是有利于网络维护的。但是，若集线器（或交换机）的使用不当或自身损坏，也会给网络的连接带来问题。

2.6.3 物理层接口特性

在介绍物理层接口特性之前，首先来讲解数据终端设备（data terminal equipment，DTE）和数据电路端接设备（data circuit-terminating equipment，DCE）的概念。图 2-27 给出了一个实际的数据通信系统的例子，其中，数据终端设备即 2.1 节中所描述的信源，数据电路端接设备就是信号转换设备。在 ITU 系列建议中，数据终端设备泛指智能终端（各类计算机系统、服务器）或简单终端设备（如打印机），内含数据通信（或传输）控制单元，又称为计算机系统。数据电路端接设备指用于处理网络通信的设备。

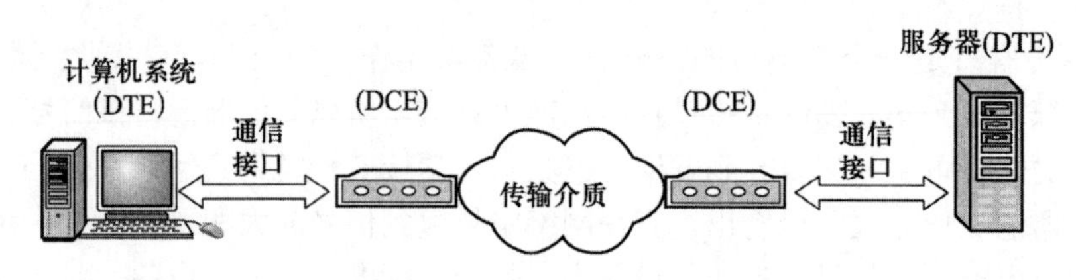

图 2-27 一个实际的数据通信系统

若传输信道采用专线方式，DTE 发送的数字数据通过通信接口，经传输信道到达接收方的 DCE，然后再经过通信接口传送到服务器，反则亦然。

通信接口特性是指 DTE 和 DCE 之间的物理特性，这种连接特性和选用的 DCE 类型、传输信道（模拟或数字）、传输方式和通信速率等很多方面的因素有关。为了确保双方能够正常通信，最基本的任务是保持接口特性的标准化，即符合四个方面的特性：机械特性、电气特性、功能特性和规程特性。

1．通信接口的机械特性

DTE 和 DCE 接口是实现多线互联的接插件，其机械特性规定了接插件的几何尺寸和引脚排列，如图 2-28 所示。几种常用的接插件规格及其应用环境，如表 2-2 所示。

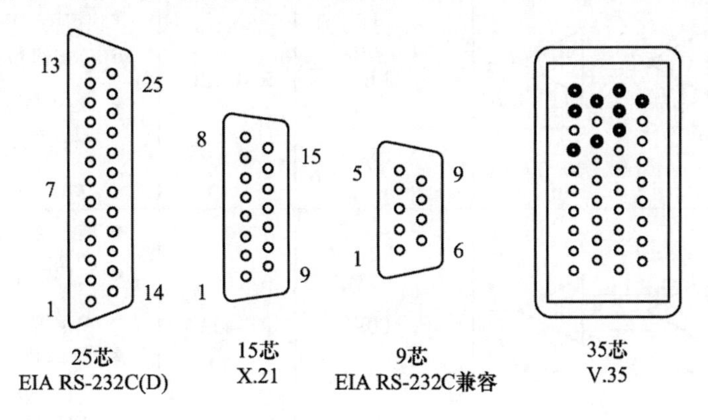

图 2-28　通信接口机械特性（接插件的几何尺寸和引脚排列）

表 2-2 中还给出了美国电子工业协会（EIA）的兼容标准。目前，微机的串行异步通信接口已用 9 芯接插件代替了 25 芯接插件。

表 2-2　接插件规格和应用环境

规格	引线排列	ISO	兼容标准（EIA）	应用环境
25 芯	2 排（13/12）	2110	RS-232C、RS-232D	话音频带调制解调器、PDN、ACE 接口
15 芯	2 排（8/7）	4903	—	X.20、X.21、X.22 中 PDN 接口
34 芯	4 排（9/8，9/8）	2593	—	CCITT V.35 宽带调制解调器
37 芯	2 排（19/18）	4902	RS-449	宽带调制解调器（60 k～108 kHz）
9 芯	2 排（5/4）	—	—	微机异步通信接口

2．通信接口的电气特性

电气特性描述了通信接口的发信器（驱动器）、接收器的电气连接方法及其电气参数，如信号电压（或电流、信号源、负载阻抗等）。ITU-T V 系列建议的 V.28 、V.10、V.11 及 X 系列的 X.26、X.27 都是描述有关电气特性的，其中 V.10 与 X.26、V.11 与 V.27 具有相同的特性，参见表 2-3。表 2-3 中给出的数据传输速率是一个参考值，它与 DTE/DCE 间电缆的长度和类型有关。

表 2-3 通信接口的电气特性

ITU-T 建议	电气连接	传输速率/Kbps	兼容标准	电气特性
V.28	G R	33.6	RS-232C	● 不平衡双流接口电路 ● 信号电压（开路）：<25 V ● 负载组抗：3 k～7 kΩ ● 接口电压：−3 V 表示“1”或“off”，+3 V 表示“0”或“on”
V.10/X.26	G a a′ R	100	RS-423A	● 准平衡双流接口电路 ● 发信器输出阻抗：<50 Ω ● 不平衡驱动，差动平衡接收 ● 接口电压：$V'_{aa}<-3$ V 表示“1”或“off”，>+3 V 表示“0”或“on”
V.11/X.27	G a a′ R	10 000	RS-422A	● 平衡双流接口电路 ● 发信器开路电压：<6 V ● 平衡驱动，差动平衡接收 ● 接口电压：$V'_{aa}<-3$ V 表示“1”或“off”，>+3 V 表示“0”或“on”

注：“电气连接”列中 G 表示（信号）发生器，R 表示接收器。

3．通信接口的功能特性

通信接口的功能特性描述了接口的功能，定义接插件的每一引脚（插针，pin）的作用。通常，从功能特性角度可将端口可划分为四类：数据线、控制线、定时线和地线。ITU-T V.24 建议定义了 V 系列接口电路的名称及功能，而 X.24 建议则定义了 X 系列接口电路的名称及功能。

4．通信接口的规程特性

通信接口的规程特性描述了通信接口上传输时间与控制需要执行的事件顺序。

前面 ISO 及 OSI-RM 简述了物理层的基本功能。应当指出，物理层并不是指连接计算机的、具体的网络设备或传输介质。物理层主要考虑为其服务用户（数据链路层）在一条数据电路上提供收发比特流的能力。物理层似乎很简单，但在实际的数据通信系统工程（安装、调试）中，将涉及各式各样的传输介质、各种不同的通信方式。因此，物理层的作用是尽力屏蔽它们之间的差异。

现有的物理层规范比较多，如 ITU-T 的 V 系列建议、X 系列建议、EIA-232 接口、RJ-45 接口、RS-232C、RS-449 等。尽管它们的具体实现方案不同，但是都规定了数据通信接口的机械特性、电气特性、功能特性和规程特性。

本章总结

1．数据是预先约定的、具有某种含义的数字、字母或符号的集合，数据中包含信息，信息可通过解释数据而产生，信号是数据的电子或电磁编码。

2．数据通信是指在计算机与计算机以及计算机与终端之间的数据信息传送的过程，包括数据传输和数据传输前后的数据处理两个方面的内容。数据通信系统就是完成上述两个部分功能的通信系统，由信源（发送部分）、传输介质（传输部分）和信宿（接收部分）三个部分组成。

3．衡量数据通信系统性能的指标有数据传输速率、传输差错率和时延等，数据传输速率包括调制速率、传输速率，传输差错率包括误码率、误组率等，时延主要包括发送时延、传播时延和处理时延。

4．任何信道在传输信号时都存在一个数据传输速率的限制，这就是奈奎斯特定理和香农定理所要告诉我们的结论。

5．传输介质包括有线和无线两大类，在有线传输介质中，电磁波沿着固体介质如铜线或光纤向前传播，而无线传输介质就是指利用大气和外层空间作为传播电磁波的通路。有线传输介质主要有双绞线、同轴电缆和光缆等，无线传输介质主要包括无线电波、地面微波、卫星微波、红外等。

6．数据在通过传输介质发送之前，必须转换成相应的物理信号，信号的转换方式依赖于数据的原始格式和通信硬件采用的格式。在实际应用中，比较常用的有四种方式：数字-数字编码、模拟-数字编码、数字-模拟调制和模拟-模拟调制。

7．为了提高传输介质的利用率，可以使用多路复用技术。多路复用技术有频分多路复用、时分多路复用、码分多路复用、波分多路复用四种，它们分别应用于不同的场合。

8．为了提高线路的利用率，用户终端要通过交换网连接起来，数据交换技术主要包括电路交换、报文交换和分组交换三种，它们各自有优缺点。

9．电路交换方式是两台计算机或终端在相互通信之前，预先建立起一条实际的物理链路，在通信的过程中自始至终使用该链路进行数据传输，并且不允许其他用户同时共享该链路，通信结束后再拆除该链路。

10．报文交换是一种以报文为单位存储转发处理方式，当用户的报文到达交换机时，先放在交换机的存储器里进行存储，等到输出线路有空闲时，再将该报文转发出去。

11．分组交换也是一种存储转发处理方式，其处理过程是需将用户的原始信息（报文）分成若干个小的数据单元来传送，这个数据单元称为分组，也可称为包。

12．中继器是连接网络线路的一种装置，常用于两个网络节点之间物理信号的双向转发工作。中继器是最简单的网络设备，主要完成物理层的功能，负责在两个节点的物理层上按位传递信息，完成信号的复制、调整和放大功能，以延长传输距离。

13．集线器的主要功能是对接收到的信号进行再生、整形、放大，以扩大网络的传输距离，同时把所有节点集中在以它为中心的节点上，其本质上是一个多端口的中继器。

14．通信接口特性是指用于连接数据终端设备和数据电路端接设备之间接口的物理特性，主要包括机械特性、电气特性、规程特性和功能特性。

▶ 习题 2

2.1 试给出数据通信系统的基本模型并说明其主要组成构件的作用。

2.2 试解释以下名词：数据，信号，模拟数据，模拟信号，数字数据，数字信号。

2.3 什么叫传输速率？什么叫调制速率？说明两者的不同与关系。

2.4 设数据信号码元长度为 833×10^{-6} s，若采用 16 电平传输，试求其调制速率和传输速率。

2.5 奈奎斯特定理与香农定理在数据通信中的意义是什么？位和波特有何区别?

2.6 假设带宽为 3 000 Hz 的模拟信道中只存在高斯白噪声，并且信噪比是 20 dB，则该信道能否可靠地实现传输速率为 64 Kbps 的数据流？

2.7 常用的传输介质有哪几种？各有何特点?

2.8 什么是曼彻斯特编码和差分曼彻斯特编码？各自特点是什么?

2.9 数字通信系统具有哪些优点？它的主要缺点是什么？

2.10 一个无噪声的、带宽为 6 MHz 的电视信道，如果使用量化等级为 4 的数字信号传输，则其数据传输速率是多少？

2.11 假设一信道带宽为 4 kHz，信道要达到 24 Kbps 的速率，问：

（1）按奈奎斯特公式，需要多少个电平来表示数据？

（2）按香农公式，信道的信噪比是多少？

2.12 对于带宽为 3 kHz 的信道，若采用 32 种不同的状态来表示数据，请回答下列问题。

（1）在不考虑热噪声的情况下，该信道的最大数据传输速率是多少？

（2）若信道的信噪比为 20 dB，则该信道的最大数据传输速率是多少？

2.13 什么是多路复用？按照复用方式的不同，多路复用技术可以分为哪几类？

2.14 比较频分多路复用和时分多路复用的异同点。

2.15 简述电路交换和分组交换的优缺点。

2.16 试比较报文交换和分组交换。

2.17 简述集线器的工作原理。

2.18 简述 DTE 和 DCE 的概念。

2.19 物理层接口标准包含哪几个方面的特性？每种特性的具体含义是什么？

第 3 章　数据链路层

数据链路层是在物理层提供的物理电路连接和比特流传送服务的基础上，通过一系列的控制和管理机制，构成透明的、相对无差错的数据链路，向网络层提供可靠、有效的数据传送。在 TCP/IP 体系结构中，数据链路层一般作为网络接口层或物理网络的一部分，为网络提供数据传输功能。在 OSI 参考模型中，数据链路层位于第二层，在物理层传输的基础上，实现点到点、透明、可靠的数据传输链路。

本章将首先介绍数据链路层的基本概念，其次对该层涉及的流量控制技术和差错控制技术展开讨论，最后介绍点到点信道的数据链路层协议，面向比特的数据链路控制协议和点到点协议（PPP、PPPoE）。通过本章的学习，要求在理解停止等待协议的基础上掌握利用连续自动重传请求实现流量控制的技术，掌握差错控制的基本概念、汉明码的纠错原理和循环冗余校验的检错原理，了解数据链路控制协议（data link control protocol，DLCP）的实现方法。

3.1　数据链路层的基本概念

3.1.1　数据电路和数据链路

数据电路是指一条点到点的、由传输信道及其两端的数据电路端接设备构成的物理电路段，中间没有交换节点（在某些具体应用中，传输信道中可能会存在若干网络中间交换节点，但这些交换节点只实现物理层的信号转接、中继放大）。这种数据电路又称为物理链路，或简称为链路。在进行数据通信时，两台计算机之间的通路往往是由许多段链路串接而成的，一条链路只是整个数据传输通路的一个组成部分。

数据电路和数据链路

在物理链路上，通信设备只能根据数据信号本身的波形或其他特征，尽可能准确地判断和提取出正确的数据。物理信道传输特性的改善、通信设备质量的提高，主要通过尽量减少传输中干扰和噪声影响产生的畸变、提高信号判断的准确性来实现。由于在物理链路上传输的信号 0 与 1 具有独立性和随机性，物理层设备无法从逻辑上判断所提取数据的正确性。

当需要在一条通信线路上传送数据时，除了必须有一条物理线路外，还要事先规定一些必要的通信协议来控制这些数据的传输（这将在后面几节讨论）。将实现这些协议的硬件和软件施加到物理链路上，就构成了数据链路。所以，数据链路是在数据电路的基础上增加传输控制功能构成的。一般来说，通信双方只有建立数据链路，才能够实施有效的通信。数据链路中的控制功能，可以通过软件实现，但目前更多的是将软件和硬件相结合，发挥各自的优点，完成数据链路的控制功能。

根据一条数据链路上传输数据流的方向和时间关系，可将数据链路分为单工链路、半双工链路、全双工链路。

3.1.2　数据链路的结构

在实际的计算机网络应用中，计算机和终端之间的连接可以有多种方式，可能是两台计算机直接连接，在一条链路的两端各连接一个且只有一个节点，即点到点连接，如图 3-1（a）所示。如图 3-1（b）所示是一个计算机节点呈星形与多个计算机节点连接，但每个连接都可以看作点到点连接。如图 3-1（c）和图 3-1（d）所示是多台计算机连接，一条公共数据链路连接多个节点，即多点连接。

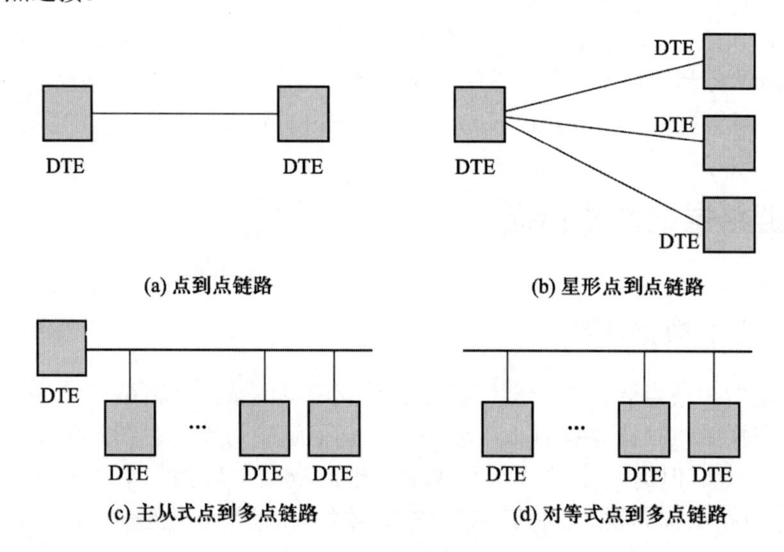

图 3-1　链路结构

在链路中，所连接的节点称为站。发送命令或信息的站称为主站（primary station），在通信过程中起控制作用；接收数据或命令并做出响应的站称为次站（secondary station）或从站（slave station），在通信过程中处于从属、受控地位。同时具有主站和次站功能的，即能够发出命令和响应信息的站称为复合站，链路两端节点是对等的。

1．点到点链路

在点到点链路中，两端的站可能是主站、次站或复合站。如果链路一端是主站，另一端是次站，则链路两端是不平衡的，或称为主从结构；如果链路两端都是复合站，则链路为平衡结构。在星形点到点链路结构中，中心节点往往是主站，分支节点是次站。

在点到点链路上，由于只有两个节点，所以发送信息的节点一般不需要说明接收者，即传输的信息中可以没有地址信息。

2. 点到多点链路

在点到多点链路中，为了提高传输链路的利用率，一条链路上可能连接多个节点。为有效实现通信，一般采用主从结构，即链路上有一个主站和若干次站。主站对某一个次站发送命令或数据，指定的次站接收数据或根据命令发出对主站的响应。主站也可以对所有次站发送广播信息。在这种情况下，主站发送的信息必须包括目的站地址（或广播地址），而次站发送的响应信息一般携带该次站地址，表示信息来源，在某些情况下也可以不携带地址信息。

在一些点到多点链路应用中，可能不存在固定的主站，所有站点都是平等的或对等的。需要通信时，需要发送信息的站点通过竞争或某种协调控制机制，成为本次通信的临时主控站点，发送数据或命令。

多点链路的情况比较复杂，涉及站点发送数据权（链路使用权）的分配机制、地址识别等问题。如果暂不考虑链路使用权的分配问题，可以将其看作多条点到点链路在一条公共链路上的“复用”（除了广播通信外），其传输控制仍然属于点到点链路的传输控制问题。因此，本章后面主要讨论点到点链路的传输控制机制，在局域网的相关章节中再讨论链路使用的分配机制。

3.1.3　数据链路层帧的构成

在数据链路层中，通常将较长的数据流按协议规则分割成一定长度的数据单元，并加上一定的控制信息，按照一定的格式形成一个数据块，通过物理层传输。这种数据格式即数据链路层协议数据单元，称为帧（frame）。

数据链路层以帧为单位传送数据，便于实现传输中的流量控制和差错控制，管理和控制数据传输。数据一帧一帧地传送，就可以在出现差错时，对有差错的帧进行处理，比如可以将此帧再重传一次，从而避免了将全部数据都重传。

在数据链路层，发送方在发送数据时，将从网络层传下来的分组附加目的地址、帧类型码、差错控制编码等数据链路层控制信息，按照一定的格式构成帧，这一过程称为帧的封装。帧到达目的节点后，接收方将发送方附加的数据链路层控制信息提取出来，进行相关的处理，如差错校验等，然后提取出分组信息上交给网络层，这个过程称为帧的解封装（或拆装、拆封）。

帧是数据链路上传输的基本信息单元。帧内所携带的信息有上一层递交来的用户数据分组以及数据链路层内部产生的控制类数据。它的基本格式如图 3-2 所示。

帧首	控制信息	数据信息	帧检验序列	帧尾

图 3-2　数据链路层帧结构

数据链路层的帧一般都使用这种标准的帧格式，每个帧包括链路控制信息和数据。链路控制信息包括帧首和帧尾标志序列、地址和控制字段，另外还附加帧检验序列。一些用作链路管理和传输控制的帧可能只有控制信息而没有数据信息。

将原始的数据流分割成多个数据段，分别形成不同的帧进行传输，往往需要设置一些标志，以区别和分隔不同的帧。一种成帧的办法是在帧之间插入时间间隙以表示帧的间隔。然而，网络一般不会对时间的正确性做任何保证，在传输过程中，这些间隙有可能被挤掉，或者有其他的间隙插入进来。因此，采用时间间隙作为帧间隔是不可靠的。

目前，标识帧的开始与结束主要采用字符计数法、字节填充的分界符法、位填充的分界标志法及物理层编码违例法 4 种方法。

（1）字符计数法：利用帧控制信息中的一个字段来指定该帧的字符数。当接收方的数据链路层看到这个字符计数值的时候，就知道后面跟着多少字符了，因此也就知道该帧在哪里结束了。

这种方法的问题在于计数值有可能因为传输产生错误，进而导致帧的确认有误。在这种情况下，发送方重传此帧也无法解决问题，因为接收方并不知道应该跳过多少个字符才能到达重传的开始处。由于这个原因，目前字符计数法已经很少使用了。

（2）字节填充的分界符法：鉴于错误之后的重新同步问题，可以在每一帧中用一些特殊的字节作为开始和结束标志。在过去，起始和结束字节是不同的，但是，最近几年中，绝大多数协议倾向于使用相同的字节，称为标志字符（flag character），作为起始和结束分界符。按照这种做法，如果接收方无法同步，它只需搜索标志字符就能找到当前帧的结束位置。

这种方法的问题是在传输二进制数据（比如目标程序或者数值文件）时，如果标志字符的位模式（与标志字符相同的二进制位组合）出现在数据中，就会干扰帧的分界。解决这个问题的一种方法是，发送方的数据链路层在这种“偶尔”出现的每个标志字符的前面插入一个特殊的转义字符（ESC character）。接收方的数据链路层在将数据送给网络层之前删除转义字符。这种技术称为字符填充（character stuffing）。因此，成帧用的标志字符与数据中出现的标志字符可以区分开，只要看它前面是否有转义字符即可。

如果转义字符也出现在数据中间，同样用一个转义字符来填充。因此，任何单个转义字符一定是转义序列的一部分，而两个转义字符则代表数据中自然出现的一个转义字符。

以上成帧方法要求所传输的数据是字节的整倍数，新的技术允许数据帧包含任意长度的位，也不限定每个字符的长度。

（3）位填充的分界标志法：在每一帧的开始和结束都设置一个特殊的位模式，如 HDLC 协议中定义的 01111110 序列（实际上就是一个标志字符）。当发送方的数据链路层碰到数据中 5 个连续“1”的时候，它自动在输出位流中填充一个“0”。这种位填充（bit stuffing）机制与字符填充机制非常相似，只是当发送方看到数据中出现与标志字符相同的组合时，就在适当的位置填充一个“0”，然后再送到输出字符流中，以避免此特殊标志的出现。

当接收方看到 5 个连续的“1”，并且后面是“0”时，它自动去掉（即删除）这个“0”。就好像字符填充过程对于两方计算机中的网络层完全透明一样，位填充过程也对网络层完全透明。如果用户数据包含了标志模式 01111110，则该标志当作 011111010 来传输，但是存储在接收方内存中的是 01111110。

在位填充机制中，通过标志模式可以明确地识别出两帧之间的边界。因此，如果接收方失去了帧同步信息，它只需在输入流中扫描标志序列即可，因为标志序列只可能出现在帧边界上，永远不可能出现在数据中。

（4）物理层编码违例法：这种方法只适用于那些“物理介质上的编码方法中包含冗余信息”的网络，如曼彻斯特编码。如果接收方发现物理信号不包含中间的电平跳变，则表示帧的边界。

许多数据链路层协议联合使用字符计数法和其他某一种方法来表示帧的边界，以提高安全性。当一帧到达时，首先利用计数字段定位到该帧的结束处。只有当这个位置确实出现了正确的分界符，并且帧的校验和也正确时，该帧才被认为是有效的。否则，接收方在输入流中扫描下一个分界符，寻找下一帧的开始。

3.1.4 数据链路层的功能

数据链路层是在物理层提供的比特流传送服务的基础上，通过一系列的控制和管理，构成透明的、相对无差错的数据链路，向网络层提供可靠、有效的数据帧传送服务。

为了保证数据传输的正确性和完整性，必须事先约定一套传输规则，即通信协议。在通信协议的控制下，协调通信双方的操作，实现站点寻址、链路管理、数据可靠传输等。所谓数据的可靠传输，主要是指数据从发送方经过传输介质到达接收方后，没有出现差错和数据丢失。由于物理信道特性不理想或受外界干扰，传输差错往往是不可避免的，因此必须有一套发现差错和纠正差错的方法，即差错控制机制。传输差错和数据收发设备处理能力的差异，可能导致接收数据的丢失，在传输过程中还必须协调收发双方的数据传输，保证数据能够被正确、有序地接收，即流量控制。因此，数据的可靠传输必须包括数据在链路上的流量控制过程和差错控制过程，只有这两个过程有机结合，才能实现可靠的数据传输控制。

数据链路层的主要功能如下。

1．链路管理

网络中的两个节点要进行通信时，数据的发送方必须知道接收方是否已处在“接收准备好”状态。为此，通信的双方必须事先交换一些必要的信息，或者说必须先建立一条数据链路，并协商通信参数。同样地，在传输数据时要维持数据链路，而在通信完毕时要释放数据链路。另外，还需要对一些可能出现的差错情况进行处理。数据链路的建立、维持和释放等功能称为链路管理。

2．帧定界

数据链路层以帧为单位传送数据。帧定界是指接收方应当能从收到的比特流中准确地区分出一帧的开始和结束，也称为帧同步（frame synchronization）。

3．流量控制

发送方发送数据的速率必须保证接收方来得及接收。当接收方来不及接收时，就必须及时通知发送方控制发送数据的速率。这种功能称为流量控制（flow control）。

4．差错控制

在计算机通信中，一般都要求有极低的传输差错率。为此，广泛地采用了编码技术进行差错控制。在数据链路层采用的差错控制方式主要是自动检错重发（automatic error request，ARQ）和前向纠错（forward error correction，FEC）。

5．数据和控制信息的识别

在许多情况下，数据和控制信息处于同一帧中，因此一定要有相应的措施使接收方能够将数据和控制信息区分开。在数据链路层的帧结构中，控制信息和数据信息的位置是确定的，这一功能往往与帧定界同时实现。

6．透明传输

所谓透明传输就是指所传数据串应当能够在链路上正确传送。当所传数据串中恰巧出现了与某一个控制信息完全一样的组合时，必须有可靠的措施使接收方不会将这种数据串误认为是某种控制信息。前面所介绍的字符填充法和位填充方法，就是为了实现透明传输而采取的措施。如果能做到这点，数据链路层的传输就被称为是透明的。

7．寻址

无论是在局域网还是在广域网中，不管是点到点链路还是点到多点链路，必须保证每一帧都能够送到正确的目的站，接收方也应知道发送方是哪个站。数据链路层必须提供这种对收发站的确认功能。

3.2 流量控制

在数据传输过程中，由于通信双方的数据收发处理能力可能不一致，因此必须协调通信双方的收发操作，保证接收方能够及时接收和处理到达的数据包。如果接收方不能及时处理到达的数据包，就必须通知发送方暂停发送，以避免接收方因接收缓冲区溢出而造成数据丢失，这个过程称为流量控制。

流量控制的作用

3.2.1 流量控制的作用

流量控制是协调链路两端的发送方、接收方之间的数据传输流量，以保证双方的数据发送和接收达到协调、平衡的一种技术。

当两个主机进行通信时，发送方的应用进程（AP_1）将数据从应用层逐层往下传，经物理层到达通信线路。通信线路将数据传到远端接收主机的物理层后，再逐层向上传，最后由应用层交给远程的应用进程（AP_2）。在讨论数据链路层的协议时，可以采用一个如图 3-3 所示的简化模型，即把数据链路层以上的各层用一个主机来代替，而物理层和通信线路则等效成一条简单的物理链路。

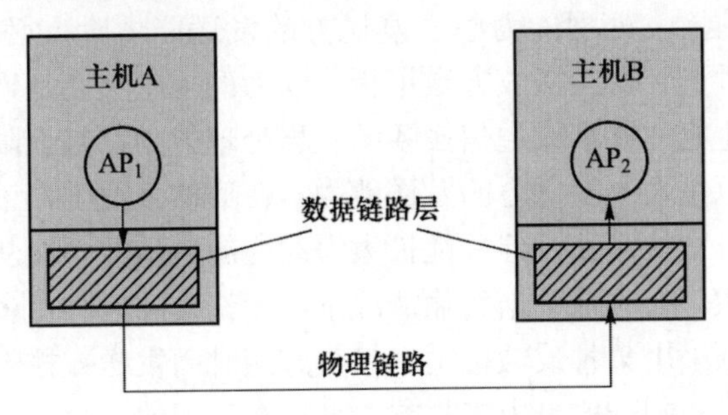

图 3-3　简化的数据链路层通信模型

发送方和接收方的数据链路层分别有一个发送缓存和接收缓存。若进行全双工通信，则双方都要同时设有发送缓存和接收缓存。缓存就是一个数据存储空间，它是必不可少的。因为在通信线路中数据是以比特流的形式串行传输的，但在计算机内部数据的传输则是以字节（或若干个字节）为单位并行传输的。计算机在发送数据时，先以并行方式将数据写入发送缓存，然后以串行方式从发送缓存中按顺序逐位发送到通信线路上。在接收数据时，计算机先从通信线路上将串行传输的比特流按顺序逐位存入接收缓存，然后再以并行方式按字节（或若干个字节）将数据从接收缓存中读出。

如图 3-3 所示的简化模型对于一个计算机网络中任意一条数据链路中的数据传输情况都是适用的。在通信网络内部，各交换节点的数据链路层的上面只有一个网络层。对于这种交换节点，网络层就相当于简化模型中的主机。

为了便于深入理解流量控制的意义，我们先考虑一种假想的、完全理想化的数据传输过程。完全理想化的数据传输基于以下两个假设：

假设 1：链路是理想的传输信道，所传送的任何数据既不会出差错也不会丢失；

假设 2：不管发送方以多快的速率发送数据，接收方总是来得及接收并能及时提交给主机。

第二个假设就相当于认为接收方向主机交付数据的速率永远不会低于发送方发送数据的速率。假设主机 A 连续不断地向主机 B 发送数据，接收方主机 B 的数据链路层将接收到的数据逐帧交给主机 B。在理想情况下，接收方数据链路层的缓存每存满一帧就向主机 B 交付一帧。如果没有流量控制协议，接收方就没有办法控制发送方的发送速率，而接收方也很难做到向主机交付数据的速率永远不低于发送方发送数据的速率。若接收方数据链路层向主机交付数据的速率略低于发送方发送数据的速率，接收方的缓存中暂时存放的数据帧就会逐渐增多，最后造成接收缓存溢出和数据帧丢失。

在理想条件下，数据的传输非常简单，不需要进行流量控制。但在实际的数据传输中，这些完全理想化的假设是不成立的。

在计算机网络中，由于接收方往往要对接收的信息进行识别和处理，需要较长的处理时间，而通常发送方的发送速率要大于接收方的接收速率（注意与物理层的数据发送和接收速率概念不同）。当接收方的接收处理能力小于发送方的发送能力时，必须限制发送方的发送速率，否则会造成数据的丢失。影响接收方数据接收能力的因素主要是设备的处理速度和接收缓冲区容量的大小。任何主机、终端或通信设备的数据处理能力都是有限的，并且不能保证通信接收方的接收处理能力总是大于发送方的发送能力。在通常情况下，设置缓冲区可以部分解决发送方和接收方速率不一致的问题，但单纯扩大缓冲区的容量并不能从根本上解决这一问题。如果收发速率差异比较大，在大量数据传输情况下，无论缓冲区容量多大，仍然会出现缓冲空间不足的问题。因此必须采用某种反馈机制，接收方随时向发送方报告自己的接收情况，限制发送方的发送速率。流量控制一般是由接收方主导控制实现的。

流量控制不仅在数据链路层上实现，在网络体系结构的高层，如网络层、传输层也有相应的流量控制机制。不同功能层的流量控制所控制的对象是不同的。数据链路层控制的是网络中相邻节点之间的数据传输过程，网络层控制的是网络源节点和目的节点之间的数据传输，传输层控制的是网络中不同节点内发送进程和接收进程之间的数据传输过程。

目前通信节点之间常用的流量控制技术有停止等待（stop-and-wait）方式和滑动窗口（sliding window）方式。

3.2.2 停止等待方式流量控制

停止等待方式是一种最简单也是最常用的流量控制方式，它又分为开关式流量控制和协议式流量控制。

1. 开关式流量控制

开关式流量控制方法十分简单。当接收方有足够的缓冲空间，并已做好接收准备时，可以发送“开”命令，通知发送方开始发送数据；当接收方来不及处理接收的信息，并且接收缓冲区也被耗尽或将要耗尽时，发送“关”命令，通知发送方停止发送数据。这种方式称为开关式流量控制，可以通过硬件或软件控制方式来实现。

硬件开关控制方式是利用通信接口的通信控制线来实现的。如在计算机的 RS-232 串行接口中，就包含了控制电路 RTS/CTS（请求发送/允许发送）、DTR/DSR（数据终端准备好/数据电路设备准备好）。当终端的 RTS=ON（表示“请求发送”）时，如果 CTS=ON（表示“允许发送”），则终端可以发送数据；如果 CTS=OFF，则不能发送数据。控制电路 DTR/DSR 用于接收控制，其原理类似。

软件控制方式是通过在传输的数据流中加入控制字符 XON/XOFF 来实现的。XON 是 ASCII 码表中的 DC1（11H），转义为“请继续发送”；XOFF 是 ASCII 码表中的 DC3（13H），转义为“请停止发送”。发送 XON/XOFF 控制字符的权力放在接收方，它对发送方的发送施行“闸门”开关式的控制，故称“开关式流量控制”。

如图 3-4 所示，假设链路上传输的数据以字符为基本单元，接收方通过设置一个界面指针 PTR 对接收缓冲区中存放的数据字符量进行实时监测。当数据处理速率低于接收速率，缓冲区占用量逐渐上升时，指针 PTR 往上移动。达到预定的上限时立即向发送方发出 XOFF 字符，请求发送方暂停发送数据。随着接收缓冲区中的数据被处理，缓冲区占用量逐渐下降时，PTR 往下移动。达到预定的下限时，立即向发送方发出 XON 字符，允许发送方继续发送数据。

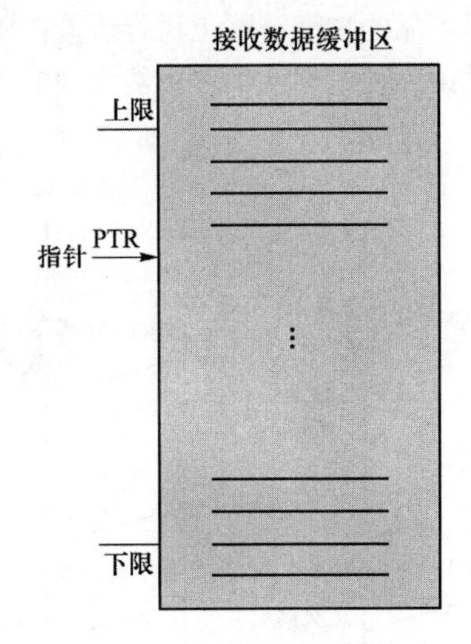

图 3-4 开关式流量控制原理

在发送方发送数据的同时，应随时接收对方发来的控制信息。在收到 XOFF 字符后，立即停止发送数据，等待接收 XON 字符。一旦收到 XON 字符，即可继续发送数据。这种流量控制方式对所传送的数据编码格式有一定的限制，不允许在数据流中出现与 XON/XOFF 代码相同的字符。

在一条链路上，通过采用这种开关式的流量控制，有效地避免了接收缓冲区的溢出和处理能力的过载。具体应用时，应根据实际的数据传输速率、传播距离、接收处理速度、缓冲区大小等因素，确定合适的下限和上限，以确保流量控制的有效性和可靠性。

另外还应注意，开关式流量控制方式要求两点之间有一条反向数据链路，用于传输反馈信息 XON 和 XOFF（硬件控制方式则需要额外的控制电路）。当然，反向链路的数据传输速率可以比正向链路的速率低得多。在多数情况下，采用全双工链路最为方便，以便配合等速率的双向数据传输。

开关式流量控制简单，与差错控制几乎没有任何联系，它是可以在一帧或一个报文内任意时刻执行的单纯流量控制技术，一般只用在简单的近距离异步传输中。

2. 协议式流量控制

开关式流量控制相对简单，容易实现，但其控制功能也少。在数据传输过程中，还有许多其他的控制功能需要实现。在数据传输链路上合理使用通信协议，能够有效、可靠地实现数据链路层的各项控制功能，包括流量控制功能。

停止等待协议是最简单的协议式流量控制策略。在数据传输之前，发送方已将欲传输的数据分组装配成一定长度的数据帧，并附加了适当的控制信息。发送时，一次发送完一个数据帧后便主动停止发送，等待接收方回送的应答。如果收到肯定应答，则继续发送下一帧；如果收到否定应答或在规定的时间内没有收到任何应答，则重发该帧。停止等待协议是一种简单而重要的数据链路层协议，它在不可靠的物理链路上进行流量控制的同时也实施差错控制，实现了可靠的数据传输。下面分别讨论几种数据传输中可能出现的情况，来说明停止等待流量控制的原理，如图 3-5 所示。

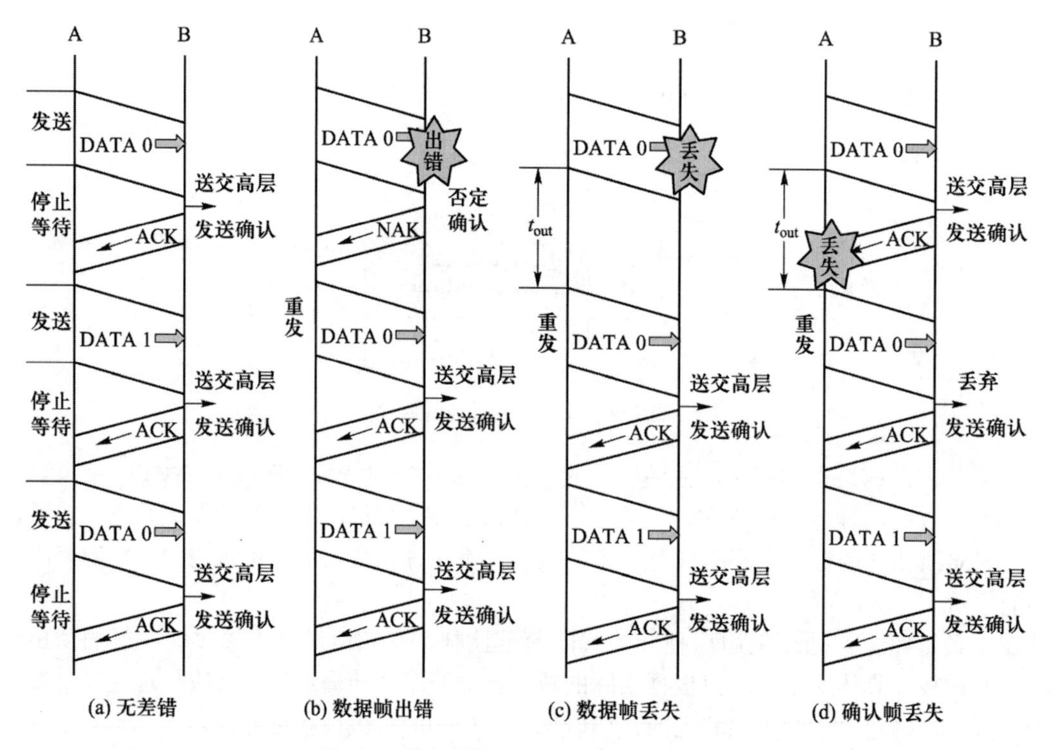

图 3-5 数据帧在链路上传输的几种情况

（1）无差错传输。

这里的无差错传输，去掉了前面所述的理想情况中第二个假设，保留第一个假设，即主机 A 向主机 B 传输数据的信道仍然是无差错的理想信道，传输完全可靠，不出错、不丢失，但不能保证接收方向主机交付数据的速率永远不低于发送方发送数据的速率。

为了使接收方的接收缓存在任何情况下都不会发生溢出，在最简单的情况下，就是发送方每发送一帧就暂停发送，等待接收方接收、处理完该帧并确认后再发送下一帧。接收方收到数据帧并校验正确后就交付给主机，然后向发送方发出一个确认信息，表示接收任务已经完成。发送方收到确认信息后再发送下一个数据帧，如图 3-5（a）所示。

在这种情况下，接收方的接收缓存只要能够装得下一个数据帧即可。发送方发送的数据流量受接收方的控制，收发双方能够实现很好的传输同步。

实际应用中的传输信道是不理想的，差错也是不可避免的，因此前面理想情况的两个假设实际上都不成立。传输数据的信道不能保证所传输的数据不产生差错，并且还需要对数据的发送方进行流量控制，实用的数据链路层协议必须能够处理这些问题。

（2）传输过程出现差错，但数据帧可以被识别并且检测出差错。

假设主机 A 向主机 B 发送一个数据帧，但在传输中出现差错。在差错比较少的情况下，虽然在传输过程中出现差错，但帧的结构基本完整，接收方能够识别和接收此帧，并进行差错校验。接收方主机 B 可以通过检错码检查出接收到了有差错的数据帧，于是不向主机 A 发送确认帧 ACK，而向其发送否认帧 NAK；主机 A 收到否认帧 NAK 后，知道刚才发送的数据帧出现错误，则重发刚才的数据帧，重新开始等待主机 B 对此帧的确认。直到收到确认帧 ACK，才继续发送下一帧，如图 3-5（b）所示，这种方法称为出错重发。

（3）传输过程出现差错，并导致数据帧不可识别而被丢弃。

当主机 A 向主机 B 发送的一个数据帧在传输过程中出现严重差错，以至主机 B 不能识别此帧而将其丢弃，这时主机 B 不会发送任何确认信息。而主机 A 需要收到对方的确认信息后才能决定重发或继续发送下一帧。如果没有收到任何确认信息，则会一直等待，就出现了死锁现象。主机 A 为了避免陷入无休止的等待，在发出一个数据帧后立即启动一个定时器，如果超过重发时间 t_{out} 仍未收到主机 B 的确认帧，就重新发送刚刚发出的这一数据帧，如图 3-5（c）所示，这种方法称为超时重发。重发时间 t_{out} 应设置得当，一般选为略大于从发送完毕到收到确认帧所需时间的平均值。如果连续多次重传都出现差错，超过一定次数（例如 16 次）后应停止发送，向上一级报告故障情况。在某些控制协议中，如果主机 B 收到差错帧，即使能够识别，也不发送否认帧 NAK 给予应答，这时帧出错和帧丢失的处理方法是一样的。

（4）接收方正确接收了数据帧，但返回的确认帧丢失。

在这种情况下，主机 A 发送一帧数据，主机 B 正确接收，并返回确认帧 ACK，但该确认帧在传送过程中丢失。主机 A 收不到确认帧，超时后重发已发送过的帧，于是接收方主机 B 就收到了两个一样的帧，但它无法分辨这是重复帧还是新的一帧，于是就产生了错误，如图 3-5（d）所示。要解决重复帧的问题，必须对每个数据帧赋予序号，每新发送一帧，序号加 1。如果接收方连续收到了两个序号相同的帧，就说明收到了重复帧，于是将重复帧丢弃，但同样要返回一个确认帧，否则发送方在规定的时间内收不到这一帧的确认帧，还会继续超时重发，只有收到了确认帧之后才能发送新帧。由于停止等待协议每次只发送一个帧，而且确认该帧被正确接收后才发下一个帧，因此发送方只需区分相继发送的两帧就可以了，而接收方也只需区分收到的是一个新的帧还是一个重复帧即可。

使用停止等待传输控制方法可以处理帧传输过程中出现的差错，避免帧的重复和丢失，实现了一定的差错控制功能；接收方通过控制发送确认帧 ACK 的时间（不超过超时时限），还可以进行流量控制。

3. 停止等待协议算法

设 V（S）表示发送方准备发送的帧序号，V（R）为接收方准备接收的帧序号，N（S）表示所传输的帧中携带的帧序号，N（R）表示所传输的帧中携带的确认序号，帧序号分别取值为 0 或 1。

在链路建立并完成初始化后，发送方准备发送的帧序号和接收方准备接收的帧序号均为 0。发送方从缓冲区中取出一帧，加上帧序号，通过物理层发送到传输线路上。接收方收到此帧后，首先检测是否有差错。如果经过校验发现有差错，则丢弃该帧，等待发送方重发这一帧；如果校验正确，则进行以下处理。

（1）接收的帧序号与当前准备接收的帧序号相同，则将该帧存入接收缓冲区，将当前接收的帧序号取反，作为准备接收的帧序号放入应答帧中，通知发送方发送一个新的帧。

（2）如果校验正确，但帧中附带的序号与当前准备接收的帧序号不同，说明出现了重复的帧，实际是表示可能出现了应答帧丢失，于是接收方保持准备接收的帧序号不变，同时给发送方返回应答帧，帧中的接收序号为准备接收的帧序号，通知发送方前面这一帧已经正确接收，请继续发送下一帧。

发送方收到应答帧以后，如果应答帧中的帧序号与刚刚发送的帧序号不同，则表明刚才发送的帧已被正确接收，于是将发送的帧序号取反，作为新的下一帧序号，并从发送缓冲区中取出一个新帧，加上新的帧序号，通过物理层发送出去；如果应答帧中的帧序号与刚刚发送的帧序号相同或超时未收到应答帧，则说明出现差错，重发刚才已发送过的帧。

实用的停止等待协议

停止等待协议中要解决的关键问题在于超时重发时间必须适当选取，既不能太长也不能太短。设置得太长，如果数据帧或应答帧丢失，就要等待较长的时间才能重发，降低了通信的效率；设置得太短，又会导致正常的应答还未返回时，发送方就因超时而重发，造成不必要的重复，同样降低了通信的效率。合理的超时重发时间值应选取稍大于信号从发送方到接收方传输时间的两倍（即帧的往返传输时间）与接收方的处理时间之和。

在协议式流量控制中，为了区别不同的帧，每一帧的序号必须不同。帧的序号是用二进制位表示的。为避免帧序号重复，从理论上就要求有无穷多个帧序号，这样帧序号需要的编码位数也是无穷的。在实际的传输控制中，为了减少控制开销，提高传输效率，只要帧序号的编码集合足够大，在一定的时间内不会重复出现相同的编码，能够区别当前已经发送而未被确认的帧就可以了。因此，在协议中使用有限的位数来表示帧的序号，帧的序号一定是循环使用的。

如果用 n 表示序号，那么序号空间就是 $0\sim2^n-1$。例如，设 $n=3$，序号空间为 0～7，共 8 个序号，那么发送完编号为 0～7 的帧后，下一帧又从 0 开始编号。协议要保证能区分先后两个相同序号的帧。对于停止等待协议，已经发送而未被确认的帧只有一个，只要能够区别已经发送而未被确认的帧和将要发送的新帧即可。因此帧序号编码只需要 1 位，相邻两帧的序号分别取值为 0 或 1。

另外应该注意，发送方在发送完一帧以后，必须在发送缓冲区中保留该帧的副本，这样才能在未接收到接收方的确认帧而超时的情况下，重发此帧。发送方只有在收到了对方发来的确认帧 ACK 以后，才能从缓冲区中清除此副本。

以上描述的停止等待协议是以单工通信的数据传输为例的，尽管信道是双工的，但数据帧的传输却是单向的，反向传输的只是一些控制帧。对于全双工通信来说，数据帧和控制帧都是双向传送的，控制过程基本类似，但要复杂一些。

停止等待协议的优点是控制比较简单；缺点是由于发送方一次只能发送一帧，在信号往返传播过程中发送方必须处于等待状态，这使得信道的利用率不高，尤其是当信号的传播时延比较长时，传输效率会更低。

图 3-6 和图 3-7 分别表示停止等待流量控制方式的发送算法和接收算法的流程图。

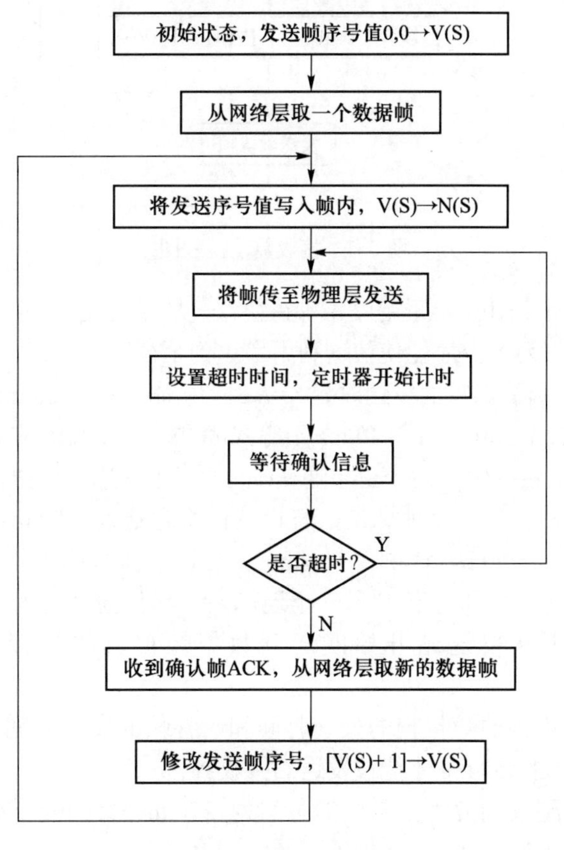

图 3-6　发送算法流程图

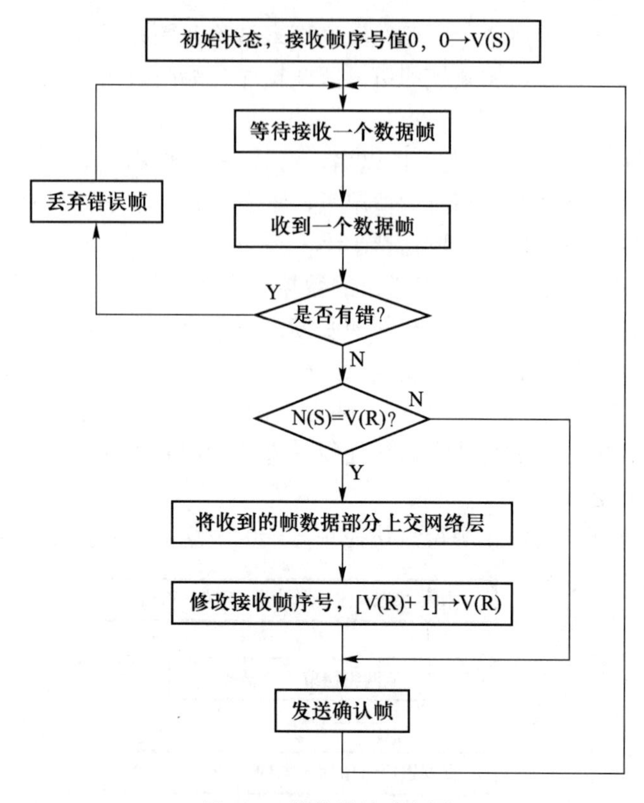

图 3-7　接收算法流程图

例 3-1　信道速率为 8 Kbps，采用停止等待协议，传播时延 t_p 为 20 ms，确认帧长度和处理时间均可忽略，则帧长为多少才能使信道利用率达到至少 50%?

解：设帧长为 L b，则数据帧的发送时延 $t_s=L/8$，传播时延 t_p=20 ms。

信道利用率=$t_s/(t_s+2t_p)\geqslant 50\%$，$t_s\geqslant 40$ ms 不等式成立，故帧长 L 应大于或等于 320 b。

例 3-2　在卫星通信系统中，两个卫星通信地球站之间利用卫星的转发技术进行通信，信号从一个地球站经卫星传到另一个地球站，若设其传播时延为 250 ms，发送一个数据帧的时间为 20 ms（相当于帧长 1 000 b，速率为 50 Kbps），试分析此系统的信道利用率。

解：信号从一个地球站经卫星传到另一个地球站，其传播时延为 250 ms，发送一个数据帧的时间为 20 ms，则从发送站开始发送到数据帧被目的站接收，一共需要时间为 20 ms+250 ms=270 ms。

不考虑目的站对接收到的数据帧的处理时间和应答帧的发送时间（可以认为应答帧非常短），则应答帧也需要经过 250 ms 才能被发送站接收到。

从发送一帧开始，到收到应答所需要的时间为 270 ms+250 ms=520 ms，则此系统的信道利用率为 20 ms/520 ms=1/26 ≈ 4%。

由分析可以看出，在传播时延比较大的链路上，如以上例题中的卫星链路，真正传输数据的时间占总时间的比例约为 4%，而其余的 96%的时间信道都处于空闲状态，由此可见，在停止等待方式中，信道的利用率是非常低的。

3.2.3 滑动窗口协议

导致停止等待协议信道利用率低的原因，是发送方每完成一帧的发送都需要等待接收方的应答确认，然后才能继续发送。在这个等待期间，传输链路是空闲的。如果能允许发送方在等待确认的同时能够继续不断地发送数据帧，而不是每一帧都在接收到应答后才可以发送下一帧，则可以提高传输效率。允许发送方在收到接收方的应答之前可以连续发送多个帧的规则，就是滑动窗口协议。它除了能提高传输效率以外，也实现了流量控制、差错控制等数据链路层的基本功能。

为了能够连续发送多帧，并能够区别它们，就像停止等待协议一样，也需要对传送的帧进行编号，这样才能进行差错控制和流量控制。帧的编号用若干位来表示，既要能够正确地区分所传输的不同帧，又要能够减小控制开销，提高传输效率。

发送方在没有得到任何确认信息时，允许继续发送后续的帧，但需要对允许连续发送帧的数量加以限制。影响这一问题的因素有两个。一是如果发送过程中未得到确认的数据帧太多，一旦出现错帧，就要重发很多个已经发出去的帧，这样就会降低效率；如果只发送出错的帧，那么接收方要设置一个较大的缓冲区来保存收到的正确帧，耗费资源。二是如果在未确认时连续发送的帧数量过大，则编号占用的位数就多，将增加帧的额外开销。下面介绍的滑动窗口概念就是限制连续发送帧的数量的方法。

1. 发送窗口

在发送方，把未得到确认而允许连续发送的一组帧的序号集合称为发送窗口，即允许发送的帧的序号表。发送方未得到确认而允许连续发送的帧的最大数量称为发送窗口大小。发送窗口大小的确定与所选用的协议有关。发送方每发送一个新帧，都要先检查它的序号是否在发送窗口之内。发送方最早发送但还未收到确认的帧的序号，称为发送窗口的后沿；发送窗口后沿加上窗口大小再减 1，称为发送窗口的前沿，表示发送方在收到确认前最后允许发送的帧序号。例如窗口大小为 5，后沿为 3，则前沿为 3+5−1=7，如图 3-8 所示。如果发送窗口大小为 m，则初始时发送方可以连续发送 m 个数据帧，这些帧都有可能因出错或丢失而需要重发，所以要设置 m 个发送缓冲区来存放这 m 帧的副本（假设一个缓冲区可以存放一帧）。

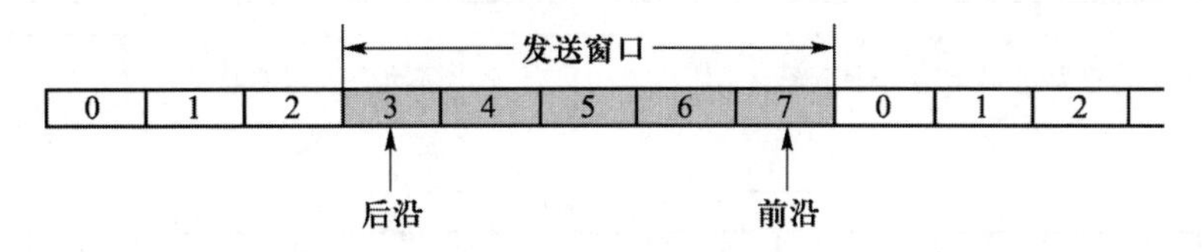

图 3-8 滑动窗口的概念

注意，发送窗口与序号空间是不同的概念。序号空间是可以使用的序号的范围，如果用 n 位表示帧的序号，则帧的序号范围为 $0 \sim 2^n-1$；而发送窗口是发送方未得到确认而允许连续发送的一组帧的序号集合，是帧序号空间的一个子集。

发送方设置了一个发送指针，指向将要发送的帧序号，初始时指向窗口后沿。每发送一个新的数据帧，发送指针就向前滑动一个序号，则窗口前沿与发送指针的差值减 1，即可以连续发送的帧数减 1；收到了发送窗口后沿所对应的帧的肯定应答后，就将发送窗口向前滑动一个序号，窗口前沿与发送指针的差值加 1，表示可以继续发送的帧数加 1，并从发送缓冲区中将已确认的数据帧的副本删除。如果有新的数据帧要发送，对其按顺序进行编号，只要帧序号落在发送窗口之内就可以发送，直至发送窗口前沿与发送指针的差值为 0，停止发送。收到新的确认帧后，窗口向前滑动，发送窗口重新打开，又可以继续发送。这样，接收方就可以通过发送确认帧来控制发送窗口的滑动，达到流量控制的目的。

滑动窗口协议

图 3-9 是发送窗口的流量控制示意图，其中发送窗口大小为 5。图 3-9（a）表示发送窗口有 0～4 共 5 个序号，此时允许发送 0～4 号共 5 个帧；图 3-9（b）表示已经发送了 0 号帧，在收到确认帧之前还可以继续发送 1～4 号这 4 个帧；图 3-9（c）表示已经发送了 0～4 号帧，尚未收到确认，发送窗口关闭，不能继续发送，处于等待该 0 号帧应答的状态；图 3-9（d）表示相继有 0 号、1 号和 2 号帧的确认帧到达，发送窗口滑到 3～7 号位置，发送方已经发送了 3、4 号帧，还可以发送 5～7 号 3 个帧。注意：7 号帧之后的编号 0 表示下一个 0 号帧，滑动窗口协议必须能够区分前后两个不同的 0 号帧。

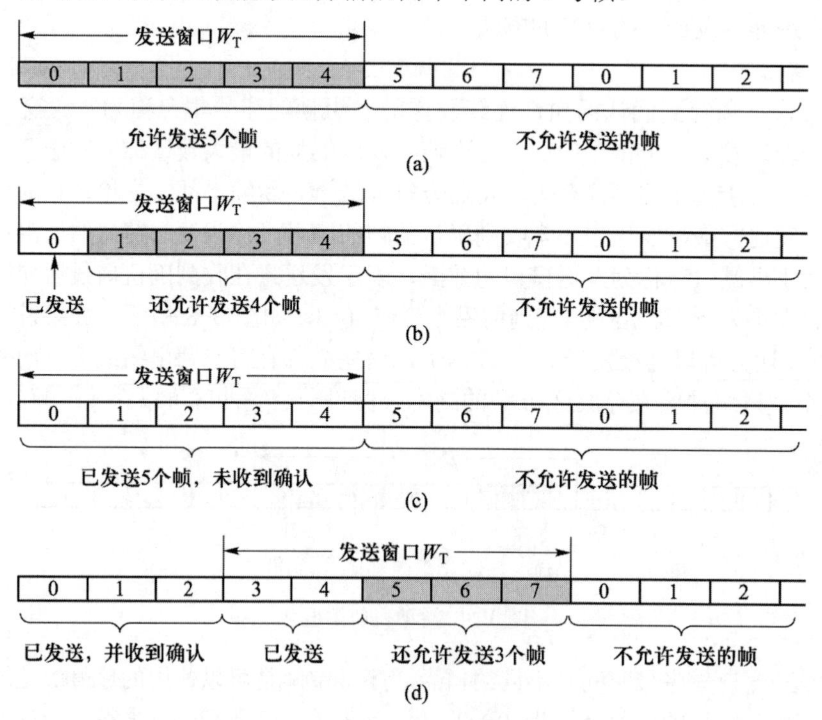

图 3-9 发送窗口的控制过程

2．接收窗口

在接收方将允许接收的一组帧的序号集合称为接收窗口，即允许接收的帧的序号表。接收方最多允许接收的帧数目称为接收窗口大小。接收窗口的上下界分别称为接收窗口的前、后沿。接收方每收到一帧，都要判断该帧是否落在接收窗口之内。如果帧的序号正好等于接收窗口的后沿，且经过校验正确，就将该帧的数据部分上交给网络层实体，并向发送方返回一个确认帧，同时使接收窗口向前滑动一个序号。如果收到了序号不等于接收窗口后沿的帧，则首先校验该帧是否正确，如果正确就暂时将它保留在接收缓冲区中，然后继续等待序号为接收窗口后沿的帧，直到正确地收到了序号为接收窗口后沿的帧，才将其连同前面保留在接收缓冲区中的正确的帧按顺序送给上层，并发出应答帧（在许多协议实现中可以使用一个应答对前面多帧一同确认，称为累积确认），同时向前滑动接收窗口。如果接收到序号在接收窗口之外的帧，简单丢弃即可，不需要做任何处理。由此可见，无论接收窗口大小如何，接收方交给上层的数据总是按顺序的。

图 3-10 为接收窗口的控制示意图，假设这种协议的接收窗口大小为 1。图 3-10（a）表示初始时接收窗口处于 0 号，只准备接收 0 号帧；图 3-10（b）表示正确收到了 0 号帧，并发出对 0 号帧的确认帧，然后将接收窗口顺时针滑动到 1 号，准备接收 1 号帧。若接下来收到了 0 号帧，说明是重复帧，要丢弃；若接下来收到了 2 号帧，也丢弃，说明此时 1 号帧已经丢失。图 3-10（c）表示随后按顺序收到 1～3 号帧后，接收窗口的位置。

滑动窗口协议应用举例

图 3-10　接收窗口的控制过程

3. 最大窗口大小的确定

在滑动窗口流量控制过程中，必须合理设置滑动窗口大小，既要能够发挥流量控制的作用，又要尽可能提高传输信道的利用率。发送方在没有得到任何确认信息时，允许继续发送后续的帧，但如果发送窗口太小，仍然会出现传输信道的浪费；如果发送窗口太大，又失去了流量控制的作用。理想情况是，当刚刚发完发送窗口中允许发送的最后一帧时，就收到窗口中最先发送的帧的确认消息。这样发送窗口向前滑动，又可以继续发送，同时信道也几乎没有空闲浪费，利用率比较高。在实际通信应用中，往往情况比较复杂，只能尽量接近这种理想情况。

在实现流量控制和提高信道利用率的同时，帧的编号既要能够正确地区分所传输的不同帧，又要能够减小控制开销。采用一定长度的编码必然会周期性出现相同的编码序号，只要能够保证在应用某个序号时，前一次的此序号控制作用已经失效，则该序号就可以重复使用。

在传输时延较小的地面链路上，帧传输的往返时延也比较小，即等待正常应答确认的时间也比较短，在这个时间内能够发送的帧数也少一些。例如，在传输时延较小的链路上常设 n=3，序号空间为 0～7，共 8 个序号，称为“模 8”编码。发送完编号为 0～7 的帧后，下一帧还从 0 开始编号，即以 8 为模对帧进行编号。在传播时延比较大的链路上，如卫星链路，对应的往返时延比较大。为了提高效率，即在等待时间内发送比较多的帧而又不至于出现混淆，常使用 n=7 的编码方案，序号空间为 0～127，共 128 个序号，称为“模 128”编码。

当帧序号的编码长度确定后，编码空间就已经确定，那么应如何确定最大窗口大小呢？最大发送窗口和最大接收窗口的确定，在实现流量控制和提高效率的基础上，必须保证协议的正确实现，不同滑动窗口机制的最大窗口大小也不同。

发送窗口大小不一定等于接收窗口大小，窗口大小在一些协议中是固定的，但在另一些协议中是可变的。窗口大小的选择与信道的数据传输速率和传输时延有关，还与所使用的编号位数有关。窗口大小的设置应该既可以实现流量控制，又能够保持较高的链路利用率。

发送窗口内的各帧，在传输过程中有可能丢失或损坏，所以所发送的帧，需要在缓冲区中保存相应副本以备重传。如果缓冲区满，就停止接收网络层的分组，直到有空闲缓冲区。

在发送窗口大于 1 的滑动窗口协议中，如果传输中出现差错，协议会自动要求发送方重传出错的数据帧，所以这种控制机制称为自动重传请求（automatic repeat request，ARQ），又称为自动请求重发。根据出现差错后重传数据帧的方法，ARQ 协议分为连续 ARQ 协议和选择 ARQ 协议。

3.2.4 连续 ARQ 协议

连续 ARQ 协议的发送窗口大小大于 1，发送方可以连续发送多个数据帧，而接收窗口大小等于 1，所以接收方只能按顺序接收当前接收窗口所指定的序号的帧，只有该帧被正确接收后，接收窗口才能向前滑动一格，接收下一帧。这样，虽然发送方可以连续发送多个帧，但当前面的某个帧丢失或出错后，接收方由于对其后到达的帧都不能接收，所以当发送方等待确认超时后，必须重发出错的帧及其以后的所有帧，因此将这种协议称为连续 ARQ 协议，又称回退 N 帧的 ARQ（go-back-N ARQ）协议。

1．正常情况

发送方按序号顺序在发送窗口范围内连续发送若干帧。接收方每接收一帧，经校验无误交给网络层，发出应答，并使接收窗口序号加 1，准备接收下一帧。发送方收到应答，可以继续发送后续的数据帧。

2．数据帧丢失或损坏

当因信道不可靠造成帧丢失或损坏，而发送方无法立即获知时，发送方会继续发送后续的帧。由于出现差错，接收方不能按序号顺序接收到正确的帧，出错帧后面的帧虽然正确但序号不符合要求。对于出错的帧及其后的所有正确到达的帧都要丢弃，对于所有丢弃的帧不再发送应答。发送方发送了若干帧后，因收不到某一序号帧的确认帧而超时，则认为传输出现差错，于是重新发送确认超时的帧及其后的所有发送过的帧。

3．确认帧丢失

如果某一帧的确认帧 ACK 丢失，发送方同样因为没有收到确认帧而超时，要重发超时的帧及其以后的所有帧。这时接收方可能已经又正确接收了若干后续帧并发出了应答，于是接收方会收到一系列重复的帧，对于重复帧应该丢弃，并依次重新返回应答，然后再按序接收后面的新帧。

如图 3-11 所示是连续 ARQ 协议的示意图，设其发送窗口 W_T=5。当 2 号帧出错被丢弃后，后面到达的帧均被丢弃，不发出应答。超时后，从第 2 帧起全部重发，被正确接收并确认后才能继续发送新的帧。通过分析不难看出，连续 ARQ 协议一方面因连续发送数据帧而提高了效率，但另一方面，在重传时又必须把原来已正确传送过的数据帧进行重传（仅因这些数据帧之前有一个数据帧出了错），这种做法又使传送效率下降。由此可见，若传输信道的传输质量很差、误码率较大，连续 ARQ 协议不一定优于停止等待协议。

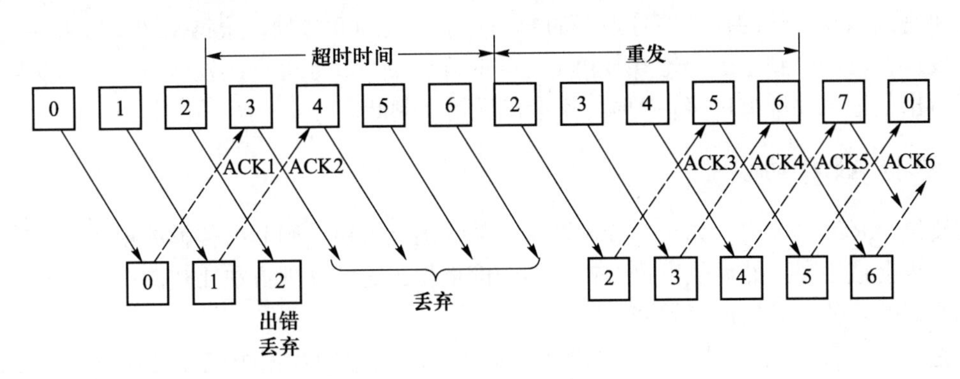

图 3-11 连续 ARQ 协议

4．连续 ARQ 协议的最大窗口大小

连续 ARQ 协议的接收窗口固定设置为 1，W_R=1；最大发送窗口大小为 2^n-1（或称为

连续 ARQ 协议

“模-1”)，即 $W_T \leq 2^n-1$。如果将最大发送窗口大小设为和序号空间的大小一致，帧的序号在传输中虽然不会重复，但在实际传输过程中若出现差错，则可能造成帧序号混淆，导致协议不能正常实现其控制功能。

例 3-3　在连续 ARQ 协议中，若用 3 位来表示帧的序号，则序号空间共有 0～7 共 8 个序号。若发送窗口大小也选为 8，请分析该协议是否有效。

解：设置发送窗口 W_T=8，发送方可以连续发送序号为 0～7 共 8 个帧，然后停止发送，等待这 8 帧的应答。

接收方如果正确接收到了这 8 个帧，则上交给网络层，并返回对所有帧的确认应答，准备接收下一轮的 0～7 帧。发送方收到确认应答后则可以继续发送新的 0～7 号帧。在正常情况下，传输控制过程似乎没有问题。但是，如果所有的应答帧全部丢失，那么发送方将超时重发序号为 0～7 的 8 个帧。这时对于接收方来说，这 8 个帧可能是发送方收到应答后发来的 8 个新帧，也可能是应答帧丢失后发送方重发的 8 个旧帧。由于帧序号相同，接收方无法判断究竟是哪种情况，造成协议失效。

如果将发送窗口大小选为 7，即“模-1”，就不会出现这种情况。发送方连续发送 7 个帧，序号为 0～6。接收方正确收到这 7 帧，并发出确认，准备接收后续的帧。如果发送方收到这 7 个帧的确认应答，则继续发送序号为 7 和 0～5 的帧；如果确认帧丢失，则发送方超时后重发序号为 0～6 的帧。这样，接收方收到的帧的序号如果从 7 开始，则说明该帧及其以后各帧都是新帧；如果收到的帧的序号从 0 开始，则说明这是对方重发的序号为 0～6 的帧。

由于这些帧都不在接收窗口内，所以接收方都不予接收，直接将它们丢弃，然后重新发送对 0～6 号帧的应答，表示希望接收序号从 7 开始的帧；发送方收到应答后，发送序号为 7 和 0～5 号帧。这样就保证了协议的正常实现。

如果是因为新一轮的帧中序号为 7 的帧丢失了而收到 0 号帧，根据发送窗口 W_T=7 判断，一定是发送方已经收到了上一轮 0 号和 1 号帧的确认应答，才会继续发送下一轮的 0 号帧。因此可以看出，最大发送窗口 W_T=7 时，不会出现错误判断。

3.2.5　选择 ARQ 协议

在连续 ARQ 协议中，如果在传输过程中某帧出现差错，则后续传输的帧即使正确传送到接收方，也会被丢弃，然后从出错的帧开始全部重传。这种处理方法比较简单，但对已经正确传输的数据帧重传，导致通信效率下降。

为进一步提高信道的利用率，可设法只重传出现差错的数据帧或者是计时器超时的数据帧。但这时必须加大接收窗口，以便先收下发送序号不连续但仍处在接收窗口中的那些数据帧，等接收到所缺序号的数据帧后再一并送交主机。这就是选择 ARQ 协议。

1．选择 ARQ 协议的工作过程

使用选择 ARQ 协议可以避免重复传送那些本来已经正确到达接收方的数据帧。但所付出的代价是在接收方要设置具有相当容量的缓存空间，这在许多情况下是不够经济的。因此，选择 ARQ 协议目前远没有连续 ARQ 协议使用得那么广泛。随着存储器芯片技术的发展，存储器容量迅速增加，价格更加便宜，选择 ARQ 协议得到了更多的关注，如传输层的 TCP 协议使用的就是类似选择 ARQ 的传输控制方法。

选择 ARQ 协议的发送窗口大小大于 1，接收窗口大小也大于 1。

由于接收窗口大小大于 1，所以当序号在接收窗口内的某个帧出错或者丢失时，不会影响对其后序号在接收窗口之内的帧的接收。这些帧如果经过校验是正确的，可以将它们暂时保留在接收缓冲区中。接收方不发送应答确认，或者重复发送前面最后收到的正确帧的应答。当发送方超时以后，就只需重发出错的帧，对于其后已发送过的正确的帧都不必重发。接收方待收到发送方重发的帧以后，可以将其和保留在缓冲区内的帧重新排序，一起交给网络层。

选择 ARQ 协议的控制过程如图 3-12 所示，在选择 ARQ 协议中，设发送窗口 W_T 和接收窗口 W_R 为 $W_T=W_R=4$。当第 2 帧出错被丢弃后，后续第 3～5 帧，其序号仍然在接收窗口内，就可以暂时保留在接收缓冲区中。待收到重发的 2 号帧后，这些帧被一同提交给高层，然后继续后续的数据传送。

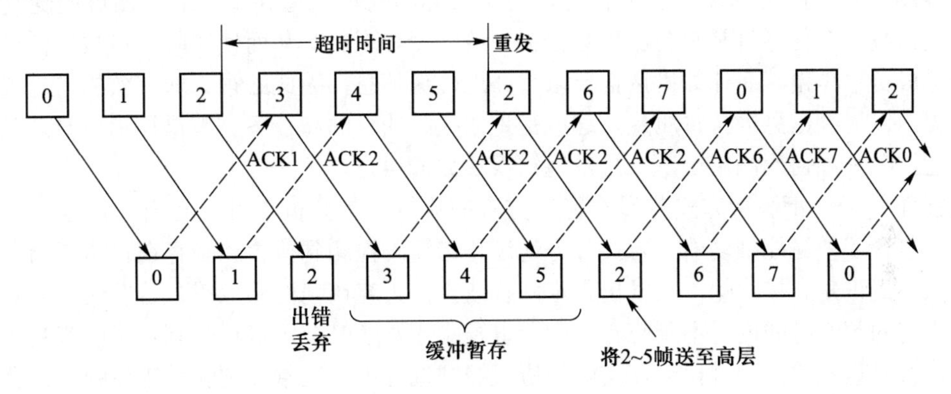

图 3-12 选择 ARQ 协议

2. 选择 ARQ 协议的最大窗口大小

选择 ARQ 协议的最大接收窗口大小为 $W_R \leqslant 2^{n-1}$。对于选择 ARQ 协议，前后相邻的两个接收窗口不能包含相同的帧序号。如果有相同的序号，那么某一帧在前一窗口被接收方正确接收并发送了确认帧以后，如果因为确认帧丢失而使发送方重发一个相同序号的帧，就会落在下一个窗口且被接收方再次接收并被误认为是新的帧。例如，帧的序号仍用 3 位来表示，并且发送窗口大小和接收窗口大小都选为 5（大于 $2^{n-1}=4$）。初始时，发送方连续发送了序号为 0～4 的 5 个帧，并且这 5 个帧全部被正确接收；于是接收方发送对这 5 个帧的应答，同时滑动接收窗口，准备接收序号为 5、6、7 和 0、1 的帧。假如其中 0 号帧的应答在传输过程中丢失，发送方在超时后，就会重新发送序号为 0 的帧。由于序号 0 也落在当前的接收窗口内，因而会被接收方当作一个新帧接收下来，这样就产生了错误。但是，如果将接收窗口大小选为 4，同样是 0 号帧的应答丢失，发送方超时重发 0 号帧，但由于接收方的下一接收窗口为 4、5、6、7 号，当重发的 0 号帧到来时没有落在接收窗口内，就会被接收方丢弃，而不会接收一个重复的帧。可以证明，对于选择 ARQ 协议，接收窗口的最大值满足 $W_R \leqslant 2^{n-1}$ 约束条件。

选择 ARQ 协议

在选择 ARQ 协议中，接收窗口大于发送窗口是没有意义的。发送窗口大小一般取值和接收窗口大小一样，因此发送窗口大小通常也不超过 2^{n-1}。

与连续 ARQ 协议相比，这种协议改善了信道的利用率，但接收方的缓冲区要设置得比较大，控制也更加复杂。在选取协议时，要从信道利用率和缓冲空间这两个方面进行权衡。随着存储器价格下降和计算机处理能力的提高，选择 ARQ 协议可能会得到更广泛的应用。

3.3 差错控制

在介绍数据链路层功能时曾分析过，由于实际的物理信道并不可靠，还可能受到各种噪声的干扰，数据在传输时常常会出现数据丢失或畸变等现象，从而使接收方对数据信号的判断失误，造成传输差错。而计算机通信要求可靠地传递信息，因此必须采取有效的措施来发现和纠正错误，以提高信息的传输质量，这就是差错控制的目的和任务。差错控制主要涉及两个方面的问题，一是如何检测错误，二是发现错误后如何纠正。

从前面关于停止等待方式或滑动窗口方式的流量控制分析中可以看出，在这些过程中实际上已经包含了差错控制功能。若接收方通过差错编码检测到接收的帧存在差错或由于严重的差错导致不能识别和接收帧，则发出否定回答或直接丢弃该帧而不应答，若发送方收到否定应答或在规定的超时时间内得不到应答，则会重发刚才发送的帧，直至收到正确应答为止。这实际上就是检错重发的控制过程。在实际的协议控制过程中，流量控制和差错控制已经有机地结合在一起，实现了数据链路的传输控制。

3.3.1 差错控制的基本概念

差错即误码，差错控制的核心是差错控制编码，又称抗干扰编码。差错控制的基本思路是：在发送方，将要被传送的信息码序列按照一定的规则加入若干“监督码元”后进行传输，这些加入的码元与原来的信息码序列之间存在着某种确定的约束关系。在接收数据时，校验所接收的信息码元与监督码元之间的既定约束关系。如该关系遭到破坏，则认为在接收方发现传输存在错误，甚至还可以根据编码规则纠正错误。可以看出，用纠（检）错码实现差错控制的方法来提高数据通信系统的可靠性是以牺牲有效性为代价的。因为从表达信息的角度来看，这些“监督码元”是多余的，所以它们又称为冗余码。

1. 差错分类

数据信号在信道中传输时，会受到各种噪声干扰。噪声大体分为两类，一类是随机噪声，包括通信设备和传输介质本身的热噪声、散弹噪声等；另一类是脉冲噪声，是指突然发生的噪声，包括外界的雷电、开关引起的瞬态电信号变化等。随机噪声会导致传输过程中出现随机差错，脉冲噪声会导致传输过程中出现突发差错。

随机差错又称独立差错，它是指那些独立、稀疏分布和互不相关的差错。存在这种差错的信道称为无记忆信道或随机信道，例如微波接力和卫星转发信道。突发差错是指一串串甚至是成片出现的差错，差错之间存在相关性，差错出现是密集的。产生这种突发差错的信道称为有记忆信道或突发信道，如短波、散射等信道。

实际应用中的信道是复杂的，所出现的差错也不是单一的，而是随机差错和突发差错并存的，只不过有的信道以某种差错为主而已，这两类差错形式并存的信道称为组合信道或复合信道。一般来说，针对随机差错的编码方法与设备比较简单，成本较低，且效果较显著；而纠正突发差错的编码方法和设备较复杂，成本较高，效果不如前者显著。因此，要根据差错的性质设计编码方案和选择差错控制的方式。

2. 差错控制方式

在数据通信系统中，差错控制方式一般可以分为 4 种类型。

1）自动检错重发（ARQ）

这种差错控制方式在发送方对数据序列进行分组编码，加入一定监督码元使之具有一定的检错能力，成为能够发现错误的码组。接收方收到码组后，按一定规则对其进行判别，并把判别结果（应答信号）通过反向信道送回发送方。如有错误，发送方把前面发出的信息重新传送一次，直到接收方认为已正确接收到信息为止。在具体实现自动检错重发时，一般与流量控制结合使用，通常有 3 种形式，即停止等待方式、连续 ARQ 方式和选择 ARQ 方式。

2）前向纠错

前向纠错（FEC）方式简称 FEC 方式。在前向纠错系统中，发送方的信道编码器将输入数据序列变换成能够纠正错误的码，接收方的译码器根据编码规律校验错误位置并自动纠正。前向纠错方式不需要反馈信道，特别适合于只能提供单向信道的场合。由于能自动纠错，不要求检错重发，因而时延小，实时性好。其缺点是所选择的纠错码必须与信道的编码特性密切配合，否则很难达到降低误码率的要求；为了纠正较多的误码，译码设备复杂，而要求附加的监督码元也较多，传输效率就低。因此，过去单独使用这种控制方式的情况不多，但随着编码理论和微电子技术的发展，译码设备成本降低，加之这种方式具有能实现单向通信和控制电路简单的优点，因而在实际应用中 FEC 方式日益增多。

3）混合纠错

混合纠错方式是前向纠错方式和自动检错重发方式的结合。在这种系统中，发送方发出同时具有检错和纠错能力的编码，接收方收到该编码后，检查错误情况，如果错误少，在纠错能力范围内，则自行纠正；如果干扰严重，错误很多，超出纠正能力，但能检测出来，则经反向信道要求发送方重发。

混合纠错方式在实时性和译码复杂性方面是前向纠错和自动检错重发方式的折中，因而近年来，在数据通信系统中混合纠错方式使用较多。

4）信息反馈

信息反馈（information feedback）又称回程校验。接收方把收到的数据序列全部由反向信道送回发送方，发送方将发送的数据序列与送回的数据序列进行比较，确认是否存在错误，并重传认为有错的数据序列的原数据，直到发送方没有发现错误为止。

这种方式的优点是，不需要纠错、检错的编译器，设备简单。缺点是需要和前向信道相同的反向信道，实时性差。另外，发送方需要一定容量的存储器以存储发送码组，环路时延越大，数据传输速率越快，所需存储容量越大。因而信息反馈方式仅适用于传输速率较低，数据信道差错率较低，且具有双向传输线路及控制简单的系统中。

上述差错控制方式应根据实际情况合理选用。除信息反馈方式外，都要求发送方发送的数据序列具有纠错或检错能力；为此，必须对信息源输出的数据以一定规则加入监督码元（纠错编码）。对于纠错编码的要求是加入的监督码元少而纠错能力却很高，而且实现方便，设备简单，成本低。下面将讨论检错和纠错编码的基本原理和一些常用的检错纠错码。

3. 差错控制编码原理

所谓差错控制编码实际上就是在保持信息位数不变的情况下，采用增加监督码的方法来发现误码。具体来说，编码的检错和纠错能力是用信息量的冗余度来换取的。

差错控制编码原理

一般信息源发出的任何消息都可以用二进制信号 0 和 1 来表示。例如，要传送 A 和 B 两个消息，可以用 0 码来代表 A，用 1 码来代表 B。在这种情况下，若传输中产生错码，即 0 错成 1，或 1 误为 0，接收方都无从发现，0 和 1 都是可能出现的合法状态，因此这种编码没有检错纠错能力。

如果分别在 0 和 1 后面附加一个 0 和 1，变为 00 和 11（本例中分别表示 A 和 B）。这时，在传输 00 和 11 时，如果发生一位错码，则变成 01 或 10，译码器将可判断出发生错误，因为 01 或 10 是无效码组。这表明附加一位码（称为监督码）以后码组具备了检出一位错码的能力。但因译码器不能判断是哪位出错，所以不能予以纠正，这表明这种编码没有纠正错码的能力。本例中 01 和 10 称为禁用码组（非法码组），而 00 和 11 称为许用码组（合法码组）。

若在信息码之后附加两位监督码，即用 000 代表消息 A，111 表示 B。这时，码组成为长度为 3 的二进制编码，而 3 位的二进制码有 $2^3=8$ 种组合，本例中选择 000 和 111 为许用码组。此时，如果传输中产生一位错误，接收方将接收到 001 或 010 或 100 或 011 或 101 或 110，这些均为禁用码组。因此，接收方可以判断出传输有错。不仅如此，接收方还可以根据大数定律来纠正一个错误，即 3 位码组中如有 2 个和 3 个 0 码则判为 000 码组（消息 A），如有 2 个和 3 个 1 码则判为 111 码（消息 B），所以，此时还可以纠正一位错码。如果在传输中产生两位错码，也将变为上述的禁用码组，译码器仍可以判断有错，但无法得到正确结果。这说明本例中的编码具有可以检出两位和两位以下的错码以及纠正一位错码的能力。

由此可见，纠错编码之所以具有检错和纠错能力，是因为在信息码之外附加了监督码。监督码不承载信息，它的作用是用来监督信息码在传输中有无差错，对用户来说是多余的，最终也不呈现给用户，对于表示信息来说是“冗余”的，但它提高了传输的可靠性。但是，监督码的引入，降低了信道的传输效率。一般说来，引入监督码越多，码的检错纠错能力越强，但信道的传输效率下降也越快。人们研究的目标是寻找一种编码方法，使所加的监督码元最少，而检错纠错能力较高，且又便于实现。

4．码距与检错和纠错能力

在编码理论中，定义码组中非零码元的数目为码组的重量，简称码重。例如，010 码组的码重为 1，011 码组的码重为 2。把两个码组中对应码位上具有不同二进制码元的位数定义为两码组的距离，简称码距。而在一种编码中，任意两个许用码组间距离的最小值，即码组集合中任意两元素间的最小距离，称为这一编码的汉明距离（Hamming distance），以 $d_{\min}$ 表示。下面将具体讨论一种编码的汉明距离与这种编码的检错纠错能力的数量关系。

在一般情况下，对于分组码有以下结论。

（1）为检测 e 个错码，要求汉明距离为 $d_{\min} \geqslant e+1$。或者说，若一种编码的汉明距离为 $d_{\min}$，则它能检出 $e \leqslant d_{\min}-1$ 个错码。这可以通过图 3-13（a）来证明。其中 c 表示某码组，当误码不超过 e 个时，该码组的位置将不超过以 c 为圆心、以 e 半径的圆（实际上是多维的球）。只要其他任何许用码组都不落入此圆内，c 码组发生 e 个误码时就不可能与其他许用码组相混淆。这就证明了其他的许用码组必须位于以 c 为圆心，以 $e+1$ 为半径的圆上或圆外，所以，该码的汉明距离 $d_{\min}$ 为 $e+1$。

（2）为纠正 t 个错码，要求汉明距离为 $d_{\min} \geqslant 2t+1$。或者说，若一种编码的汉明距离为 $d_{\min}$，则它能纠正 $t \leqslant (d_{\min}-1)/2$ 个错码。这可以用图 3-13（b）来说明。其中 c_1 和 c_2 分别表示任意两个许用码组，当各自错码不超过 t 个时，发生错码后两个许用码组的位置移动将分别不会超过以 c_1 和 c_2 为圆心、以 t 为半径的圆。只要这两个圆不相交，则当错码小于 t 个时，可以根据它们落在哪个圆内来判断是 c_1 还是 c_2 码组，即可以纠正错误。而以 c_1 和 c_2 为圆心的两个圆不相交的最近圆心距离为 $2t+1$，这就是纠正 t 个错误的最小码距。

（3）为纠正 t 个错码，同时检测 $e(e>t)$个错码，要求汉明距离为 $d_{\min} \geqslant e+t+1$。首先说明什么是“纠正 t 个错码，同时检测 e 个错码”（简称纠检结合）。在某些情况下，要求对于出现较频繁但错码数很少的码组，按前向纠错方式工作，以节省反馈重发时间；同时又希望对一些错码数较多的码组，在超过该码的纠错能力后，能自动按检错重发方式工作，以降低系统的总误码率。这种方式就是“纠检结合”，如图 3-13（c）所示。

在上述“纠检结合”系统中，差错控制设备按照接收码组与许用码组的距离自动改变工作方式。若接收码组与某一许用码组间的距离在纠错能力 t 范围内，则按纠错方式工作；若与任何许用码组间的距离都超过 t，则按检错方式工作。

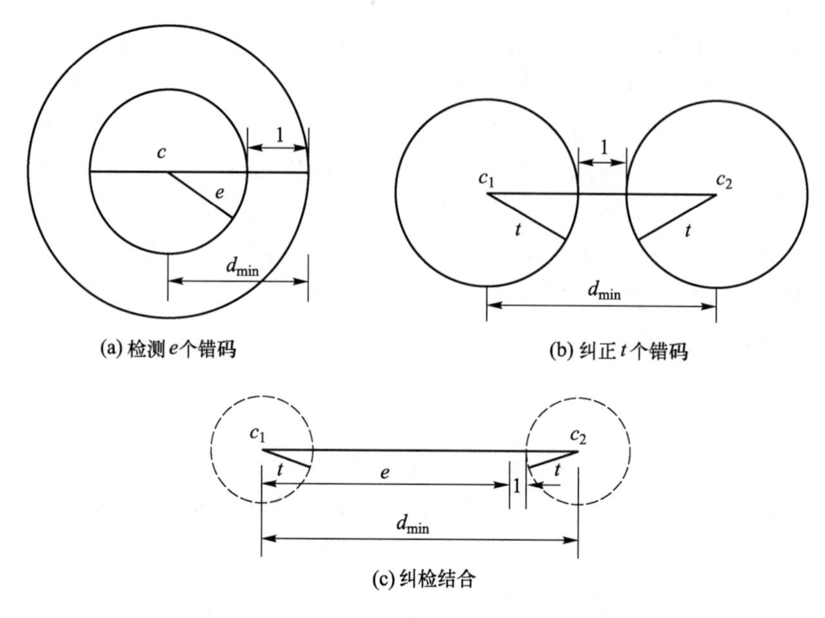

图 3-13 码距与纠错和检错能力的关系

5．差错控制编码的分类

从不同的角度出发，对差错控制编码可有不同的分类方法。

（1）按码组的功能划分，有检错码和纠错码两类。一般来说，能在译码器中发现错误的称为检错码，它没有自动纠正错误的能力。如果在译码器中不仅能发现错误，还能自动纠正错误，则称为纠错码，它是一种最重要的差错控制编码。

（2）按码组中监督码元与信息码元之间的关系划分，有线性码和非线性码两类。线性码是指监督码元与信息码元之间的关系呈线性关系，即可用一组线性代数方程联系起来，几乎所有得到实际运用的都是线性码。非线性码指的是二者是非线性关系，非线性码尚在研究中，它实现起来很困难。

（3）按照信息码元与监督码元的约束关系划分，有分组码和卷积码两类。所谓分组码是将是 k 个信息码元划分为一组，然后由这 k 个码元按照一定的规则产生 r 个监督码元，组成长度 $n=k+r$ 的码组。在分组码中，监督码元仅监督本码组的信息码元。分组码一般用符号（n, k）表示，并且将分组码的结构规定为前面 k 位为信息位，后面附加 r 个监督位。

在卷积码中，每组的监督码元不但与本组码的信息码元有关，而且还与前面若干组信息码元有关，即不是分组监督，而是每个监督码元对它的前后码元都实行监督，前后相连，因此有时也称为连环码。

（4）按照信息码元在编码前后是否保持原来的形式，可划分为系统码和非系统码。在差错控制编码中，信息码元和监督码元在分组内通常有确定的位置，而非系统码中信息码元则改变了原来的信号形式。系统码的性能大体上与非系统码相同，但是在某些卷积码中非系统码的性能优于系统码，由于非系统码中的信息位已经改变了原有的信号形式，这对观察和译码都带来麻烦，因此很少应用，而系统码的编码和译码相对比较简单些，所以得到了广泛应用。

（5）按纠正差错的类型可分为纠正随机差错的编码和纠正突发差错的编码。

（6）按照每个码元取值来分，可分为二进制码与多进制码。

3.3.2 简单的差错控制编码

下面介绍几种出现较早也较为实用的简单差错控制编码，它们都属于分组码。

1．奇偶校验码

这是一种最简单的检错码，又称奇偶监督码，在计算机数据传输中得到广泛的应用。其编码规则是在所要传输的数据码元分组数据后面附加一位校验位，使该码组（含校验位）中 1 的个数为偶数（称为偶校验）或奇数（称为奇校验），在接收方按同样的规律检查，如发现不符就说明产生了差错，但是不能确定差错的具体位置，即不能纠错。

奇偶校验码的这种校验关系可以用公式表示。设码组长度为 n，表示为$(a_{n-1}, a_{n-2}, a_{n-3}, \cdots, a_0)$，其中前 $n-1$ 位为信息码元，第 n 位为监督位 a_0。在偶校验时有

$$a_0 \oplus a_1 \oplus \cdots \oplus a_{n-1}=0 \tag{3-1}$$

其中 $\oplus$ 表示模 2 加运算，校验位 a_0 计算方法是

$$a_0=a_1 \oplus a_2 \oplus \cdots \oplus a_{n-1} \tag{3-2}$$

在奇校验时有

$$a_0 \oplus a_1 \oplus \cdots \oplus a_{n-1}=1 \tag{3-3}$$

校验码元 a_0 计算方法是

$$a_0=a_1 \oplus a_2 \oplus \cdots \oplus a_{n-1} \oplus 1 \tag{3-4}$$

这种奇偶校验只能发现单个或奇数个错误，而不能检测出偶数个错误，因而它的检错能力不高，但这并不表明它对随机奇数个错误的检错率和偶数个错误的漏检率相同。根据相关理论容易证明，出错位数为 $2t-1$（t 为正整数）即奇数的概率总比出错位数为 $2t$ 即偶数的概率大得多，即错一位码的概率比错两位码的概率大得多，错三位码的概率比错四位码的概率大得多。因此，绝大多数随机错误都能用简单奇偶校验查出，正是因为如此，这种方法被广泛用于以随机错误为主的计算机通信系统。但这种方法难以应对突发差错，所以在突发差错很多的信道中不能单独使用。可以看出，奇偶校验码的汉明距离为 2。

2．水平奇偶校验码

为了提高奇偶校验码的检错能力，特别是针对其不能检测突发差错的缺点，可以将经过奇偶校验编码的码元序列按行排成方阵，每行为一组奇偶校验码，但发送时则按列的顺序传输。接收方仍将码元排成发送时的方阵形式，然后按行进行奇偶校验。由于按行进行奇偶校验，因此称为水平奇偶校验码。

可以看出，由于发送方是按列发送码元而不是按水平码组发送码元，因此把本来可能集中发生在某一个码组的突发差错分散在方阵的各个码组中，每行可能只有一个错码，因此可实

现对整个方阵的行监督。这样，采用这种方法可以发现某一行上所有奇数个错误以及所有长度不大于方阵中行数的突发差错。

3．二维奇偶校验码

二维奇偶校验码是将水平奇偶校验码推广而得，又称行列校验码或方阵校验码。它的方法是在水平校验基础上对方阵中每一列再进行奇偶校验。发送仍然是按列序顺次传输。

显然，这种码比水平奇偶校验码有更强的检错能力，它能发现某行或某列上的奇数个错误和长度不大于行数（或列数）的突发差错。这种码还有可能检测出偶数个错码，因为如果每行的校验位不能在本行检出偶数个错误，则在列的方向上有可能检出。当然，当偶数个错误恰好分布在矩阵的四个顶点时，这样的偶数个错误是检测不出来的。此外，这种码还可以纠正一些错误，例如某行某列均不满足校验关系而判定该行该列交叉位置的码元有错，从而纠正这一位上的错误。这种码由于检错能力强，又具有一定纠错能力，且实现容易因而得到广泛的应用。

此外，数据通信中应用较多的还有定比码、正反码等。

3.3.3 汉明码及线性分组码

从前面介绍的一些简单编码可以看出，奇偶校验码的编码原理利用了代数关系式，这类建立在代数学基础上的编码称为代数码。在代数码中，常见的是线性码。线性码中信息位和校验位是由一些线性代数方程联系的，或者说，线性码是由一组线性方程构成的。本节将说明汉明码纠错的原理并通过汉明码引入线性分组码的一般原理。

1．汉明码

汉明码（Hamming code）是一种能够纠正一位错码且编码效率较高的线性分组码。汉明码是 1950 年由工作于美国贝尔实验室的汉明提出来的，是第一个用来纠正错误的线性分组码。在通信中大多数差错是随机差错，如果能够自动纠正一位错码，传输质量就可以得到很大提高。因此，汉明码及其变形作为差错控制码已广泛应用于数字通信和数据存储系统中。

在前面讨论奇偶校验时（以偶校验码为例），使用了一位校验位 a_0，因此 a_0 就和信息位 a_{n-1}，a_{n-2}，a_{n-3}，…，a_1 一起构成一个代数式。在接收方解码时，按照偶校验规则，实际上就是计算

$$S=a_{n-1}\oplus a_{n-2}\oplus\cdots\oplus a_0 \tag{3-5}$$

若 S=0，就认为无错；若 S=1，就认为有错。式（3-5）称为校验关系式，S 称为校正子（corrector）。由于校正子 S 的取值只有两种，它就只能代表有错和无错这两种信息，而不能指出错码的位置。另外，奇偶校验码的运算与码组的所有位相关，任何一位出现差错都会导致该编码码组中 1 的个数的奇偶性发生变化。因此，奇偶校验码只能发现差错，不能确定差错的位置，也就不能纠错。如果监督位增加一位，即变成两位，则能增加若干个类似式（3-5）的校验关系式。由于两个校正子的可能值有 4 种组合：00，01，10，11，故能表示 4 种不同信息。若用其中一种表示无错，则其余 3 种就有可能用来指示一位错码的 3 种不同位置。同理，r 个监

督关系式能指示一位错码的（2^r-1）个可能位置。

一般来说，若码长为 n，信息位数为 k，则校验位数 $r=n-k$。如果希望用 r 个校验位构造出 r 个校验关系式来指示一位错码的 n 种可能位置，则要求

$$2^r-1\geqslant n \quad 或 \quad 2^r\geqslant k+r+1 \tag{3-6}$$

下面通过一个例子来说明如何具体构造校验关系式。

设分组码（n, k）中 $k=4$。为了纠正一位错码，由式（3-6）可知，要求校验位数 $r\geqslant 3$。若取 $r=3$，则 $n=k+r=7$。现用 $a_6a_5a_4a_3a_2a_1a_0$ 表示这 7 个码元，用 S_1、S_2、S_3 表示三个校验关系式中的校正子，每个校正子分别与不同的信息码元、校验码元相关，则 $S_1S_2S_3$ 的值与错码位置的对应关系可以规定如表 3-1 所列（当然，也可以规定成另一种对应关系，这不影响讨论的一般性，但编码规则会不同）。

表 3-1　校正子与错码位置

$S_1S_2S_3$	错码位置	$S_1S_2S_3$	错码位置
0 0 1	a_0	1 0 1	a_4
0 1 0	a_1	1 1 0	a_5
1 0 0	a_2	1 1 1	a_6
0 1 1	a_3	0 0 0	无错

由表 3-1 的规定可知，当发生一个错码，其位置在 a_2、a_4、a_5 或 a_6 时，校正子 S_1 为 1，否则 S_1 为 0。这就意味着 a_2、a_4、a_5、a_6 这 4 个码元构成偶校验关系，即

$$S_1=a_6\oplus a_5\oplus a_4\oplus a_2 \tag{3-7}$$

同理，a_1、a_3、a_5、a_6 以及 a_0、a_3、a_4、a_6 也分别构成偶校验关系，于是有

$$S_2=a_6\oplus a_5\oplus a_3\oplus a_1 \tag{3-8}$$

$$S_3=a_6\oplus a_4\oplus a_3\oplus a_0 \tag{3-9}$$

由表 3-1 或公式（3-7）、式（3-8）和式（3-9）可以看出，校正子 S_1、S_2、S_3 分别与 a_6、a_5、a_4、a_3、a_2、a_1、a_0 的不同组合相关。如果 a_2、a_4、a_5、a_6 四个码元中任何一位出错，会使 $S_1=1$，而 a_3、a_1、a_0 三个码元中的任何一位出错，都不会影响 S_1。换一个角度看，如果 a_6 出错，则由于 a_6 存在于 S_1、S_2、S_3 三个校正子的运算中，则 $S_1S_2S_3=111$；如果 a_5 出错，则由于 a_5 只存在于 S_1、S_2 两个校正子的运算中，不影响 S_3，则 $S_1S_2S_3=110$。同理，如果 a_0 出错，则 $S_1S_2S_3=001$。因此，汉明码的原理是利用校正子 S_1、S_2、S_3 分别由码元 a_6、a_5、a_4、a_3、a_2、a_1、a_0 的不同组合运算产生，从而根据运算后 $S_1S_2S_3$ 的编码确定是否存在差错，以及差错的位置。

在发送方编码时，信息位 a_6、a_5、a_4、a_3 的值决定于输入信号，因此它们是随机的。而校验位 a_2、a_1 和 a_0 应根据信息位的取值按校验关系来确定，即校验位的值应使式（3-7）、式（3-8）和式（3-9）中的 S_1、S_2 和 S_3 均为 0（表示编码组中无错码），于是有下列方程组：

$$
\begin{aligned}
&a_6 \oplus a_5 \oplus a_4 \oplus a_2=0 \\
&a_6 \oplus a_5 \oplus a_3 \oplus a_1=0 \\
&a_6 \oplus a_4 \oplus a_3 \oplus a_0=0
\end{aligned}
\tag{3-10}
$$

经移项运算，解出校验位

$$
\begin{aligned}
&a_2 = a_6 \oplus a_5 \oplus a_4 \\
&a_1 = a_6 \oplus a_5 \oplus a_3 \\
&a_0 = a_6 \oplus a_4 \oplus a_3
\end{aligned}
\tag{3-11}
$$

已知信息位后，就可直接按式（3-11）算出校验位。由此得出16个许用码组如表3-2。

表3-2 （7, 4）汉明码的许用码组

信息位	校验位	信息位	校验位
$a_6\ a_5\ a_4\ a_3$	$a_2\ a_1\ a_0$	$a_6\ a_5\ a_4\ a_3$	$a_2\ a_1\ a_0$
0 0 0 0	0 0 0	1 0 0 0	1 1 1
0 0 0 1	0 1 1	1 0 0 1	1 0 0
0 0 1 0	1 0 1	1 0 1 0	0 1 0
0 0 1 1	1 1 0	1 0 1 1	0 0 1
0 1 0 0	1 1 0	1 1 0 0	0 0 1
0 1 0 1	1 0 1	1 1 0 1	0 1 0
0 1 1 0	0 1 1	1 1 1 0	1 0 0
0 1 1 1	0 0 0	1 1 1 1	1 1 1

汉明码举例

接收方收到每个码组后，按式（3-7）、式（3-8）和式（3-9）计算出 S_1、S_2 和 S_3，如不全为0，则可按表3-1确定误码的位置，然后加以纠正。

例3-4 设接收一个码组为0100101，问：该码组是否有错？如果有错，哪一位错？

解：若接收码组为0100101，则各个码元 a_6=0，a_5=1，a_4=0，a_3=0，a_2=1，a_1=0，a_0=1，按式（3-8）、式（3-9）和式（3-10）计算可得：

$$S_1=a_6 \oplus a_5 \oplus a_4 \oplus a_2=0 \oplus 1 \oplus 0 \oplus 1=0,$$

$$S_2=a_6 \oplus a_5 \oplus a_3 \oplus a_1=0 \oplus 1 \oplus 0 \oplus 0=1,$$

$$S_3=a_6 \oplus a_4 \oplus a_3 \oplus a_0=0 \oplus 0 \oplus 0 \oplus 1=1。$$

由于 $S_1S_2S_3$ 等于011，故存在差错。根据表3-1可知，在 a_3 位有一错码。

另外，上述（7, 4）汉明码的汉明距离为3，因此，根据汉明距离与检错纠错能力关系可知，这种码能纠正一个错码或检测出两个错码。

汉明码有较高的编码效率，它的效率为

$$R=k/n=(2^r-1-r)/(2^r-1)=1-r/(2^r-1)=1-r/n$$

对于（7, 4）汉明码，$r=3$，$R=57\%$。与码长相同的能纠一位错码的其他分组码相比，汉明码的效率最高，且实现简单。目前在分组码中纠正一个错码的场合还广泛使用汉明码。当 n 很大时，编码效率接近 1。因此，汉明码是一种高效编码。

2．线性分组码

前面已经提到，线性码是指信息位和校验位满足一组线性方程的码。分组码是指监督码元仅监督本码组的信息码元。线性分组码则包含了线性码和分组码两者的特点，汉明码属于线性分组码。线性分组码有着一些重要性质。

1）封闭性

所谓封闭性，是指一种线性码中的任意两个码组之和（模 2 加）仍为这种码中的一个码组。这就是说，若 A_1 和 A_2 是一种线性码中的两个许用码组，则（A_1+A_2）仍为其中的一个许用码组。

2）码的最小距离等于非零码的最小重量

因为线性分组码具有封闭性，因而两个码组之间的距离必是另一码组的重量。故码的最小距离即是码的最小重量（除全 0 码组外）。

3.3.4 循环码

循环码是线性分组码中一类重要的编码，它是以现代代数理论作为基础建立起来的。循环码的编码和译码设备都不太复杂，且检错纠错能力较强，目前在理论和实践上都有较大的发展。这里，仅介绍二进制循环码。

1．循环码的循环特性

循环码是一种线性分组码，且为系统码，即前 k 位为信息位，后 r 位为校验位，它除了具有线性分组码的一般性质外，还具有循环性，即循环码中任一许用码组经过循环移位后（最右端的码元移出后又至左端输入，或反之）所得到的码组仍为该集合中的一个许用码组。若（$a_{n-1}, a_{n-2}, \cdots, a_0$）是一个（$n, k$）循环码的码组，则（$a_{n-2}, a_{n-3}, \cdots, a_0, a_{n-1}$）、（$a_{n-3}, a_{n-4}, \cdots, a_{n-1}, a_{n-2}$）、（$a_0, a_{n-1}, \cdots, a_2, a_1$）也都是该编码集合中的码组。

2．码多项式和生成多项式

为了便于用代数理论来研究循环码，把长为 n 的码组与 $n-1$ 次多项式建立一一对应的关系，即把码组中各码元当作一个多项式的系数，若码组 $A=(a_{n-1}, a_{n-2}, \cdots, a_1, a_0)$，则相应的多项式表示为

$$A(x)=a_{n-1}x^{n-1}+a_{n-2}x^{n-2}+\cdots+a_1x+a_0 \tag{3-12}$$

如码组 1100101 对应的多项式为

$$A_7(x)=1\times x^6+1\times x^5+0\times x^4+0\times x^3+1\times x^2+0\times x+1 \tag{3-13}$$

在这种多项式中，x 仅是码元位置的标记，例如式（3-13）表示码组中，a_6、a_5、a_2 和 a_0

为 1，其他均为 0。因此我们并不关心 x 的取值，多项式中 x^i 的存在只表示该对应码位上是 1 码，否则为 0 码，称这种多项式为码多项式。由此可知，码组和码多项式本质上是一回事，只是表示方法不同而已。

在整数运算中，有模 n 运算。在码多项式运算中也有类似的按模运算，这里仅讨论码多项式的模 2 运算。在码多项式中常常将⊕简写为+，仍表示模 2 加，在本节中，除非另加说明，这类式中的+就表示模 2 加。

在循环码中，一个（n, k）码有 2^k 个不同的许用码组，用 $g(x)$表示其中前（k−1）位皆为 0 的码组。在循环码中除全 0 码组外，再没有连续 k 位均为 0 的码组，即连续 0 的长度最多只能有（k−1）位。否则，在经过若干次循环移位后将得到一个 k 位信息位全为 0，但监督位不全为 0 的码组，这在线性码中显然是不可能的。因此 $g(x)$必须是一个常数项不为 0 的 $n-k$ 次多项式，而且，这个 $g(x)$还是这种（n, k）循环码中唯一的一个次数为 $n-k$ 的多项式。我们称这唯一的（$n-k$）次多项式 $g(x)$为码的生成多项式。一旦确定了 $g(x)$，整个（n, k）循环码就被确定了。

由循环码的封闭性和循环性可知，所有许用码组的码多项式 $A(x)$都是 $g(x)$的倍数，即都可被 $g(x)$整除，而且任一幂不大于（k−1）的多项式乘以 $g(x)$都是许用码组的码多项式。

3. 循环码的编码方法

编码的任务是在已知信息位的条件下求得循环码的码组，而要求得到的是系统码，即码组前 k 位为信息位，后 $r=n-k$ 位是校验位。因此，首先要根据给定的（n, k）值选定生成多项式 $g(x)$。

设信息位的码多项式为

$$m(x)=m_{k-1}x^{k-1}+m_{k-2}x^{k-2}+\cdots+m_1x+m_0 \tag{3-14}$$

其中，系数 m_i 为 1 或 0。

（n, k）循环码的码多项式的最高幂是 n−1，信息位是它的前面 k 位，因此信息位在码多项式中应表现为 $x^{n-k}m(x)$（即最高幂为 $n-k+k-1=n-1$）。显然

$$x^{n-k}m(x)=m_{k-1}x^{k-1}+m_{k-2}x^{k-2}+\cdots+m_1x^{n-k+1}+m_0x^{n-k} \tag{3-15}$$

它从幂 x^{n-k-1} 起至 x^0 的 $n-k$ 位的系数都为 0。

如果用 $g(x)$除 $x^{n-k}m(x)$，可得

$$\frac{x^{n-k}m(x)}{g(x)}=Q(x)+\frac{r(x)}{g(x)} \tag{3-16}$$

其中，$Q(x)$为幂小于 k 的商多项式，而 $r(x)$的次数必小于 $g(x)$的次数，为幂小于 $n-k$ 的余式。式(3-16)可改写成

$$x^{n-k}m(x)+r(x)=Q(x)g(x) \tag{3-17}$$

式（3-17）表明 $x^{n-k}m(x)+r(x)$必为 $g(x)$的倍式，则 $x^{n-k}m(x)+r(x)$必定是由 $g(x)$生成的循环码中的码字，而余式 $r(x)$即为该码字的监督码对应的多项式。

根据上述原理，编码步骤可归纳如下。

（1）用 x^{n-k} 乘以 $m(x)$。这一运算实际上是把信息码后附上（$n-k$）个 0。例如，信息码为 110，它相当于 $m(x)=x^2+x$。当 $n-k=7-3=4$ 时，$x^{n-k}m(x)=x^4(x^2+x)=x^6+x^5$，它相当于 1100000。

（2）用 $g(x)$除 $x^{n-k}m(x)$，如式（3-16），得到商 $Q(x)$和余式 $r(x)$。

（3）将余式 $r(x)$与 $x^{n-k}m(x)$相加，得 $A(x)=x^{n-k}m(x)+r(x)$，即为所求的发送序列码。

上述三步编码运算，在用硬件实现时可由除法电路来实现。除法电路的主体由一些移位寄存器和模 2 加法器组成。码多项式中的 x 的幂代表移位的次数，$g(x)$多项式中系数是 1 或 0 表示该位上反馈线的有无。由于微处理器和数字信号处理器的应用日益广泛，目前已多采用先进的微处理器件和相应的软件来实现上述编码。

4．循环码的解码方法

接收方解码的要求有两个：检错和纠错。实现检错的解码原理十分简单。由于任一码组多项式 $A(x)$都应能被生成多项式 $g(x)$整除，所以在接收方可以将接收码组 $R(x)$用原生成多项式 $g(x)$去除。当传输中未发生错误时，接收码组与发送码组相同，即 $R(x)=A(x)$，故接收码组 $R(x)$必定能被 $g(x)$整除；若码组在传输中发生错误，则 $R(x)\neq A(x)$，$R(x)$用 $g(x)$除时可能除不尽而有余项。因此，就可用余项是否为零来判别码组中有无错码。需要指出的是，如果信道中错码的个数超过了这种编码的检错能力，恰好使有错码的接收码组能被 $g(x)$所整除，错码就无法检出了。这种错误称为不可检错误。

解码器的核心就是一个除法电路和缓冲移存器，而且这里的除法电路与发送方编码器中的除法电路相同。若在此除法器中进行运算得出的余项为零，则认为码组 $R(x)$无错，这时将暂存于缓冲移存器中的接收码组送到解码器输出端；若运算结果余项不等于零，则认为 $R(x)$中有错，但不知错在何位，这时，就可以将缓冲移存器中的接收码组删除，并向发送方发出重发指令，要求重发一次该码组。

在数据通信中广泛采用循环冗余校验（cyclic redundancy check，CRC），简称 CRC 校验，而循环冗余码（cyclic redundancy code）简称 CRC 码。目前常用的 CRC 码中采用的生成多项式如下，其中数字 12、16 是指 CRC 余数的长度；对应地，CRC 除数分别是 13，17 位长。

CRC-12：$G(x)=x^{12}+x^{11}+x^3+x^2+x+1$

CRC-CCITT：$G(x)=x^{16}+x^{12}+x^5+1$

循环码举例

例 3-5 一个报文序列为 1101011011，通过数据链路传输，采用 CRC 进行差错检测，如所用的生成多项式为 $g(x)=x^4+x+1$，试说明：

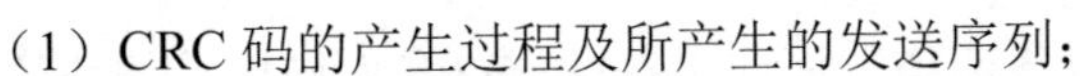

（1）CRC 码的产生过程及所产生的发送序列；

（2）CRC 码的检测过程（有差错及无差错）。

解： 生成多项式为 $g(x)=x^4+x+1$，则其编码为 10011，$r=4$。

因为 $r=4$，所以 CRC 码是 4 位的。对于报文 1101011011，将其左移 4 位，即在报文末尾加 4 个 0，这等于报文乘以 2^4，然后被生成多项式模 2 除。

CRC 码和发送序列的产生和检测如图 3-14 所示。

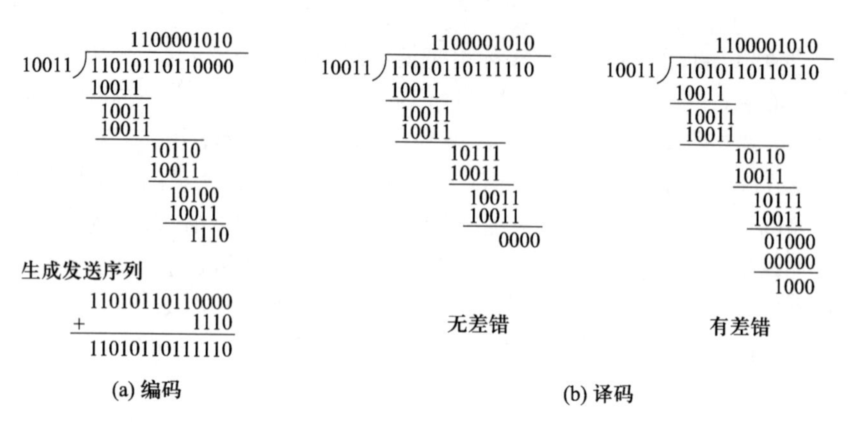

图 3-14 CRC 的编码和译码

3.4 点到点信道的数据链路层协议

数据链路层所涉及的复杂的链路管理和传输控制功能，包括前面所介绍的流量控制和差错控制等，都是通过一系列的规则来表现和实现的，这些规则就是数据链路层协议。根据数据链路是点到点链路或是多点链路结构，采用同步或异步传输方式等方面的不同，所使用的数据链路层协议是不同的。本节将主要讨论点到点链路的数据链路层协议的相关内容，主要包括 HDLC、PPP 和 PPPoE，在多点链路的传输控制中也同样会涉及这部分内容。

3.4.1 数据链路层协议概述

点到点链路的两端各有一个节点，在全双工链路上，两个节点在任何时刻都可以使用链路传输信息，不存在对链路的使用权分配问题；而多点链路由于有多个节点共用公共链路，往往采用广播方式传送信息，可能存在公共链路的使用权分配问题。

异步通信的数据链路基本都是以字符为单位的，一般使用面向字符的数据链路控制协议，如早期在异步通信中使用的 XMODEM、YMODEM 等，数据块长度固定，采用校验和或 CRC 校验方式、停止等待方式，实现半双工或全双工的数据传输。随着通信技术的发展，对传输速率和可靠性要求提高，这些协议已很少使用了。

同步通信的数据链路控制协议可分为以下两类：面向字符的协议和面向比特的协议。早期的计算机通信，如阿帕网的 IMP-IMP 协议和 IBM 公司的二进制同步通信（binary synchronous communication，BSC，BISYNC）协议都是面向字符的，它使用一组给定的字符编码集合（如 ASCII 码）中特定的 10 个“控制字符”来确定数据帧的边界，并控制数据交换。随着计算机通信的发展，面向字符的数据链路控制协议存在不少缺点。如 BSC 协议中采用停止等待协议，因而在长距离、高速率环境下信道利用率很低，只适用于半双工传输方式；

而且只对数据部分进行差错控制，对控制部分的差错无法识别和处理；控制功能扩展性差，每增加一项控制功能就要添加及定义相应的控制字符。为此，IBM 公司在 20 世纪 70 年代初推出了面向比特的同步数据链路控制（synchronous data link control，SDLC）协议，应用于 IBM 系统网络体系结构中的数据链路层。后来，IBM 将 SDLC 协议提交到美国国家标准学会（ANSI）和国际标准化组织（ISO）讨论。ANSI 把 SDLC 修改为高级数据通信控制协议（advanced data communication control procotol，ADCCP），ISO 把 SDLC 修改成高级数据链路控制（high level data link control，HDLC）协议。面向比特的协议具有较高的传输效率。

虽然面向字符的协议存在不足，但为了适应多种用户接入方式，目前面向字符的点到点协议（point-to-point protocol，PPP）在 Internet 中仍然得到了广泛的应用，下面分别介绍 HDLC 和 PPP 两种协议，以及 PPPoE（point-to-point over Ethernet）协议。

3.4.2　高级数据链路控制（HDLC）

高级数据链路控制（HDLC）协议是一种面向比特的数据链路层协议，只能用于同步数据链路，能够实现透明传输，可靠性高，传输效率高，应用广泛，适应力强。

1．HDLC 的基本特点

HDLC 定义了三种类型的站、两种配置和三种数据传送方式。

三种类型的站为主站、次站、复合站，它们具体的定义在 3.1.2 节中已有介绍。

两种配置如下。

（1）不平衡配置：可用于点到点链路或多点链路，如图 3-15（a）所示，由一个主站和一个或多个次站组成。主站负责链路的控制，包括启动传输、差错恢复等。主站发出的帧为命令帧。次站仅完成主站指示的工作，所发出的帧为响应帧。在一次通信中，发出呼叫的站是主站，被呼叫的站是次站。

（2）平衡配置：如图 3-15（b）所示，只能工作在点到点方式。在平衡配置中，每一端都是复合站，都具有主站和次站的功能。每个复合站都可以发出命令和响应。

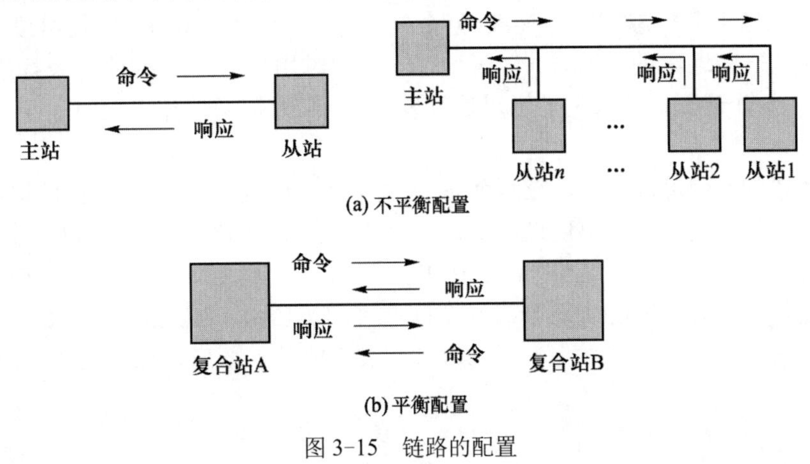

图 3-15　链路的配置

三种数据传送方式如下。

（1）正常响应方式（normal response mode，NRM）：用于不平衡配置，只有主站才能发起向次站的数据传输，而次站只有在主站询问（即发送命令帧）时才能回答响应帧。

（2）异步响应方式（asynchronous response mode，ARM）：也应用于不平衡配置，这种方式允许次站发起向主站的数据传输，即次站不必等待主站发命令，就可向主站发响应帧。但主站仍负责全程的初始化、差错恢复和逻辑拆线（释放）等工作。

（3）异步平衡方式（asynchronous balance mode，ABM）：用于平衡配置，任一复合站均可发送和接收命令/响应帧，无询问额外开销。

2．HDLC 帧格式

如前所述，数据链路层上的数据传输是以帧为单位的，一个帧的结构有固定的格式，如图 3-16 所示。

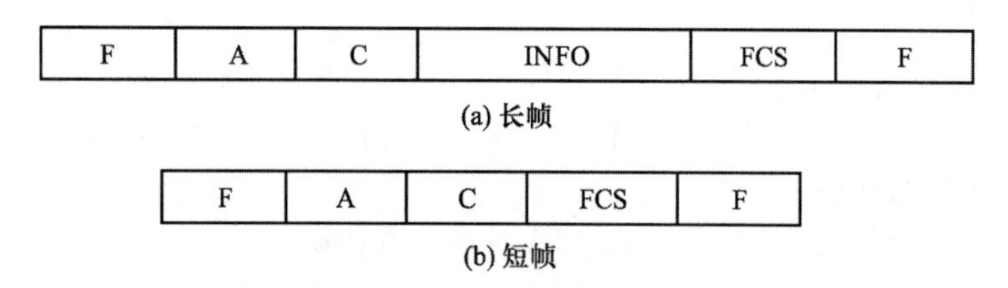

图 3-16　HDLC 帧格式

所有的 HDLC 帧都使用这种标准的帧格式，每个帧包括链路控制信息和数据。链路控制信息包括帧首和帧尾的标志（F）、地址（A）和控制（C）字段，另外还附加帧检验序列（FCS）。HDLC 协议中规定了长帧格式和短帧格式两种：长帧格式包含数据和链路控制信息；短帧格式仅包含链路控制信息，只用作监控帧和链路管理。各字段意义如下。

1）标志字段 F

因为帧的发送长度是可变的，且不能预先决定何时开始帧的发送，故用标志字段 F 指明每一帧的开始和结束，标志字段由连续 6 个 1 加上头尾两个 0 共 8 位组成（01111110，0x7E）。当发送一些连续的帧时，一个标志 F 可同时用作前一个帧的结束标志和后一个帧的开始标志。当暂无信息发送时，可以连续发送 F 作为帧间填充，同时用于保持收发双方的同步。

由标志字段的作用可以看出，在两个 F 之间不允许出现与 F 标志相同的比特流，否则会误被认为是帧边界。为了避免出现这种错误，保证标志 F 的唯一性，HDLC 对帧的控制和信息字段采用了位填充法。采用这种方法，在 F 以后出现 5 个连续的“1”后，在其后额外插入一个“0”，这样就不会出现连续 6 个或 6 个以上“1”的情况。在接收方，在 F 之后每出现连续 5 个“1”，如果第 6 位为“0”，就将其后的“0”删除，还原成原来的比特流，如图 3-17 所示。

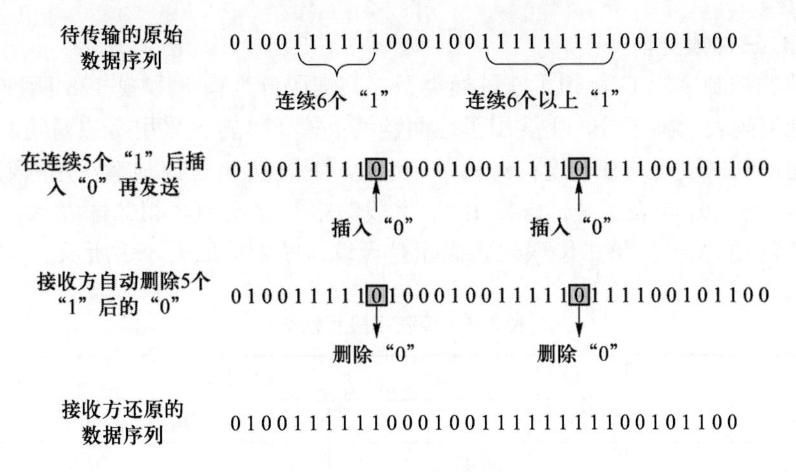

图 3-17　位填充法

在数据链路上 HDLC 初始化完成后，即开始发送连续的 F 标志，当检测到第一个非 F 标志的比特流时，表示一个 HDLC 帧传输开始，根据帧结构可判断和处理各个字段信息。当再一次检测到 F 标志时说明一帧结束了。

2）地址字段 A

地址字段 A 一般为 8 位。在特定情况下，当需要扩展地址时，用第一位作为扩展位，其余 7 位作为地址。当该字节的第一位为 0 时，其下一个字节也是地址位。当该字节的第一位为 1 时，表示这是最后一个地址字节。这时地址字段为 8 位的倍数。

在不平衡配置结构中，对于主站发送到次站的帧或次站发向主站的帧，地址字段给出的是次站地址。全 1 地址是广播地址，全 0 地址无效。在平衡配置结构中地址字段填入应答站地址。

3）控制字段 C

HDLC 的许多协议功能都由控制字段实现的。根据控制字段的不同，可以把帧分为信息帧 I(information frame)、监控帧 S(supervisory frame)和无编号帧 U(unnumbered frame)三种类型。其中 I 帧属于长帧，而 S 帧和 U 帧因为没有信息字段，属于短帧（某些 U 帧包含信息字段）。后面将对三种帧的控制字段 C 的格式和作用进行详细说明。

4）信息字段 INFO

信息字段主要由从网络层移交下来的分组构成。本字段的长度没有具体规定，需要根据链路的情况和收发站点的缓冲区大小来确定。在某些控制帧中，也会使用信息字段来携带一些网络控制信息。

5）帧检验序列（frame check sequence，FCS）

帧检验序列（FCS）是一个 16 b 序列，它用于帧的差错校验。帧检验序列采用循环冗余校验，生成多项式为 CCITT V.41 建议的 $G(x)=x^{16}+x^{12}+x^5+1$。校验范围包括地址、控制、信息字段等，但是不包括由于采用位填充法而额外插入的 0。

3．HDLC 三种帧类型

HDLC 帧的控制字段 C 标识了三种帧类型，其编码分为模 8 和模 128 两种，模 8 方式采用 3 位二进制编码表示帧序号，主要用于地面链路；模 128 方式采用 7 位编码，主要用于卫星链路。对应的控制字段有两种长度：8 位和 16 位，下面以 8 位控制字段为例来说明其作用。控制字段 C 第一位 $b_0=0$ 表示是信息帧 I；C 字段的第一位 $b_0=1$，第二位 $b_1=0$，表示是监控帧 S；C 字段的第一位 $b_0=1$，第二位 $b_1=1$，表示是无编号帧 U，如表 3-3 所示。

表 3-3 控制字段与帧类型

帧类型	控制字段 C							
	b_7	b_6	b_5	b_4	b_3	b_2	b_1	b_0
信息帧 I	N(R)			P/F	N(S)			0
监控帧 S	N(R)			P/F	S	S	0	1
无编号帧 U	M	M	M	P/F	M	M	1	1

（1）信息帧 I

信息帧控制字段中，$b_3b_2b_1$ 为发送序号 N(S)，表示当前正在传送的帧的编号；$b_7b_6b_5$ 为接收序号 N(R)，表示 N(R)以前的各帧已正确接收，希望接收第 N(R)帧；N(S)和 N(R)都以模 8 计数。

例 3-6 在 HDLC 协议中，使用连续 ARQ 方法，经过初始化，若所用的发送窗口大小 $W_T=5$，发送站可以连续发送的帧的最大序号是多少？

解： 因为 $W_T=5$，所以发送站最多可以连续发送 5 帧，即 N(S)=0，1，2，3，4。

即目前可以发送帧的最大序号为 4。

HDLC 可以进行全双工工作，这样每一方都有 N(S)和 N(R)。在全双工情况下，每方都有两个状态变量 V(S)和 V(R)。发送帧时将 V(S)和 V(R)值分别写入 N(S)和 N(R)，发送后将 V(S)加 1，每正确接收一个信息帧就将 V(R)加 1。

在发送的信息帧中设置 N(R)的目的是在全双工传输中可以利用发送的信息帧“捎带确认”，而不必单独发送应答帧，这样可以提高信道利用率。

信息帧中 b_4 为轮询/结束位 P/F，P(poll)表示轮询，F(final)表示终止。在命令帧中该位用作 P，在响应帧中该位用作 F。当主站在自己的 I 帧中使 P 为 1 时，表示要求次站响应，次站将最后一个响应帧的 F 位置 1，表示后面停止发送，直到又收到 P=1 的帧。

例 3-7 若收发双方使用 HDLC，经过初始化，发送方发来连续三帧，其 N(S)为 0，1，2，收方均已经正确接收，问：这时收方可以在即将要发的信息帧的 N(R)是多少？表示什么意义？

解： 接收方已经收到序号为 0，1，2 的帧，则所发送的数据帧中 N(R)=3，表示 2 号及以前各帧已正确接收，希望对方发来 N(S)=3 的信息帧。

（2）监控帧 S

监控帧又称为监督帧、监视帧，其控制字段的第 1、2 位 b_1b_0=01，表示是监控帧。监控帧无信息字段，所以共 48 b。监控帧只作为应答用，因此只有 N(R)没有 N(S)。

根据 b_3b_2 的取值，监控帧分为 4 种，通信站利用监控帧执行编号监控功能，例如确认、询问、临时暂停信息传输或差错恢复等。监控帧没有数据段，因此发送或接收它都不会增加帧的顺序编号。其编码如表 3-4 所示。

表 3-4　监控帧控制字段编码

名称	命令	响应	控制字段							
			b_7	b_6	b_5	b_4	b_3	b_2	b_1	b_0
接收准备好	RR	RR	N(R)			P/F	0	0	0	1
接收未准备好	RNR	RNR					0	1	0	1
拒绝	REJ	REJ					1	0	0	1
选择拒绝	SREJ	SREJ					1	1	0	1

RR 帧是应答帧，当链路上没有数据帧捎带确认信息时，用此帧作为确认应答。N(R)表示 N(R)-1 及以前各帧均正确接收，希望对方发 N(R)号帧，并可以消除本站以前发出 RNR 帧所表示的“忙”状态，表示本站可以继续接收。

RNR 帧是接收未准备好应答帧，表示本站正处于“忙”状态，不接收新的帧，但可以作为确认应答，N(R)表示 N(R)-1 以前的帧都已正确接收。

以上两种帧都有流量控制作用。

REJ 用于连续 ARQ 方式，表示拒绝接收目前的帧，要求重发 N(R)及以后各帧。

SREJ 是选择拒绝，它要求只重传 N(R)指定的帧，用于选择 ARQ 方式。

监控帧的第五位 b_4 也是轮询/结束位。在正常响应方式中，主站用 P=1 要求次站响应，如果次站有数据发送，则在最后一帧中将 F 置 1。如果仅仅发送应答帧，则在应答帧中将 F 置 1。

在异步响应和异步平衡方式中，任何一个站均可主动发出监控帧 S 和信息帧 I 并将 P 置 1，对方在回答中可将 F 置 1。

在实际传输应用中，监控帧 REJ 或 SREJ 不会同时使用，只能使用其中的一种。数据帧和监控帧相互配合，实现正常的数据传输。

例 3-8　若收发双方都使用 HDLC 协议，在全双工工作方式中，通过捎带确认信息可减少通信量。若双方地址用 X、Y 表示，则当 X 发送了连续两个信息帧<Y,$I_{0,0}$,P>，<Y,$I_{1,0}$>后，它收到的帧可能是什么？

解：<Y,$I_{0,0}$,P>表示 X 正在给 Y 发送第 0 帧，期待接收 Y 发送的第 0 帧，同时 P/F 位为 P，则 Y 要进行应答，应答帧可以是<X,$I_{0,1}$,F>或<X，RR1，F>，前者表示 Y 正在给 X 发送第

0 帧，期望接收 X 发的第 1 帧，即表示对刚才收到的第 0 帧的应答，同时 P/F 位为 F；后者表示专门用一个监控帧来应答，RR1 表示准备好接收第 1 帧，同时也表示对刚才收到的第 0 帧的应答。由于对第 0 帧的应答不同，则对第 1 帧的应答可以是<X, $I_{1,2}$>或<X, $I_{0,2}$>。

（3）无编号帧 U

无编号帧用于主站发送除了信息帧以外的各种命令，以及次站对主站命令的响应。命令用于设置工作方式、询问、复位以及拆除连接等，响应包括对各种命令的回答等。这种命令与用户数据传输过程无关，所以无编号帧主要用于链路的管理和异常情况的处理，又因为这种帧中的控制字段中不包含帧的序号 N(S)和 N(R)，故称它为无编号帧。它在传输中是被优先接收处理的。

无编号帧的第 5 位 b_4 也是轮询/结束位，其定义与前述两种帧相同。

在 U 帧中，$M=b_7b_6b_5b_3b_2$ 为命令编码位，$2^5=32$，可有 32 种不同的命令，实际使用的有 10 余种。常用的无编号帧的命令响应编码见表 3-5。

表 3-5　无编号帧控制字段编码

名称	命令	响应	控制字段							
			b_7	b_6	b_5	b_4	b_3	b_2	b_1	b_0
置异步响应	SARM	DM	0	0	0	P	1	1	1	1
置正常响应	SNRM	—	1	0	0	P	0	0	1	1
置异步平衡	SABM	—	0	0	1	P	1	1	1	1
拆除链路	DISC	—	0	1	0	P	0	0	1	1
复位	RSET	—	1	0	0	P	1	1	1	1
无编号确认	—	UA	0	1	1	F	0	0	1	1
帧拒绝	—	FRMR	1	0	0	F	0	1	1	1

3.4.3 Internet 中的 PPP 协议

目前大多数用户都可以通过两种方法接入 Internet：使用拨号电话线或使用专线接入。不管用哪种接入方法，传送数据时都需要数据链路层协议的支持。TCP/IP 是 Internet 中使用的网络互联标准协议，而在 TCP/IP 协议中，并没有具体描述数据链路层的内容，只是提供了各种通信网与 TCP/IP 协议族之间的接口，是 TCP/IP 使用各种物理网络通信的基础。一般情况下，各种物理网络可以使用自己的数据链路层协议和物理层协议。在 Internet 中，数据链路层协议使用最为广泛的就是 SLIP 和 PPP 协议。

1．串行线路互联网协议

串行线路互联网协议（serial line IP，SLIP）是一个在串行线路上对 IP 数据报进行封装的、简单的、面向字符的协议，用以使用户通过电话线和调制解调器接入 Internet。图 3-18 给出了 SLIP 的帧格式。

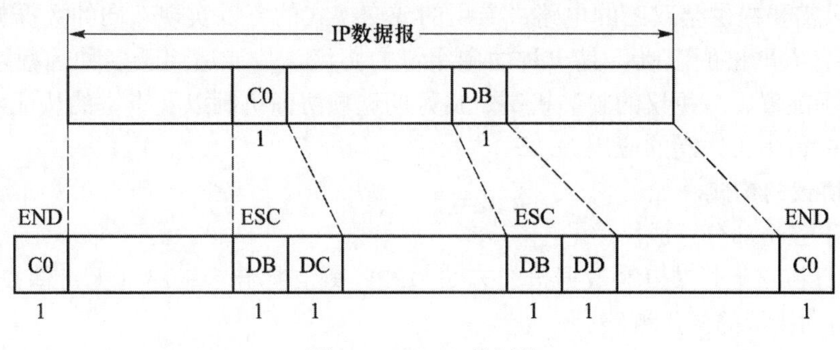

图 3-18 SLIP 的封装

SLIP 帧的封装规则如下。

（1）IP 数据报的首尾各加上一个特殊标志字符 END，将其封装成为 SLIP 帧。END 的编码为 0xC0，相当于二进制的 11000000。在 SLIP 的帧首加上 END 字符的作用是防止在 IP 数据报到来之前将线路上的噪声当成数据报的内容。

（2）如果在 IP 数据报中某一个字节恰好与特殊标志字符 END 的编码(0xC0)一样，那就需要用 2 字节序列 0xDB 和 0xDC（这里将特殊字符 0xDB 称为 SLIP 转义字符，它和 ASCII 码的转义字符 ESC 并不相同，ESC 字符的值为 0x1B）。

（3）如果在 IP 数据报中某一个字节恰好与 SLIP 转义字符一样，则需要用 2 字节序列 0xDB 和 0xDD 将它替换。

SLIP 协议只是一种简单的帧封装协议，它存在以下缺点。

（1）SLIP 没有校验字段，不提供差错检测的功能。当 SLIP 帧在传输中出差错时，只能靠高层协议来纠正。

（2）通信双方必须事先知道对方的 IP 地址，SLIP 不能将 IP 地址提供给对方。这对没有固定 IP 地址的拨号入网的用户来说是不方便的。

（3）SLIP 帧中无协议类型字段，因此仅支持 IP 协议，而不支持其他协议。

SLIP 主要用于完成低速串行线路中的交互性业务，每传输一个数据报都需要 20 B 的 IP 首部和 20 B 的 TCP 首部开销，数据传输效率较低。为了提高传输数据的效率，又提出了一种称作 CSLIP 的协议，即压缩的 SLIP，它可以将 40 B 的开销压缩到 3 B 或 5 B。压缩的基本策略是：在连续发送的数据报中，一定会有许多首部字节是相同的，若某一字段和前一分组中的相应字段是一样的，则可以不发送这个字段；若某一字段与前一个分组中的相应字段不同，则可以只发送改变的部分。CSLIP 大大缩短了交互响应的时间。

2．点到点的 PPP 协议概述

为了克服 SLIP 的缺点，人们制定了点到点协议（PPP），它所起的作用与 OSI-RM 中的数据链路层协议一致，可以完成链路的操作、维护和管理功能。并且在设计时考虑了与常用的硬件兼容，支持任何种类的DTE-DCE接口（包括EIA RS-232、EIA RS-449与ITU-T V.35）。运行 PPP 协议只需要提供全双工的电路（专用的或交换式的）以实现双向的数据传输，它对数据传输速率没有太严格的限制，是一种面向字符的协议，故能适用于多种远程接入的情形。PPP灵活的选项配置、多协议的封装机制、良好的选项协商机制以及丰富的认证协议，使它在远程接入技术中得到了广泛的应用。

3．PPP 协议的构成

PPP由以下三个部分组成。

（1）在串行链路上封装 IP 数据报的方法：PPP 既支持异步链路（无奇偶校验的 8 位数据），也支持面向比特的同步链路。

（2）链路控制协议（link control protocol，LCP）：用于建立、配置和测试数据链路连接，通信的双方可协商一些选项。

（3）网络控制协议（network control protocol，NCP）：用于建立、配置多种不同网络层协议，如IP、OSI的网络层、DECnet以及AppleTalk等，每种网络层协议需要一个NCP进行配置，在单个PPP链路上可支持同时运行多种网络协议。

4．PPP 的帧格式

PPP的帧格式和HDLC相似，标准的PPP帧格式如图3-19所示。

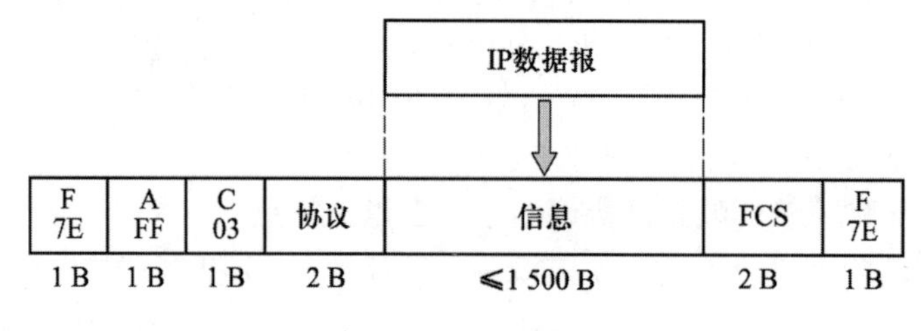

图3-19 PPP帧格式

（1）标志字段F，编码为01111110(0x7E)，是帧的定界符，用以标识帧的开始和结束。

（2）地址字段 A，编码为 11111111(0xFF)，标准的广播地址，使所有的站均可以接收该帧，不指定单个工作站的地址。在PPP中，地址字段并没有真正使用。

（3）控制字段C，编码为00000011(0x03)，是一个无编号帧，实际上也没有使用。另外，PPP也没有使用帧序号和确认机制来保证数据帧的有序传输。

（4）协议字段，占2 B，用于标识封装在PPP帧中的信息所属的协议类型。当协议字段为0x0021 时，信息字段就是 IP 数据报；若为 0xC021，则信息字段是链路控制数据；若为0x8021则表示信息字段是网络控制数据。

（5）信息字段，包含零个或多个字节，是网络层协议数据报，最大长度默认为1 500 B。

（6）帧检验序列字段（FCS），通常占2 B，使用16 b的循环冗余校验方式计算校验和。

可以看出，PPP 帧的前 3 个字段和最后 2 个字段与 HDLC 的格式是一样的，不同的是多了一个占 2 B 的协议字段。PPP 是面向字符的，因而所有的 PPP 帧的长度都是整数个字节。当信息字段中出现和标志字段一样的组合（如 0x7E）时，就必须采取一些措施。在同步通信应用中，可以采用与 HDLC 类似的位填充法，发送方在 5 个“1”后自动插入一个“0”，接收方在检测到在 5 个“1”后，第 6 个如果是“0”则自动删除，恢复原来的比特流。异步通信应用中，传输是以字符为单位的，因此它不能采用 HDLC 所使用的位填充法，而是使用一种特殊的字符填充法。具体的做法是将信息字段中出现的每一个 0x7E 字符转变成为 2 字节序列 0x7D 和 0x5E；若信息字段中出现一个 0x7D 的字符，则将其转变成为 2 字节序列 0x7D 和 0x5D；若信息字段中出现 ASCII 码的控制字符（即小于 0x20 的字符），则在该字符前面要加入一个 0x7D 字符。

例 3-9 一个 PPP 帧的数据部分（用十六进制写出）是 7D 5E FE 27 7D 5D 7D 5D 65 7D 5E。试求要发的真正的数据是什么？

解： 因为 PPP 帧的数据部分使用了一种特殊的字符填充法，所以根据字符填充的规则，经过转换，真正的数据（十六进制表示）应是 7E FE 27 7D 7D 65 7E。

5．链路控制协议

链路控制协议（LCP）主要用于建立、配置、维护和终止点到点的链路层连接，其工作过程主要分为 4 个阶段。

第一阶段是链路的建立、配置、协调。在网络层数据报交换之前，LCP 首先打开连接，协调配置参数，并完成一个配置确认帧的发送和接收。

第二阶段是链路质量检查。在链路建立、配置、协调之后，LCP 允许有一个可选的链路质量检测阶段。在这一阶段，通过对链路的检测来决定链路是否满足网络层协议的要求。LCP 可以延迟网络层协议信息的传送，直到这一阶段结束。

第三阶段是网络层协议配置。在 LCP 完成链路建立、配置与协调或链路质量检查之后，网络层协议通过适当的 NCP 协议进行单独的配置，而且可以在任何时刻被激活和关闭。如果 LCP 关闭了链路，它会通知网络层协议采取相应的操作。

第四阶段是关闭链路。LCP 可以在任何时刻关闭链路，但多数关闭是因用户的要求或发生物理故障，如载波丢失或空闲时间过长。

6．网络控制协议

PPP 使用一组网络控制协议（NCP）配置不同的网络层，其中普遍使用的是用于配置 IP 层的 IP 控制协议（internet protocol control protocol，IPCP），主要涉及 IP 压缩协议配置选项的协商及 IP 地址配置选项的协商。使用与 LCP 相同的报文结构及协商机制完成选项协商的任务，但必须在 PPP 链路建立起来之后进行。

7．PPP 的运行机制

由于 PPP 未使用序号和确认机制，故该协议提供的链路层服务是不可靠的。在噪声较大的环境下，如无线网络，则应使用有序号的工作方式。

当用户采用拨号方式接入因特网服务提供者（Internet service provider，ISP）时，路由器的调制解调器对拨号做出应答，并建立一条物理连接。这时，PC 向路由器发送一系列的 LCP 分组（封装成多个 PPP 帧）。这些分组及其响应选择了将要使用的一些 PPP 参数。接着就进行网络层配置，NCP 给新接入的 PC 分配一个临时的 IP 地址。这样，PC 就成为 Internet 上的一个主机了。

当用户通信完毕时，NCP 释放网络层连接，收回原来分配出去的 IP 地址；接着，LCP 释放数据链路层连接；最后释放物理层连接。

当线路处于静止状态时，并不存在物理层连接。当检测到调制解调器的载波信号，并建立物理层连接后，线路就进入建立状态。这时，LCP 开始协商一些选项。协商结束后就进入鉴别状态。若通信的双方鉴别身份成功，则进入网络状态。NCP 配置网络层，分配 IP 地址，然后就进入可进行数据通信的打开状态。数据传输结束后就转到终止状态。载波停止之后则回到静止状态，如图 3-20 所示。

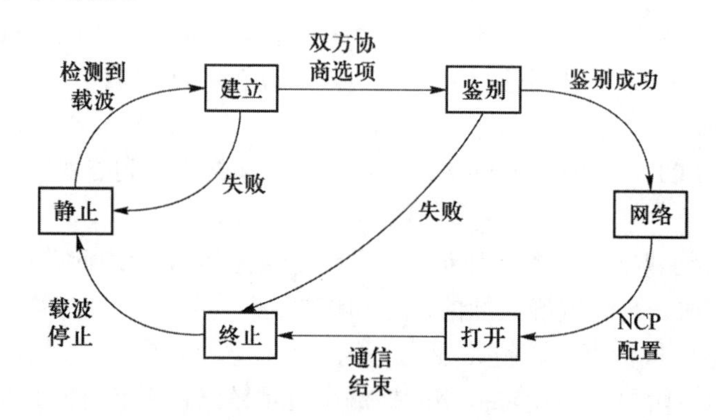

图 3-20 PPP 链路状态转换图

PPP 协议是目前广域网上应用最广泛的数据链路层协议之一。PPP 的优点是协议简单、具备用户认证能力以及支持动态 IP 地址分配等。另外，PPP 协议还支持多链路 PPP，即将多个物理信道捆绑成一个 PPP 链路来使用，这样可以提高 PPP 链路的传输速率。PPP 协议简单、功能丰富，这使它得到了广泛的应用，相信在未来的网络技术发展中，还会得到更加广泛的应用。

3.4.4 PPPoE

目前，宽带接入技术日新月异，ADSL 电话线接入、以太网接入方式得到广泛应用，许多新建的住宅小区都已实现了光纤到户，用户能够方便地使用网络。

个人计算机或家庭用户一般通过以太网卡以 ADSL 方式或光纤方式与内部交换机互联，再通过专门的调制解调器接入互联网；以太网接入的用户是通过网卡接入交换机再进一步会聚接入互联网。现在大部分家庭用户上网都是利用 PPP 协议在用户端和运营商的接入服务器之间建立通信链路，随着低成本的宽带接入技术变得日益流行，PPP 与其他的协议共同派生出符合宽带接入要求的新协议，如 PPPoE。利用宽带网资源，运行 PPP 来实现用户认证接入，既保护了用户的网络资源，又完成了用户接入认证和计费要求，具有很好的性能价格比，是目前网络接入方式中应用最广泛的技术标准。

1．PPPoE 概述

PPPoE 是基于以太网的点到点协议，是为了满足越来越多的宽带上网设备（即 ADSL、光纤调制解调器等）和越来越快的网络之间的通信需求而制定的标准，它基于两个被广泛接受的标准，即 Ethernet 协议和点到点协议。对于用户来说不需要了解更多的局域网技术，只需要把它当作普通拨号上网就可以了；对于服务商来说，在现有局域网基础上不需要花费巨资来做大面积改造，即可实现 IP 地址设置、用户认证等功能。这就使 PPPoE 在宽带接入服务中比其他协议更具有优势，也使它逐渐成为宽带上网的最佳选择。PPPoE 的实质是以太网和拨号网络之间的一个中继协议，PPPoE 继承了以太网的快速和 PPP 的拨号简单以及可实现用户验证、IP 分配等优势。

在实际应用中，PPPoE 利用以太网的工作机理，将 ADSL/光纤调制解调器的以太网接口与内部以太网互联，在调制解调器中采用 RFC 1483 的桥接封装方式对终端发出的 PPP 包进行 LLC/SNAP 封装，通过连接两端的电路在用户调制解调器与网络侧的宽带接入服务器之间建立连接，实现 PPP 的动态接入。PPPoE 接入利用在网络侧和用户调制解调器之间的一条电路就可以完成以太网上多用户的共同接入，实用方便，实际组网方式也很简单，大大降低了网络的复杂程度。在网络中，它与原来的 LAN 接入方式没有任何变化，只是用户需要在保持原接入方式的基础上安装一个 PPPoE 客户端，在需要连接到 Internet 时增加 PPPoE 虚拟拨号过程即可。

PPPoE 协议是公开协议，因此符合协议标准的客户端都能使用，可以不依赖操作系统的拨号网络直接独立工作。目前大多数操作系统中都包含 PPPoE 客户端驱动软件，用户可以在 Internet 接入设置中直接选择该协议。

2．PPPoE 的帧格式

PPPoE 是将 PPPoE 帧作为以太网帧的信息部分，其使用方式和 ARP、IP 等是相同的，在以太网帧的类型字段中，用 0x8863 表示是 PPPoE 发现阶段数据，用 0x8864 表示 PPP 会话阶段数据，如图 3-21 所示。

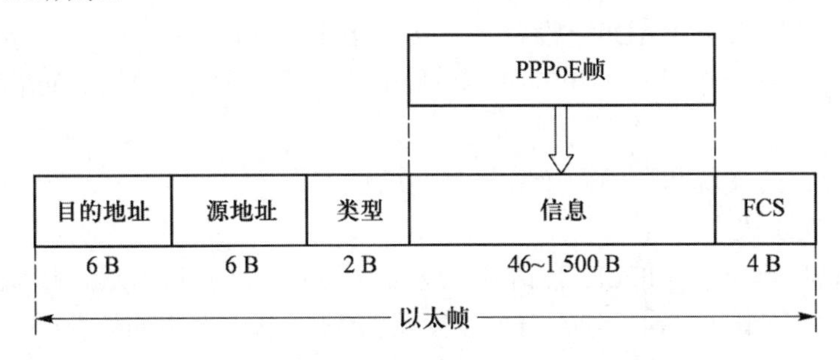

图 3-21　PPPoE 帧与以太网帧

PPPoE 帧作为以太网帧的信息数据部分，利用以太网实现传输。PPPoE 本身的帧结构，包括协议头的控制信息和自己的负载字段，如图 3-22 所示。

图 3-22　PPPoE 帧结构

PPPoE 协议头部分占 6 B，包括以下字段。

（1）版本号：占 4 b，必须为 0x01。

（2）类型：占 4 b，必须是 0x01。

（3）代码：占 8 b，在发现阶段和 PPP 会话阶段有不同的定义，表示 PPPoE 数据类型，如表 3-6 所示。

表 3-6　“代码”字段与 PPPoE 数据类型

“代码”字段值	数据类型
0x09	PADI（PPPoE active discovery initiation）
0x07	PADO（PPPoE active discovery offer）
0x19	PADR（PPPoE active discovery request）
0x65	PADS（PPPoE active discovery session-confirmation）
0xa7	PADT（PPPoE active discovery terminate）

（4）会话 ID：占 16 b，用来定义一个 PPP 会话，在发现过程中定义。

（5）长度：占 16 b，表示负载长度，不包括以太网帧头和 PPPoE 协议头。

PPPoE 帧的有效负载字段长度受限于以太网帧信息字段长度，最长不超过 1 494 B。

3．PPPoE 通信过程

PPPoE 协议的工作流程包含发现和会话两个阶段，发现阶段目的是使以太网上的客户机获得 PPPoE 终端（在局端的 ADSL 设备上）接入集中器（access concentrator，AC）的以太网 MAC 地址，并建立一个唯一的 PPPoE 会话 ID。发现阶段结束后，就进入标准的 PPP 会话阶段。

PPPoE 协议会话的发现和会话两个阶段具体进程如下。

1）PPPOE 发现阶段

当一个主机想开始一个 PPPoE 会话时，它必须首先启动发现阶段，以识别局端的以太网 MAC 地址，并建立一个 PPPoE 会话 ID。在发现阶段，基于网络的拓扑，主机可以发现多个接入集中器，然后允许用户选择一个，并确定所要建立的 PPP 会话唯一标识号码。在发现阶段，主机和选择的接入集中器都一直保持无状态的客户-服务器模式（client-server model）。

发现阶段可分为以下 4 个步骤，当此阶段完成，通信的两端都知道 PPPoE 会话 ID 和对端的以太网地址，进而可以唯一定义 PPPoE 会话。一旦 PPP 会话建立，主机和接入集中器都必须为 PPP 虚接口分配资源。

（1）主机广播发起分组（PADI），分组的目的地址为以太网的广播地址 0xFFFFFFFFFFFF，“代码”字段值为 0x09，“会话 ID”字段值为 0x0000。PADI 分组必须至少包含一个服务名称类型的标签（标签类型字段值为 0x0101），向接入集中器提出所要求提供的服务。

（2）接入集中器收到在服务范围内的 PADI 分组，发送 PPPoE 有效发现提供包（PADO）分组，以响应请求。其中“代码”字段值为 0x07，“会话 ID”字段值仍为 0x0000。PADO 分组必须包含一个接入集中器名称类型的标签（标签类型字段值为 0x0102），以及一个或多个服务名称类型标签，表明可向主机提供的服务种类。

（3）主机在可能收到的多个 PADO 分组中选择一个合适的 PADO 分组，然后向所选择的接入集中器发送 PPPoE 有效发现请求分组（PADR）。其中“代码”字段为 0x19，“会话 ID”字段值仍为 0x0000。PADR 分组必须包含一个服务名称类型标签，确定向接入集线器（或交换机）请求的服务种类。当主机在指定的时间内没有接收到 PADO 时，它应该重新发送它的 PADI 分组，并且使等待时间加倍，这个过程会被重复期望的次数。

（4）接入集中器收到 PADR 分组后准备开始 PPP 会话，它发送一个 PPPoE 有效发现会话确认 PADS 分组。其中“代码”字段值为 0x65，“会话 ID”字段值为接入集中器所产生的一个唯一的 PPPoE 会话标识号码。PADS 分组也必须包含一个接入集中器名称类型的标签以确认向主机提供的服务。当主机收到 PADS 分组确认后，双方就进入 PPP 会话阶段。

2）PPPoE PPP 会话阶段

在 PPP 会话阶段，用户主机与接入集中器根据在发现阶段所协商的 PPP 会话连接参数进行 PPP 会话。一旦 PPPoE 会话开始，PPP 数据就可以用任何其他的 PPP 封装形式发送。PPP 包被封装在 PPPoE 以太网帧中，所有的以太网帧目的地址都是单一的，以太协议为 0x8864，PPPoE 协议头的“代码”字段值必须为 0，“会话 ID”字段值必须为发现阶段协商出的会话 ID 值，PPPoE 的有效负载是整个 PPP 包，PPP 包前两字节给出了 PPP“协议”字段值。

由于 PPPoE 协议头占 6 B，PPP“协议”字段占 2 B，一共占用 8 B，而以太网的最大传输单元（maximum transmission unit，MTU）值为 1 500，所以 PPP 协商的最大接收单元值不能超过 1 492 B，也就是相当于在 PPPoE 环境下的上层 PPP 负载 MTU 是 1 492 B。

进入 PPP 会话阶段后，客户端可以和接入集中器之间进行 PPP 的 LCP 协商，建立数据链路层通信。同时，协商使用 PAP、CHAP 认证方式。如果认证成功，携带协商参数以及用户的相关业务属性为用户授权。如果认证失败，则流程到此结束。完成数据链路层协商认证后，用户进行 NCP（如 IPCP）协商，通过 AC 获取规划的 IP 地址等参数。如果认证成功，接入集中器完成计费开始请求/回应后，用户上线完毕，开始使用网络资源。

PPPoE 还有一个 PADT 分组，它可以在会话建立后的任何时候发送，以终止 PPPoE 会话，也就是会话释放。它可以由主机或者接入集中器发送。当对方接收到一个 PADT 分组后，就不再允许使用这个会话来发送PPP业务了。PADT分组不需要任何标签，其“代码”字段值为0xa7，会话ID字段值为需要终止的PPP会话的会话标识号码。在发送或接收PADT后，即使正常的PPP终止分组也不必发送。PPP对端应该使用PPP协议自身来终止PPPoE会话，但是当PPP不能使用时，可以使用PADT。

4．PPPoE发展前景

PPPoE是从窄带技术演化而来，PPP最早就是专门为使用电话线上网而设计的。当宽带普及后，为了兼容以前的电话线用户习惯，在宽带网络中继承了PPP技术。PPPoE是一种过渡技术，原因如下。

（1）PPPoE是一种两层链路技术，这导致不能充分发挥三层交换机的潜能。三层交换机的很多高级功能都无法使用，从而浪费了宝贵的网络设备资源，也增加了整体网络规划的复杂性。如果一开始采用了PPPoE认证，那么以后想要使用三层交换机网络规划功能，调整整体网络，将产生巨大的工作量。

（2）宽带使用PPPoE方式，将造成不必要的带宽损耗。由于采用PPPoE后会增加PPPoE和PPP协议层，所以在传输数据过程中，还要额外传输这两个协议头（8 B）。除此以外，在数据传输过程之前的拨号握手过程也会多出几个步骤。

（3）PPPoE客户端一般都会采用操作系统自带的PPPoE，但设置比较麻烦，有很多步骤，普通家庭用户若不熟悉，维护人员必须挨家挨户上门设置，这给网络维护带来了很大工作量，不利于宽带网络用户的发展和运营。

（4）PPPoE的效率比较低。从PPPoE协议模型可以看出，网络接入端会聚了用户的所有数据流，它必须将每一个PPPoE报文都拆开检查处理。一旦用户很多，报文数量很大，容易形成接入“瓶颈”。

（5）PPPoE认证是以前窄带电话线时代遗留下来的认证技术，对设备要求较高，部署缺乏灵活性和扩展性。

（6）PPPoE自身存在协议安全隐患。由于PPPoE认证采用广播方式，所以在网段内如果有网络嗅探器，就能截获PPPoE包，并能做任意修改和重定向，进而导致网络安全问题。

本章总结

1．数据电路是一条点到点的，由传输信道及其两端的DCE构成的物理电路段，中间没有交换节点。数据链路是在数据电路的基础上增加了传输控制功能形成的。一般来说，通信的收发双方只有建立数据链路，才能够有效地进行通信。

2．在链路中，所连接的节点称为站。发送命令或信息的站称为主站，在通信过程中起控制作用。接收数据或命令并做出响应的站称为次站，在通信过程中处于受控地位。同时具有主站和次站功能的，能够发出命令和响应信息的站称为复合站。链路的结构分为点到点和多点链路。

3．数据链路层以帧为单位传送数据。数据链路层是在物理层提供的比特流传送服务的基础上，通过一系列的控制和管理，构成透明的、相对无差错的数据链路，向网络层提供可靠、有效的数据帧传送服务。

4．停止等待协议是最简单的但也是最基本的数据链路层协议，其基本原理是：在发送方，每发送完一帧数据之后，必须停下来等待接收方的应答，若收到了对方的应答，则继续发送下一帧，如果收到否定应答或在规定的时间内没有收到任何应答，则重新发送该帧。

5．在滑动窗口方式中，在数据的发送方和接收方分别设置发送窗口和接收窗口，发送窗口是指在发送方未得到确认而允许连续发送的一组帧的序号集合，即允许发送的帧的序号表。发送方未得到确认而允许连续发送的帧的最大数目，称为发送窗口大小。接收窗口是指在接收方允许接收的一组帧的序号集合，即允许接收的帧的序号表。接收方最多允许接收的帧数目称为接收窗口大小。

6．在发送窗口大于 1 的滑动窗口协议中，如果传输中出现差错，协议会自动要求发送方重传出错的数据帧，所以这种控制机制称为自动重传请求（ARQ）。根据出现差错后重传数据帧的方法，分为连续 ARQ 协议和选择 ARQ 协议。

7．连续 ARQ 协议的发送窗口大小大于 1，接收窗口大小等于 1。当发送方超时重发时，必须重发出错的帧及其以后的所有帧。选择 ARQ 协议的发送窗口大小大于 1，接收窗口大小也大于 1，当发送方超时重发时，只需重发出错的帧，对于其后已发送过的正确帧都不必重发。

8．差错控制的基本思路是：在发送方被传送的信息码序列的基础上，按照一定的规则加入若干“监督码元”后进行传输，这些加入的码元与原来的信息码序列之间存在着某种确定的约束关系。在接收数据时，校验信息码元与监督码元之间的、既定的约束关系，如该关系遭到破坏，则在接收方可以发现传输中的错误，乃至纠正错误。

9．纠错编码之所以具有检错和纠错能力，是因为在信息码之外附加了校验码。校验码对于表示信息来说是“冗余”的，但它提高了传输的可靠性。但是，校验码的引入，降低了信道的传输效率。一般说来，引入校验码越多，码的检错、纠错能力越强，但信道的传输效率下降也越厉害。

10．奇偶校验码是一种最简单的检错码，在计算机数据传输中得到广泛的应用。汉明码是一种能够纠正一位错码且编码效率较高的线性分组码。

11．循环码是一种线性分组码，且为系统码，即前 k 位是信息位，后 r 位为校验位，它除了具有线性分组码的一般性质外，还具有循环性。循环码是线性分组码中一类重要的码，它是以现代代数理论作为基础建立起来的。循环码的检错纠错能力较强，目前在理论和实践上都有较大的发展。

12．高级数据链路控制协议传输的基本单位是位，所以也称为面向比特的协议。它在传送数据时，把数据分成帧，再以帧为单位进行传输。它定义了三种类型的帧，分别是信息帧、监控帧和无编号帧。该协议还规定了帧结构、控制字段的格式和参数、定义了“命令”和“响应”等。

13．在 Internet 接入方法中，数据链路层使用得最为广泛的就是点到点协议（PPP），其帧格式和 HDLC 相似，但该协议不提供基于序号和确认的可靠传输。在数据链路层出现差错概率不大时，使用比较简单的 PPP 协议较为合理。

14．PPPoE 是基于以太网的点到点协议，它基于两个被广泛接受的标准，即 Ethernet 协议和 PPP 点到点拨号协议，它利用以太网将大量主机组成网络，通过一个远端接入设备连入因特网，并对接入的每一个主机实现认证、计费功能。PPPoE 协议的工作流程包含发现和会话两个阶段，发现阶段是无状态的，目的是获得 PPPoE 接入集中器的以太网 MAC 地址，并建立一个唯一的 PPPoE 会话 ID。发现阶段结束后，就进入标准的 PPP 会话阶段，实现参数协商、身份认证等过程。

▶ 习题 3

3.1　简述数据链路层的功能。

3.2　试解释以下名词：数据电路，数据链路，主站，次站，复合站。

3.3　数据链路层流量控制的作用和主要功能是什么？

3.4　在停止等待协议中，确认帧是否需要序号？为什么？

3.5　解释为什么要从停止等待协议发展到连续 ARQ 协议。

3.6　对于使用 3 位的停止等待协议、连续 ARQ 协议和选择 ARQ 协议，最大发送窗口大小和接收窗口大小分别是多少？

3.7　信道速率为 4 Kbps，采用停止等待协议，单向传播时延 t_p 为 20 ms，确认帧长度和处理时间均可忽略，问帧长为多少才能使信道利用率至少达到 50%？

3.8　假设卫星信道的数据传输速率为 1 Mbps，取卫星信道的单程传播时延为 250 ms，每一个数据帧长度是 1 000 b。忽略误码率、确认帧长和处理时间。试计算下列情况下的卫星信道可能达到的最大的信道利用率分别是多少。

（1）停止等待协议；

（2）连续 ARQ 协议，W_T=7；

（3）连续 ARQ 协议，W_T=127。

3.9　简述 PPP 协议的组成。

3.10　简述 PPP 链路的建立过程。

3.11　简述 HDLC 信息帧控制字段中的 N(S)和 N(R)的含义。要保证 HDLC 数据的透明传输，需要采用哪种方法？

3.12　若窗口序号位数为 3，发送窗口大小为 2，采用回退 N 帧的 ARQ 协议，试画出由初始状态出发相继发生下列事件时的发送及接收窗口图示：发送 0 号帧，发送 1 号帧，接收 0 号帧，接收确认 0 号帧，发送 2 号帧，接收 1 号帧，接收确认 1 号帧。

3.13　请用 HDLC 协议，给出主站 A 与从站 B 以异步平衡方式，采用选择 ARQ 流量控制方案，按以下要求实现链路通信过程。

（1）A 站有 6 帧要发送给 B 站，A 站可连续发 3 帧；

（2）A 站向 B 站发的第 2、4 帧出错；

帧表示形式为（帧类型，地址，命令，发送帧序号 N(S)，接收帧序号 N(R)，探询/终止位 P/F）。

3.14　在面向比特的同步协议的帧数据段中，出现如下信息：1010011111010111101（高位在左，低位在右），采用位填充法后输出是什么？

3.15　HDLC 协议中的控制字段从高位到低位排列为 11010001，试说明该帧是什么帧，该控制段表示什么含义。

3.16　HDLC 协议的帧格式中的第三字段是什么字段？若该字段的第一位为 0，则该帧是什么帧？

3.17　常用的差错控制的方法有哪些？各有什么特点？

3.18　一码长为 15 的汉明码，校验位应为多少？编码效率为多少？

3.19　简述（7,4）汉明码中 7 和 4 的含义。

3.20　已知（7,4）汉明码接收码组为 0100100，计算其校正子并确定错码在哪一位。

3.21　在循环冗余校验系统中，利用生成多项式 $G(x)= x^5 + x^4 +x+1$ 判断接收到的报文 1010110001101 是否正确，并计算 100110001 的冗余校验码。

3.22　PPPoE 协议在宽带接入应用中，工作于网络的哪个部分？

第4章　局域网与广域网

局域网是人们日常接触最多的网络类型之一，是接入因特网的主要手段。在一个企业、学校、政府部门等内部构成的网络就是局域网，它为单位内部的资源共享和与外部的连接提供了平台。局域网的覆盖范围和用户的需求对局域网的物理层和数据链路层的功能提出了新的要求。而广域网作为局域网在覆盖范围上的延拓，就必须解决网络的互联和数据的传输问题。

本章将重点介绍局域网和广域网。对于局域网技术，首先简要介绍局域网基本概念和工作原理，详细讨论以太网和IEEE 802.3局域网使用的CSMA/CD协议、MAC帧的结构等相关内容；然后介绍在物理层和数据链路层扩展局域网的方法；最后对高速局域网技术和无线局域网技术进行讨论。

对于广域网技术，讲解广域网的基本概念、广域网提供的两种服务以及分组转发机制等。最后介绍3种广域网技术，即X.25分组交换网、帧中继和ATM技术。

通过本章的学习，要了解局域网的相关标准、拓扑结构、局域网的介质访问控制方法和局域网技术的发展等；了解虚拟局域网技术的概念及其标准；掌握以太网技术的工作原理、CSMA/CD协议的工作过程以及以太网的组网方式；了解令牌环和令牌总线等其他局域网介质访问控制方法，了解高速局域网、无线局域网技术的发展及其应用。要求掌握广域网的基本概念，掌握广域网采用的分组交换技术、分组转发机制，了解分组交换网X.25建议标准以及帧中继、ATM的概念。

4.1　局域网概述

4.1.1　局域网的定义

20世纪70年代中期，由于大规模和超大规模集成电路技术的发展，计算机功能大大增强，价格不断下降，一个单位拥有多台计算机成为可能，这时，人们开始关注如何将这些属于一个单位且分散在小范围内的多台计算机互联起来，从而达到资源共享和相互通信的目的，于是就出现了局域网（local area network，LAN）这一新的研究领域。

局域网是指将分散在一个局部地理范围（如一栋大楼等）内的多台计算机通过传输介质连接起来的通信网络。美国电气电子工程师学会（IEEE）于1980年2月成立了局域网/城域网标准委员会（简称 802 委员会），专门对局域网/城域网的标准进行研究，提出了关于局域网/城域网的一系列标准，其中一部分已经被国际标准化组织（ISO）采纳而成为正式标准。

最初的局域网覆盖范围很有限，距离为数十米到数百米，传输速率也较低，如几兆位每秒。随着数据通信技术和局域网技术的发展，局域网的覆盖范围和传输速率也在不断增大。特别是光纤通信的广泛应用，局域网已可以支持相隔数十千米的计算机之间的通信，局域网的数据传输速率也在不断提高。目前，传输速率高达千兆位每秒、万兆位每秒的局域网已经得到广泛应用。

4.1.2　局域网的特点

局域网覆盖范围较小，通常局限于一个部门或单位。其采用的传输介质可获得较好的传输特性，具有较高的传输速率和较低的误码率。由于局域网传输特性较好，因此在设计时一般很少考虑信道利用率的问题，在软硬件设施和协议设计方面可以有所简化，并采用相对简单的介质访问控制方法。局域网大多采用广播方式传输数据，一个站发出数据，其他所有站都能接收到该数据，因此局域网不需要考虑路由选择问题。

局域网技术一经提出便得到了广泛应用，各计算机和网络设备生产厂商纷纷提出自己的局域网标准，试图抢占和垄断局域网市场。因此，局域网标准一度呈现特有的多样性。不同的局域网标准一般采用不同的传输介质、传输技术、网络拓扑和介质访问控制方法，从而具有不同的技术特性。

4.1.3　局域网的拓扑结构

网络拓扑结构是指计算机之间用通信线缆连接组网的物理结构和形状，不同的拓扑结构需要采用与之相应的数据发送和接收方式。局域网的基本拓扑结构可分为 3 类：总线型、星形和环形，如图 4-1 所示。

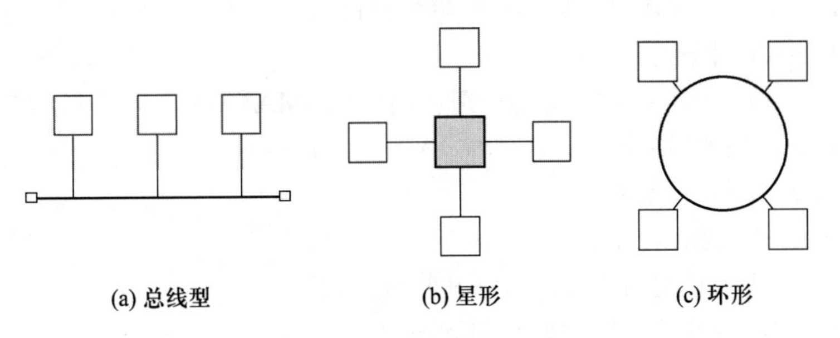

图 4-1　局域网的拓扑结构

图 4-1（a）为总线型拓扑结构的局域网，连接在局域网上的多台计算机共享同一条数据传输总线。总线型网可使用两种协议，一种是传统以太网使用的 CSMA/CD，另一种是令牌传递总线协议。令牌传递总线网在物理上是总线型结构，而在逻辑上采用令牌环网的控制方式。

图 4-1（b）是星形网，当使用集线器和双绞线连接组网时，局域网呈星形或多级星形结构。图 4-1（c）是环形网，在令牌环网中，规定只有获得令牌的站才具有发送数据的权限，通过在环路中传递令牌来协调各个站对传输介质的访问。局域网的上述 3 种基本拓扑结构可以组合成更复杂的拓扑结构，如对总线型局域网进行级联扩展便构成树状拓扑结构。

4.1.4 局域网的相关标准

局域网技术的相关标准主要对应于 ISO OSI-RM 中的物理层和数据链路层。从局域网采用的传输介质、传输技术、网络拓扑以及访问控制方法上看，局域网有多种类型且各具特点，适合于不同的应用领域。为了规范局域网的设计，IEEE 802 委员会针对各种局域网的特点并参照 ISO OSI-RM 模型，制定了局域网相关标准，称为 IEEE 802 系列标准。该标准中的一部分已被 ISO 采纳，对应于 ISO 8802 系列标准。

局域网一般采用广播方式发送信息，一个站发出的信息可以为局域网上所有站接收，因此，局域网不需要路由功能。局域网在设计时，将流量控制、差错控制等功能归并到数据链路层解决。局域网可以采用多种传输介质，不同的传输介质对应着不同的共享访问控制方法，所以局域网标准将数据链路层分为介质访问控制（medium access control，MAC）和逻辑链路控制（logical link control，LLC）两个子层加以设计。其中，MAC 子层与具体的传输介质和介质共享控制方法相关，而 LLC 子层与链路传输相关，与具体的传输介质和介质共享控制方法无关。

有关局域网的标准化工作主要集中在 OSI 体系结构的物理层和数据链路层，现已制定了一系列的标准，具体如下。

IEEE 802.1a——综述和体系结构。

IEEE 802.1b——寻址、网络管理和网络互联。

IEEE 802.1d——生成树协议。

IEEE 802.1q——虚拟局域网（VLAN）标记协议。

IEEE 802.2——逻辑链路控制协议。

IEEE 802.3——带冲突检测的载波监听多路访问（CSMA/CD）访问控制方法和物理层规范。

IEEE 802.3u——快速以太网。

IEEE 802.3z——千兆以太网。

IEEE 802.3ae——万兆以太网。

IEEE 802.4——令牌总线访问控制方法和物理层规范。

IEEE 802.5——令牌环访问控制方法和物理层规范。

IEEE 802.6——城域网。

IEEE 802.7——宽带局域网。

IEEE 802.8——光纤局域网。

IEEE 802.9——等时以太网。

IEEE 802.10——网络安全。

IEEE 802.11——无线局域网。

IEEE 802.12——100 VG-AnyLAN 局域网。

IEEE 802.14——基于有线电视网的城域网。

IEEE 802.15——无线个人局域网。

IEEE 802.16——宽带无线局域网。

IEEE 802.17——弹性分组环网。

IEEE 802.20——移动宽带无线访问。

以上仅仅列出了 IEEE 802 委员会制定的关于局域网/城域网的部分标准，这些标准之间的逻辑关系如图 4-2 所示。

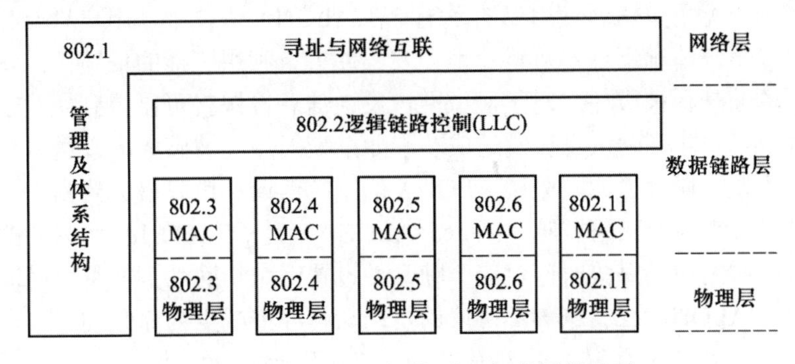

图 4-2　IEEE 802 系列标准之间的逻辑关系

4.2　局域网信道的介质访问控制

4.2.1　介质访问控制基本概念

局域网的介质访问控制是为了协调多个站点对共享传输介质资源的使用，即规定局域网中的站点何时能向网络中发送数据的问题，具体有以下 3 类介质访问控制方法。

1．基于信道划分的介质访问控制

基于信道划分的介质访问控制将局域网传输信道划分成多个相互独立的子信道，例如采用频分多路复用、时分多路复用、波分多路复用和码分多路复用等方法。这种介质访问控制方法的优点在于用户使用各自划分的子信道进行通信，不会和其他用户产生冲突，缺点是代价较高，不适用于局域网或广播信道的网络。

2．基于随机访问的介质访问控制

在基于随机访问的介质访问控制方式下，信道并非固定地分配给用户，所有的用户可随机向信道发送信息。其优点在于信道共享性好，代价较小，控制机制简单。缺点是用户在发送数据时可能产生冲突，即同一时刻存在两个或两个以上的用户向共享信道发送数据。

3．基于轮询的介质访问控制

在基于轮询的介质访问控制方式下，通过令牌环或者集中轮询方式管理网络中多个用户对信道的使用权。

4.2.2 基于随机访问的介质访问控制

1．ALOHA 协议

20 世纪 70 年代，美国夏威夷大学的 Norman Abramson 等人设计了一种新的信道分配方法，称为阿罗哈（ALOHA）协议，用于无线共享信道的访问控制，其基本思想也适用于任何无协调关系的多用户竞争单信道使用权的系统。在 ALOHA 协议中，用户只要有数据需要发送就立即发送，在多用户情况下这不可避免地会发生冲突。利用广播的反馈性，发送方通过监听信道来判断发出的帧是否被破坏。对于局域网，反馈信息很快就可以得到；对于卫星网，发送方在延迟约 270 ms 后才可确认是否发送成功。如果帧因冲突被破坏，发送方等待一段随机时间后对该帧进行重发。研究表明，采用 ALOHA 的系统信道利用率最大约为 18%。

时隙 ALOHA（也称分槽阿罗哈，slotted ALOHA）是对 ALOHA 协议的改进，它把时间分成一个个离散的时间段，每段时间对应一帧，并设置一个特殊站点在每段时间的开始发送时钟同步信号。时隙 ALOHA 在 ALOHA 协议的基础上将冲突减少为原来的一半，其最大吞吐量是 ALOHA 协议的两倍，约为 36.8%。

2．CSMA 协议

在总线型局域网中，一个站点可以检测到其他站是否在发送数据，从而相应地调整自己的动作，以减少冲突概率并提高网络吞吐量。载波监听多路访问（carrier sense multiple access, CSMA）就是用于局域网的访问控制协议。1975 年，Kleinrock 和 Tobagi 分析了以下几种典型的 CSMA 情形。

1）1 坚持型 CSMA（1-persistent CSMA）

基于随机访问的介质访问控制

当一个站点要发送数据时，它首先监听信道，判断是否有其他站点正在发送数据。如果信道正忙，就持续等待直到监听到信道空闲才将数据发送出去。若发生冲突，站点等待一个随机时间后重新开始监听，一旦监听到信道空闲，就以概率 1 发送数据。因为一个站发送数据前先监听信道，减少了对前面发送数据的站的冲突，有着比 ALOHA 和时隙 ALOHA 更好的性能。

2）非坚持型 CSMA（non-persistent CSMA）

运行该协议的站点在发送数据之前，先监听信道是否空闲，如果没有其他站发送数据，就开始发送。如果信道忙，则站点不再继续监听信道，而是等待一段随机时间后，再重复上述过程。与 1 坚持型 CSMA 相比，该协议降低了站点间冲突概率，具有较高的信道利用率，但增大了发送时延。

3）P 坚持型 CSMA（P-persistent CSMA）

它主要用于分时隙信道。一个站在发送数据之前，首先监听信道，如果信道空闲，就以概率 P 发送，而以概率(1-P)把该次发送推迟到下一时隙。如果下一时隙仍然空闲，便再次以概率 P 发送而以概率率(1-P)把该次发送推迟到再下一时隙。此过程一直重复，直到发送成功或者另外一站开始发送为止。若发生冲突，则等待一段随机时间后重新开始。若站点监听到信道忙则等到下一时隙然后开始上述过程。

3．CSMA/CD 协议

CSMA/CD 即带冲突检测的载波监听多路访问（carrier sense multiple access with collision detection）。站点在发送数据之前先监听信道，如果信道空闲则开始发送数据，在发送数据的同时检测是否发生冲突。检测冲突的必要性在于载波监听并不能完全避免冲突的发生。例如当两个站同时监听到信道空闲并且都开始发送数据时，就会产生冲突。站点一旦检测到冲突就立即终止本次发送过程，然后等待一个随机的时间后重新尝试发送。CSMA/CD 是一个重要的局域网协议，将在第 4.4 节中详细分析其工作过程、信道利用率等。

4．CSMA/CA 协议

CSMA/CA 即带冲突避免的载波监听多路访问（carrier sense multiple access with collision avoidance），用于无线局域网。由于无线信号存在有效传输范围，以及隐藏终端和暴露终端等问题，使无线局域网具有与有线局域网不同的特点，不能像以太网那样采用 CSMA/CD 协议。例如，当所有站点不全在彼此的无线通信范围内时，一部分站点发送的信息无法被某些站点接收，于是就错误地以为信道空闲而开始发送。CSMA/CA 是无线局域网中 MAC 层的重要协议，IEEE 802.11 标准对其进行了规定，将在 4.8 节无线局域网中详细讲解。

4.3 以太网技术

在局域网中，以太网技术发展迅猛，其数据传输速率从几兆位每秒演进到百兆位每秒、吉兆位每秒甚至更高。

4.3.1 以太网概述

以太网是由美国 Xerox 公司的 Palo Alto 研究中心于 20 世纪 70 年代开发的、以 CSMA/CD 方式工作的一种总线型局域网。最初的以太网采用同轴电缆这一无源传输介质作为总线来传输数据，并以历史上用于表示传播电磁波的物质——以太（ether）命名。

1980 年 9 月，DEC 公司、Intel 公司和 Xerox 公司联合提出了以太网的工业标准，定义了以太网数据链路层和物理层规范，即以太网规范 V1.0，也称为 DIX 规范。随后在 1982 年又发布了以太网规范 V2.0。同年年底，3Com 公司率先向市场推出其以太网产品，其后，DIX 规范为工业界广泛接受，成为事实上的局域网工业标准。

在此基础上，IEEE 802 委员会于 1983 年制定了第一个 IEEE 局域网标准 IEEE 802.3，当时定义的数据传输速率为 10 Mbps。802.3 局域网标准采用 CSMA/CD，并增加了逻辑链路控制（LLC）子层，允许 IEEE 802.3 总线网络、IEEE 802.4 令牌总线网、IEEE 802.5 令牌环网等不同标准局域网之间的通信。IEEE 802 委员会为局域网数据链路层定义了两个子层，即 LLC 子层和介质访问控制（MAC）子层，与传输介质有关的内容放在 MAC 子层，而与传输介质无关的链路控制部分放在 LLC 子层，这样可以通过 LLC 子层来屏蔽底层传输介质和访问控制方法的异构性。随着以太网技术的发展，以太网得到了越来越广泛的应用。到了 20 世纪 90 年代，以太网在局域网市场中取得了垄断地位，实际应用中的局域网类型日趋单一化，LLC 子层的作用被弱化，现在很多厂商生产的网卡上仅实现了 MAC 协议。

4.3.2 以太网的拓扑结构

以太网实际上是一种总线型局域网，计算机通过网卡连接到一条总线上，并采用基于总线的广播方式进行通信，拓扑结构如图 4-3 所示。在图 4-3（a）中，任一台计算机向总线发送数据，网络上所有计算机都能接收到。早期总线型局域网通常采用同轴电缆作为传输介质，为了防止信号反射，应使总线两端终结器的电阻匹配。以太网以分布式方式工作，网络上所有主机是对等的而不是主从关系。

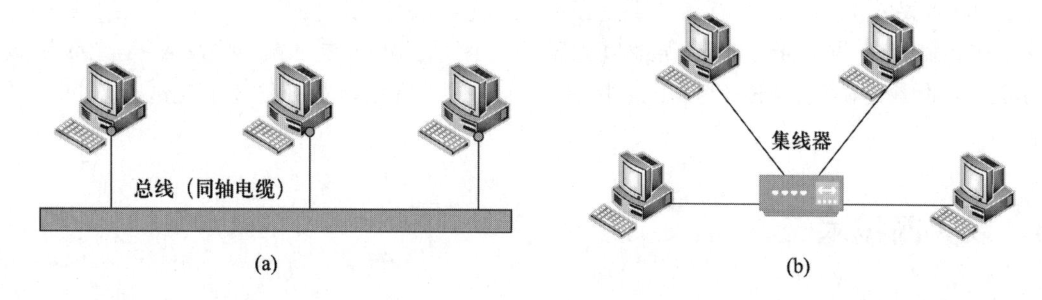

图 4-3 以太网的拓扑结构

随着局域网技术和结构化布线技术的发展，目前广泛采用双绞线作为传输介质，计算机通过双绞线连接到集线器上。这时，局域网在物理上呈现以集线器为中心的星形拓扑结构，如图 4-3（b）所示。这种用双绞线连接的局域网，虽然在物理上呈星形拓扑，但在逻辑上仍然属于总线型。

计算机之间的通信更多地表现为相互之间一对一的通信，在局域网的总线型广播信道中是通过匹配数据帧首部的目的地址来实现的。仅当数据帧的目的地址与接收该帧的计算机的地址一致时才接收这个帧，而将不是发给本机的数据帧一律丢弃。而协调多台计算机对总线型传输介质的访问则由局域网介质访问控制（MAC）协议来完成。下面将重点介绍以太网使用的

CSMA/CD 介质访问控制方法。

4.3.3 以太网工作原理

以太网中各计算机通过竞争方式获得总线的使用权，只有获得总线使用权的计算机才能向总线发送数据，采用的是一种分布式控制方法，即带冲突检测的载波监听多路访问（CSMA/CD），具体含义解释如下。

（1）载波监听是指每台计算机在发送数据之前首先检测总线上是否有其他计算机在发送数据，如果监听到总线上有其他计算机在发送数据，则暂时不发送，也就是先监听，总线空闲才开始发送，以减少冲突。

（2）多路访问是指在总线型局域网中允许多台计算机连接到总线上，共享访问总线信道，多台计算机通过总线发送和接收数据，也称多路接入。

（3）冲突检测是指发送数据的计算机一边发送一边监听总线，通过检测总线上传输信号的电平幅度来判断是否发生冲突。如果某个时刻有多台计算机在发送数据，在总线上就会形成信号电平的叠加，导致电平幅度超出正常范围，即产生冲突。冲突造成的误码使接收方不能接收到正确的数据。一旦检测到冲突，发送方应立即停止本次数据帧的发送，等待一个随机时间间隔后重发。

在多路访问信道中，载波监听有时并不能真正起作用，不能完全避免冲突的发生。当一台计算机监听到总线空闲时，情况可能有两种。一种情况是确实没有其他计算机在向总线发送数据，另一种情况是数据正在传输但信号还没有传播到监听计算机的网络接口。由此可知，当一台计算机监听到总线空闲时可能总线并不是真正的空闲。当网络处于轻载时，出现上述第一种情况的概率较大，而当网络处于重载时，出现第二种情况的概率较大。冲突检测正是为了弥补载波监听的不足而设计的。冲突之后，如果继续本次数据帧的发送，只能白白浪费总线带宽，所以在检测到冲突后，正在发送数据的各方均应立即停止发送。为了让冲突检测的结果能尽可能快地被局域网上的其他计算机获知，冲突检测改进方案规定：在总线上的计算机检测到冲突之后，不仅立即停止发送数据，还向总线上发送一定长度且信号电平明显超出正常范围的信号，即冲突加强信号，目的是让网络上的其他计算机（包括正在发送数据的和正在监听的计算机）都及时获知总线上已发生冲突。

CSMA/CD 的载波监听并不能完全避免冲突，实际上局域网中存在着大量的冲突，冲突形成很多无用的残帧，一部分总线带宽就这样被白白地浪费了。这需要从帧长和介质访问控制方法方面进行一些优化设计，降低总线型局域网上发生冲突的概率，从而提高局域网信道利用率。

4.3.4 争用期和最小有效帧长

由于电磁波传播速度的有限性，以太网中一台计算机从开始发送数据帧的时刻起，需要经过一段时间才能被其他所有计算机监听到。也就是说，从数据帧的第一个位开始发送，到其电磁波信号传播到总线上其他所有计算机的网络接口需要经过一段时间的电磁波传播时延。在这段时间内，其他计算机执行载波监听是监听不到总线上有数据帧在发送的，会误认为信道空闲并开始发送自己的数据帧，这就不可避免地造成冲突。一个数据帧在刚开始发送的一段时间内，网络上所有计算机都有可能发送数据到总线上，极有可能发生冲突，这段时间称为争用期，也称为冲突窗口。虽然争用期很短，但对以太网的性能具有重要的影响。为了定量地说明以太网中争用期和帧长问题，现做以下分析。

争用期

假设在一个以同轴电缆为传输介质的总线型局域网中，A、B 两台计算机相连，电缆长度为 l，数据传输速率为C，电磁波在同轴电缆中的传播速度为$v = 2\times10^8$ m/s。总线上的端到端单程传播时延记为τ，其中，$\tau = l / v$。假设计算机 A 在t_1时刻监听到总线空闲，并开始向总线发送数据帧，其信号在$t_1+\tau$时刻才会到达计算机 B。计算机 B 在$t_2 = t_1+\tau-\varepsilon$（$\varepsilon > 0$且$\varepsilon \to 0$）时刻监听到总线状态空闲，于是也开始向总线发送数据。计算机 A 和 B 发送的数据信号一定会在总线上发生冲突，计算机 A 将于$t_2+\tau(=t_1+2\tau-\varepsilon)$时刻检测到冲突。也就是说，计算机 A 从开始发送数据时刻起，如果有冲突发生，则计算机 A 最多经过2τ时间将检测到冲突。如果一台计算机发送一个数据帧的持续时间达到或超过2τ且没有检测到冲突，则可以确信本次数据帧的发送不会有冲突，因为经过传播时延τ之后本次数据帧的信号就已经到达其他所有计算机的网络接口，这时载波监听已经开始起作用了。

将总线上端到端往返时延 2τ定义为争用期，而将争用期内发送的数据长度定义为最小有效帧长，将长度不足最小有效帧长的帧定义为无效帧。因为碎片帧都是因冲突而终止发送造成的残帧，不具有完整的帧结构，不包含帧尾部的校验字段，对最小有效帧长的规定有助于接收方通过判断帧长首先将碎片帧剔除而不予接收。从发送方来看，当网络中最远的两台计算机进行数据传输时，为保证在帧发送结束之前能检测到可能发生的冲突，每个帧必须达到足够的长度，即帧的长度必须至少达到争用期内所传输的位数。如果待发送的数据帧长度过短，不足最小有效帧长，则可以在发送时对帧尾部进行填充使其满足最小帧长的要求。

例 4-1 假定电缆长度为 100 m 的 CSMA/CD 网络的数据传输速率为 100 Mbps，信号在网络上的传播速度为 2×10^8 m/s。求能够使用此协议的最小帧长。

解： 争用期 $2\tau = 2\times100\ \text{m} / (2\times10^8\ \text{m/s}) = 1\times10^{-6}\ \text{s}$

最小帧长为争用期内传输的位数，即

$$L_{\min} = 2\tau C = 1\times10^{-6}\ \text{s}\times(100\times10^6\ \text{Mbps}) = 100\ \text{b}$$

CSMA/CD 协议举例

考虑到转发器增加时延、冲突加强信号的持续时间以及其他多种因素，实际所取的争用期值往往大于端到端传播时延的两倍。对于 10 Mbps 的局域网，实际取 51.2 μs 为争用期的长度，在争用期内可发送 512 b，即 64 B。如果实际需要发送的数据长度不足 64 B，则实行填充。

实际上，帧长越长，帧首部的控制信息所占的开销比例就越小，局域网的有效信道利用率就越大。但由于考虑到网络接口缓存大小限制、多路访问的公平性以及其他多种因素，每个局域网都还有对个最大传送单元的限制。

例 4-2 在一个采用 CSMA/CD 的以太网中，传输介质是一根完整的电缆，传输速率为 1 Gbps，电缆中的信号传播速度是 2×10^8 m/s。若最小数据帧长度减少 800 b，则最远的两个站点之间的距离应该如何改变?

解：设电缆长度为l，信号传播速度为v，以太网单向传播时延为τ，则争用期$2\tau = 2l/v$，设最小帧长为$L_{\min}$，数据传输速率为C，最小帧长等于争用期内传输的数据长度，有$L_{\min} = 2\tau C = (2C/v)l$，$l = (v/2C)L_{\min}$。

由于v和C都是已知的常量，最远两个站间的距离与最小帧长同时增加或同时减少。因此，最小帧长减少时，最远的两站间距离应减少，具体减少量为

$$\Delta l = (v/2C)\Delta L_{\min} = \frac{2\times10^8\ \text{m/s}}{2\times10^9\ \text{bps}}\times 800\ \text{b} = 80\ \text{m}$$

4.4 以太网的 MAC 层

4.4.1 MAC 地址

局域网中的每台主机必须具有一个可唯一标识其地址的标识符，这个地址就是硬件地址或称为 MAC 地址。局域网中可用的地址格式一般有静态分配地址和动态分配地址两种格式。静态分配地址由网络硬件厂商在生产网络接口卡时静态指定。为了保证地址的全球唯一性，IEEE 成立了因特网编号分配机构。由该机构为不同的网络硬件厂商分配 MAC 地址中的前一部分，另一部分则是产品编号。动态分配地址是在安装网络时由系统管理员分配给上网设备的，或者在主机运行时通过网络请求获得的。动态地址不需要专门机构来管理和分配地址，地址具有临时性和动态性。

以太网采用的地址为扩展唯一标识符 EUI-48 格式的 MAC 地址，占 48 位，分为机构唯一标识符和扩展标识符两部分，并通过特定位的设置来区分全局管理地址和本地管理地址，以及单播地址和组播地址。网卡从网络上每收到一个 MAC 帧就首先用硬件检查 MAC 帧中的 MAC 地址。如果是发往本站的帧则收下，然后再进行其他处理，否则就将此帧丢弃，不再进行其他处理，避免浪费主机的处理机和内存资源。

4.4.2 MAC 帧格式

局域网有两种 MAC 帧结构，一种是按以太网 DIX V2.0 标准定义的 MAC 帧结构，另一种是按 IEEE 802.3 或 ISO 8802/3 标准定义的 MAC 帧结构。两种 MAC 帧结构的不同主要在于

地址字段的长度和长度/类型字段的定义上。这两种 MAC 帧结构如图 4-4 所示。

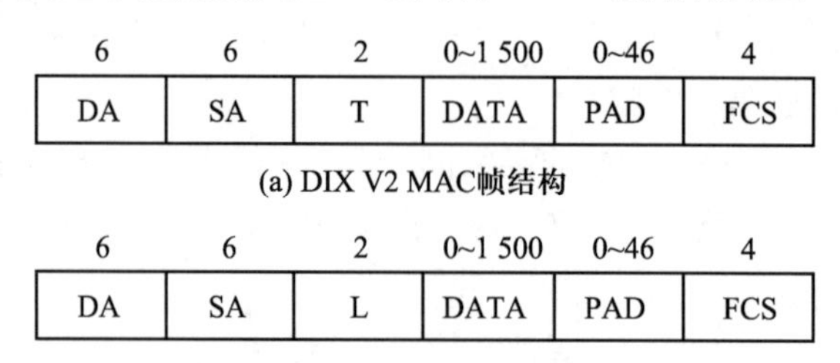

图 4-4 两种 MAC 帧结构

MAC 帧结构内含 6 个字段，即目的地址（DA）、源地址（SA）、数据类型（T）或数据长度（L）、用户数据（DATA）、填充字段（PAD）和帧检验序列（FCS）。各个字段的具体含义如下。

（1）目的地址（DA）：占 6 B，指期望接收该帧的目的主机 MAC 地址，可以是单播地址（表示本帧只能由地址指定的某台计算机接收）、组播地址（表示本帧能由地址指定的一组计算机接收）或者广播地址（表示本帧可以由特定区域内的所有计算机接收）。IEEE 802.3 对 CSMA/CD 网络的地址结构定义规定：单播地址的地址字段最高位为 0，表示网络中某个特定的站点；组播地址的地址字段最高位为 1，表示网络中的某些站点；广播地址的地址字段所有位为 1，表示网络中所有站点。地址字段的次高位表示采用的地址为本地地址还是全局地址。

（2）源地址（SA）：占 6 B，指发送该帧的计算机 MAC 地址。

（3）数据类型（T）或数据长度（L）：占 2 B，DIX V2.0 标准规定了数据类型字段，而 IEEE 802.3 标准规定了数据长度字段，表示 DATA 字段的实际长度。

（4）用户数据（DATA）：长度小于或等于 1 500 B，存放高层 LLC 的协议数据单元。

（5）填充字段（PAD）：长度小于或等于 46 B，利用填充字段使帧满足最小有效帧长 64 B 的要求。

（6）帧检验序列（FCS）：占 4 B，采用循环冗余校验码（CRC）。CRC 可以用来检错，当检测出一个帧有差错时将丢弃该帧。

在实际发送一个数据帧时，在帧结构目的 MAC 地址字段之前还会首先发送一个帧预备信息，占 8 B，包括前导符（7 B）和帧开始标志（1 B），其中，前导符为 7 个连续的相同仿串“10101010”，前导符的目的是使接收方进入同步状态，以便做好接收数据的准备。帧开始标志为“10101011”，紧接在前导符信息之后表示一帧的起始。

MAC 帧格式解析举例

例 4-3 假设通过网络流量监测软件，捕获了一个以太网帧，帧的前若干字节的十六进制形式如下所示：

```
00 1B 24 57 AD 22 00 18 82 84
E7 F8 08 00 45 00 00 CD 00 00
40 00 3C 11 63 9E CA 77 E6 08
0A C8 1F 3A 00 35 FF 4C 00 B9
AC 38 2D 5F 81 80 00 01 00 03
00 04 00 01 04 73 64 75 70 03
```

请分析：

（1）源 MAC 地址、目的 MAC 地址分别是多少？

（2）该帧封装的是什么？

解：（1）根据以太网帧的格式，最前面的 6 个字节是目的 MAC 地址，接着是 6 个字节的源 MAC 地址，因此，源 MAC 地址是十六进制 00188284E7F8，目的 MAC 地址是十六进制 001B2457AD22。

（2）该以太网帧的类型字段是 0x0800，依据协议规定，该帧数据部分封装的是一个 IP 数据报。在学习 IP 协议的相关知识之后，还可以进一步分析该帧所封装的 IP 数据报里面各个字段的内容及其代表的含义。

4.4.3 CSMA/CD 的工作过程

CSMA/CD 工作过程

局域网 CSMA/CD 的工作过程包括发送方工作过程和接收方工作过程两个方面，其发送方工作过程如下。

（1）当某个站点的 LLC 协议实体希望发送数据时，将 LLC 帧传给下层的 MAC 协议实体，MAC 协议实体将 LLC 帧封装在用户数据字段形成 MAC 帧。

（2）MAC 协议实体监听传输介质，检查是否有信号正在传输。

（3）如果介质上有信号在传输，则转向过程（2）继续监听，否则，发送数据并对介质继续监听。

（4）如果在发送数据过程中没有检测到冲突，则本次发送任务成功完成。否则，立即终止本次发送过程并向介质发送一个冲突加强信号，以使其他站点都能感知到发生冲突，同时 MAC 协议实体计算发送失败的次数。

（5）如果发送失败次数小于或等于某个门限值，根据失败次数执行二进制指数退避算法，计算得到某个退避时间值，等待该退避时间，转过程（2）准备重新发送。否则，停止发送尝试并向上层 LLC 实体报告可能出现网络故障。

CSMA/CD 接收方工作过程如下。

（1）局域网上的每个站点的 MAC 协议实体都监听传输介质，如果有信号传输，则接收信息，得到 MAC 帧。对于因冲突造成的长度不足最小有效帧长的残帧，MAC 实体不予理会。

（2）MAC 实体分析帧中的目的地址，如果目的地址为本站地址，就接收该帧。否则，简单丢弃该帧。特别地，对于具有组播地址和广播地址的数据帧，将会有多个站点复制和接收该帧。

CSMA/CD 方式在发生冲突时采用的二进制指数退避算法如下。假设重传次数为 RTX_COUNT，允许的最大重传次数为 RTX_COUNT_MAX，通常设定为 16。如果 RTX_COUNT≤RTX_COUNT_MAX，则执行以下算法过程。

二进制指数退避算法

（1）计算 $k = \min(\text{RTX\_COUNT}, 10)$ 。

（2）从 $0,1,\cdots,(2^k-1)$ 中随机地选择一个数，记为 r 。

（3）计算退避时间 $\text{TIME\_BACKOFF} = 2\tau r$ 。

随着连续发生冲突的次数增多，退避算法使得计算机再次尝试发送的间隔时间增大，以减小再次发生冲突的概率，直到达到最大允许的重传次数而终止发送数据帧。

4.4.4 以太网的信道利用率

CSMA/CD 介质访问控制方法中的载波监听虽然可以在一定程度上减少冲突，但并不能完全避免冲突的发生。一旦产生冲突，必然会造成本次发送过程失败而浪费总线资源，导致信道利用率下降。那么，从统计平均的角度看，CSMA/CD 方式下信道利用率究竟可以达到多高呢？

假设争用期长度为 2τ ，帧长为 L ，数据发送速率为 C ，帧间间隔为 τ ，即发送成功后要经过时间 τ 使信道转为空闲才发送下一帧。假设检测到冲突后并不发送冲突加强信号。总线局域网上共有 N 个站，每个站发送帧的概率都是 p ，争用期平均个数为 N_c，帧发送时延为 $T_0=L/C$。一个帧从开始发送，然后经过若干次冲突检测和重传，到最后发送成功的整个过程中信道占用时间如图 4-5 所示。

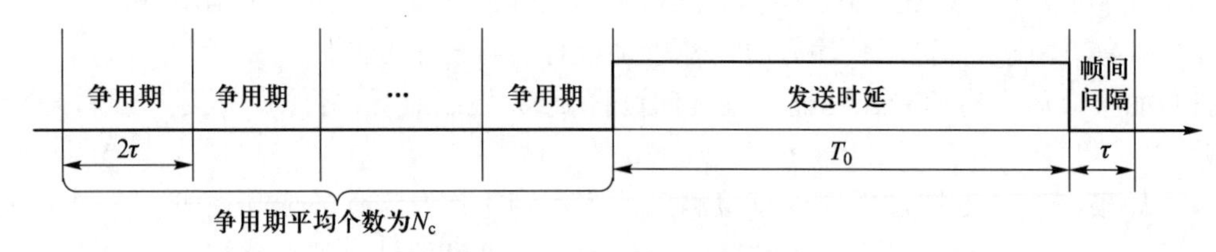

图 4-5 CSMA/CD 的信道占用时间示意图

由图 4-5 可知，发送一帧所需的平均时间为 $T_{av} = 2\tau N_c + T_0 + \tau$ ，其中一个帧的发送时延为 T_0 ，因此局域网平均信道利用率（也称为归一化吞吐量）为

$$\eta = \frac{T_0}{T_{av}} = \frac{T_0}{2\tau N_c + T_0 + \tau} \tag{4-1}$$

为了计算式（4-1）的值，需要先计算争用期的平均个数 N_c 。令 N 个站中仅有一个站发送帧而其他（ $N-1$ ）个站均不发送帧的概率为 P_A，此时可以无冲突地成功发送一个数据帧，有

$$P_A = \mathrm{C}_N^1 p(1-p)^{N-1} = Np(1-p)^{N-1} \tag{4-2}$$

在成功发送一帧之前，所经过的争用期个数是一个随机变量，其值为 0 到某门限值之间的随机整数。设争用期个数为i，即前$i-1$个争用期内因冲突发送失败，第i次发送成功，其概率为

$$\begin{aligned} P[\text{争用期个数为}\ i\,] &= P[\text{前}\ i-1\ \text{次发送失败且第}\ i\ \text{次发送成功}] \\ &= (1-P_A)^{i-1} P_A \end{aligned} \tag{4-3}$$

为了简单起见，假定争用期个数没有限制。那么，可以计算出争用期的平均个数为

$$N_{\mathrm{c}} = \sum_{i=1}^{\infty} iP[\text{争用期个数为}i] = \sum_{i=0}^{\infty} i(1-P_A)^{i-1} P_A = P_A^{-1} - 1 \tag{4-4}$$

将式（4-4）代入式（4-1），可得 CSMA/CD 方式下局域网平均信道利用率为

$$\eta = \frac{T_0}{2\tau N_{\mathrm{c}} + T_0 + \tau} = \frac{T_0}{2\tau(P_A^{-1}-1) + T_0 + \tau} = \frac{1}{1 + a(2P_A^{-1}-1)} \tag{4-5}$$

其中，$a = \tau / T_0$，表示总线的端到端传播时延与帧的发送时延的比值。在总线型局域网中，端到端传播时延通常是确定的。帧长越长，帧的发送时延T_0越大，a值就越小，由式（4-5）得局域网的平均信道利用率就越大。还应该注意到，局域网中的帧长，一方面受到上层 LLC 子层或网络层传递下来的实际数据长度的限制，同时还受局域网的最大传输单元的限制。所以，一旦给定了 MTU 的值，a的最小值也就确定了。从式（4-5）可知，局域网的 CSMA/CD 方式将在a取最小值且P_A取最大值的情况下获得最大平均信道利用率。

下面讨论，在a取某个确定值的情况下，局域网最大平均信道利用率的问题。此时，只要计算出P_A的最大值即可得到最大平均信道利用率。

根据式（4-2），以p为变量对P_A求导可得，当$p = 1/N$时，P_A取最大值$P_{A\max}$。

$$P_{A\max} = \left(1 - \frac{1}{N}\right)^{N-1} \tag{4-6}$$

由此可见，发送成功的概率P_A的最大值$P_{A\max}$与局域网中的站点数N有关。局域网中的站点数N越小，则发送成功的概率$P_{A\max}$越大；N越大，则$P_{A\max}$越小。$P_{A\max}$随N变化的数值对应关系如表 4-1 所示。

表 4-1 $P_{A\max}$随N变化的数值对应关系

对比项	N								
	2	4	8	16	32	64	128	256	∞
$P_{A\max}$对应的p	0.5	0.25	0.125	0.063	0.031	0.016	0.008	0.004	→0
$P_{A\max}$	0.5	0.422	0.393	0.380	0.374	0.371	0.369	0.369	0.368

进一步，可以在给定总线局域网的总线长度、数据传输速率和帧长的情况下，计算得出

局域网的最大平均信道利用率 η_{max} 随站点数 N 变化的趋势。

假设总线长度为 1 km，信号传播速度为 2×10^8 m/s，数据传输速率为 5 Mbps。可以计算得到，对于各种不同的帧长情况，如 128 b、256 b、512 b 和 1 024 b，局域网的最大平均信道利用率 η_{max} 随站点数 N 变化的趋势如图 4-6 所示。

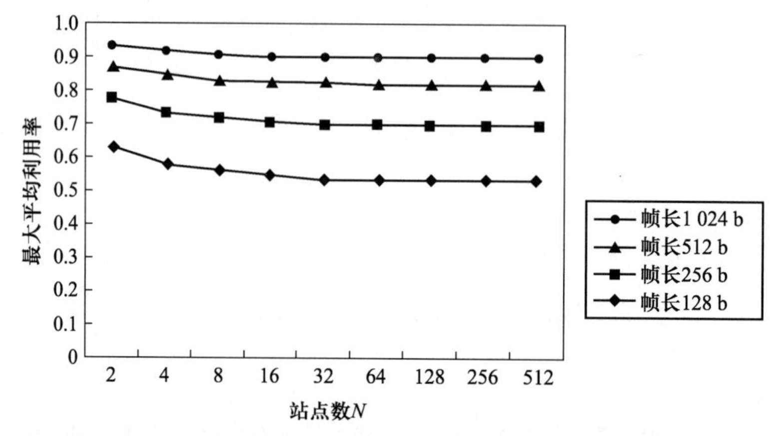

图 4-6 在各种帧长情况下最大平均信道利用率随 N 变化的趋势

由图 4-6 可以看出，在站点数 N 相同的情况下，最大平均信道利用率随帧长增大而增大，当帧长取 512 b（即 64 B）时，局域网最大平均信道利用率可达到 80%以上。

例 4-4 100 个站分布在 4 km 长的总线型网络上，信号传播速度为 2×10^8 m/s，采用 CSMA/CD 协议，总线速率为 10 Mbps，帧平均长度为 1 000 b。试估算每个站每秒发送的平均帧数的最大值。

解：总线型局域网上计算机数 N=100，根据前面关于局域网信道利用率的分析，得出一个帧发送成功的概率 P_A 的最大值 $P_{A\max}$ 为

$$P_{A\max}=\left(1-\frac{1}{N}\right)^{N-1}=0.369\ 73$$

设总线长度为 l，信号传播速度为 v，数据传输速率为 C，帧平均长度为 L_f，一帧的发送时延为 T_0，则有

$$a=\frac{\tau}{T_0}=\frac{l/v}{L_f/C}=\frac{4\times10^3\ \text{m}/2\times10^8\ \text{m/s}}{1\,000\ \text{b}/10\times10^6\ \text{bps}}=0.2$$

局域网信道的利用率最大值

$$\eta_{max}=\frac{1}{1+a(2P_{A\max}^{-1}-1)}=0.531$$

因此，每个站每秒发送的平均帧数的最大值为

$$\frac{C\eta_{max}}{NL_f}=\frac{10\times10^6\ \text{bps}\times0.531}{100\times1\,000\ \text{b}}=53.1\ \text{fps}$$

4.5　以太网的组网方式

4.5.1　连接方式

以太网可以使用同轴电缆、双绞线或光缆作为传输介质，其中，同轴电缆又分为粗缆和细缆，分别对应着不同的物理层标准，以太网的物理层标准有 10BASE-5（粗缆）、10BASE-2（细缆）、10BASE-T（双绞线）和 10BASE-F（光缆）。这里“BASE”表示电缆上的信号是基带信号，采用曼彻斯特编码。BASE 前面的数字“10”表示数据传输速率为 10 Mbps，而后面的数字 5 或 2 表示每一段电缆的最大长度为 500 m 或 200 m，“T”表示双绞线，而“F”表示光纤。目前使用最广泛的传输介质是双绞线。

采用粗缆、细缆和双绞线连接的以太网如图 4-7 所示。图 4-7（a）是使用粗同轴电缆连接的 10BASE-5 以太网，图 4-7（b）是使用细同轴电缆连接的 10BASE-2 以太网，而图 4-7（c）是使用集线器和双绞线连接的以太网。采用粗缆和细缆连接的以太网目前已很少使用，现在使用最多的是双绞线连接的以太网。

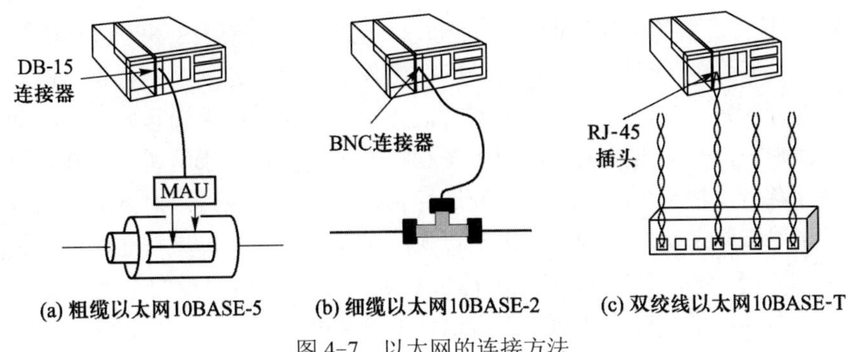

图 4-7　以太网的连接方法

1990 年 IEEE 制定了星形网 10BASE-T 的标准，即 IEEE 802.3i。双绞线通过 RJ-45 接头与集线器和网卡相连，由于集线器使用了大规模集成电路芯片，因此具有成本低、可靠性高等优点。

4.5.2　以太网级联与扩展

物理层扩展局域网

单个局域网的规模和连接范围较小，有时需要将多个局域网连接起来组成一个更大的局域网，采用的方法就是对局域网进行级联和扩展。对局域网的扩展可以在物理层或者数据链路层进行。

1．在物理层扩展局域网

如果需要连接的多个局域网属于同一类型，也就是在物理层和数据链路层采用的是同一种技术，则可以在物理层对局域网进行扩展，采用转发器或集线器将多个局域网连接起来。例如，一个学院的三个系各有一个 10BASE-T 局域网，可通过一个主干集线器将原先的三个局域网集线器连接起来，通常采用级联方式将原局域网扩展成为一个更大的局域网，如图 4-8 所示。用集线器在物理层扩展局域网，扩大了局域网覆盖的地理范围，可以使多个部门的局域网计算机相互通信。但是用集线器连接扩展而成局域网形成了一个更大的冲突域，扩展局域网中的所有计算机共享总线带宽，局域网最大总吞吐量并没有提高，在网络中计算机数量增加的情况，每台计算机实际上获得的平均带宽比原来要低。

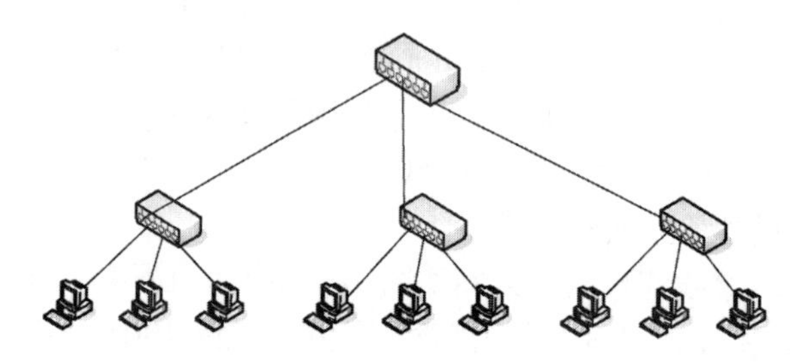

图 4-8　用集线器扩展局域网

2．在数据链路层扩展局域网

当连接多个不同类型的局域网时，不能通过集线器在物理层扩展，这时需要在数据链路层对局域网进行扩展，使用的设备为网桥。网桥工作在数据链路层，它根据 MAC 帧的目的地址对收到的帧进行转发。当网桥收到一个帧时，并不是向所有的端口转发此帧，而是先检查此帧的目的 MAC 地址，然后再确定将该帧转发到哪一个端口。由于网桥工作在数据链路层，它能对数据帧进行解析，根据 MAC 地址对帧进行转发或过滤，也可以对 MAC 协议进行解析，在两种不同类型局域网之间进行 MAC 协议转换，实现不同类型局域网之间的通信。最简单的网桥有两个端口，每个端口与一个局域网网段相连，这里的端口指的是连接局域网的网络接口。用网桥在数据链路层扩展局域网的工作原理如图 4-9 所示。

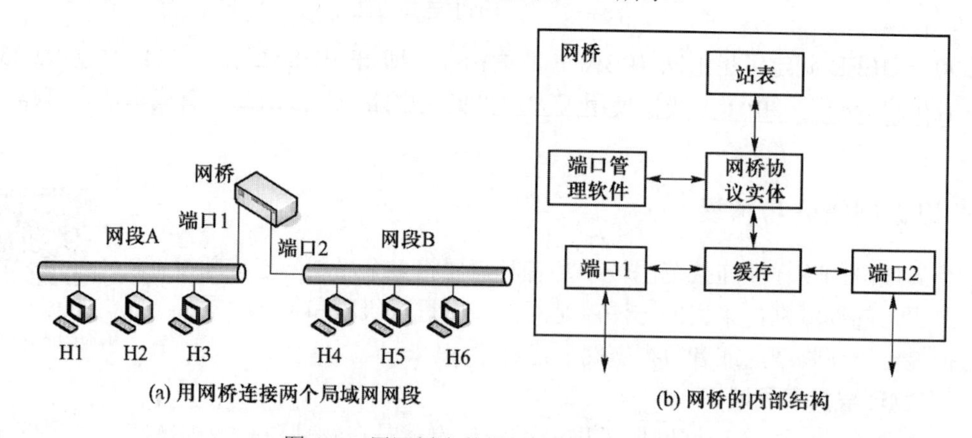

图 4-9　用网桥在数据链路层扩展局域网

在图 4-9（a）中，网桥的端口 1 与网段 A 连接，端口 2 与网段 B 连接。网桥的内部结构如图 4-9（b）所示，网络内部实现有网桥协议实体、端口管理软件、站表以及缓存等模块。网桥对数据帧转发方向的判别方法是，如果端口 1 接收到源 MAC 地址为 H1 的帧，那么下次在接收目的 MAC 地址为 H1 的帧时就将其转发到端口 1。原理很简单，因为从端口 1 接收到源 MAC 地址为 H1 的帧，说明 MAC 地址 H1 的计算机位于端口 1 所连接的网段，网桥在第一次接收到来自某个 MAC 地址的数据帧时，将到达的端口号与源 MAC 地址的对应关系记录在站表中，分别对应站表表项的目的端口和目的 MAC 地址，依据站表构造并维护转发表。每当收到一个帧时，就先将其接收到缓存中，若该帧未出现差错，就用该帧的目的 MAC 地址查找转发表，得到相应的转出端口并将该帧转发出去。若该帧出现差错，则丢弃此帧，网桥不会转发出现差错的帧。网桥也不会将同网段通信的帧转发到另一个网段，减少了局域网中无效数据的发送。使用网桥扩展局域网可以过滤通信量。

由于网桥工作在链路层的 MAC 子层，它可以使局域网各网段成为隔离的冲突域，从而减轻了扩展局域网的通信负载，有助于降低帧平均发送时延。网桥可以互联不同类型的局域网，包括不同的物理层、不同 MAC 子层和不同速率标准（如 10 Mbps 和 100 Mbps）的局域网。另一方面，由于网桥对接收的帧先存储、检错再查找转发表并进行转发，增加了处理时延。不同 MAC 子层的网段桥接时，需要进行协议适配，解析和修改帧中的某些字段，也会增加处理时延。网桥连接而成的仍然是一个大的局域网，无法避免广播风暴，在规模较大时过多的广播信息容易产生网络拥塞。

3．透明网桥

目前使用最多的网桥是透明网桥，即 IEEE 制定的透明网桥标准 IEEE 802.1d。“透明”是指局域网上的站点不需要指定所发送的帧经过哪些网桥，透明网桥可以自适应地处理和转发接收到的帧。网桥在刚刚连接到局域网上时，其转发表是空的。若网桥收到一个帧，它将按照以下算法进行处理。

（1）从端口 x 收到无差错的帧（如有差错即丢弃），在转发表中查找目的站 MAC 地址。

（2）如找到到此目的 MAC 地址的出端口 d，则转到步骤（3），否则转到步骤（5）。

（3）如到此 MAC 地址的出端口 $d=x$，则丢弃此帧（因为同网段通信不需要经过网桥转发），否则从端口 d 转发此帧。

（4）转到步骤（6）。

（5）向网桥除 x 以外的所有端口转发此帧。

网桥工作原理

（6）如源站不在转发表中，则将源站 MAC 地址加入到转发表，登记该帧进入网桥的端口号，设置计时器，然后转到步骤（8），如源站在转发表中，则转到步骤（7）。

（7）更新计时器。

（8）等待新的数据帧，转到步骤（1）。

网桥在转发帧的过程中逐渐建立和维护转发表，主要登记以下 3 个信息：站地址，即接收到的帧的源 MAC 地址；端口，即收到的帧进入该网桥的端口号；时间，即收到的帧进入该网桥的时间。其中，转发表中的 MAC 地址是根据源 MAC 地址写入的，但在进行转发时是将此 MAC 地址当作目的地址。局域网具有较强的动态性，为了使转发表能反映最新的连接状况，网桥要将每个帧到达的时间登记下来，以便在转发表中保留网络拓扑的最新状态信息。具体的方法是，网桥中的端口管理软件周期性地扫描转发表中的项目，只要是在一定时间（例如几分钟）以前登记的都要删除，这样就使网桥中的转发表能反映当前网络拓扑状态。在有多个网桥连接的网络拓扑中往往存在物理回路，透明网桥使用了一个生成树算法，互联的网桥在彼此通信后运用生成树算法得出原来网络拓扑的一个子集，在这个子集里网络连通且不存在回路，这样就避免了帧在网络中不断地兜圈子。

4．源路由网桥

源路由网桥是一种由发送帧的源站负责路由选择的网桥，要求源站在发送帧时将详细的路由信息放在帧的首部中。源站以广播方式向通信目的站发送一个特殊的帧，起着探测路由的作用，称为发现帧。发现帧将在整个扩展的局域网中沿着所有可能的路由传送。在传送过程中，每个发现帧都记录所经过的路由。当这些发现帧到达目的站时，就沿着各自的路由返回源站。源站在得知这些路由后，从所有可能的路由中选择一个最佳路由。凡从这个源站向该目的站发送的帧，其首部都必须携带源站所确定的这一路由信息。发现帧还可以帮助源站确定整个网络的最大传输单元。源路由网桥连接的主机必须知道网桥的标识以及连接到哪一个网段上，这使源路由网桥缺乏透明性。若在两个局域网之间使用并联的源路由网桥，则可使通信量较平均地分配给每一个网桥，从而能在不同的链路上进行负载均衡。

5．多端口网桥——以太网交换机

多端口网桥可以同时连接多个局域网网段，也称为以太网交换机、交换式集线器，它工作在数据链路层。与物理层共享式集线器相比，以太网交换机可明显地提高局域网的性能。以太网交换机的端口一般直接与主机相连，大多以全双工方式工作。当主机需要通信时，交换机能同时连通许多对端口，使每一对相互通信的主机都能像独占通信介质一样无冲突地传输数据，由于使用了专用的交换结构芯片，因此以太网交换机具有较高的吞吐量。以太网交换机的发展与建筑物结构化布线系统的普及应用密切相关，在结构化布线系统中已得到广泛应用。

以太网交换机

以太网交换机的转发方式分为 3 种：直通式交换、存储转发和无碎片直通方式。直通式交换方式在接收到数据帧的前 6 个字节即目的 MAC 地址字段时就将该帧转发到相应端口，不必将整个数据帧完整接收下来后再进行检错和转发处理，降低了转发时延。但直通式交换在转发数据帧之前不检查差错，可能转发一些无效的帧，包括差错帧和碎片帧。存储转发方式将帧完全接收和缓存下来，进行差错检查，再根据帧首部的目的 MAC 地址进行转发。存储转发方式不会转发差错帧和碎片帧，但转发时延要大于直通式交换方式。无碎片直通方式实际上是对直通式交换方式的一种改进，交换机只有在接收到满足最小有效帧长（64 B）以后才开始根据目的 MAC 地址转发帧，避免了碎片帧的转发。但无碎片直通方式在转发帧之前并不要求完整地接收数据帧并进行差错检查，因此可能转发差错帧。从数据帧转发时延来看，直通式交换方式最小，无碎片直通方式次之，存储转发方式时延最大。

以太网交换机工作举例

4.6 高速以太网

高速以太网

高速以太网泛指速率达到或超过 100 Mbps 的以太网，如 100BASE-T、千兆以太网和万兆以太网等，高速以太网代表了以太网技术的发展方向。

4.6.1 100BASE-T 以太网

100BASE-T 以太网又称为快速以太网（fast Ethernet），是一种以基带信号传输、用双绞线连接的星形拓扑局域网，规定的传输速率为 100 Mbps，使用 IEEE 802.3 的 CSMA/CD 协议。与早期速率较低的局域网相比，100 Mbps 以上的以太网具有更高的传输速率。1995 年 IEEE 制定了 100BASE-T 以太网正式国际标准 IEEE 802.3u，是对现行 802.3 标准的补充，作为一种以太网新技术很快得到了所有主流网络设备厂商的支持。

100BASE-T 以太网交换式集线器可以全双工方式工作而不会产生冲突。当快速以太网以全双工方式工作时并不采用 CSMA/CD 控制方法，而仅仅使用以太网标准规定的帧格式。快速以太网 IEEE 802.3u 标准在支持高数据传输速率的同时保持参数 a 不变，将其维持在较小的参数值。其中参数 a 表示端到端传播时延与帧的发送时延的比值。即

$$a=\frac{\tau}{T_0}=\frac{\tau}{L/C}=\frac{\tau C}{L}$$

由此可知，当数据传输速率 C 提高到 10 倍时，为了保持参数 a 不变，需要将帧长 L 也增大至 10 倍，或者将网络电缆长度减小为原来的 1/10。100 Mbps 快速以太网保持最小帧长不变，将一个网段的最大电缆长度减小到 100 m，帧间时间间隔也从原来的 9.6 μs 改为现在的 0.96 μs。快速以太网标准只支持双绞线和光缆连接，不支持同轴电缆。

100BASE-T 规定了以下三种不同的物理层标准。100BASE-TX 使用 5 类非屏蔽双绞线或屏蔽双绞线中的两对线，其中一对用于发送，另一对用于接收。信号的编码采用“多阶基带编码 3（MLT-3）”的编码方法，使信号的主要能量集中在 30 MHz 以下，以便减少辐射的影响。MLT-3 用三元制进行编码，即用正、负和零三种电平传送信号。其编码规则是当输入一个 0 时，下一个输出值不变。当输入一个 1 时，下一个输出值要变化：若前一个输出值为正值或负值，则下一个输出值为 0；若前一个输出值为 0，则下一个输出值与上次的一个非零输出值的符号相反。100BASE-FX 使用两根光纤，其中一根用于发送，另一根用于接收，信号的编码采

用 4B/5B-NRZI 编码。NRZI 即不归零反转编码，4B/5B 是指将数据流中的每 4 b 作为一组，然后按编码规则将每一个组转换成为 5 b 一组，其中至少有两个“1”，保证信号码元至少发生两次跳变。100BASE-T4 使用 4 对非屏蔽 3 类线或 5 类线，信号采用 8B6T-NRZ 编码方法。8B6T 编码是指将数据流中的每 8 b 作为一组．然后按编码规则转换为每组 6 b 的三元制码元。它同时使用 3 对线同时传送数据（每一对线以 $33\frac{1}{3}$ Mbps 的速率传送数据），用一对线作为冲突检测的接收信道。

4.6.2 千兆以太网

千兆以太网又称为吉比特以太网。IEEE 于 1997 年通过了千兆以太网标准 IEEE 802.3z，1998 年通过其成为正式标准。千兆以太网标准 802.3z 具有以下特点：允许在 1 Gbps 速率下全双工和半双工两种方式工作；使用 802.3 协议规定的帧格式，在半双工方式下使用 CSMA/CD 协议（全双工方式不需要使用 CSMA/CD 协议），与 10BASE-T 和 100BASE-T 技术向后兼容。

千兆以太网物理层有 1000BASE-X、1000BASE-T 两个标准。1000BASE-X 也就是 802.3z 标准，基于光纤通道物理层 FC-0 和 FC-1 规范，可以使用光纤和屏蔽双绞线电缆连接。其中，1000BASE-SX 使用短波长（850 nm）激光器、纤芯直径为 62.5 μm 和 50 μm 的多模光纤，传输距离分别为 275 m 和 550 m。1000BASE-LX 使用长波长（1 300 nm）激光器、纤芯直径为 62.5 μm 和 50 μm 的多模光纤，传输距离为 550 m。当使用纤芯直径为 10 μm 的单模光纤时，传输距离为 5 km。1000BASE-CX 使用两对屏蔽双绞线，传输距离仅支持 25 m。1000BASE-T 也就是 802.3ab 标准，使用 4 对 5 类非屏蔽双绞线，传送距离为 100 m。

千兆以太网工作在半双工方式时，必须进行冲突检测，采用 CSMA/CD 控制方式。由于数据传输速率提高了，因此只有减小最大电缆长度或增大帧的最小长度，才能使参数 *a* 保持为较小的数值。若将千兆以太网最大电缆长度减小到 10 m，则其实际价值将大大减小。而若将最小帧长提高到 640 B，则在发送短数据时需要填充过多的无用信息，开销太大。千兆以太网采用保持网段最大长度为 100 m，并采用载波延伸技术仍然保持最小帧长为 64 B，将争用期内发送数据长度增大为 512 B。如果发送的 MAC 帧长不足 512 B，就用一些特殊字符填充在帧的后面，使 MAC 帧的发送长度增大到 512 B，如图 4-10 所示。

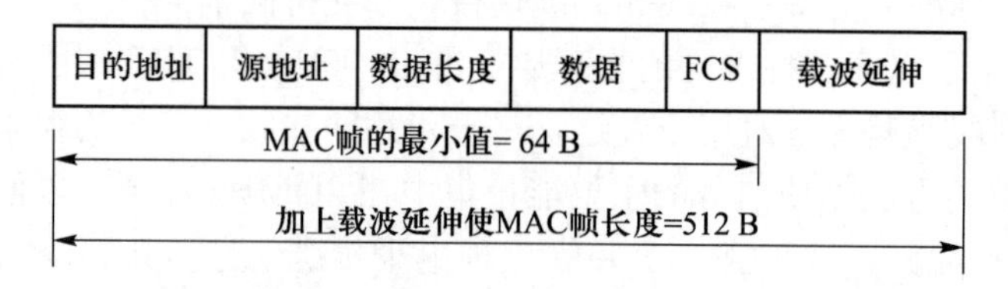

图 4-10 对短 MAC 帧进行载波延伸

为了降低短帧载波延伸和填充带来的开销，千兆以太网还增加了分组突发功能。当有很多短帧需要发送时，第一个短帧采用上面所说的载波延伸方法进行填充，但随后的一些短帧则可以一个接一个地发送，帧间只需留有必要的帧间最小间隔即可。这样就形成了一串分组的突发，直到达到最大传送长度 1 500 B 为止，分组突发可连续发送多个短帧，如图 4-11 所示。

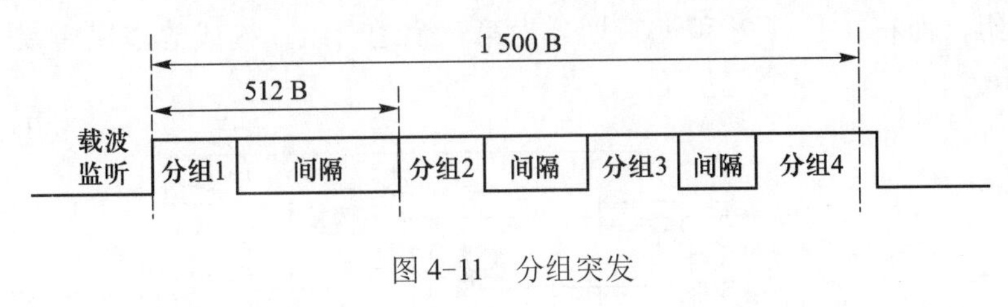

图 4-11 分组突发

4.6.3 以太网技术的发展

以太网技术自提出以来得到了迅猛的发展，数据传输速率也在不断提高。万兆以太网很快被提出，其正式标准由 IEEE 802.3ae 委员会在 2002 年 6 月发布。万兆以太网使用光纤作为传输介质。当使用支持长距离的光收发器与单模光纤接口时，传输距离可超过 40 km，能工作于广域网和城域网环境，当使用价格相对低廉的多模光纤时，传输距离为 65～300 m，可应用于局域网环境。万兆以太网只工作在全双工方式，不使用 CSMA/CD 协议，不需要冲突检测。万兆以太网在帧格式上与 10 Mbps、100 Mbps 和 1 Gbps 以太网相同，并且保留了 IEEE 802.3 标准规定的以太网最小有效帧长和最大帧长限制，具有较好的向后兼容性。

万兆以太网的物理层包括局域网物理层、可选的广域网物理层两种不同技术。

在局域网发展过程中，还出现了其他类型的局域网技术，如 100VG-AnyLAN、光纤分布式数据接口（fiber distributed data interface，FDDI）、高性能并行接口（high performance parallel interface，HIPPI）以及光纤通道（fiber channel）技术等。这些局域网技术采用不同的标准，适合不同的应用领域，曾经都发挥过重要作用，但随着以太网技术的发展，一些技术逐渐退出了历史舞台。

4.7 虚拟局域网

4.7.1 虚拟局域网的概念

虚拟局域网（virtual LAN，VLAN）是在现有局域网基础上实现的一种逻辑组划分服务，由 IEEE 802.1q 标准规定。利用虚拟局域网技术，可以将一个物理局域网划分成多个虚拟局域网网段，构成与物理位置无关的多个逻辑组。通过将具有共同工作任务的多台计算机划分为一组，在逻辑组内可以方便地实现通信与资源共享，而网内广播流量在逻辑组之间又可以实现必要的隔离。例如，一个单位原先有三个局域网，每个局域网中有三台计算机，局域网 LAN1 中有计算机 A1、B1 和 C1，局域网 LAN2 中有计算机 A2、B2 和 C2，局域网 LAN3 中有计算机 A3、B3 和 C3。计算机 A1、A2 和 A3 连接于三个物理位置不同的局域网中，由于工作任务需要，需要将 A1、A2 和 A3 划分为同一个逻辑组，将 B1、B2 和 B3 划分为第二个逻辑组，而将 C1、C2 和 C3 划分为第三个逻辑组，构成的虚拟局域网逻辑组划分如图 4-12 所示。

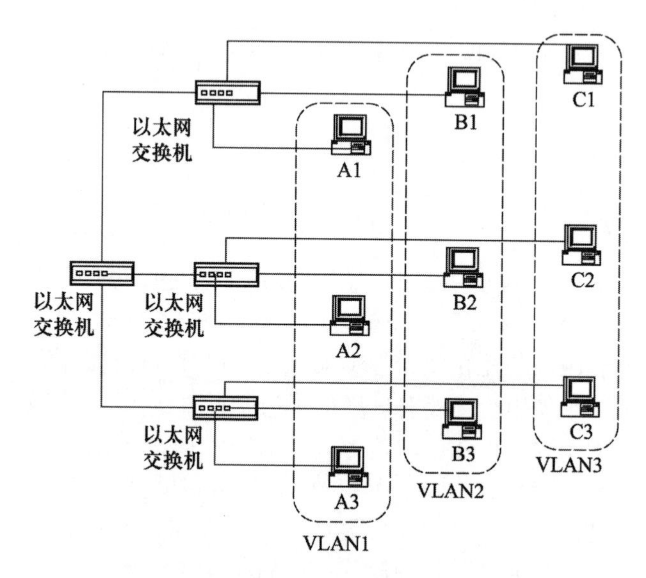

图 4-12 虚拟局域网逻辑组划分

这三个局域网再通过一台以太网交换机连接起来，构成一个大的局域网并将其配置成虚拟局域网。这些划分在同一个虚拟局域网逻辑组中的计算机，可以来自同一台以太网交换机连接的局域网，也可以来自不同的局域网。在虚拟局域网内的每台计算机都可以接收到同一个虚拟局域网网段上其他计算机发送的数据。例如，工作站 B1～B3 同属于虚拟局域网 VLAN2。当 B1 向工作组内成员发送数据时，工作站 B2 和 B3 将会收到广播的信息，虽然它们没有和 B1 连在同一台集线器上。相反，B1 发送数据时，工作站 A1 和 C1 不会收到 B1 发出的广播信息，虽然它们都与 Bl 连接在同一台交换机上。交换式集线器不向虚拟局域网以外的工作站传送 B1 的广播信息。这样，虚拟局域网限制了接收广播信息的计算机数量，提高了网络性能，又可以实现工作组之间发送数据的隔离，提高了安全性。

4.7.2 虚拟局域网技术

虚拟局域网作为在现有局域网基础上提供的一种服务，需要对以太网帧格式进行扩展，引入支持虚拟逻辑组划分的标记字段，以表示发送到局域网上的数据帧属于哪个 VLAN。IEEE 于 1988 年制定了虚拟局域网标准 802.3ac。虚拟局域网标准规定在以太网的帧格式中插入一个 VLAN 标记，占 4 B，这样，VLAN 帧的首部和尾部校验字段共占 22 B，最大帧长变为 1 522 B，如图 4-13 所示。

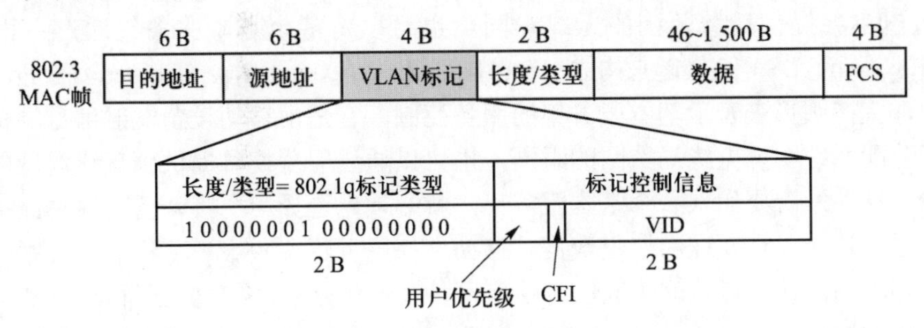

图 4-13　在以太网的帧格式中插入 VLAN 标记

VLAN 标记字段插入在以太网 MAC 帧的源地址字段和长度/类型字段之间。VLAN 标记的前两个字节和原来的长度/类型字段的作用一样，但它总是设置为 0x8100（这个数值大于 0x0600，因此不是代表长度），称为 802.1q 标记类型。当数据链路层检测到 MAC 帧的源地址字段后面的长度/类型字段的值是 0x8100 时，表示源地址字段后面紧接着插入了 VLAN 标记。于是就接着检查后两个字节的内容。VLAN 标记的后两个字节是标记控制信息，其中前 3 位是用户优先级字段，接下来一位是规范格式指示符（canonical format indicator，CFI）。标记控制信息中后 12 位是虚拟局域网标识符（VLAN ID，VID），它唯一地标识该数据帧属于哪个 VLAN，实现虚拟局域网逻辑组的划分。

4.8　无线局域网

4.8.1　无线局域网概述

随着便携式计算机的广泛应用，无线局域网受到越来越多的关注。无线局域网采用无线方式组建，实现多台计算机之间的通信，在一定程度上能满足人们移动办公的需求。1997 年 IEEE 制定了无线局域网的系列标准 IEEE 802.11，相应的国际标准为 ISO/IEC 8802-11。IEEE 802.11 系列标准较有线局域网更复杂，本节将着重介绍其主要特点。无线局域网可分为两大类，第一类是有固定基础设施的，第二类是无固定基础设施的。

所谓“固定基础设施”是指预先建立起来的、能够覆盖一定地理范围的一批固定基站。在有固定基础设施的无线局域网中，802.11 标准规定无线局域网的最小构件是基本服务集（basic service set，BSS）。一个基本服务集包括一个基站（base station）和若干个移动站（mobile radio station），在基本服务集内的所有站都可以直接通信，但与本基本服务集以外的站通信时必须通过本基本服务集的基站。基站也称接入点（access point，AP）。一个基本服务集所覆盖的地理范围称为一个基本服务区（basic service area，BSA）。基本服务区和无线移动通信的蜂窝小区相似。在无线局域网中，一个基本服务区覆盖的范围直径可以有几十米。一个基本服务集可以单独提供局域范围的无线组网，也可以将多个基本服务集通过主干分配系统（distribution system，DS）连接起来构成一个扩展服务集（extended service set，ESS），如图 4-14 所示。其中，大椭圆形来表示基本服务集的服务范围，它是由移动设备发射信号的覆盖范围决定的。主干分配系统实现无线局域网的组网，也可以通过门桥设备提供到有线局域网和因特网的连接。一个移动站若要加入一个基本服务集，就必须先选择一个接入点，并与此接入点建立关联，然后通过该接入点发送和接收数据。移动站使用重建关联服务可将这种关联转移到另一个接入点。移动站与接入点建立关联的方法有两种，一种是被动扫描，即移动站等待接收接入点周期性发出的信标帧；另一种是主动扫描，即移动站主动发出探测请求帧，然后等待从接入点发回的探测响应帧。

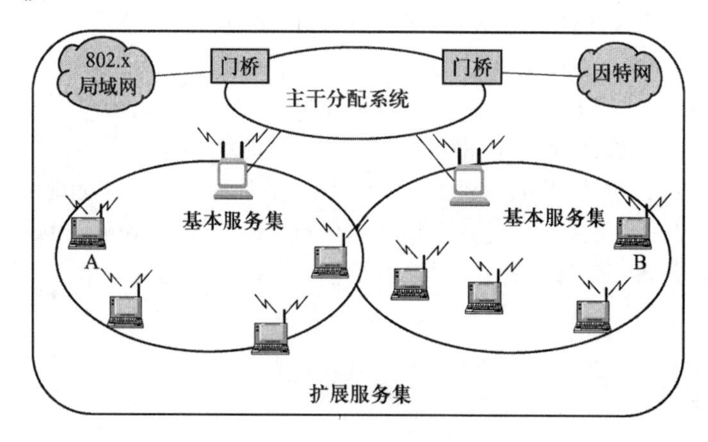

图 4-14　IEEE 802.11 的扩展服务集 ESS

无固定基础设施的无线局域网又称为无线自组织网络（wireless ad hoc network）。这种自组织网络不需要部署接入点，移动站之间以平等状态相互通信，相互作为中继节点，组成临时的无线局域网络，如图 4-15 所示。

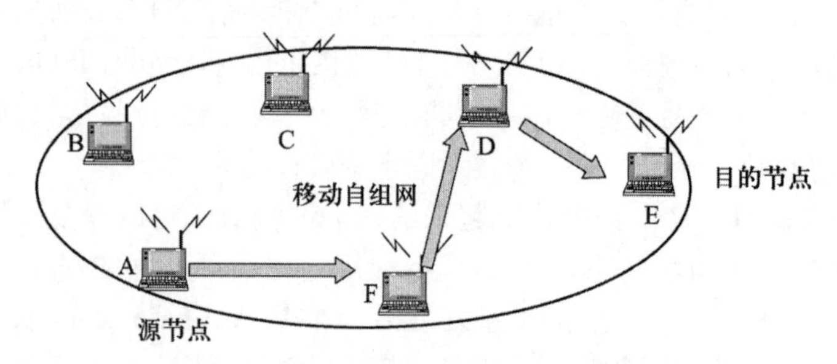

图 4-15　无线自组织网络

当移动站 A 和 E 需要通信时，如果其无线信号不能一跳可达，可以通过它们中间的站点 F 和 D 作为中继，也就是经过无线路径 A→F→D→E 进行通信。自组织网中的移动站既是端系统，同时又可作为路由器为其他移动站进行路由和中继。在军事领域中，通常战场上不具备预先部署固定接入点的条件，可以由战士携带移动站利用无线自组织网络技术组建临时通信网络。当出现自然灾害时，在抢险救灾时救援人员也可以利用无线自组织网络进行及时、有效的通信。由于每一个移动设备都具有转发分组的功能，因此无线自组织网络具有良好的生存性。在民用领域中，会议场所持有笔记本计算机的人可以利用这种无线自组织网络技术方便地组网并交换信息，而不受限于事先部署的接入点。由于移动站电池容量有一定的限制，又需要为其他移动站提供中继服务，所以在无线自组织网中，需要考虑移动站能耗和无线中继路径选择问题。无线自组织网目前已成为一个重要研究热点。

4.8.2 无线局域网物理层

IEEE 802.11 标准规定的物理层相当复杂，1997 年制定了第一部分内容，称为 802.11。在 1999 年又制定了剩下的两部分，即 802.11a 和 802.11b。802.11 物理层有跳频扩频、直接序列扩频和红外这 3 种实现方法。802.11a 物理层工作在 5 GHz 频带，采用正交频分多路复用（orthogonal frequency division multiplexing，OFDM）技术，也称多载波调制技术，载波数可多达 52 个，可以使用的数据传输速率为 6 Mbps、9 Mbps、12 Mbps、18 Mbps、24 Mbps、36 Mbps、48 Mbps 和 56 Mbps。802.11b 物理层工作在 2.4 GHz 频带，使用直接序列扩频技术，数据传输速率为 5.5 Mbps 或 11 Mbps。

无线局域网标准

4.8.3 无线局域网 MAC 层的特点

无线局域网 MAC 层采用带冲突避免的载波监听多路访问（CSMA/CA）协议，不能使用类似有线局域网的 CSMA/CD 协议。在无线网络中，在移动站的处理能力、供电电池容量和无线通信范围等方面都存在一定的限制，无线信号强度也有着更大的变化幅度，使其与有线网络相比在 MAC 层设计上有很多不同。由于移动站无线通信范围的局限性，移动站载波监听有时并不能真正检测到无线环境忙或空闲的状态，冲突检测也不能真正检测出是否确实发生了冲突。例如，假设站 A 和 C 都想和 B 通信，但 A 和 C 相距较远，彼此都接收不到对方发送的信号。当 A 和 C 检测不到无线信号时，就都以为 B 是空闲的，因而都向 B 发送自己的数据。结果 B 同时收到 A 和 C 发来的数据，产生了冲突。可见在无线局域网中，在发送数据前未检测到有信号并不能保证在接收方能够成功地接收数据。这种未能检测出已存在信号的问题称为隐蔽站问题，如图 4-16（a）所示。

另一种情况如图 4-16（b）所示。假设站 B 向 A 发送数据，而 C 又想和 D 通信，但 C 检测到有信号，于是就不会向 D 发送数据，其实 B 向 A 发送数据并不影响 C 向 D 发送数据。这就是暴露站问题。实际上，在无线局域网中，在不发生干扰的情况下可允许同时多个移动站进行通信。

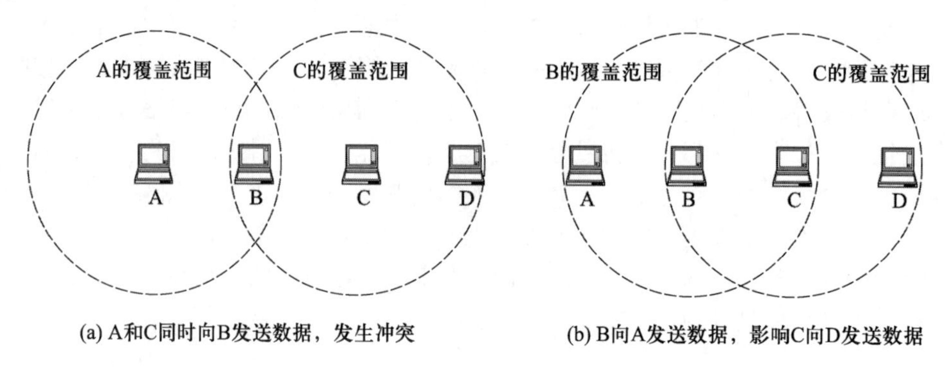

图 4-16 无线局域网的隐蔽站和暴露站问题

4.8.4 无线局域网 MAC 层

无线局域网的 MAC 层采用 CSMA/CA 协议，即 IEEE 802.11 标准规定的 CSMA 加上冲突避免和确认机制，MAC 层协议指示移动站在什么时候能发送数据或接收数据。IEEE 802.11 标准的 MAC 层包括分布式协调功能（distributed coordination function，DCF）和点协调功能（point coordination function，PCF）两个子层。DCF 子层位于 PCF 子层之下，它使用 CSMA 分布式接入方法让各个站通过争用信道来获取发送权。PCF 子层使用集中控制接入算法，一般在接入点中实现，用类似探询的方法将发送数据权轮流交给各个站，从而避免了冲突的产生。对于时间敏感的业务，如分组话音，使用提供无争用服务的 PCF 子层。

CSMA/CA 协议工作过程

IEEE 802.11 标准规定，所有的站在完成发送后，必须等待一段很短的时间才能发送下一帧，这段时间称为帧间间隔（interframe space，IFS）。帧间间隔的长短取决于该站打算发送的帧的类型。高优先级帧需要等待的时间较短，因此可优先获得发送权，而低优先级帧就必须等待较长的时间。有以下 3 种常用的帧间间隔。① SIFS，即短帧间间隔，长度为 28 μs，用来分隔属于一次对话的各帧。一个站应当能够在这段时间内从发送方式切换到接收方式。使用 SIFS 的帧类型有 ACK 帧、CTS 帧、分片数据帧，以及所有回答 AP 探询的帧和在 PCF 方式中接入点 AP 发送出的任何帧。② PIFS，即点协调功能帧间间隔，比 SIFS 长，是为了在 PCF 方式下优先接入介质。PIFS 的长度是 SIFS 加一个时隙长度（其长度为 50 μs），即 78 μs。时隙的长度是这样确定的：在一个基本服务集内，当某个站在一个时隙开始时接入介质时，那么在下一个时隙开始时，其他站就都能检测出信道已转变为忙态。③ DIFS，即分布式协调功能帧间间隔，是最长的 IFS，在 DCF 方式中用来发送数据帧和管理帧。DIFS 的长度比 PIFS 再多一个时隙长度，因此 DIFS 的长度为 128 μs。CSMA/CA 协议的原理如图 4-17 所示。

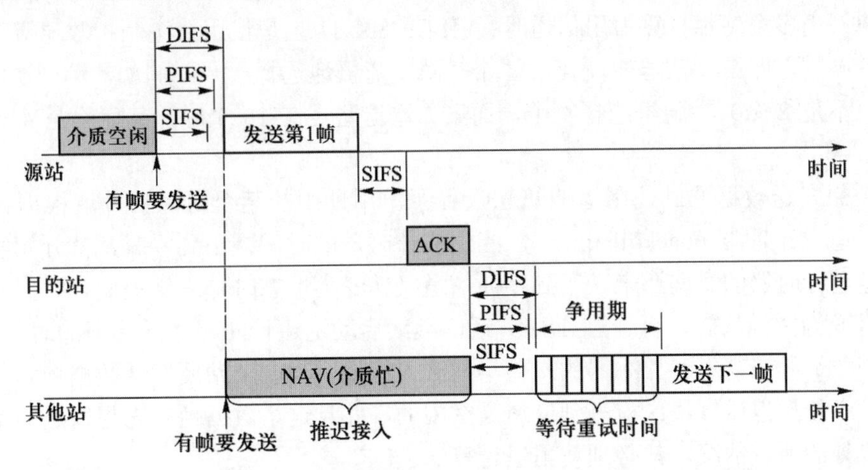

图 4-17 CSMA/CA 协议的工作原理

在 IEEE 802.11 标准中规定在物理层的空中接口进行物理层的载波监听。通过收到的相对信号强度是否超过一定的门限值来判定是否有其他移动站同时在信道上发送数据。当源站发送它的第一个 MAC 帧时，若检测到信道空闲，则在等待一段时间 DIFS 后就可发送。等待一段时间是为了让高优先级的帧优先发送。假定没有高优先级帧要发送，因而源站发送了自己的数据帧。目的站若正确收到此帧，则经过时间间隔 SIFS 后，向源站发送确认帧 ACK。若源站在规定时间内没有收到确认帧 ACK（由重传定时器控制这段时间），就必须重传此帧，直到收到确认帧为止，或者经过若干次的重传失败后放弃发送。

CSMA/CA 实例

IEEE 802.11 标准还采用了一种称为虚拟载波监听的机制，这就是让源站将它要占用信道的时间（包括目的站发回确认帧所需的时间）通知给所有其他站，以便使其他所有站在这一段时间都停止发送数据，用 MAC 帧首部的“持续时间”字段表示，这样就大大减少了冲突的机会。虚拟载波监听表示其他站并没有监听信道，是由于其他站收到了“源站的通知”才不发送数据。所谓“源站的通知”就是源站在其 MAC 帧首部第二个字段“持续时间”中填入了在本帧结束后还需占用信道的时间（以微秒为单位），包括目的站发送确认帧所需的时间。当一个站检测到正在信道中传送的 MAC 帧首部的“持续时间”字段时，就调整自己的网络分配向量（network allocation vector，NAV）。NAV 指出了必须经过多少时间才能完成数据帧的这次传输，才能使信道转入空闲状态。因此，信道处于忙态，或者是由于物理层监听到信道忙，或者是由于 MAC 层的虚拟载波监听机制指出了信道忙。当信道从忙态变为空闲状态时，任何一个站要发送数据帧时，不仅都必须等待一个 DIFS 间隔，而且还要进入争用期，并计算随机退避时间以便重新试图接入信道。需注意的是，在以太网的 CSMA/CD 协议中，冲突的各站执行退避算法是在发生了冲突之后；但在 IEEE 802.11 的 CSMA/CA 协议中，因为没有像以太网那样的冲突检测机制，因此在信道从忙态转为空闲状态时，各站就要执行退避算法，从而减小冲突发生的概率（当多个站都打算占用信道时）。IEEE 802.11 也是使用二进制指数退避算法，但具体做法稍有不同，即第 i 次退避就在 2^{i+2} 个时隙中随机地选择一个。例如，第一次退避是在 8 个时隙（而不是 2 个）中随机选择一个，而第二次退避是在 16 个时隙（而不是 4 个）中随机选择一个。

当某个想发送数据的站使用退避算法选择了争用期中的某个时隙后，就根据该时隙的位置设置一个退避计时器（backoff timer）。当退避计时器的时间减小到零时，就开始发送数据。也可能当退避计时器的时间还未减小到零而信道又转变为忙态时，冻结退避计时器的数值，重新等待信道变为空闲状态，再经过 DIFS 后，继续启动退避计时器（从剩下的时间开始）。这种规定有利于继续启动退避计时器的站更早地接入信道。当一个站要发送数据帧时，仅在下面的情况下才不使用退避算法：检测到信道是空闲的，并且这个数据帧是它想发送的第一个数据帧。除此以外的所有情况，都必须使用退避算法。

站 A 在发送数据帧之前先发送一个短的控制帧，称为请求发送（request to send，RTS），RTS 帧包括源地址、目的地址和这次通信（包括发送相应的确认帧）所需的持续时间。若信道空闲，则目的站 B 就发送一个响应控制帧，称为允许发送（clear to send，CTS），CTS 也包括这次通信所需的持续时间。A 收到 CTS 帧后就可发送其数据帧。IEEE 802.11 允许要发送数据的站对信道进行预约，如图 4-18 所示。

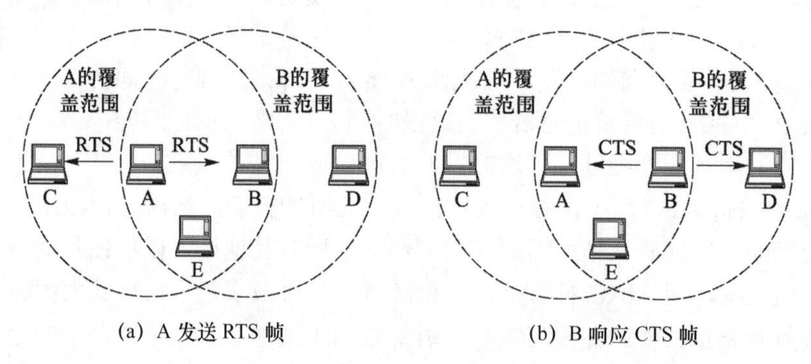

(a) A 发送 RTS 帧　　(b) B 响应 CTS 帧

图 4-18　CSMA/CA 协议的 RTS 和 CTS 帧

假设 C 处于 A 的传输范围内，但不在 B 的传输范围内。因此 C 能够收到 A 发送的 RTS，但经过一小段时间后，C 不会收到 B 发送的 CTS 帧。这样，在 A 向 B 发送数据时，C 也可以发送自己的数据给其他的站而不会干扰 B。D 收不到 A 发送的 RTS 帧，但能收到 B 发送的 CTS 帧。因此 D 知道 B 将要和 A 通信，因此 D 在 A 和 B 通信的一段时间内不能发送数据，因而不会干扰 B 接收 A 发来的数据。站 E 能收到 RTS 和 CTS，因此 E 和 D 一样，在 A 发送数据帧和 B 发送确认帧的整个过程中都不能发送数据。因此，这种协议实际上就是在发送数据帧之前先对信道进行预约。使用 RTS 和 CTS 帧会使整个网络的效率有所下降。但这两种控制帧都很短，其长度分别为 20 B 和 14 B，与数据帧相比开销不算大。相反，若不使用这种控制帧，一旦发生冲突而导致数据帧重发，浪费的时间就更多了。虽然如此，但协议还是设有三种情况供用户选择：第一种是使用 RTS 和 CTS 帧；第二种是只有当数据帧的长度超过某一数值时才使用 RTS 和 CTS 帧；第三种是不使用 RTS 和 CTS 帧。虽然协议经过了精心设计，但冲突仍然会发生。例如，B 和 C 同时向 A 发送 RTS 帧。这两个 RTS 帧发生冲突后，A 收不到正确的 RTS 帧，故 A 不会发送后续的 CTS 帧。这时，B 和 C 像以太网发生冲突那样，各自随机地推迟一段时间后重新发送其 RTS 帧。推迟时间的算法也是使用二进制指数退避算法。

无线局域网是一个较新的研究领域，感兴趣的读者可在网上查阅到相关的无线局域网标准。

4.9 广域网

4.9.1 广域网概述

广域网是用来实现长距离数据传输的网络，由节点交换机和长距离链路构成。广域网中的节点交换机一般采用存储转发方式，而广域网中的链路一般采用点到点链路。当把广域网作为一个独立的网络来考察时，它具有物理层、数据链路层和网络层的功能以及网络层的路由转发功能。根据广域网应用场合不同，可对广域网的层次进行灵活定位。虽然广域网具有自己的网络层，但当用它来支撑互联网时，它提供的是数据链路层数据帧传输功能。当把广域网作为一个单独网络来考察时，其最高层为网络层，提供分组传输功能。

广域网的网络层提供的服务有两大类，即无连接的网络服务和面向连接的网络服务，具体地说，就是数据报服务和虚电路服务。在数据报服务情况下，网络随时都可接收主机发送的分组（即数据报）。网络为每个分组独立地选择路由，只是尽最大努力将分组交付给目的主机，交付的分组也不保证顺序，不保证不丢失。所以，数据报服务是不可靠的，不能保证服务质量。在虚电路服务情况下，通信的一方先发出一个特定格式的控制信息分组作为通信请求，同时寻找一条合适的路由，若另一方同意通信就发回响应，然后双方就建立了虚电路。虚电路服务的特点是有一个连接建立、数据传输、连接释放的过程。需要注意的是，由于采用了存储转发技术，所以这种虚电路就和电路交换的连接有很大的不同。虚电路服务是建立在分组交换基础上的。当用一条虚电路进行通信时，分组断续地占用一段又一段的链路，建立虚电路的好处是可以在数据传送路径上的各交换节点预先保留一定数量的资源（如带宽、缓存）。因此，虚电路服务对服务质量（quality of service，QoS）有较好的保证。归纳起来，数据报服务和虚电路服务的特点如表 4-2 所示。

表 4-2 数据报服务和虚电路服务的比较

特点	数据报服务	虚电路服务
思路	可靠通信应由用户主机来保证	可靠通信应由网络来保证
连接的建立	不需要	必须有
目的站地址	每个分组都有目的站的全地址	仅在连接建立阶段使用，每个分组使用短的虚电路号
分组的转发	每个分组独立进行路由、转发	属于同一虚电路的所有分组均按照同一路由进行转发
当节点出故障时	出故障的节点可能会丢失分组，后续分组将改变路由	所有通过出故障节点的虚电路均不能工作
分组的顺序	不一定按发送顺序到达目的站	总是按发送顺序到达目的站
端到端的差错处理和流量控制	由用户主机负责	可以由网络负责，也可以由用户主机负责

4.9.2 广域网中的分组交换

广域网中的分组交换技术主要包括编址和路由两个方面的问题。广域网中一般采用层次结构的编址方案，将主机地址分为两部分，前一部分表示该主机所连接的分组交换机的编号，而后一部分表示所连接的分组交换机的端口号，或主机的编号，如图 4-19 所示。假设有 3 个交换机，分别编号为 1、2 和 3。每个交换机所连接的主机也按接入的低速端口进行编号。这样，与交换机 1 的端口 1 和端口 3 相连的两个主机的地址就分别记为[1，1]和[1，3]。

交换机编号	交换机端口编号

图 4-19 层次结构的地址

给定一个网络拓扑，如图 4-20 所示。假设节点交换机已经配置了相应的转发表条目，例如，有一个欲发往主机[3，3]的分组到达了交换机 2，在转发表的第 4 行找出下一跳应为“交换机 3”，于是按照转发表将该分组转发到交换机 3。如果分组的目的地是直接连接在本交换机上的主机，则不需要再将分组转发到其他交换机，而只需要直接交付。在查找转发表时，所有交换机号相同的分组其下一跳地址必定是相同的。节点交换机是根据目的站的交换机号来进行路由转发的。利用这一特性，可以大大减少转发表的条目数。

为了更清晰地分析广域网路由问题，可以用图论中的图（graph）来对广域网进行抽象。用节点表示广域网上的节点交换机，用连接节点与节点的边表示广域网中的链路。用图表示广域网的示例如图 4-21 所示，其中左边是一个具有 4 个节点交换机的例子，右边则是对应的图。图中节点表示交换机，圆圈中的数字就是节点交换机号，连接两节点的边表示连接交换机的链路。

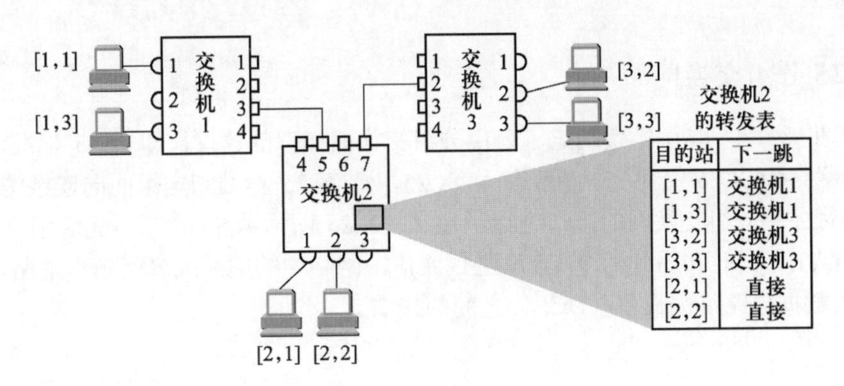

图 4-20　广域网分组转发示例

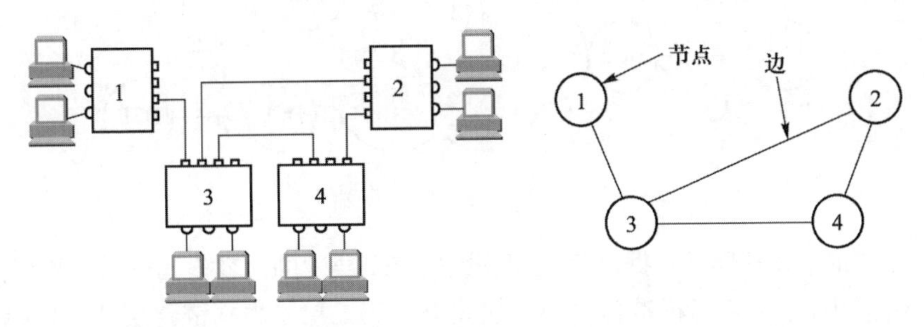

图 4-21　用图表示广域网

根据图 4-21 所示的图，可得出每一个节点中的转发表，如图 4-22 所示。以节点 1 的转发表为例，当目的站为 2、3 或 4 时，分组都是转发到节点 3，因此，可以将这些具有相同下一跳的条目合并成“目的站：默认，下一跳：3”。较小的网络中转发表的重复项目可能不多，但对于大型广域网来说，其转发表有可能出现很多重复项，导致搜索转发表时花费较长的时间。采用默认路由（default route）代替所有具有相同下一跳的表项，可以减少转发表中的重复项目。同时，规定默认路由比其他项目的优先级低，转发分组时若找不到明确的匹配项目，才使用默认路由。

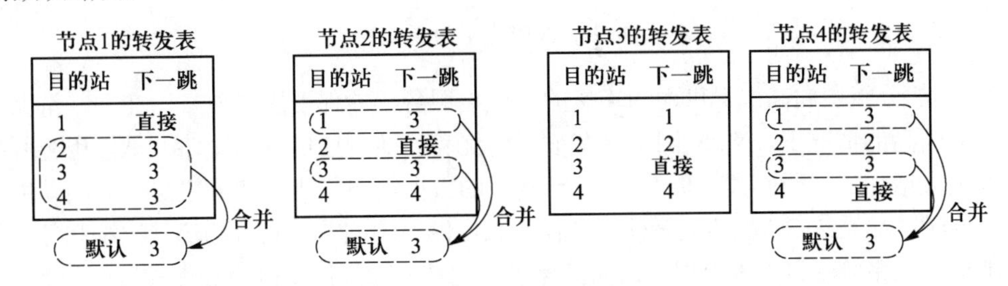

图 4-22　每个节点的转发表

4.9.3 X.25 分组交换网

CCITT 在 20 世纪 70 年代制定了公用分组交换网接口的建议，即 X.25 标准。遵循 X.25 标准设计的网络为 X.25 分组交换网，简称 X.25 网。X.25 标准制定了面向连接的虚电路服务规范，主要对公用分组交换网的接口进行了定义。X.25 网络示意图如图 4-23 所示，一个数据终端设备（DTE）同时和另外两个 DTE 进行通信，网络中的虚线代表两条虚电路，X.25 接口表示 DTE 与数据电路终端设备（DCE）之间的接口。

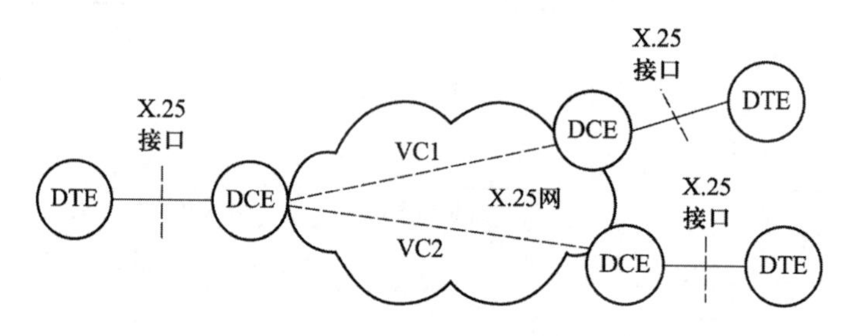

图 4-23 X.25 网络示意图

X.25 标准规定了物理层、数据链路层和分组层三个层次的内容。其体系结构层次如图 4-24 所示。最底层是物理层，接口标准是 X.21 建议书。第二层是数据链路层，接口标准是平衡型链路接入协议（LAP-B），是 HDLC 的一个子集。第三层是分组层，在该层中 DTE 与 DCE 之间可建立多条逻辑信道（0～4 095），使一个 DTE 可以同时和其他多个 DTE 建立虚电路并进行通信。X.25 还规定了在经常需要进行通信的两个 DTE 之间可以建立永久虚电路。

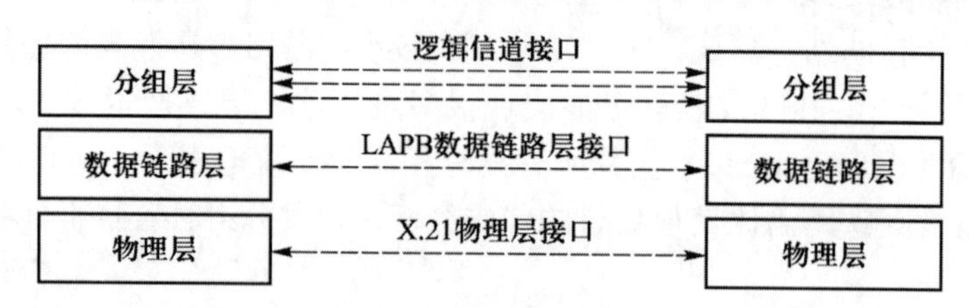

图 4-24 X.25 层次体系结构

X.25 网的分组层向高层提供面向连接的虚电路服务，能保证服务质量。在网络链路带宽不高、误码率较高的情况下，X.25 网络具有很大的优势。随着通信主干线路大量使用光纤技术，链路带宽大大增加，误码率大大降低，X.25 复杂的数据链路层协议和分组层协议的功能显得有些冗余。同时，端系统 PC 机的大量使用，使原来由网络中间节点实现的流量控制和差错控制功能有可能放到端系统主机中去处理，从而简化了中间节点，提高了网络分组转发的效率。

4.9.4 帧中继

帧中继（frame relay）采用快速分组交换技术，是对 X.25 网络的改进，称为第二代

X.25，于 1992 年问世。帧中继的快速分组交换的基本原理是，当帧中继交换机收到一个帧首部时，只要一查出帧的目的地址就立即开始转发该帧，边接收边转发，从而提高了交换节点即帧中继交换机的吞吐量。当帧中继交换机接收完一帧时，再进行差错校验，如果检测到有误码，节点立即终止这次传输。当终止传输的指示到达下一个节点后，下一个节点也立即终止该帧的传输，并丢弃该帧。最坏的情况是，出错的帧已到达了目的节点，则由目的节点将该出错的帧丢弃。在要求可靠通信的情况下，源站将用高层协议请求重传该帧。显然，当帧发生差错时，帧中继网络纠错的时间要比 X.25 长，但是，在误码率极低的情况下，帧中继技术具有很大的优势。

当用户在局域网上传送的 MAC 帧到达与帧中继网络相连接的路由器时，该路由器就剥去 MAC 帧的首部，将 IP 数据报交给路由器的网络层。网络层再将 IP 数据报传给帧中继接口卡。帧中继接口卡对 IP 数据报加以封装，加上帧中继帧的首部（其中包括帧中继的虚电路号），进行 CRC 检验，再加上帧中继帧的尾部。然后帧中继接口卡将封装好的帧通过向电信公司租来的专线发送给帧中继网络中的帧中继交换机。帧中继交换机在收到一个帧时，就按虚电路号对帧进行转发（若检查出有差错则丢弃）。当这个帧被转发到虚电路的终点路由器时，该路由器剥去帧中继帧的首部和尾部，加上局域网的首部和尾部，交付给连接在此局域网上的目的主机。目的主机若发现有差错，则向其上层报告，由 TCP 协议进行处理。

当使用专用帧中继网络时，将不同的源站产生的通信量复用到专用的主干网中，可以减少在广域网中使用的电路数。多条逻辑连接复用到一条物理连接上可以减少接入代价。与 X.25 相比，由于网络节点的处理量减少，帧中继明显改善了网络的性能和响应时间。由于使用了国际标准，帧中继中简化的链路协议可支持标准接口且易于实现。接入设备通常只需要修改软件或简单地改动硬件就可支持接口标准。现有的分组交换设备和 T1/E1 复用器都可进行升级，以便在现有的主干网上支持帧中继。帧中继可承载多种不同的网络协议（如 IP、IPX 和 SNA 等）的通信量，曾作为广域网低层传输技术，使用统一的硬件，更便于进行网络管理。

4.9.5 异步传输方式

异步传输方式（asynchronous transfer mode，ATM）是建立在电路交换和分组交换的基础上的一种面向连接的快速分组交换技术，它采用定长的信元（cell）作为传输和交换的单位。“异步”的含义是指 ATM 信元可“异步插入”到同步数字系列（SDH）比特流中。ATM 采用的定长信元长度为 53 B，信元首部为 5 B，有利于用硬件实现高速交换。

一个 ATM 网络包括两种网络元素，即 ATM 端点和 ATM 交换机。ATM 端点又称为 ATM 端系统，即在 ATM 网络中能够产生或接收信元的源站或目的站。ATM 端点通过点到点链路与 ATM 交换机相连。ATM 交换机就是一个快速分组交换机（交换速率高达数百吉字节每秒），其主要构件包括交换结构、高速输入端口和输出端口以及必要的缓存。ATM 标准主要由 ITU-T、ATM 论坛以及 IETF 等参与制定，ATM 标准规定了 ATM 网络的协议参考模型，如图 4-25 所示。

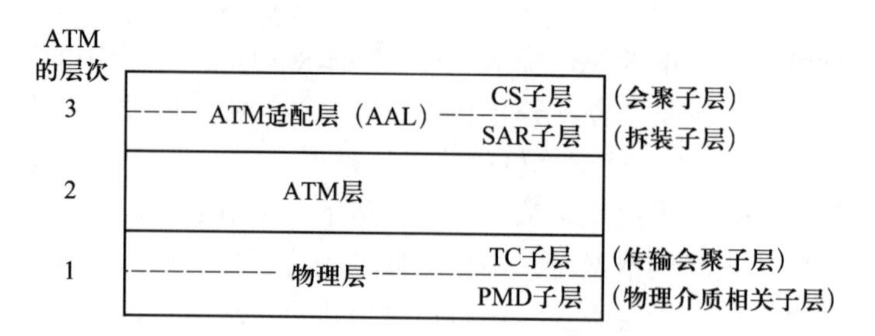

图 4-25 ATM 的协议参考模型

ATM 物理层分为物理介质相关（physical medium dependent，PMD）和传输会聚（transmission convergence，TC）两个子层，下面的是物理介质相关子层，上面的是传输会聚子层。物理介质相关子层负责在物理介质上正确传输和接收比特流，完成只和介质相关的功能，如线路编码和解码、位定时以及光电转换等。对不同的传输介质采用不同的物理介质相关子层，可供使用的传输介质有铜线、同轴电缆、光纤（单模或多模）或无线信道等。传输会聚子层实现信元流和比特流的转换，包括速率适配（空闲信元的插入）、信元定界与同步、传输帧的产生与恢复等。发送时，传输会聚子层将上面 ATM 层交下来的信元流转换成比特流，再交给下面的物理介质相关子层。接收时，传输会聚子层将物理介质相关子层交上来的比特流转换成信元流，标记每个信元的开始和结束，并交给 ATM 层。传输会聚子层的存在使得 ATM 层实现了与下面的传输介质完全无关。典型的传输会聚子层就是 SONET/SDH。

ATM 层主要完成交换和复用以及流量控制等功能。为了实现交换和复用，每一个 ATM 连接都用信元首部中的两级标号来识别。第一级标号是虚通道标识符（virtual channel identifier，VCI），第二级标号是虚通路标识符（virtual path identifier，VPI）。一个虚通道 VC 是在两个或两个以上的端点之间运送 ATM 信元的一条通路。一个虚通路 VP 包含有许多相同端点的虚通道 VC，而这许多虚通道 VC 都使用同一个虚通路标识符 VPI。在一个给定的接口中，复用在一条链路上的许多不同的虚通路 VP，用它们的虚通路标识符 VPI 来识别。而复用在一个虚通路 VP 中的不同的虚通道 VC，用它们的虚通道标识符 VCI 来识别。图 4-26 表示了使用 VPI 和 VCI 来标识虚通路 VP 和虚通道 VC 的方法。在一个给定的接口上，属于两个不同虚通路 VP 的两个虚通道 VC，可以具有相同的 VCI。如图 4-26 中所示的不同的虚通路 VP 可以使用相同的虚通道标识符 VC1 或 VC2。因此，要同时使用 VPI 和 VCI 这两个参数才能完全识别一个虚通道 VC。

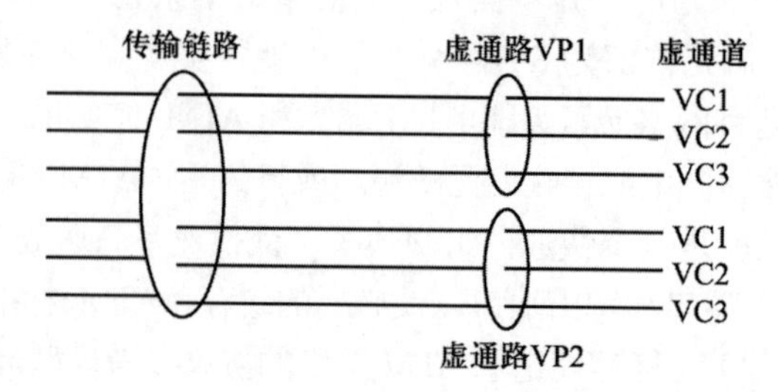

图 4-26 ATM 连接的标识符 VCI 和 VPI

ATM 适配层（ATM adaptation layer，AAL）用于增强 ATM 层所提供的服务，并向高层提供各种不同的服务接口。ATM 传送和交换的是固定长度（53 B）的信元，但是上层的应用程序向下层传递的并不是 53 B 的信元，这就需要一个接口将上层传下来的数据报装入 ATM 信元后再通过 ATM 网络传送，这个接口就是 ATM 适配层。ITU-T 的 I.362 标准规定了 AAL 向上提供的服务，包括：将用户应用数据单元（ADU）拆分成信元和将信元重装成 ADU，比特差错的检测和处理，丢失和错误信元的处理，流量控制和定时控制等。为了向上层提供不同类型的服务和分组拆装功能，AAL 被划分为会聚子层（convergence sublayer，CS）和拆装（segmetation and reassembly，SAR）子层两个子层。每一个 AAL 用户通过相应的服务访问点（SAP）获得 AAL 服务。在发送阶段，将 CS 子层传下来的协议数据单元划分为长度为 48 B 的数据单元，交给 ATM 层作为信元的有效负载再加上 5 B 的信元首部。在接收阶段，SAR 子层进行相反的操作，将 ATM 层递交上来的 48 B 有效负载装配成会聚子层协议数据单元，从而完成上下层协议的适配和数据传递。ATM 适配层还可以为不同的应用提供不同服务质量的数据传输服务。

本章总结

1．局域网的基本概念、局域网介质访问控制方法。局域网介质访问控制方法包括静态划分信道的介质访问控制方法、动态随机介质访问控制方法和轮询访问介质访问控制方法，其中，静态划分信道的介质访问控制方法包括频分多路复用、时分多路复用、波分多路复用、码分多路复用等；动态随机介质访问控制方法包括 ALOHA、CSMA、CSMA/CD、CSMA/CA 协议等。

2．以太网工作原理、基于集线器和以太网交换机进行局域网扩展的方法，以及高速局域网、虚拟局域网、无线局域网的概念和工作原理。

3．广域网的基本概念、编址方案以及广域网提供的基本网络服务等。最后简要介绍了 X.25 分组交换网、帧中继和 ATM 网络技术。

▶ 习题 4

4.1 局域网标准的多样性体现在它所具备的四个方面的技术特性，请简述之。

4.2 逻辑链路控制（LLC）子层有何功能？为什么在目前的以太网网卡中 LLC 子层的功能可以被弱化？

4.3 简述以太网 CSMA/CD 的工作原理。

4.4 以太网中争用期有何物理意义？其大小由哪几个因素决定？

4.5 假设某以太网连接了 10 个站，试计算以下三种情况下每一个站所能得到的带宽。

（1）10个站都连接到一个10 Mbps以太网集线器。

（2）10个站都连接到一个100 Mbps以太网集线器。

（3）10个站都连接到一个10 Mbps以太网交换机。

4.6 假设某网络中有 100 个站，分布在 4 km 长的总线上，协议采用 CSMA/CD，总线传输速率为5 Mbps，帧平均长度为1 000 b，试估算每个站每秒发送的平均帧数的最大值。（信号传播速度为 2×10^8 m/s）

4.7 简述网桥的工作原理及特点。网桥、转发器以及以太网交换机三者异同点有哪些？

4.8 简述虚拟局域网（VLAN）的功能。划分VLAN的方法有哪些？

4.9 广域网与互联网在概念上有何不同？

4.10 试从多个方面比较虚电路服务和数据报服务的优缺点。

4.11 广域网中的主机为什么采用层次结构的编址方式？

4.12 试分析X.25、帧中继和ATM的技术特点，简述其优缺点。

4.13 试从层次结构和节点交换机处理过程方面分析X.25不适用于高带宽低误码率链路环境的原因。

4.14 广域网能否像局域网一样采用广播通信方式？试简述其主要原因。

第 5 章　网络层与网络互联

前面讲述了两类底层物理网络技术，本章及后面两章将分别讲述因特网使用的 TCP/IP 体系结构中的网络层、传输层和应用层。在因特网中，网络层的主要任务是将各种物理网络互联起来，使得不同物理网络的主机之间也可以相互通信。

本章主要讨论将各种物理网络通过路由器互联成为全球范围内的互联网——因特网所需要面临的各种问题及其解决方案。在因特网中实现网络互联需要解决的问题主要包括网络层编址、数据报传送、差错处理、互联网路由维护和 IP 组播等，与此相关的协议或技术包括互联网协议 IPv4、地址解析协议（ARP）、互联网控制报文协议（ICMP）、无类别域间路由选择（CIDR）、路由信息协议（RIP）、开放最短通路优先（OSPF）协议、边界网关协议（BGP）、互联网组管理协议（IGMP）等。另外，还将简要讨论移动 IP、虚拟专用网（VPN）、网络地址转换（NAT）等技术、下一代互联网协议 IPv6 和网络层互联设备。

通过本章的学习，要掌握网络层编址、地址解析协议、数据报的交付与转发、IP 差错与控制机制、因特网路由维护机制等协议和方法，了解 IP 组播、移动 IP、虚拟专用网、网络地址转换技术、IPv6 等主要特点和路由器的功能。

因特网概述

5.1　网络层概述

根据 OSI-RM，网络层为不同网络上的主机提供通信服务。数据链路层提供相邻节点间、以帧为单位的数据传输服务。网络层利用数据链路层提供的服务，向传输层提供主机间的分组传递服务。网络层主要需要解决网络层编址、路由选择和拥塞控制等问题。

在 TCP/IP 体系中，网络层也称 IP 层或互联网络层，为互联网主机提供无连接的通信服务。IP 层利用数据链路层提供的服务，向高层提供互联网主机之间的 IP 包传递服务。因特网（Internet）是一个庞大的计算机互联网，由不同的物理网络通过网络互联设备（路由器）相互连接而成。IP 层主要解决网络层编址和路由选择问题，为提高效率，将拥塞控制主要留给高层解决。

因特网为什么要考虑包容多种物理网络技术呢？其原因是价格低廉的局域网只能提供短距离的高速通信，而能跨越长距离的广域网不能提供低费用的局部通信。无法由一种网络技术来满足所有需求，因此需要考虑多种底层硬件技术。

为什么要实现互联网互联呢？因为用户希望能够在任意两主机之间进行通信，各物理网络中的用户希望有一个不受任何物理网络边界限制的通信系统。互联网互联的作用就是隐藏底层细节，把互联网看成是单一的虚拟网络，所有计算机都与它相连，而不管实际的物理连接如何。图5-1表示从用户的角度，可把互联网看成是单个网络，虽然实际上它是由多个物理网络通过路由器互联起来的集合。每个物理网络中的主机以及互联设备（路由器）都必须运行TCP/IP软件，以允许应用程序把互联网当成一个单独的物理网络来使用。

在TCP/IP体系中，IP层包含互联网协议（internet protocol，IP）、互联网控制报文协议（internet control message protocol，ICMP）等若干协议，其中IP协议是该层中最重要的协议，也是TCP/IP体系中最重要的协议。IP协议数据单元称为IP数据报，也可称数据报、IP包或IP分组。IP层下面的网络接口层对应各种物理网络协议族，即各种局域网和广域网协议族。要注意的是，即使广域网（例如X.25分组网）包含网络层协议（分组级），也是在IP层之下的，即IP数据报将被封装在广域网的网络层协议数据单元中传送。

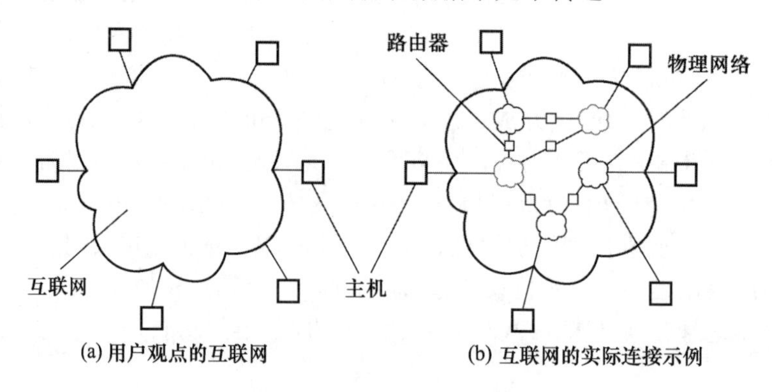

图5-1　从用户角度看互联网

IP层主要功能是负责为不同物理网络上的主机提供通信。为此，主要需要解决以下问题。

（1）IP编址和地址的分配。各物理网络有自己的编址方式，为方便任意主机之间的通信，连接多个物理网络的互联网需要统一标识所有主机。IPv4要求给每个主机都分配一个长度为32位的整数地址，称为互联网协议地址（internet protocol address，IP地址）。互联网可以包含很多物理网络，给其中的每个主机都分配IP地址，究竟该怎样分配和使用IP地址，才能够方便实现数据报传送过程中的路由查找，提高互联网的运行效率呢？这是IP层要解决的主要问题之一。相关内容包括分类IP地址、子网划分、构造超网、无类别编址和CIDR等。

（2）IP数据报的转发。互联网中通信双方可能位于不同的物理网络中，怎样才能使IP数据报从源主机抵达目的主机呢？这需要依靠工作在网络层连接物理网络的设备——路由器来实现，路由器中保存着到各个物理网络的路由信息。路由器通过查找路由表为经过的每个IP数据报选择一条合适的路由，再进行逐跳转发，使IP数据报不断接近目的主机。路由查找算法与IP编址方案相关，路由查找结果是下一跳（next hop）的IP地址。IP数据报必须封装在各物理网络协议包（以下统一称为帧）中发送或转发，帧的目的地址可利用地址解析协议（ARP）来获悉。

（3）路由表的产生和动态刷新。主机发送 IP 数据报以及路由器转发 IP 数据报都需要查找路由表确定路由，因此维持路由表的正确性很关键。因特网是一个大型网络，为有效维护路由表，目前已提出了若干路由选择算法和协议以及自治系统概念。

（4）差错处理。IP 数据报转发过程中会发生差错，IP 层需要对此进行差错处理。这由 IP 协议和 ICMP 协议共同完成。

（5）IP 组播。有许多应用需要实现一对多通信，例如网络电视。IP 协议、互联网组管理协议（internet group management protocol，IGMP）和组播路由选择协议共同实现 IP 组播。

IP 层利用物理网络所提供的服务，加上本层的协议功能，向高层提供无连接的 IP 数据报交付服务。IP 层通过 IP 数据报和 IP 地址实现对物理网络的抽象，隐藏底层网络体系结构和技术细节，向高层提供统一的 IP 数据报，使各种物理帧的差异性对上层来说是透明的。

5.2 IPv4

因特网是一个很大的互联网，它由大量的、通过路由器互联起来的物理网络构成。IP 编址和 IP 数据报是支持 TCP/IP 软件隐藏物理网络细节，使构成的互联网看起来像一个统一实体的基础。IP 提供无连接的数据报交付服务。本节主要介绍 IP 编址方案，包括因特网先后采用的最初的有类别编址、子网编址和无类别编址方案；IPv4 数据报的格式；无连接 IP 数据报的传送，包括直接交付与间接交付概念、各种编址情况下转发 IP 数据报的算法、动态完成 IP 地址到物理地址映射的 ARP 协议、报告传送过程中发生异常情况的 ICMP 协议等。

5.2.1 分类的 IP 地址

互联网是一个抽象的虚拟结构，IP 层及以上的协议功能完全由软件实现。设计人员可以自由地选择 IP 编址方案、IP 数据报格式以及交付技术等，不受底层网络硬件的限制。IP 地址实现对各种物理地址的统一，即 IP 层以上各层均使用 IP 地址。TCP/IP 的设计者选择了一种类似于物理网络的编址方案，给因特网上每个主机分配一个长度为 32 位的唯一值作为单播地址，该地址用在与该主机的所有通信中。

理想的地址应该比较短，因为作为分组控制信息的一部分，地址越长分组的开销会越大。但理想的地址空间也要足够大，以便能够标识更多的主机，对于互联网协议地址，最好能够标识全世界范围内的所有主机。此外，IP 地址应支持高效的路由选择，比如根据目的主机的 IP 地址，就可判断是否可以直接通信，或者该选择哪个路由器作为下一跳以使 IP 包逐跳向目的主机转发。

最初的 IP 编址方案将 IP 地址分为两部分：前缀和后缀。前缀标识主机所属的物理网络，称为网络号（network ID）。后缀用于区分物理网络内的主机，即标识主机，后缀也称为主机号（host ID）。那么前缀与后缀各应包含多少位呢？前缀越长，支持的物理网络数越多，但可标识的网络内的主机数就越少。反之，长后缀和短前缀，意味着支持规模较大的物理网络（主机数多），但仅能支持较少的网络。最初的 IP 编址方案兼顾了这两种情形，没有采用单一界限划分前缀和后缀，而是采用三种界限划分，因此称为有类别编址（classful addressing）方案。

最初的有类别编址方案中包含 5 种形式的 IP 地址，如图 5-2 所示。其中的 A、B、C 类是 3 种主要类别，用于标识主机和路由器。D 类地址为组播地址。E 类地址为保留地址，留作以后使用。自 1993 年起为了充分利用 IP 地址空间，因特网采用无类别编址（classless addressing）方案分配尚未分配的有类别 IP 地址，这将在后面介绍。虽然有类别编址方案已不再广泛使用，但这是 IP 编址技术的基础，也是后续发展的根源。

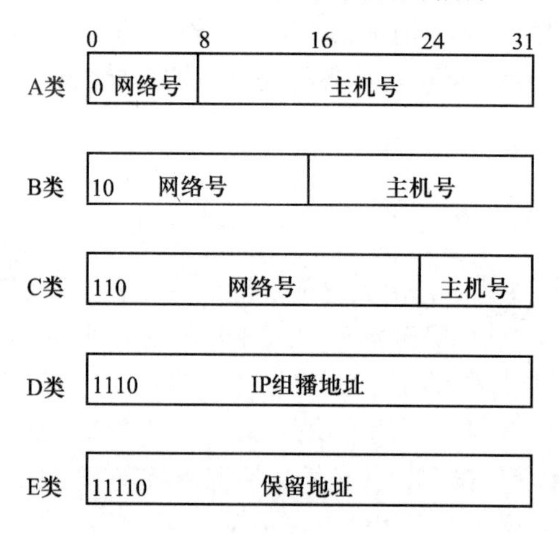

图 5-2　最初的有类别编址方案中 IP 地址的 5 种形式

有类别 IP 地址是自识别（self-identifying）的，仅从地址本身就能够确定前缀和后缀之间的边界，不用参考其他信息。从地址的最高 2 位可以区分 3 种主要类别，从地址的最高 3 位可以区分 A、B、C、D 这 4 类。路由器在决定一个分组发往何处时要使用地址的网络号部分进行路由选择，地址的自识别特性使网络号的抽取非常方便，有助于提高路由器的效率。

A 类地址包含 8 位网络号和 24 位主机号，B 类地址包含 16 位网络号和 16 位主机号，C 类地址包含 24 位网络号和 8 位主机号。

在应用程序或技术文档中，一般采用点分十进制记法书写 IPv4 地址。将 IP 地址写成由“.”（点）分隔的 4 个十进制整数，每个整数给出 IP 地址（1 B）的值。例如，某主机 IP 地址 10000001 00000001 01000110 00001111 可写成 129.1.70.15。由于该地址最高两位是 10，根据分类规定可知该地址是一个 B 类地址，并且网络号为 129.1，主机号为 70.15。该主机所在物理网络的 IP 网络地址也可写成 32 位 IP 地址形式：129.1.0.0，注意网络地址的主机号部分为全 0。

再如，某主机的 IP 地址为 202.87.12.27，由于该地址最高三位是 110，根据分类规定可知该地址是一个 C 类地址，并且网络号为 202.87.12，主机号为 27。该主机所在物理网络的 IP 网络地址为 202.87.12.0。

5.2.2 IP 地址的分配与使用

IP 地址的分配与使用

在最初的 IP 编址方案中，因特网中的每个物理网络都必须被分配一个唯一的网络号（IP 地址前缀），而一个物理网络中的每个主机都要使用分配给该网络的网络号作为主机 IP 地址的前缀，且同一物理网络中各主机分配的主机号应互不相同。

为确保地址的网络部分在因特网上是唯一的，所有因特网地址都由一个专门的管理机构进行分配。从因特网出现到 1998 年秋天，一直由因特网编号分配机构（Internet assigned numbers authority，IANA）负责 IP 地址的分配，并制定政策。注意，全球统一分配的是 IP 地址的网络号部分，而主机号由用户组织自行分配，必须保证为同一物理网络中的各主机分配相同的网络号、不同的主机号。位于不同物理网络中的主机，其 IP 地址的主机号可以一样。1998 年年底，组建了因特网名称与数字地址分配机构（Internet corporation for assigned names and numbers，ICANN），它负责制定政策、分配地址，并为协议中使用的名字和其他常量分配相关值。

ICANN 是顶级的地址管理机构，它授权了一些地址注册管理机构，如 ARIN、RIPE、APNIC、LACNIC 等来管理所辖地址。一般单位可以从相关因特网服务提供者（ISP）申请 IP 地址，本地 ISP 将该单位联入因特网，并为用户网络提供有效的地址前缀。本地 ISP 还很可能是更大型 ISP 的用户，本地 ISP 向它的 ISP 申请地址前缀。因此，一般只有最大型的 ISP 需要和地址注册商联系。

申请和分配分类 IP 地址时，应充分考虑物理网络的大小，根据网络中已知或预计将要包含的主机数申请合适类别的 IP 地址。表 5-1 总结了 IP 地址类的点分十进制值的范围。

表 5-1 每个 IP 地址类的点分十进制值的范围

类别	最低地址	最高地址	备注
A	1.0.0.0	127.0.0.0	网络号 127 用于环回地址
B	128.0.0.0	191.255.0.0	128.0.0.0 不会被分配
C	192.0.0.0	223.255.255.0	192.0.0.0 不会被分配
D	224.0.0.0	239.255.255.255	组播地址

每个类中的地址值并不是全都可供分配。例如 A 类的网络号 127 保留用于回送地址，用于测试 TCP/IP 协议软件以及本机进程间的通信。发送到网络号 127 的分组永远不会出现在任何网络上。B 类地址中最先被分配的网络号是 128.1，C 类地址中最先被分配的网络号是 192.0.1。

由于一个 IP 地址包含一个网络标识符和该网络上一个主机标识符的编码，因此 IP 地址不仅指明单台计算机，还指明了计算机到一个网络的连接。例如，连接两个物理网络的路由器，有两个 IP 地址，它们的网络号互不相同，分别标识网络连接所属的物理网络。因此，准确地说，IP 地址标识的是网络连接。

例 5-1 设某单位有 3 个物理网络，分别分配了 128.9.0.0、128.10.0.0、128.11.0.0 三个 B 类 IP 地址，连接情况如图 5-3 所示，请给各主机和路由器分配 IP 地址。

解：根据最初的 IP 编址方案，因特网中的每个物理网络都必须被分配一个唯一的网络号，给同一物理网络中的各主机分配相同的网络号、不同的主机号。

主机和路由器的 IP 地址分配示例见图 5-3。例如，路由器 R2 有两个网络接口，分别连入网络 128.9.0.0 和 128.10.0.0，这两个接口的 IP 地址可分别设置为 128.9.0.21 和 128.10.0.20。路由器 R3 也有两个网络接口，分别连入网络 128.9.0.0 和 128.11.0.0，这两个接口的 IP 地址可分别设置为 128.9.0.22 和 128.11.0.20。给连接到 128.11.0.0 网络的主机 H3 分配了 IP 地址 128.11.0.3。给 R1 连入网络 128.9.0.0 的接口分配了 IP 地址 128.9.0.20。

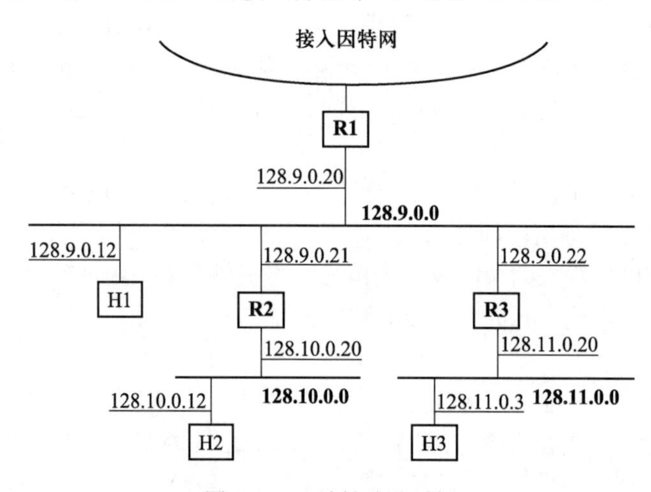

图 5-3 IP 地址分配示例

另外，有些特殊形式的 IP 地址只能在特定情况下使用，如表 5-2 所示。32 位全 0 地址（0.0.0.0）可以在系统启动时表示本机地址，不过只能作为 IP 包的源地址（发送者的 IP 地址），不能作为 IP 数据报的目的地址（接收者的 IP 地址）。0.0.0.0 还可以表示本机上的所有 IPv4 地址以及默认路由。

32 位全 1 地址（255.255.255.255）表示在本地物理网络上的广播地址，当一个主机不知道本地网络号，又需要向本地网络中所有主机发送 IP 数据报时，使用该地址作为目的地址，该 IP 数据报不会被路由器转发。向已知网络号的特定网络中所有主机发送广播时使用定向广播地址作为目的地址，如 112.255.255.255。

网络号 127 一般用作环回地址（loopback address），127.0.0.1～127.255.255.255 都是 IPv4

环回地址，最常用的 IPv4 环回地址是 127.0.0.1。联网主机一般都有一个纯软件实现的环回网络接口，该接口的 IP 地址为环回地址，使用环回接口可绕过任何本地网络接口硬件。Ping 是一个网络实用工具，用于测试从本机到某 IP 主机的可达性，例如 ping www.hep.com.cn 用于测试本机到高等教育出版社服务器的可达性，而 ping 127.0.0.1 用于测试本机到环回接口是否连通，如果测试连通说明本机的 TCP/IP 协议族没问题。软件开发期间测试软件时也可使用本地环回机制。

表 5-2 特殊形式的 IP 地址

网络号	主机号	用作源地址	用作目的地址	说明
0	0	可以	不可以	启动时源地址
全 1	全 1	不可以	可以	本地网受限广播
任意	全 1	不可以	可以	定向广播
127	任意（常为 1）	可以	可以	回送地址

5.2.3 IP 数据报

TCP/IP 技术是为包容物理网络技术的多样性而设计的，而这种包容性主要体现在 IP 层中。TCP/IP 的重要思想之一就是通过 IP 数据报和 IP 地址将物理网络统一起来，实现隐藏底层物理网络细节、提供一致性的目的。IP 数据报（简称数据报）是因特网的基本传送单元，它实现对物理网络帧的统一。

与典型的物理网络帧类似，数据报划分为首部和数据区，而且也包含源地址和目的地址，当然数据报首部中包含的是 IP 地址，而物理帧首部中包含的是物理地址。数据报要封装在物理帧中作为帧的数据传送，对于以太网，帧类型字段值为 0x0800，表示帧数据区存放的是 IP 数据报。IPv4 数据报的格式如图 5-4 所示。

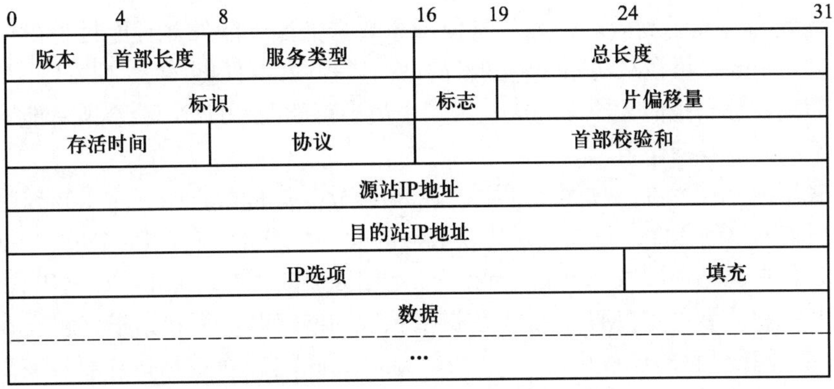

0 4 8 16 19 24 31

版本	首部长度	服务类型	总长度	
标识			标志	片偏移量
存活时间		协议	首部校验和	
源站IP地址				
目的站IP地址				
IP选项				填充
数据				
…				

图 5-4 IPv4 数据报格式

数据报首部包含固定部分（20 B）和可选的 IP 选项部分。下面介绍首部各字段的含义。

（1）版本：占 4 b，包含了创建数据报所用的 IP 协议的版本信息。目前广泛使用的版本号是 4，IPv4 即表示版本 4 的 IP 协议。IPv6 网络目前仍在发展，IPv6 有相同的版本字段，其余字段有所不同。除非特别说明，本章中的 IP 都是指 IPv4。

（2）首部长度：占 4 b，在实际计算 IP 首部长度时，首部长度必须是 4 B 的整数倍，有 IP 选项时可能需要在填充字段中填 0 来保证。IP 首部的最大长度为 15×4 B。由于选项字段很少使用，所以最常见的首部长度是 20 B，字段值为 5。

（3）服务类型（type of service，ToS）：占 8 b，指明应当如何处理数据报。这个字段最初用来指定数据报的优先级和期望的路径特征（低时延、高吞吐量或高可靠性）。在 20 世纪 90 年代 IETF 重新定义了该字段的含义，用于提供对分组的区分服务（differentiated service，DiffServ）。该定义将 ToS 前 6 位用作区分服务码点（differentiated services code point，DSCP），后 2 位保留未用。一个 DSCP 值被映射到一个底层服务定义。无论使用最初的 ToS 解释还是修改后的区分服务解释，在数据报中指明某种服务级别，仅仅是为转发算法提供参考，转发软件必须在当前可用的底层物理网络技术中进行选择，并且必须符合本地策略，并不能保证沿途路由器都接受并响应这种服务级别的请求。

（4）总长度：占 16 b，在计算整个数据报的长度时，必须是 1 B 的整数倍。IP 数据报总长度理论上可以达到 65 535 B。但数据报从一台计算机传送到另一台计算机，总是要通过底层的物理网络进行传输。而每种分组交换技术都规定了一个物理帧所能传送的最大数据量，即帧负载长度限制，也称为最大传输单元（MTU）。

例如，以太网 v2 帧的 MTU 为 1 500 B，即一个以太网帧至多传送 1 500 B 的数据；有些硬件技术的传送限制是 128 B。PPPoE 是一个将 PPP 帧封装在以太网帧内的网络协议，出现于 1999 年，用于宽带接入。IP 数据报使用 PPPoE 传输时，IP 数据报被封装在 PPP 帧中，PPP 帧被封装在 PPPoE 帧中，PPPoE 帧被封装在以太网帧中，这里的 PPP 帧的 MTU 为 1 500 B−8 B=1 492 B，其中 PPPoE 帧占 6 B，PPP 帧占 2 B。

为了使互联网传输更高效，一般尽量使每个数据报尽可能长并且能封装在一个独立的物理帧中发送。一个数据报在从源站传输到目的站的过程中，可能会穿过 MTU 不尽相同的多个物理网络。如果把数据报的大小限制成互联网中最小可能的 MTU，会令所有能够运载更大长度帧的网络不能充分发挥作用。

为隐藏底层网络技术并方便用户通信，TCP/IP 软件中的数据报并不受物理网络限制，而是根据源站所在网络的 MTU 以及高层协议数据的大小，选择一个合适的初始数据报大小。所谓“合适”是指在源站所在物理网络上能实现最大限度的封装。此外，TCP/IP 还提供一种机制，允许当数据报需要经过 MTU 小于数据报长度的网络时，把数据报分解成若干较小的片（fragment），数据报分解的过程称为分片（fragmentation）。每个数据报片都封装在单个物理帧中发送，并且作为独立的数据报进行传输。而且在数据报片到达目的站之前，如果需要还可被再次（多次）分片，但在沿途路由器上不进行重装（reassemble，也称重组）。TCP/IP 规定所有的片在目的站中进行重装。

（5）标识：16 b，源主机赋予数据报的唯一标识符。实现方法可以是在源主机的内存中保持一个全局计数器，每产生一个新数据报，计数器加 1，达到 65 536 时置为 0，将计数器的值分配给新数据报。总之要保证（在较长一段时间内）同一主机发出的各数据报的标识是唯一的。对一个数据报分片，其实是分割数据报的数据部分，数据报片的首部主要从初始数据报首部中复制而来，仅做少量修改，标识字段必须不加修改地复制到各数据报片中，以方便重装时识别属于同一初始数据报的所有片。

（6）标志：占 3 b，只有低两位有效。中间一位称为“不分片”（don’t fragment flag，DF）位，置 1 时表示数据报不能被分片，为 0 时表示数据报允许被分片。当路由器必须对数据报分片才能转发而该数据报的 DF 位又被置位（为 1）时，路由器将抛弃该数据报，并向其源主机发送一个 ICMP 差错报告。最低位称为“更多分片”位（more fragments flag，MF），置位时说明该数据报不是最初始数据报的最后一个片，该位复位（为 0）时表示是最后一个片。

（7）片偏移量：占 13 b，指出本数据报片中数据相对于最初始数据报中数据的偏移量，以 8 B 为单位计算偏移量。未被分片的数据报或者第 1 个数据报片的偏移量为 0。由于各片按独立数据报的方式传输，无法保证按序到达目的主机，而目的主机能够根据数据报片中的源站 IP 地址、标识、片偏移量以及 MF 字段重装出最初始数据报的完整副本，除非没能收齐所有片。

注意，因为片偏移量以 8 B 为单位，所以除最后一个片外，其余片的数据部分的大小应尽量接近但不超过网络 MTU 并且是 8 B 的整数倍，最后一个分片可以较其他片小。图 5-5 给出一种可能发生分片的互联网，其中 A 和 B 两主机分别直连到 MTU 为 1 500 B 的以太网上，A 和 B 之间通信需要穿越 MTU 为 660 B 的网络。如果 A 向 B 发送一个长度超过 660 B 的数据报，则路由器 R1 需要对数据报分片，反之类似。

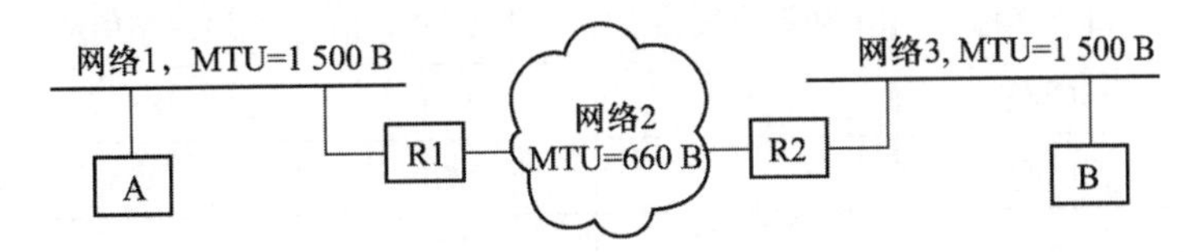

图 5-5　可能发生分片的情形示例

例 5-2　假定图 5-5 中 A 向 B 发送了一个首部 20 B、数据区 1 400 B、DF 为 0 的数据报，如图 5-6（a）所示，R1 向 R2 转发时要先把数据报分片，再将各片分别封装在物理帧中发送，请写出分片结果。

解：因为网络 2 的 MTU=660 B，所以 IP 分片数据部分长度应小于或等于 660 B−20 B=640 B，又因为 640 是 8 的整数倍，所以除了最后一个片之外的其他片的数据部分长度取 640 B。

分片结果如图 5-6（b）所示。

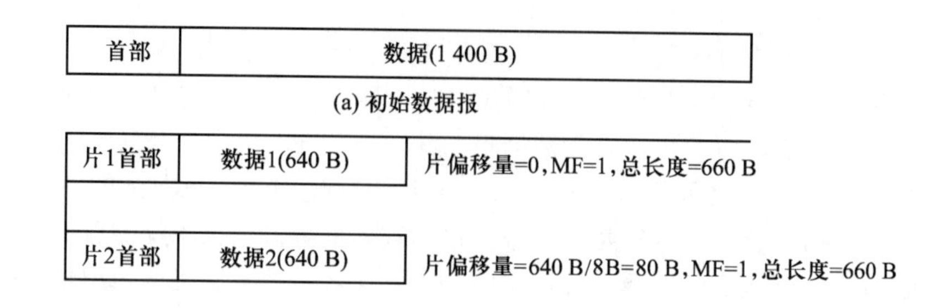

IP 数据报的分片与重组

图 5-6 初始数据报及分片结果

（8）存活时间（time to live，TTL）：占 1 B。设计该字段的初衷是指示数据报在互联网系统中允许保留的时间（以秒为单位）。由于路由器刚出现时速度慢，所以过去标准规定，如果路由器让一个数据报滞留了 *K* 秒，则应把 TTL 字段的值减去 *K*。但现在的路由器和网络完成一个数据报的转发一般仅需要几毫秒。因此，现在 TTL 实际起着“跳数限制”的作用，而不是用于估计延迟时间。数据报每经过一个路由器，路由器就将其 TTL 值减 1，并且一旦 TTL 减为 0，路由器就不再转发该数据报，而是予以丢弃，并向数据报的源站发送一个 ICMP 差错报告。

（9）协议：占 1 B，指明数据报数据区的格式，即数据报封装了哪个协议的协议数据单元，以便目的站知道应将数据交由哪个（高层）协议软件处理。协议名称和协议字段值的映射由网络信息中心（NIC）统一管理，确保在整个因特网内保持一致。表 5-3 列出了部分协议名及其相应的协议编号。

表 5-3 部分协议名及其编号

协议字段值	协议名称	协议字段值	协议名称	协议字段值	协议名称
1	ICMP	6	TCP	88	IGRP
2	IGMP	8	EGP	89	OSPF
3	GGP	17	UDP		
4	IPv4	41	IPv6		

（10）首部校验和：占 16 b，用于首部的校验。校验和计算方法是，设校验和字段初值为 0，把首部看成一个 16 位整数序列，对所有整数进行反码求和运算（其规则是从低位到高位逐位进行计算。0+0=0；0+1=1；1+1=0，但要产生一个进位。如果最高位产生进位，则结果要加 1），得到的和的二进制反码就是校验和的值。数据报从源站发出后，沿途路由器及目的站都要检验首部校验和，如果检验失败，数据报将被立即丢弃。检验方法同校验和的计算，运算结果为 0 表示首部没有变化，否则表示有错。校验和要随首部任何字段的变更而重新计算，例如分片后要为各数据报分片算校验和，再如所有数据报的 TTL 字段在转发节点处都要被减 1，因

此路由器对每个被转发的数据报都要重算校验和。

互联网协议不提供可靠通信功能，端到端或点到点之间没有确认应答，也不对数据进行差错控制，只检验首部，并且没有重传，没有流量控制。只计算首部校验和的优点是大大节约了路由器处理每个数据报的时间，符合 IP“尽力传递”的思想。缺点是给高层软件留下了数据不可靠的问题，增加了高层协议的负担。不过 IP 数据报首部和数据区的分开校验允许高层协议选择自己的校验方法。

（11）源站 IP 地址和目的站 IP 地址：也称为源 IP 地址和目的 IP 地址，各占 4 B，分别指明本数据报最初发送者和最终接收者的 IP 地址。数据报经路由器转发时，这两个字段的值始终保持不变，即使被分片转发。路由器总是提取目的站 IP 地址与路由表中的表项进行匹配，以决定把数据报发往何处。

（12）IP 选项：可选，长度可变，主要用于控制和测试。要求主机和路由器的 IP 模块均支持 IP 选项功能。为保证数据报首部长度是 32 位的整数倍，在填充字段中可能包含一些 0。IP 选项不常用，因此 IPv4 数据报首部长度一般都为 20 B。

一个数据报中可以包含多个选项。有实际意义的选项有：选项类型（option type），1 B；选项长度（option length），1 B；以及若干字节的选项数据（option data）。有两个仅含有选项类型的单字节选项，一个用于放在选项表的末尾，使 IP 数据报首部长度是 32 位的整数倍，可放多个；另一个放在选项之间，用于对齐选项使其长度都是 32 位的倍数。

选项类型包括复制标志（copied flag）、选项类（option class）、选项号（option number）3 个字段。其中，复制标志占 1 b，其值为 1 表示分片时将本选项复制到所有分片中，其值为 0 表示分片时仅将本选项复制到第 1 个片中；选项类占 2 b，其值为 0 表示控制，其值为 2 表示诊断和测量，其值为 1 或 3 表示保留暂未使用；选项号占 5 b，指明选项类中某个具体选项。

可用的选项类与选项号列表可参见 RFC 791。这里简单介绍两个较受关注的选项功能。

（1）松散源路由和记录路由选项（loose source and record route，LSRR）：选项类型为 131，该选项允许一个 IP 数据报的源站提供路由信息，供路由器在转发该数据报时使用，以及用于记录路由。松散源路由用于源站设定源站到目的站之间必须经过的几个中间路由器，而到达各个中间路由器允许使用任意路由。

（2）严格源路由和记录路由选项（strict source and record route，SSRR）：选项类型为 137，该选项允许源站指明本数据报的确切路径。LSRR 和 SSRR 选项格式相同，都包括类型（1 B）、长度（1 B）、指针（1 B）和由一系列 IP 地址组成的路由数据。

例 5-3 在某主机（IP 地址为 10.10.1.95）上用网络监听工具监测网络流量，获取的一个 IP 数据报的前 28 B，用十六进制表示如下：

45 00 00 47 E6 EE 00 00 67 11

19 2A 75 4E D2 D6 0A 0A 01 5F

A4 CA 0D 4B 00 33 6B 26

请解析 IP 数据报各字段。

IP 数据报分析举例

解：根据 IP 数据报的格式分析，以上各字节与数据报各字段的对应关系如图 5-7 所示。第 1 个字节 0x45 为版本号和 IP 首部长度，因此可知 IP 版本号为 4，IP 首部长度为 5×4 B=20 B；第 3、4 字节 0x00 和 0x47 对应总长度字段，因此，总长度为$(00\ 47)_{16}=71$；第 9 字节 0x67 对应存活时间字段，因此，存活时间为$(67)_{16}=103$；第 10 字节 0x11 对应协议字段，$(11)_{16}=17$，表示 IP 数据报数据部分是 UDP 报文；第 13～16 字节 0x75、0x4E、0xD2、0xD6 对应源 IP 地址，其点分十进制表示为 117.78.210.214；目的 IP 地址为 0A 0A 01 5F，也即 10.10.1.95，可见这是主机收到的 IP 数据报。

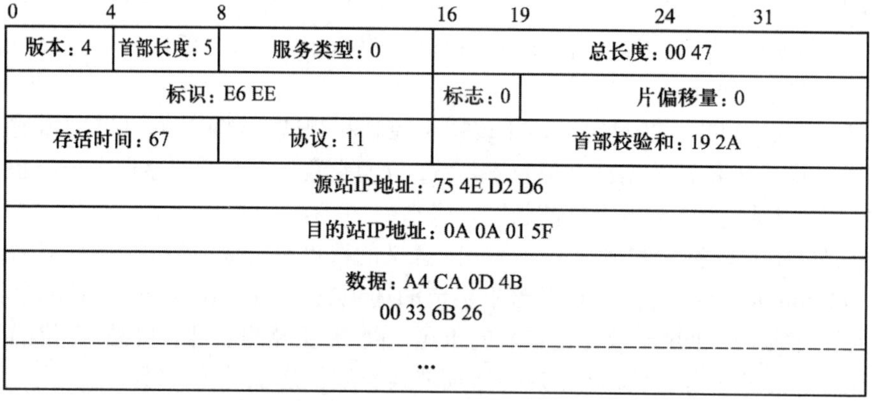

0	4	8	16	19　　24　　31
版本：4	首部长度：5	服务类型：0	总长度：00 47	
标识：E6 EE			标志：0	片偏移量：0
存活时间：67		协议：11	首部校验和：19 2A	
源站IP地址：75 4E D2 D6				
目的站IP地址：0A 0A 01 5F				
数据：A4 CA 0D 4B 00 33 6B 26				
…				

图 5-7　IP 数据报解析结果

5.2.4　因特网地址到物理地址的映射

互联网使用 TCP/IP 软件实现物理网络的互联。TCP/IP 软件都使用 IP 地址标识通信主机，IP 地址将不同的物理地址“统一”起来。不过，地址统一的代价是需要建立 IP 地址和物理地址之间的映射。因为 IP 层以上各层均使用 IP 地址，而在物理网络内仍使用各自的物理地址（也称为硬件地址），互联网并不对此做任何改动。

考虑连接到同一物理网络的主机 A 和 B，设 A 和 B 分配得到的 IP 地址分别为 I_A 和 I_B，物理地址分别为 P_A 和 P_B。TCP/IP 的设计目标是隐藏物理网络细节，高层的程序仅利用 IP 地址进行通信，因此 A 上应用程序要向 B 的应用程序发送 IP 分组，只需知道 B 的 IP 地址。不过，IP 分组由 A 传到 B 必须依靠物理网络来实现，而物理网络中两台机器之间的通信必须使用硬件地址（物理地址）。由此产生了问题，即已知 B 的 IP 地址为 I_B，A 如何获悉 B 的物理地址 P_B 呢？

如果通信双方 A 和 B 不在同一个物理网络中，则 IP 分组从 A 发送到 B 需要依赖沿途的路由器进行转发。每个主机和路由器都有路由表，指明到达目的网络的路由。例如，通过查询本机的路由表，A 知道应该将分组发给本地路由器 R1，其 IP 地址为 I_{R1}，由 R1 再进行转发。由上一段的讨论可以知道 A 向 R1 发送 IP 分组需要获悉 R1 的物理地址。同样 R1 通过查路由表可以知道下一个路由器 R2 的 IP 地址，然后也需要进行地址映射，获悉 R2 的物理地址。同理，A 至 B 路径上的最后一个路由器需要由 B 的 IP 地址获悉 B 的物理地址。总之，协议软件需要有一种机制将一个 IP 地址映射为其所在接口的硬件地址，这种把高层地址映射为物理地址的问题称为地址解析问题。

TCP/IP 采用两种地址解析技术：直接映射法和动态绑定法。通过直接映射进行解析适用于物理地址是易配置的短地址的情形。而对于固定长度的长物理地址，例如以太网地址，则通过动态绑定进行解析。TCP/IP 采用地址解析协议（ARP）完成动态地址解析。

1．直接映射方法

如果网络硬件地址是可配置的，而且可以使用小整数，那么可以给网络中的计算机顺序分配地址，例如给其中第一台计算机分配地址 1，给第二台分配地址 2，以此类推。我们已经知道，给一个网络中的计算机分配 IP 地址的要点是，使用相同的网络号，主机号部分任意分配，互不重复即可。那么假定一个网络的网络号是 202.119.211，则可以给网络中硬件地址为 1 的计算机分配 IP 地址 202.119.211.1，给硬件地址为 2 的计算机分配 IP 地址 202.119.211.2。也就是说，将计算机的硬件地址编码到 IP 地址的低 8 位中。由于 IP 地址包含了硬件地址编码，因此地址解析极其简单，只需通过提取 IP 地址的低 8 位就可获得相应的物理地址，这样完成的地址解析称为直接映射。还可以采用将硬件地址融入 IP 地址的方法，只要能够从 IP 地址计算出物理地址即可，不过，IP 地址和硬件地址之间的关系越简单，直接映射的效率越高。

2．动态绑定方法——ARP

地址解析协议（ARP）

虽然直接映射是高效的，但将 48 位的以太网地址编入 32 位的 IP 地址实在不可行。因此对有广播能力的以太网来说，应使用地址解析协议（ARP）通过动态绑定进行地址解析。基本思路很简单：当主机 A 需要解析本网络内主机 B 的 IP 地址 I_B 时，A 先广播一个特殊的分组，请求 IP 地址为 I_B 的主机 B 将其物理地址告诉 A。网内所有主机都接收到这个请求，但只有主机 B 发现是在问自己（分组中指明了 I_B），所以向 A 单播发出一个含有自己物理地址的分组作为响应。

并非 A 每次向 B 发送 IP 分组之前都要先广播一个 ARP 请求报文以获悉 B 的物理地址，再利用物理网络发送 IP 分组。实际上，为降低通信费用，使用 ARP 的计算机各维护着一张 ARP 表，ARP 表在高速缓存中，存放着最近获得的 IP 地址与物理地址的绑定关系。为防止绑定关系陈旧，每个绑定关系都设有超时计时器，典型的超时时间是 20 min，超时的表项将被删除。当 A 要向其他主机发送 IP 分组时，总是先在 ARP 高速缓存中寻找所需的绑定关系，如果找不到，才向网络广播 ARP 请求报文，响应到达时再发送所有等待该解析结果的 IP 分组。

ARP 报文格式如图 5-8 所示，适用于任何物理地址和协议地址。其中，4 个地址字段占用字节数不固定，取决于硬件类型和协议类型，并由地址长度字段明确指出。ARP 报文中的硬件类型字段指明物理网络类型，值为 1 表示是以太网，值为 6 表示 IEEE 802 网络，值为 15 表示帧中继网。协议类型字段指明高层协议地址类型，值为0x0800表示是IP地址。操作类型字段指明本ARP分组是ARP请求（值为1）、ARP响应（值为2）、RARP请求（值为3），还是RARP 响应（值为 4）。硬件地址长度和协议地址长度字段分别指出了硬件地址和高层协议地址的长度，这使ARP能够在任意网络中使用。以太网硬件地址占6 B，IP地址占4 B。

硬件类型(2 B)	协议类型(2 B)	硬件地址长度(1 B)	协议地址长度(1 B)	操作类型(2 B)	发送方硬件地址	发送方协议地址	目标硬件地址	目标协议地址

图5-8 ARP报文格式

设A为了向B发送IP分组而要获悉B的硬件地址，则A（发送方）应在ARP请求报文的目标协议地址中填上B的IP地址 I_B。为使B能够向A单播ARP响应，A还应在ARP请求报文的发送方硬件地址和协议地址中分别填入 P_A 和 I_A。

ARP请求报文封装在物理网络帧中（作为帧的数据）并被广播出去以后，网络上的任何计算机都能接收到。对于以太网，帧的类型为0x0806（表示封装了ARP报文），目的地址是广播地址，源地址是A的物理地址 P_A。

接收到ARP报文，ARP软件将首先提取报文中发送方的硬件地址和IP协议地址，并检查本地高速缓存，查看 ARP 表中是否已存在该发送方的地址绑定关系，如果有，则用 ARP报文中的发送方硬件地址覆盖该表项中的物理地址，并复位该表项的计时器。

接着，检查 ARP 报文中的目标协议地址是否与本机 IP 地址匹配，如果不匹配，则结束对该 ARP 报文的处理。如果匹配，则查看 ARP 表中是否已存在发送方的地址绑定，若无则添加；如果收到的是请求报文，则将本机的物理地址 P_B 填入报文中的目标硬件地址字段，并交换发送方和目标地址对，然后把操作类型字段值改成 2（ARP 响应），再将该 ARP 响应报文封装在物理网络帧中单播发给A。对于以太网，帧的类型为0x0806，目的地址为 P_A，源地址为 P_B。

ARP 响应报文仅有一个接收方，接收方 A 将 ARP 响应中发送方的 IP 地址和物理地址绑定写入 ARP 高速缓存中。然后 A 就用该绑定中的物理地址作为帧的目的地址封装待发 IP 分组，并将其发送。

3. 反向地址解析协议——RARP

反向地址解析（reverse address resolution protocol，RARP）用于将物理地址映射为 IP 地址。RARP目前在因特网中基本不再使用，但它过去曾是无硬盘工作站自引导系统所使用的重要协议。RARP 允许系统在启动时获得一个 IP 地址，过程如下：在系统启动时，广播发送一个 RARP 请求，请求中包含本机的硬件地址，然后等待 RARP 服务器的响应，响应报文中给出请求方的 IP 地址。RARP 报文的格式与 ARP 报文的格式一样，仅仅是操作类型字段值不同。RARP请求报文与响应报文各字段值的设置与ARP类似。另外，封装了RARP报文的以太网帧类型字段值应为0x8035。

5.2.5 无连接的数据报传送

IP 的目的是提供一个包含多个物理网络的虚拟网络，并提供无连接的数据报交付服务。本节关注 IP 数据报的传送。下面先对互联物理网络完成数据报转发任务的设备——路由器做一简单介绍。

1. 网络层互联设备——路由器

每个路由器与两个以上的物理网络有直接的连接。路由器的每个网络接口（network interface）提供双向通信，包含输入和输出端口。整个路由器结构可分为两大部分：路由选择部分和分组转发部分。简单来说，路由选择部分就是按照选定的路由选择协议构造并维护路由表。分组转发部分由三部分组成：交换结构、一组输入端口和一组输出端口。

路由器在输入端口接收 IP 分组，首先按照物理层协议接收比特流，再按照数据链路层协议接收传送 IP 分组的帧，再将帧中的数据报交由网络层模块处理。若网络层模块忙（查路由表），则数据报被暂存到输入队列中等待处理。排队结束后，网络层模块根据数据报首部中的目的站 IP 地址查找路由表（实质上是匹配目的网络地址），根据查找结果（包括下一跳 IP 地址和输出端口），经过交换结构到达合适的输出端口。

输出端口也设有队列，当交换结构传送分组的到达速率超过输出链路的发送速率时，来不及发送的数据报就暂存在队列中。排队结束后，输出端口中的数据链路层处理模块给 IP 分组加上帧首和帧尾，交给物理层实体后发送到线路上。

路由器中输入或输出队列的溢出是造成分组丢失的重要原因。

2. 直接交付与间接交付

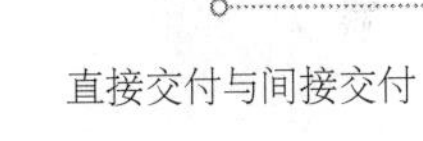

在互联网中，每个路由器至少互联两个物理网络，即至少与两个物理网络有直接的连接。主机通常直接与一个物理网络连接，或者说属于一个物理网络。但也有直接与多个物理网络相连的多宿主机（multi-homed host）。

主机和路由器都会参与 IP 数据报的传送。当一个主机上的应用程序试图进行通信时，TCP/IP 协议将产生若干数据报。无论是只有一个网络连接的主机还是多宿主机，都要做出最初的转发决策，即决定把数据报发往何处。

源主机首先根据目的主机的 IP 地址判断目的主机与本机是否在同一个物理网络上。对于最初的 IP 编址方案，可以根据有类别编址规则，很容易从目的 IP 地址中抽取网络前缀，再与本机 IP 地址的网络前缀做比较。

如果匹配，则意味着数据报可以直接交付。可通过地址解析获取目的主机的物理地址，再将 IP 数据报封装在物理帧中直接发给目的主机。

如果不匹配，则应将数据报交给本地路由器的本地网络连接（由源主机路由表指定）。这时要先通过地址解析获取路由器上该网络连接的物理地址，再将数据报封装在帧中发给路由器。这种交付称为间接交付。每个路由器将数据报间接交付给下一个路由器，直到数据报到达路径上最接近目的主机的路由器，由该路由器将数据报直接交付给目的主机。

上述表明，TCP/IP 互联网中的路由器形成了一个相互协作的互联结构。对于源宿主机不在一个物理网络上的数据报，先被源主机传递到本地路由器，再经过若干次间接交付后抵达可进行直接交付的路由器，最后被直接交付。直接交付是任何数据报传输的最后一步。

3．采用有类别编址方案时的 IP 数据报转发算法

IP 转发是由路由表驱动的。路由表存储有关怎样到达目的网络的信息。主机和路由器都有路由表。当主机或路由器中的 IP 转发软件需要传输数据报时，它就查询路由表来决定把数据报发往何处（下一路由器或目的主机）。

路由表一般存储目的网络地址以及如何到达该网络的信息，并不保存主机地址信息。这有助于大大缩减路由表大小，因为网络数量远小于主机数量。此外，还有利于提高路由表查询效率以及降低路由表维护开销。

一个互联网及路由表的示例见图 5-9。在图 5-9（a）中有 4 个 B 类网络，用 3 个路由器将它们连接起来。图 5-9（b）是路由器 R2 的路由表。路由表一般包含多对（N，R），N 是目的网络 IP 地址，R 是通往网络 N 的路径上的下一跳的 IP 地址，此外，实际的路由表中还会指明数据报被发送到下一个路由器时所用的网络接口。当 R2 接收到一个目的网络地址为 128.2.0.0 的数据报后，根据路由表，R2 将直接交付该数据报。当 R2 接收到一个目的网络地址为 128.4.0.0 的数据报后，查询路由表的结果是下一跳地址为 128.3.0.2。注意，路由表中的下一跳总是与本路由器的某网络连接属于同一个物理网络。

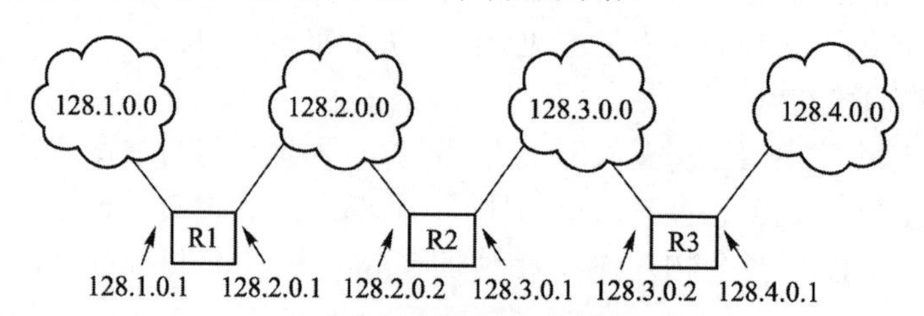

(a) 互联网络示例

目的网络	下一跳
128.2.0.0	直连
128.3.0.0	直连
128.1.0.0	128.2.0.1
128.4.0.0	128.3.0.2

(b) R2路由表

图 5-9　互联网及其路由表示例

图 5-9 给出了一个小型互联网的示例，如果互联网包含的物理网络很多，那么路由表中的表项数就会很多，这样非常不利于查找。有一种常用的、用来隐藏信息和保持路由表容量较小的技术，那就是把多个表项合并成一个表项，即默认路由。例如，对于只有一个网络连接的

主机，除了和直连（同一物理网络内）的主机通信外，其余情况都应通过唯一的路由器通向互联网的其余部分，因此主机路由表中一般只需两个表项即可。对于一个网点（例如一个包含多个物理网络的单位互联网）内的路由器，路由表中可以包含网点内各网络的网络 IP 地址，最后加一个到所有其他目的网络的默认路由。

尽管 IP 转发是基于网络而不是基于个别主机的，但是多数 IP 转发软件允许为某个特定的目的主机特别指定路由。这主要用于测试，还可能是出于安全的考虑。在调试网络连接或路由表时，尤其可能需要为单个主机指定一条特殊路由（特定主机路由）。

考虑上述所有情况，采用最初的有类别编址方案时 IP 数据报转发算法描述如下。

```
从数据报 DG 中取出目的站 IP 地址 I_D;
if 路由表 T 中含有 I_D 的一个特定路由, 则
    把 DG 发送到该表项指明的下一跳
    (包括完成下一跳 IP 地址到物理地址的映射, 将 DG 封装入帧并发送);
    return;
根据分类地址规则, 从 I_D 中提取网络前缀, 得到网络地址 N;
if N 与某个直接相连的网络地址匹配, 则
    通过该网络把 DG 直接交付给目的站
    (包括解析 I_D 得到对应的物理地址, 将 DG 封装入帧并发送);
else if 表 T 中包含一个到网络 N 的路由, 则
    把 DG 发送到该表项指明的下一跳
    (包括完成下一跳 IP 地址到物理地址的映射, 将 DG 封装入帧并发送);
else if 表 T 中包含一个默认路由, 则
    把 DG 发送到该表项指明的下一跳;
else
    向 DG 源站发送一个目的不可达差错报告;
```

4．对传入数据报的处理

前面讨论了 IP 数据报的传送过程，并详细介绍了如何基于路由表进行 IP 数据报的转发。下面讨论 IP 软件对传入数据报的处理。这分为两种情况，一种是主机收到数据报，另一种是路由器收到数据报。

当一个数据报到达主机时，网络接口软件就把它交给 IP 模块进行如下处理。

```
从数据报 DG 中取出目的站 IP 地址 I_D;
if I_D 与主机的 IP 地址(单播、广播或组播地址)匹配, 则
    如果 DG 是分片则进行分片重组得到原始的数据报，记为 DG;
    接收 DG，根据 DG 中的协议指示将 DG 的数据交给高层协议软件做进一步处理;
```

```
else
    丢弃 DG;
```

注意，不作为路由器使用的主机应避免实现路由器的功能，所以当收到的不是发给自己的数据报时，选择丢弃而不是转发。

当一个数据报到达路由器某网络连接的输入端口时，网络接口软件把它交给 IP 模块进行如下处理。

```
从数据报 DG 中取出目的站 IP 地址 I_D;
if (I_D 与路由器的任一个物理网络连接的 IP 地址匹配) ||
  (I_D 是受限 IP 广播地址, 或目标是路由器的某直连网络的定向 IP 广播地址), 则
    接收 DG，根据 DG 中的协议指示将 DG 的数据交给相应协议软件做进一步处理;
    对于定向广播，在指定的网络上广播该数据报;
else
    把 DG 首部中的存活时间 TTL 减 1;
    if TTL 为 0，则
        丢弃 DG，向 DG 源站发送一个超时差错报告;
    else
        重新计算校验和, 并转发该数据报
```

在互联网协议的控制下，通过主机和路由器的 IP 实体以及相邻路由器的 IP 实体之间的通信，互联网络层能够向上一层提供无连接的数据报传送服务。

5.2.6 IP 差错与控制（ICMP）

本小节介绍 IP 数据报传送过程中的差错监测机制。采用分组交换技术的网络不可能任何时候都能正常运转，错误总是难免的。对于互联网，除了存在通信线路和处理器故障外，主机或路由器引发的临时或永久网络连接断开、路由器拥塞导致无法接收或处理数据报、路由表有误导致出现路由环路等都可能导致数据报交付失败。因此互联网需要差错检查与纠正机制。

为提供高效率的尽力而为服务，IP 协议仅通过 IP 首部校验和提供一种传输差错检测手段，并没有提供差错纠正机制，而是让高层协议（如 TCP）解决各种差错。虽然不直接纠错，但互联网络层有一个 IP 补充协议——互联网控制报文协议（ICMP），它提供一种差错报告机制，用于路由器或目的主机把发生的交付问题或路由问题通告（发送 ICMP 报文）给源站。源站再将差错通告给相关的应用程序，或者采取其他措施来纠错。此外，ICMP 还包括提供信息功能。在每个 IP 实现中都必须包含 ICMP。

为什么 ICMP 报文仅发给遇到问题的数据报的源站呢？原因是数据报只含有源、目的站的 IP 地址，并不包含所走路径的完整记录（除非数据报使用了记录路由选项），而且实在无法确

定究竟该由路径上的哪个节点该对问题负责。

ICMP 报文的传递需要 IP 的支持，即每个 ICMP 报文要封装在 IP 数据报中，源 IP 地址为发送报告的机器的 IP 地址，目的 IP 地址为出现差错的数据报的源站地址。因为一个 ICMP 报告可能要经过多个物理网络才能到达目的地，所以必须封装在 IP 数据报中，进而封装在帧中发送出去。ICMP 的两级封装如图 5-10 所示，其中帧的类型字段值为 0x0800，IP 数据报的协议字段值为 1，表示数据是 ICMP 报文。ICMP 是 IP 的必要组成部分，因此不把它当成高层协议。

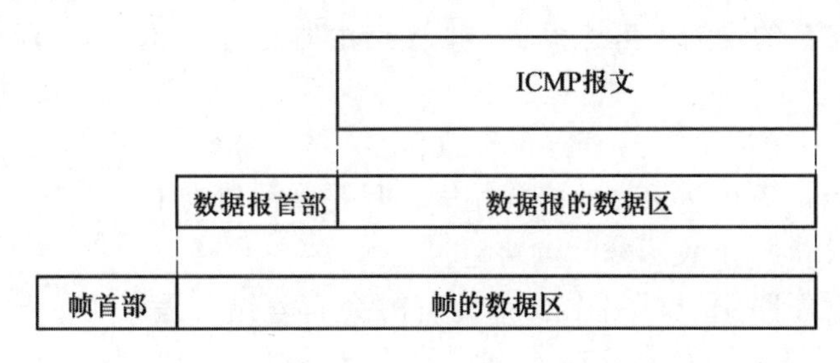

图 5-10 两级 ICMP 封装

ICMP 报文一般报告在数据报处理中遇到的差错。但为避免对差错报告再产生报告，携带了 ICMP 报文的数据报发生差错时不再发送 ICMP 报文。另外，仅在处理片偏移量为 0 的分片时才可能发送 ICMP 报文，对其余分片的处理不会发送差错报告。

ICMP 报文分为两大类：差错报告报文和提供信息的报文。每种 ICMP 报文有自己的格式，前 3 个字段格式统一：类型字段，占 1 B；代码字段，占 1 B；校验和字段，占 2 B。类型字段用于标识报文类型，代码字段表示有关本类型的更多信息。校验和的计算方法与 IP 首部校验和的计算相同，不过是计算整个 ICMP 报文的校验和。此外，报告差错的 ICMP 报文总是复制了产生问题的数据报的首部和前 64 b 数据（包含重要信息），以便让接收方能够更准确地判断应由哪个协议及应用程序对已发生的差错负责。下面介绍部分差错报告报文和提供信息的报文，更多内容请参见 RFC 792。

1. 目的不可达报文

ICMP 目的不可达报文的格式如图 5-11 所示，类型字段值为 3。代码字段取值将进一步描述问题，取值 0 表示网络不可达，取值 1 表示主机不可达，取值 2 表示协议不可达，取值 3 表示端口不可达，取值 4 表示需要分片但 DF 被置位，取值 5 表示源路由失败。

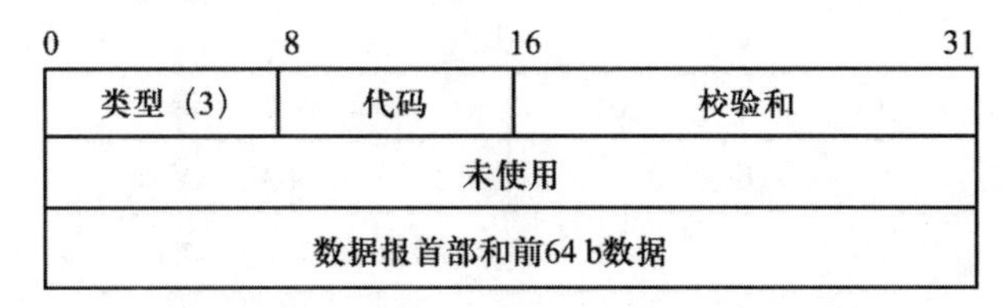

图 5-11 ICMP 目的不可达报文格式

根据路由器的路由表，一个数据报的目的站 IP 地址所指定的网络如果是不可达的，比如到那个网络的距离是无穷的，那么路由器可向该数据报的源主机发送代码为 0 的目的不可达报文。

在目的主机中，如果数据报指定的协议模块未处于活动状态，IP 模块将无法交付数据报中的数据，则目的主机会向源主机发送代码为 2 的目的不可达报文。

当路由器必须对一个数据报进行分片才能将其转发，而数据报的 DF（不分片）标志为 1 时，路由器将丢弃数据报，并向源主机返回一个代码为 4 的目的不可达差错报告。

代码字段值为 0、1、4 和 5 的目的不可达报文一般由路由器发出，而代码字段值为 2 和 3 的一般由主机发出。

2．超时报文

ICMP 超时报文的格式与目的不可达报文的格式相同，只是类型值为 11。代码字段说明超时的性质，0 表示转发中 TTL 超时，1 表示分片重装超时。

路由选择协议用于维护更新路由表，路由表难免有时会有差错，差错可能导致数据报“兜圈子”，例如数据报被路由器 R1 转发给 R2，经过数跳又转发给了 R1。为了避免数据报在因特网中无休止地兜圈子而无法到达目的站，IP 规定：路由器在转发数据报前要先将其 TTL 字段减 1，一旦 TTL 为 0，则丢弃，并借助超时报文（代码为 0）通知数据报的源主机。

目的主机负责分片重装，即收集一个数据报的所有分片并组装成完整的数据报。主机在收到某数据报的第一个分片后就启动一个重装计时器。如果在计时器超时前没有收齐所有的分片，则主机将丢弃已收到的分片。发生超时时如果已收到片偏移量为 0 的分片则向源主机发送超时报文（代码为 1），否则不发。

还有一些差错报告报文，如参数问题报文（类型 12）、源站抑制报文（类型 4）、重定向报文（类型 5）等。注意，对 ICMP 差错报告报文是不需要进行反馈的，仅仅起到报告的作用。

3．回应请求与回应应答报文

回应请求（Echo Request）报文与回应应答（Echo Reply）报文是格式相同的一对报文，如图 5-12 所示。它们仅类型值不同，类型字段值为 8 表示回应请求报文，为 0 表示回应应答报文。数据字段长度可变，可以是任何数据，回应应答报文返回的数据总是与收到的回应请求报文中的数据完全相同。标识符字段和序号字段被发送方用来匹配回应应答报文与回应请求报文。回应应答报文可以来自路由器或主机。

<table>
<tr><td>0</td><td>8</td><td>16</td><td>31</td></tr>
<tr><td>类型（8/0）</td><td>代码</td><td colspan="2">校验和</td></tr>
<tr><td colspan="2">标识符</td><td colspan="2">序号</td></tr>
<tr><td colspan="4">数据</td></tr>
</table>

图 5-12 ICMP 回应请求与应答报文的格式

回应请求报文与回应应答报文主要用于测试从探测主机到目标主机的可达性。前面提到过的网络实用工具 Ping 就是通过发送回应请求报文到目标主机，然后等待回应应答报文来实现可达性探测，Ping 还通过计算发出请求报文和收到应答报文之间的时间差来估计两个主机之间的往返时延。另外，通过适当设置封装回应请求报文的数据报的 TTL 值，还可以实现路径跟踪。

提供信息的 ICMP 报文对还有时间戳请求与应答报文、地址掩码请求与应答报文等。

例 5-4 分析 Windows 操作系统上提供的路径跟踪工具的实现原理。

提示：在 Windows 操作系统上运行路径跟踪工具 Tracert 跟踪从本机到某 Web 服务器的路径，同时运行监听工具，如 Wireshark，监测 Tracert 引发的流量。注意观察 IP 数据报首部中的协议和 TTL 以及 ICMP 报文中的类型和代码取值。实现原理请自行推理，并请完成有关习题。

5.2.7 子网编址

最初的 IPv4 编址方案把 IP 地址分成两部分，前缀作为网络部分，后缀作为主机部分，并规定每个物理网络都要被分配一个唯一的网络地址。在一个物理网络中，每个主机的 IP 地址都有共同的前缀。因特网设计之初个人计算机还不曾出现，因此设计人员没有预见到因特网的发展速度如此之快，每隔 9～15 个月，其物理网络数（已分配的分类 IP 网络地址数）就翻一番。

到 20 世纪 80 年代中，分类 IP 网络地址已不够用。此外，已分配的地址并没有得到充分利用。例如一个 B 类 IP 网络地址可以给 6 万多个主机编址，但实际上为了提升网络性能、避免网络拥塞，一个 LAN 并不能连接如此多的主机，因而给一个 LAN 使用一个 B 类 IP 网络地址会导致地址空间的利用率极低。在不摒弃有类别编址的情况下，如何适应网络规模快速扩展的需求呢？设计人员主要提出了 3 种技术：子网编址、代理 ARP、无编号的点到点链路，这都是从减少网络前缀使用量方面考虑的。

到 20 世纪 90 年代，又创造了无类别编址方案，进一步提高 32 b 地址空间的利用率，提高了路由查找效率。

下面阐述子网编址技术和支持子网编址的 IP 转发算法。

子网划分

1. 子网划分

对于一个中等大小的组织而言，比如有若干大楼的大学或公司，鉴于 LAN 技术的限制，一般需要构建若干 LAN 来覆盖本地区域。对于这种情况，TCP/IP 设计人员想到可以给这样的网点分配一个 IP 网络地址，再从主机号部分借用几位来标识各个子网（各个物理网络）。这种允许一个分类网络地址供多个物理网络使用的技术称为子网编址（subnet addressing）或子网划分（subnetting），相应更新的 IP 转发技术称为子网转发（subnet forwarding）。最初的 IP 编址方案中没有子网的概念，现在子网划分的思想已经融入无类别编址方案中了。

子网划分技术使多个物理网络可以共用一个网络前缀。将 IP 地址的后缀分成两个字段，分别用于标识物理网络和网络上的主机。具体方法如图 5-13 所示。IP 地址原有的前缀解释为因特网部分，用于标识网点，该网点可能包含多个物理网络。而原有的后缀解释为本地部分，因特网中的路由器在做转发决策时照例只看网络前缀。本地部分的具体分配留给本地网点自行确定，网点中的所有主机和路由器知道本网点的子网划分方案，而这些对于网点之外的路由器可以是透明的，即它们可以认为这个网点仅有一个物理网络。子网号部分用于标识网点内的物理网络（子网），子网号后面的剩余位用于标识给定子网内的主机。全 0 和全 1 的主机号不允许用来标识主机，因为全 0 和全 1 的主机号分别留给网络地址和广播地址使用。

因特网部分	本地部分	
网络号	主机号	

因特网部分	本地部分	
网络号	子网号	主机号
标识网点	标识物理网络	标识主机

图 5-13　子网划分时 IP 地址结构

根据 RFC 950 规定，子网号为全 0 或全 1 的地址不应分配给子网，所以对分类地址进行子网划分时，一般应避免使用全 0 和全 1 的子网号。

TCP/IP 的子网编址标准允许各网点根据具体情况灵活选择子网划分方案。应当根据网点的拓扑及每个网络的主机数决定如何分割分类地址的后缀部分。

子网划分举例

例 5-5　一个包含 5 个物理网络的单位拥有一个 B 类网络地址 130.27.0.0，每个网络中主机不超过 1 000 台，该如何划分 B 类 IP 地址的主机号部分呢？

解：在有类别编址方案中，默认情况是不划分子网的，即一个分类网络地址仅用于一个子网，设某分类 IP 地址的后缀有 y 位（B 类地址的 y=16），则唯一的子网中的主机数最高可达 2^y-2。若从主机号字段划出 3 位作为子网号，则一个 B 类网络地址可用于 2^3-2 个子网，子网中的主机数最高可达 $2^{16-3}-2$。同理，假定各子网的子网号长度一样，设子网号占 x（$x \geqslant 2$ 且 $x \leqslant y-2$）位，则最多允许有 2^x-2 个子网，每个子网最多有 $2^{y-x}-2$ 台主机。注意一般要求避免使用全 0 和全 1 的子网号和主机号。所以子网号位数至少为 2，以免没有可分配的子网号；子网号位数必须小于或等于 $y-2$，也即主机号位数大于或等于 2，否则没有可分配的主机号。

一个 B 类地址的所有定长子网划分方法如表 5-4 所示。对于本例，查表 5-4 可知满足条件（能包含 5 个子网），且每个子网的主机可达 1 000 台的共有 4 种选择，见表中带阴影的 4 行，即子网号字段占 3～6 位都可以满足条件。若选择子网号长度为 3，则子网号可以为 001、010、011、100、101、110 中的任意 5 个。

表 5-4 一个 B 类地址的所有定长子网划分方案

子网号长度	子网数	每个子网的主机数
0	1	65 534
2	2	16 382
3	6	8 190
4	14	4 094
5	30	2 046
6	62	1 022
7	126	510
8	254	254
9	510	126
10	1 022	62
11	2 046	30
12	4 094	14
13	8 190	6
14	16 382	2

大多数划分子网的网点都采用了定长的分配方案。具体确定子网号的位数由各网点自己确定，各子网号所占位数一致，各子网所能容纳的主机数一致。有时候，一个网点内的物理网络大小也很不均衡，有的包含的主机多，有的包含很少的主机，采用固定长度的子网划分就显得地址空间利用得不够合理。TCP/IP 子网标准允许使用可变长子网划分（variable length subnetting）技术，允许为一个网点的各个物理网络使用可变长子网掩码（variable length subnet mask，VLSM）。采用 VLSM 分配地址，缺点是比较困难，容易出现地址二义性；优点是灵活，支持网点内大小网络的混合，并能够更充分地利用地址空间。

标准要求用 32 位子网掩码来表示划分方案。无论使用定长或可变长配置方案，使用子网编址的网点必须为每个网络设置一个子网掩码。子网掩码中的 1 表示主机 IP 地址的对应位是网络号或子网号部分。标准没有规定必须从主机号的高位起选择连续相邻的若干位作为子网号来标识物理网络，但实践中还是推荐如此，并且建议在所有共享同一 IP 网络地址的各物理网络中使用相同的掩码。

例如，设一个网点拥有一个 B 类地址，该网点有 12 个物理网络，由于 $2^4>12$，所以可以把该 B 类地址的主机号部分的高 4 位用作子网号来标识各个物理网络，子网划分方案可以用子网掩码表示，该子网划分的子网掩码应为 11111111 11111111 11110000 00000000，其点分十进制为 255.255.240.0。

例 5-6 一个包含 5 个物理网络的单位拥有一个 B 类网络地址 130.27.0.0，需要划分子网，要求每个子网能包含尽可能多的主机，全 0 和全 1 的子网号不允许使用，请写出每个子网的子网地址、子网掩码、子网中的最小/最大主机地址及子网广播地址。

解：为了每个子网能包含尽可能多的主机，主机号部分应包含尽可能多的位数，由于 $2^2-2<5$，$2^3-2>5$，所以选用子网号占 3 位的方案，借用原主机号部分的前 3 位作为子网号部分，又 B 类地址的前两个字节为网络号，所以各子网的子网掩码为 255.255.224.0（其中网络号和子网号部分皆为 1）。给每个子网分配不同的子网号，网络号 130.27、3 位子网号及全 0 的主机号一起构成子网地址，子网最小主机地址的主机号为 1，子网广播地址的主机号部分为全 1，子网地址和每个子网可用的主机地址及子网广播地址见表 5-5，注意子网号也可选用“110”。

表 5-5 子网编址示例：一个 B 类地址用于包含 5 个物理网络的网点

子网号	子网地址	子网掩码	子网中最小主机地址	子网中最大主机地址	子网广播地址
001	130.27.32.0	255.255.224.0	130.27.32.1	130.27.63.254	130.27.63.255
010	130.27.64.0	255.255.224.0	130.27.64.1	130.27.95.254	130.27.95.255
011	130.27.96.0	255.255.224.0	130.27.96.1	130.27.127.254	130.27.127.255
100	130.27.128.0	255.255.224.0	130.27.128.1	130.27.159.254	130.27.159.255
101	130.27.160.0	255.255.224.0	130.27.160.1	130.27.191.254	130.27.191.255

2．支持子网编址的 IP 转发算法

在一个使用子网编址的网络上，必须适当修改主机和路由器上使用的标准 IP 转发算法。

在标准 IP 转发算法中，特定主机路由和默认路由属于特例，必须专门检查，对其他路由则按常规方式进行表查询，路由表中普通路由的表项形式如下：

（目的网络地址，下一跳地址）

其中，下一跳地址字段指明了一个路由器的地址。

不划分子网时，根据分类地址规定可以很容易地从待转发数据报的目的 IP 地址中提取网络地址。使用子网编址时，仅从目的 IP 地址无法判断出其中哪些位对应网络部分（含子网部分），哪些位对应主机部分。因此子网转发算法要求在路由表的每个表项中增加一个字段，指明该表项中的网络（子网）所使用的子网掩码：

（子网掩码，目的网络地址，下一跳地址）

在查找路由时，修改过的算法使用表项中地址掩码与目的 IP 地址按位进行布尔与运算，再把结果与表项中的目的网络地址相比较，若相等，表明匹配，应把数据报转发到该表项的下一跳地址。

通过巧妙设置“子网掩码”，路由查找时不必区分特定主机路由、普通网络路由和默认路

由。例如为 202.119.220.10 指定一条特定路由，在路由表中可以表示为（255.255.255.255，202.119.220.10，下一跳地址）；在路由表中可以将默认路由表示为（0.0.0.0，0.0.0.0，下一跳地址），与其他所有路由都不匹配时再选择默认路由。对与路由器直接相连的网络可以分别添加一个表项，不过下一跳地址字段不应是具体的地址，而应标明按直接交付方式转发。对于到达没有划分子网的分类网络的路由，可以使用默认掩码，例如对于到达 C 类网络 202.119.230.0 的路由，在路由表中可表示为（255.255.255.0，202.119.230.0，下一跳地址）。如果给路由表排序，应将最长掩码（掩码中的“1”的个数最多）的表项排在最前面。

支持子网编址的统一的 IP 转发算法如下所示。

IP 数据报转发算法

从数据报 DG 中取出目的 IP 地址 I_D;
for 路由表 T 中的每一表项 do
    将 I_D 与表项中的子网掩码按位相“与”，结果为 N;
    if N 等于该表项中的目的网络地址，则
        if 下一跳指明直接交付，则
            把 DG 直接交付给目的站
            (包括解析 I_D 得到对应的物理地址，将 DG 封装入帧并发送);
        else
            把 DG 发往本表项指明的下一跳地址
            (包括完成下一跳地址到物理地址的映射，将 DG 封装入帧并发送);
        return.
for_end
因没有找到匹配的表项，向 DG 的源站发送一个 ICMP 目的不可达差错报告.

5.2.8 无编号的点到点网络

由于 IP 把点到点连接看成是一个网络，因此，采用最初的 IP 编址方案时，对这样的网络需要分配一个唯一的前缀。一般使用 C 类地址，但仅需要给点到点网络中的两点各分配一个主机标识就可以了，所以即使用 C 类地址还是很浪费。

为了避免给因特网中每条点到点连接都分配一个前缀，发明了一种简单的技术，称为无名网络连接（anonymous networking，也称匿名联网）。这种技术通常用在通过租用数字线路连接一对路由器的场景，线路两端的路由器接口都不需要分配 IP 地址。那么向这些接口发送帧时怎么设置帧的目的地址呢？所幸的是点到点连接的硬件与共享介质的硬件不同，从一点发出的帧，只有确定的一个目的地能够收到，因此物理帧中可以不使用硬件地址。使用匿名联网的点到点连接构成的网络称为无编号网络（unnumbered network）或匿名网络（anonymous network）。图 5-14 给出了无编号网络转发的示例。

(a) 两个路由器之间的无编号点到点连接

目的网络	下一跳地址	输出接口
128.9.0.0	直接交付	1
其他 (默认路由)	128.97.0.20	2

(b) 路由器R1的路由表

图 5-14　无编号网络转发示例

图 5-14（a）中路由器 R1 和 R2 的接口 2 都没有分配 IP 地址。图 5-14（b）给出了图 5-14（a）中路由器 R1 的路由表，表中默认路由的下一跳地址是 R2 的以太网接口分配的 IP 地址（一般情形下应是 R2 的接口 2 的 IP 地址），这只是为了方便记住点到点连接另一端的路由器的地址。这个下一跳地址其实可以是 0，因为 R1 从其接口 2 向 R2 的租用线路接口转发数据报时，在帧中不用填写硬件地址，所以不需要下一跳地址以解析其硬件地址。

5.2.9　无类别编址与 CIDR

虽然子网编址和无编号网络能够节省 IP 网络地址，但到 1993 年，因特网的增长速度还是让人们感觉这些技术无法阻止地址空间的耗尽。此外，因特网还即将面临 B 类网络地址空间耗尽和路由信息过量等问题。因缺乏适于中等大小组织所需要的网络类而导致 B 类地址消耗过快，毕竟一个 C 类地址仅有 254 个主机地址，所以一般单位更愿意申请 B 类地址。然而很少有单位主机超过 6 万台，因此导致即使划分子网 B 类地址也未被充分利用。另外，随着大量网络前缀被分配，路由器的路由表规模使管理软件无法实现有效的管理。

于是人们开始定义含有更多地址的新版 IP 协议 IPv6，并发明了一种称为无类别域间路由选择（classless inter-domain routing，CIDR，读作“sider”）的新技术作为在新版 IP 被正式采纳前的过渡方案。1993 年发布的有关 CIDR 的 RFC 文档为 RFC 1517～RFC 1520。使用 CIDR 可以更加有效地分配 IPv4 地址空间，另外可以减缓路由表的增长速度，降低对新 IP 网络地址的需求的增长速度，使因特网在一定时期内仍能持续、高效运转。

无类别编址

CIDR 最大的特点是采用无类别编址机制，与有类别编址相同的是将地址分成前缀和后缀两部分，不同的是前后缀之间的边界不再限于 3 种（前缀分别占 1 B、2 B、3 B），而是任意的，前缀长度不一，可以是 1～32 的任意值。与子网编址类似，CIDR 使用 32 b 地址掩码来指明前缀与后缀之间的边界。掩码中连续相邻的 1 对应于前缀，掩码中的 0 与后缀相对应。

1. CIDR 地址块

对尚未分配的分类 IP 地址，CIDR 将其看作是一些地址块，每个块内的地址连续。例如 A 类地址 58.0.0.0 和 59.0.0.0 可以看成是一个大小为 2^{25} 的 CIDR 地址块（也称为“25 位的块”)，掩码为 254.0.0.0，也可使用 CIDR 记法表示为 58.0.0.0/7，如表 5-6 所示。这个地址块被分配给亚太互联网络信息中心（APNIC），由它把这些地址划分为若干地址块后分配给一些大型 ISP。这些 ISP 会将申请到的地址块根据用户的要求划分成更小的地址块，再分配给单位或小型 ISP。一个单位将拥有的地址块根据具体需求分成若干块（可以大小不等），分配给物理网络。使用 CIDR 后，为了方便路由聚合，减少路由表的项数，应尽量按照网络拓扑和网络所在地理位置来划分地址块。

表 5-6　CIDR 地址块 58.0.0.0/7 示例

地址	点分十进制记法	32 b 二进制地址
最低地址	58.0.0.0	00111010 00000000 00000000 00000000
最高地址	59.255.255.255	00111011 11111111 11111111 11111111

地址块的 CIDR 记法也称斜线记法。斜线“/”后的数值 *N* 表示网络前缀的长度，确切地说有两种含义。对于一个主机的 IP 地址，*N* 表示地址的前 *N* 位是一个具体的网络前缀，唯一标识了主机所在的物理网络；如果作为一个地址块，表示地址块拥有者可以自由分配 32-*N* 位的后缀，前 *N* 位标识地址块。如果一个 ISP 拥有 *N* 位长前缀的 CIDR 块，它可以选择给用户分配前缀大于 *N* 位的任意地址块。这是无类别编址的一个主要优点：能够灵活分配各种大小的块。

例 5-7　某个 ISP 拥有地址块 202.118.0.0/15。先后有 5 个单位申请地址块，单位 A 需要 1 800 个地址，单位 B 需要 900 个地址，单位 C 需要 900 个地址，单位 D 需要 400 个地址，单位 E 需要 3 500 个地址，该怎样分配地址块呢？

CIDR 地址块分配举例

解：首先分析各单位的需求，如果不使用 CIDR，则应给每个单位都分配一个 B 类网络地址（这将浪费很多地址）或若干 C 类地址。而使用 CIDR，对于单位 A，1 800 个地址需要 11 位标识主机，因此这个单位的 IP 地址前缀长度应是 32-11=21。同理，单位 B、C、D、E 的网络前缀长度应分别为 22、22、23、20。另外应保证各个单位的前缀是可区分的，不会引起二义性。一种可能的分配方案（按地址块从小到大顺序分配）如表 5-7 所示。

表 5-7　CIDR 地址块划分示例

ISP/单位	地址块	前缀的二进制表示	地址数
ISP	202.118.0.0/15	11001010 0111011*	2^{17}=131 072
单位 A	202.118.0.0/21	11001010 01110110 00000*	2^{11}=2 048
单位 B	202.118.8.0/22	11001010 01110110 000010*	2^{10}=1 024
单位 C	202.118.12.0/22	11001010 01110110 000011*	2^{10}=1 024
单位 D	202.118.16.0/23	11001010 01110110 0001000*	2^{9}=512
单位 E	202.118.32.0/20	11001010 01110110 0010*	2^{12}=4 096

CIDR 地址块划分机制可以大大缩减路由表的大小。例如若采用有类别编址，可以给表 5-7 中的单位 A 分配 8 个 C 类网络地址，在 ISP 内路由器的路由表中，则需要包含 8 个表项表示到单位 A 的路由。而采用无类别编址，则在 ISP 内路由器的路由表中，仅需要使用一个“超网”路由 202.118.0.0/21。

此外，各个单位内部可以根据需要再进行子网划分，直到给每个物理网络分配一个具体的网络前缀。例如，表 5-7 中的单位 A 的网络要分成 4 个等大小的子网。采用 CIDR，根据 1995 年发布的 RFC 1878 的规定：全 0 和全 1 的子网是可用的。因此，只需从 A 单位分得的地址块的后缀部分借用 2 位作为子网号来标识子网即可，分配给 4 个子网的地址块分别是：

202.118.0.0/23（11001010 01110110 0000**00**∗）

202.118.2.0/23（11001010 01110110 0000**01**∗）

202.118.4.0/23（11001010 01110110 0000**10**∗）

202.118.6.0/23（11001010 01110110 0000**11**∗）

对于子网 202.118.6.0/23，其子网掩码为 255.255.254.0，子网地址为 202.118.6.0。子网中可用的最小主机 IP 地址是 202.118.6.1，可用的最大主机 IP 地址是 202.118.7.254，子网广播地址是 202.118.7.255。

一般的子网，主机号部分不能少于 2 位，全 0 和全 1 的主机号不可用，即不能分配给主机。不过，为节约 IP 地址，RFC 3021 规定了一个例外：在 IPv4 点到点链路上可以使用 31 位前缀，即子网掩码为 255.255.255.254，主机号部分只有 1 位长，主机号部分只能为 0 或 1。点到点链路通常只有两个主机，不需要网络地址和广播地址，所以可以将主机号为 0 或 1 的两个地址分配给两个主机。

2．使用 CIDR 时的路由查找算法

使用 CIDR，路由表的每个表项应由“网络前缀/掩码”和“下一跳”组成。观察 ISP 给用户分配地址块，会发现用户地址块的网络前缀长度总是比 ISP 的长，网络前缀越长，其地址块就越小。路由表中可能含有到 ISP 的路由、到 ISP 某用户单位网络的路由，以及到单位内某物理网络甚至到某主机的路由。显然，查找路由时，目的地越具体的路由越值得采纳。因此路由表查找的目标是最长前缀匹配（longest prefix match）。也就是说，在查找路由表时，即使找到了匹配表项，查找还不能结束，必须查找完所有的表项，在所有的匹配表项中再选择具有最长前缀的路由。

路由聚合与最长前缀匹配

为了提高查找下一跳的速度，在有类别编址情况下，IP 查找使用散列方法，路由表项的存放地址取决于以网络前缀作为关键字的散列函数值。有类别地址是自识别的，容易提取出网络前缀。采用无类别编址方案时，散列就不能很好发挥作用了。

为了避免低效率的搜索，无类别编址方案在查找时使用分层的数据结构。使用最广泛的是线索二叉树（threaded binary tree）的变形。具体方法是将路由表中的各个路由信息存放在一棵线索二叉树中。具体地说，就是将各表项中的网络前缀表示成比特流（位数取前缀长度值）形式，表项中网络前缀的比特流决定从根节点逐层向下的路径，可以令 0 对应左分支，1 对应右分支，在每个地址路径的终止节点中应包含相应表项信息（网络前缀/掩码以及下一跳地址）。如果包含特定主机路由，理论上线索二叉树应为 33 层（含根层）。

下面通过例子说明使用线索二叉存储结构实现无类别路由查找的基本原理。例如路由表如表 5-8 所示，构建的线索二叉树如图 5-15 所示。由于各路由开头有共同的“128.10”，因此可对线索树做适当优化，使根节点之下连续 16 层的单分支合并为一个分支。同样对特定主机地址的第 4 个字节所对应的线索也进行了压缩。图 5-15 中加粗的节点表示路由表中某个网络前缀路径的终止。

表 5-8　含有同一网络的一般路由和特殊路由的路由表示例

网络前缀/前缀长度	下一跳
128.10.0.0/16	10.0.0.2
128.10.2.0/24	10.0.0.4
128.10.3.0/24	10.1.0.5
128.10.4.0/24	10.0.0.6
128.10.4.3/32	10.0.0.3
128.10.5.0/24	10.0.0.6
128.10.5.1/32	10.0.0.3

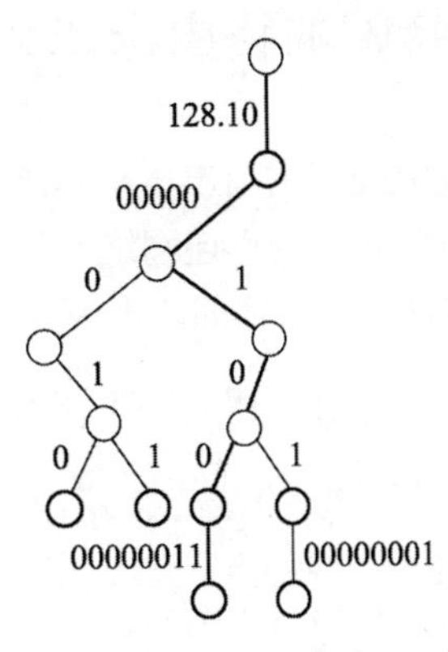

图 5-15　根据表 5-8 构建的二叉线索树

给定一个目的 IP 地址 128.10.4.3（I_D），从线索树的根节点开始，首先将 I_D 的前 16 位与分支上的“128.10”比较，相等则转到下一节点，该节点中存放路由信息，表示找到一个匹配项。但仍需继续往下查找，经过 00000、1、0、0 等分支，到达一个包含路由信息的节点，表示又找到一个匹配路由，覆盖较早发现的匹配，因为较晚的匹配对应一个更长的前缀。继续与 00000011 比较，相等则转到下一节点，该节点中包含路由，这表示又匹配了，再覆盖先前发现的匹配，另外由于该节点是叶子节点，所以查找结束。最长前缀的匹配所对应的下一跳地址是最终路由查找结果。如果 I_D 是 128.10.4.5，也将查找到叶子节点，但最长前缀的匹配项存储在叶子节点的上一个节点中。

3．专用 IP 地址

IP 地址资源是有限的，为了节约地址，IANA 保留了三个只能用于专用互联网（private internet）内部通信的 IP 地址块（RFC 1918），见表 5-9。任何机构可以使用 TCP/IP 技术并且使用保留的专用地址构建专用互联网。

表 5-9 保留用于专用互联网的 CIDR 地址块

前缀	最低地址	最高地址
10/8	10.0.0.0	10.255.255.255
172.16/12	172.16.0.0	172.31.255.255
192.168/16	192.168.0.0	192.168.255.255

完全隔离的专用互联网通常也不是人们所希望的，可以使用 NAT 技术将专用互联网联入因特网。

5.3 因特网的路由选择协议

路由表中的路由指出了从本路由器到目的网络的路径上下一个路由器的地址（如果目的网络不是本路由器的某个直连网络）及外出接口。注意路由并不指明到达目的地的完整路径信息。本节讨论因特网中路由器的路由表是怎样初始化和动态更新的，讨论几种常用的路由选择协议。

5.3.1 自治系统与路由选择协议分类

路由选择协议的核心是路由选择算法，即路由计算与更新算法。一个理想的路由选择算法应具有如下一些特点。

（1）算法必须是正确的。所谓正确，是指沿着各路由表所指引的路由，IP 数据报一定能够最终到达目的网络和目的主机。

（2）算法在计算上应简单。更新路由表的计算要占用路由器的处理器资源，为计算路由，需要在路由器之间交换信息，这还将占用网络带宽。因此，路由选择算法应简单，以免对路由器的关键任务——IP 数据报的转发产生大的影响。

（3）算法应能适应通信量和网络拓扑的变化。这就是说，要有自适应性。当网络中的通信量发生变化时，算法应能自适应地改变路由以均衡各链路的负载。当某些路由器、链路发生故障不能工作时，或者设备或链路修复后投入运行时，算法应能及时改变路由。

（4）算法应具有稳定性。当网络通信量和网络拓扑相对稳定时，路由选择算法计算得出的路由应比较稳定，不应不停地变化。

（5）算法应是公平的。算法应平等对待具有相同优先级的用户。

从能否随网络通信量或拓扑的变化进行自适应调整来看，路由选择算法可以划分为两大类，即静态路由选择（static routing）策略与动态路由选择（dynamic routing）策略。

静态路由选择也称非自适应路由选择，其特点是简单和开销较小，但不能及时适应网络状态的变化。静态路由是指由系统管理员采用手工方法配置而成的路由。对于只有一个网络接口的主机，适合使用静态路由，路由表可根据网络配置设定。静态路由不能够随网络拓扑、链路特性或网络流量的变化而动态改变。

动态路由选择也称自适应路由选择（adaptive routing），其特点是能较好地适应网络状态的变化，但实现起来较为复杂，开销也较大。对于大型互联网来说，完全依靠静态路由不现实，因为网络发生变化时手工修改路由表的工作十分烦琐，工作量大而且容易出错。可行的方法是让路由器遵照动态路由选择协议相互通告路由相关信息，再各自动态更新路由表。由路由选择协议产生的路由称为动态路由。

因特网采用的路由选择协议主要是自适应的、分布式的路由选择协议。因特网采用分层次的路由选择协议，原因如下。

（1）因特网是全球范围的互联网，规模很大，已有几百万个路由器将很多物理网络互联在一起。如果让所有路由器知道所有物理网络应怎样到达，则路由表将非常大，查询和更新起来都很费时，而且所有路由器之间交换路由信息的通信量就会使因特网的通信链路饱和。

（2）许多单位不愿意外界了解自己单位互联网的拓扑细节，以及本单位采用的路由选择协议，但同时还希望连到因特网上。

整个因特网被划分为许多自治系统（autonomous system，AS）。在自治系统内使用的路由选择协议称为内部网关协议（interior gateway protocol，IGP），常用的 IGP 类协议有开放最短通路优先（open shortest path first，OSPF）、路由信息协议（routing information protocol，RIP）、中间系统到中间系统（intermediate system to intermediate system，IS-IS）和增强内部网关路由协议（enhanced interior gateway routing protocol，EIGRP）。某个自治系统选用什么 IGP 协议与其他自治系统无关。自治系统内的路由器遵照协议交换路由相关信息，维护本自治系统内的路由。为维护整个因特网的路由，自治系统之间也需要交换路由相关信息，在自治系统之间使用的路由选择协议称为外部网关协议（exterior gateway protocol，EGP），目前最常用的 EGP 类协议是边界网关协议第 4 版（border gateway protocol version 4，BGP-4）。

传统定义的自治系统是在单一技术管理下的一组路由器，使用一个内部网关协议和共同的度量确定如何在自治系统内实现路由分组，并使用一个自治系统间路由选择协议决定如何将分组发送到其他自治系统。不过，自治系统的定义有了发展，现在单个自治系统可以使用多个内部网关协议，有时还使用几组度量。现在使用自治系统术语强调的是即使使用了多个内部网关协议和几组度量，一个自治系统在其他自治系统看来应具有单个一致的内部路由选择策略，对可通过该自治系统到达的目的网络具有一致的描述。

一个自治系统是一组连通的、有单一和明确定义的路由策略的 IP 网络，包含由一个或多个网络提供商管理的一个或多个 IP 前缀（CIDR 地址块）。自治系统是一个互联网，或更确切地说，是连接网络的路由器的集合，这些路由器共享相同的路由策略。自治系统的路由策略表述的是网络前缀如何在自治系统之间进行交换。

因特网可看作是随意连接的自治系统集合，一个自治系统与一个或多个其他自治系统连接。每个自治系统都有一个自治系统号（AS 号），即一个与自治系统相关联的 16 位整数，作为与其他自治系统交换动态路由信息的标识符，每个与外界连接的自治系统必须指定本自治系统内的一台或几台路由器，使用某外部网关协议向其他自治系统通告网络可达性。

AS 号空间与 IP 地址空间一样是有限的，因此现在并不建议把 AS 号作为管理的一种形式，而是把 AS 号作为路由策略的表示，仅当存在不同于边界路由器对端所用的路由策略时才使用。由 APNIC 等地址注册商负责管理 AS 号的统一分配，这有助于限制全球路由表的扩展。因为一个自治系统将汇集本自治系统内相邻的 IP 地址前缀，并与其他自治系统交换信息，自治系统划分过细不利于减少路由数量。

对于一个单接入网点（single-homed site），一般都不需要作为单独的自治系统，因为网点的一个或多个前缀（一个前缀表示一个 CIDR 地址块）通常都是由网点的 ISP 分配的，并且网点的前缀通常与网点服务提供者的其他客户有相同的路由策略。

一个网点如果满足下列条件，可以分配 AS 号：是多宿网点（multi-homed site，也称为多接入网点）；有单一的、明确定义的路由策略，并且不同于提供商的路由策略。

总之，因特网路由选择协议可划分为两大类。

（1）内部网关协议（IGP）：一个自治系统内部路由器交换路由信息所用的任何协议统称为内部网关协议。每个自治系统有权自主地决定在本系统中采用何种内部路由更新机制。一个自治系统内的路由器可以使用一个或多个内部网关协议与本自治系统内其他路由器交换路由信息。目前因特网中常用的 IGP 有 OSPF、RIP、EIGRP 和 IS-IS。

（2）外部网关协议（EGP）：两个自治系统之间传递网络可达性信息所用的协议称为外部网关协议。每个自治系统内都指定一个或多个路由器，除了运行本系统的 IGP 外，还运行 EGP 与其他的自治系统交换信息。目前因特网中唯一在用的 EGP 协议是 BGP-4，运行 BGP 的路由器称为边界网关（border gateway）或边界路由器（border router）。在图 5-16 中，路由器 R1 收集自治系统 AS1 中的网络有关信息，并使用 EGP 把信息报告给 AS2 中的路由器 R2。同样，R2 把 AS2 的网络可达性信息报告给 R1。

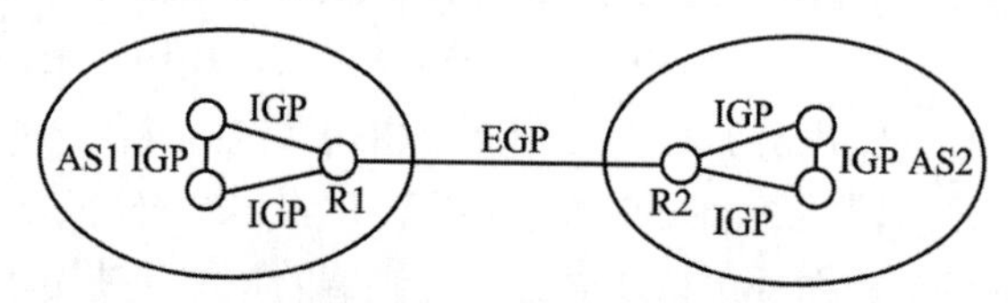

图 5-16　自治系统、内部网关协议和外部网关协议

下面简单介绍因特网中最常用的两种 IGP 协议：OSPF 和 RIP，以及唯一在用的 EGP 协议 BGP-4。

5.3.2　内部网关协议 RIP

内部网关协议 RIP

路由信息协议（RIP）是内部网关协议中最先得到广泛使用的协议，RIP 使用一种距离向量算法更新路由表，常用于小型的自治系统。

距离向量（distance vector）算法，也称贝尔曼-福特算法（Bellman-Ford's algorithm），是早在 1969 年就用于阿帕网的路由选择算法。该算法需要在互联网上的每个路由器中保存一张表，记录到达每个可能的目的网络的距离（即距离向量）及到该网络的路径上的第一个路由器。每个路由器周期性地向每个相邻路由器发送一个包含其路由表所有信息的路由更新。

当路由器 G 收到从邻居 G′发来的路由更新时，先将其中的所有距离分别加 1（因为对 G 来说，需要经过其邻居 G′才能到达），再将所有下一跳设为 G′，然后与 G 的当前路由表中表项（路由）比较。例如对于新路由（网络 N，距离 D′，下一跳 G′）：

（1）如果在 G 的现有路由表中有到网络 N 的路由，其中距离为 D，下一跳不是 G′，并且到网络 N 的新距离 D′小于现有值 D，则用新路由（N, D′, G′）替换已有路由；

（2）如果现有路由为（N, D, G′），即表明该路由来自路由器 G′，则用新距离 D′替换 D，无论 D′是否小于 D；

（3）如果 G 的当前路由表中没有到网络 N 的路由，则增加新路由（N, D′, G′）。

此外，如果在 G 的现有路由表中有到网络 N 且下一跳是 G′的路由（N, D, G′），但 G′ 发来的路由更新中没有到网络 N 的路由，这说明从路由器 G′ 不能到达网络 N 了，则应删除 G 的现有路由表中的路由（N, D, G′）。

每个路由器每次发送的路由更新都包含它所知的所有网络的路由信息，即使网络拓扑没有变化也不例外，这使得路由器之间交换的路由信息量与自治系统中的网络总数成正比，此外距离向量算法要求每个路由器都参与，因此自治系统规模较大时交换的路由信息量将占用较多带宽。

距离向量算法要求每个路由器在路由表中列出到所有已知目的网络的最佳路由，并且定期把自己的路由表副本发送给与其直接相连的其他路由器。为了确定最佳路由，使用度量来评价路由优劣。可以使用表示数据报到目的网络必须经过的路由器的个数，即跳数作为度量，也可以使用表示数据报经历的时延、发送数据报的开销等作为度量。RIP 使用跳数作为度量，这样，所谓最佳路由就是能够以最小跳数到达某目的网络的路由。RIP 允许的最大跳数是 15，这限制了 RIP 能够支持的网络的大小。跳数 16 被认为是无限的距离，跳数为 16 的路由被认为是不可达的。

路由器启动时对路由表进行初始化，为与自己直接相连的每个网络生成一个表项。表项包括一个目的网络，到该网络的最短距离（最小跳数）及路由（下一跳）。之后，每个路由器根据相邻路由器发来的路由信息更新自己的路由表，获悉更多目的网络以及到各网络的最佳路由。下面通过例子说明。

设路由器 K 与两个网络相连，K 初始的距离向量路由表如表 5-10 所示。注意：早期的 RIP 实现中，直连网络的度量为 0，在 RFC 1058（RIP）和 RFC 2453（RIP-2）中规定直连网络的度量为网络的成本，通常是 1。

表 5-10　一个初始的距离向量路由表示例

目的网络	距离	路由（下一跳）
网络 1	1	直接
网络 2	1	直接

每个路由器只和相邻路由器（数量非常有限）交换路由信息并更新路由表，一个自治系统中的所有路由器经过若干次路由通告与更新后，最终都会知道到达本自治系统中任何一个网络的最短距离和路径中下一跳路由器的地址。

例 5-8 假如经过数次路由更新后路由器 K 的路由表如图 5-17（a）所示。当相邻路由器 J 的路由信息报文（如图 5-17（b）所示）到达路由器 K 后，请问 K 的路由表将如何更新？

解：路由器 K 检查 J 发来的路由信息报文中的（目的网络，到该网络的距离）列表（J 的路由表副本）。如果经过 J 到某目的网络距离更短，或者 J 列出了 K 中不曾有的目的网络，或者 K 目前到某目的网络的路由经过 J，而 J 到达该网络的距离有所改变，则 K 就会替换自己的路由表中的相应表项或新增一个表项。更新后的 K 的路由表如图 5-17（c）所示。

目的网络	距离	路由（下一跳）
网络 1	1	直接
网络 2	1	直接
网络 4	4	路由器 L
网络 17	7	路由器 M
网络 24	3	路由器 J
网络 42	2	路由器 J

(a) 路由器 K 的路由表

目的网络	距离
网络 1	2
网络 4	3
网络 17	5
网络 21	6
网络 24	4

(b) 来自路由器 J 的路由信息

目的网络	距离	路由（下一跳）
网络 1	1	直接
网络 2	1	直接
网络 4	4	路由器 L
网络 17	6	路由器 J
网络 21	7	路由器 J
网络 24	5	路由器 J

(c) 更新后的 K 的路由表

图 5-17 基于距离向量算法的路由更新示例

路由器 J 与路由器 K 相邻，二者距离为 1，据此，将图 5-17（b）中路由信息改写成以 J 作为下一跳的路由器 K 的备选路由表项：（网络 1，3，J），（网络 4，4，J），（网络 17，6，J），（网络 21，7，J），（网络 24，5，J）。由于（网络 1，3，J）中的距离 3 大于或等于 K 中原有的、到网络 1 的路由（网络 1，1，直接）中的距离 1，所以保留原路由；同理，保留 K 中原有的、到网络 4 的路由。原本从 K 经路由器 M 至目的网络 17 的距离为 7，而备选路由（网络 17，6，J）的距离短，所以替换原路由。K 中没有到网络 21 的路由，所以将（网络 21，7，J）增加到 K 的路由表中。从 K 到网络 24 的原有路由要经过 J，距离为 3，虽然备选路由（网络 24，5，J）中的距离变长了，依旧要将 K 中到网络 24 的距离更新为 5，因为 K 中下一跳为 J 的路由应随着 J 的最新路由更新而更新；同理，K 的路由表中到网络 42 的路由要被删除，因为 J 的路由更新中没有到达网络 42 的路由。

虽然距离向量算法易于实现，但它们也有缺点。当路由迅速发生变化（例如链路出现故障）时，相应的信息缓慢地从一个路由器传到另一个路由器，算法可能无法稳定下来，出现路由表的不一致问题和慢收敛问题。

RIP 和下一小节要介绍的 OSPF 都是分布式路由选择协议。它们共同的特点是每一个路由器都要不断地和其他一些路由器交换路由信息。RIP 路由信息交换与更新有以下 3 个特点。

（1）RIP 路由器仅和本自治系统内与自己相邻的路由器交换信息。RIP 规定，信息仅在相邻的路由器之间交换，所谓相邻是指在一个网络内。此外，主机可以参与接收 RIP 广播并更新自己的路由表，但主机不发送路由更新报文。

（2）RIP 支持两种信息交换方式。一种是定期的路由更新，即路由器按固定的时间间隔，例如每 30 s 向所有邻居发送一个更新报文，其中包含路由器当前所知道的全部路由信息，即自己的路由表。另一种是触发的路由更新，无论何时只要路由表中有路由发生改变，路由器就可立即向与其直连的主机和路由器发送触发更新报文。

（3）路由表更新的原则是按照距离向量算法，确定并记录到各目的网络的最小距离（以跳数计）和路径上的下一跳。

RIP 规定距离 16 表示无路由或不可达，还规定路由超时时间为 180 s。例如，假设某路由器 X 到网络 n 的当前路由以路由器 G 为下一跳，如果 X 在 180 s 内都没有收到来自 G 的路由更新信息，则可以认为 G 崩溃了或 X 连到 G 的网络不可用了，此时 X 可以标记至网络 n 的距离为 16。

RIP 存在两个版本，版本 1（RIP-1）出现于 20 世纪 80 年代（RFC 1058），较新的版本 2（RIP-2）发布于 20 世纪 90 年代（RFC 1388，RFC 2453）。RIP-1 中交换的路由信息仅包含（网络地址，到网络的距离），而 RIP-2 的更新报文中还增加了下一跳信息，这有助于解决慢收敛问题和防止出现路由环路。RIP-2 的更新报文中还增加了子网掩码信息，以支持可变长子网地址或无类别地址。总之，RIP-2 更新报文包含 4 元组：（网络地址，网络掩码，到网络的下一跳，到网络的距离），其格式如图 5-18 所示。

<table>
<tr><td>命令</td><td>版本</td><td colspan="2">0</td></tr>
<tr><td colspan="2">网络1的协议族</td><td colspan="2">网络1的路由标记</td></tr>
<tr><td colspan="4">网络1的IP地址</td></tr>
<tr><td colspan="4">网络1的子网掩码</td></tr>
<tr><td colspan="4">到网络1的下一跳</td></tr>
<tr><td colspan="4">到网络1的距离</td></tr>
<tr><td colspan="2">网络2的协议族</td><td colspan="2">网络2的路由标记</td></tr>
<tr><td colspan="4">网络2的IP地址</td></tr>
<tr><td colspan="4">网络2的子网掩码</td></tr>
<tr><td colspan="4">到网络2的下一跳</td></tr>
<tr><td colspan="4">到网络2的距离</td></tr>
<tr><td colspan="4">…</td></tr>
</table>

图 5-18　RIP-2 报文格式

命令字段指定操作，例如其值为 1 表示请求，请求响应系统发送路由表所有或部分信息；值为2表示响应，一个响应报文包含发送者路由表的全部或部分信息，该报文可以是为响应一个请求而发送的，也可能是由发送者产生的一个更新报文。

路由标记字段用于支持 EGP，传递路由来源之类的额外信息。例如，如果 RIP-2 路由器从另一个自治系统得知一个路由，可以使用路由标记字段携带那个自治系统的编号。

此外，为了不增加未监听 RIP-2 报文的主机的负担，RIP-2 的周期广播使用一个固定的组播地址 224.0.0.9，这意味着不必依赖互联网组管理协议。在 RIP-2 中还增加了认证机制。

RIP 基于 UDP，使用 UDP 端口 520（有关端口的介绍请参阅下一章）。虽然可以在其他 UDP 端口发起 RIP 请求，但请求报文的 UDP 目的端口总是 520，并且 RIP 广播报文的源端口也是 520。

RIP 作为内部网关协议，存在一些限制。第一，用一个小的跳数值表示无穷大，限制了使用 RIP 的互联网的规模。在使用 RIP 的互联网中，任意两台主机之间最多有 15 跳。第二，路由器周期地向邻居广播完整的路由表，随着网络规模的增大，开销会增大，路由更新的收敛时间也会延长。第三，RIP 只使用跳数度量，不支持负载均衡，路由选择相对固定不变。

内部网关协议 OSPF

5.3.3 内部网关协议 OSPF

1. 协议概述

OSPF 是因特网工程任务组（Internet Engineering Task Force，IETF）设计的一个内部网关协议，它使用链路状态算法，或称最短通路优先（SPF）算法。OSPF 即开放 SPF 协议，所谓开放是指协议规范可在公开发表的文献中找到。

链路状态算法要求每个参与的路由器检测其所有路由器链路（接口）的状态与链路度量（metric），并定期或当路由器状态改变时向互联网内所有其他路由器通告（以洪泛方式传播）链路状态信息。距离向量算法的主要缺点是交换的路由信息量大，并且当网络拓扑频繁变化时计算可能不收敛，因而仅适用于小型互联网。而链路状态算法则适用于规模较大的互联网，因为各路由器仅传播与自己直接相连的链路的状态信息，与互联网中的网络数无关。

在链路状态协议（link state protocol）中，每个路由器分别维护一个描述自治系统（AS）拓扑结构的链路状态数据库（LSDB）。各个路由器将收到的链路状态信息保存到自己的 LSDB 中，数据库的每一项是单个路由器的本地状态，例如，路由器接口所连网络、与接口输出端关联的代价（cost，也称开销）、不可用的接口及可达的邻居等。路由器利用洪泛法（flooding）向整个自治系统（AS 不分区域时）发布自己的本地状态。最终每个路由器中的数据库将一致地描述互联网的拓扑结构。根据该数据库，每个路由器独立使用 Dijkstra 最短路径算法，构建以自己为根的最短路径树。一个路由器构建的最短路径树给出了该路由器到自治系统中每个网络的路由，从自治系统外部得到的路由信息在树中作为叶子出现。由最短路径树可以确定路由表。

如果到一个目的站存在若干条代价相同的路由，则把流量均匀地分配给这些路由，因此

OSPF 能实现负载均衡（load balancing）。而 RIP 对每个目的站只计算一条路由。

OSPF 允许将自治系统中的网络分成若干组，每个组称为一个区域（area）。一个区域的拓扑相对于自治系统的其他部分来说是隐藏的。信息隐藏能够使路由信息流量显著减少。此外，区域内的路由选择仅取决于区域自己的拓扑结构，从而保护了区域不受外界坏路由数据的影响。区域是子网化 IP 网络的推广。

所有 OSPF 协议交换都要被鉴别，这就保证了只有可信的路由器可以参与自治系统的路由选择。OSPF 支持各种鉴别机制，而且允许每个区域配置不同的鉴别机制。

2．最短路径树和路由表生成示例

图 5-19 给出了一个自治系统的拓扑结构示例，该图实质上是个有向图。其中，每个路由器接口的输出端都有一个代价，如果没标出则表示代价为 0，注意从网络到路由器的代价总为 0。代价可由系统管理员配置。代价越小，接口越有可能用于转发数据。从外部获得的路由数据（例如由 BGP 获得的路由）也有代价与之关联。

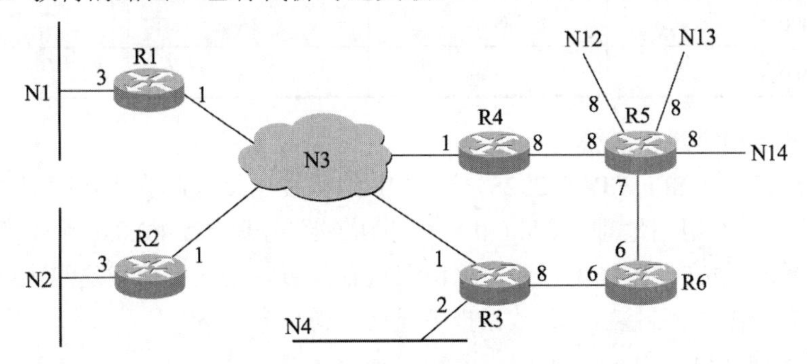

图 5-19 一个自治系统的拓扑结构示例

假如图 5-19 中的自治系统没有划分区域，即只有一个区域，其中 R5 是自治系统边界路由器，它是与属于其他自治系统的路由器交换路由信息的路由器，这样的路由器将自治系统外部路由信息传遍本自治系统。自治系统中的每个路由器都知道到每一自治系统边界路由器的路径。路由器 R6 使用 Dijkstra 最短路径算法构建的最短路径树如图 5-20 所示。

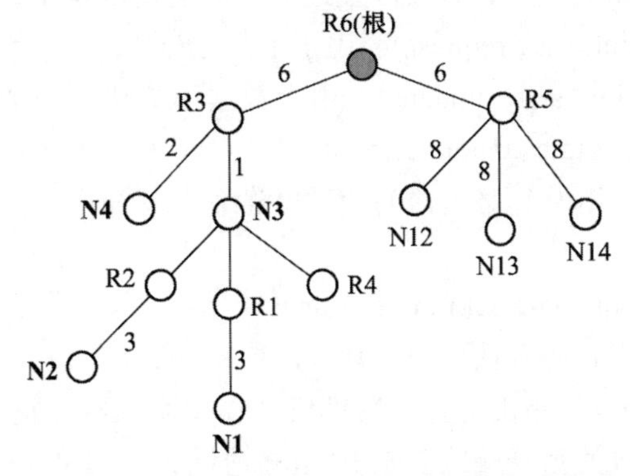

图 5-20 图 5-19 中的自治系统不分区域时路由器 R6 的最短路径树

依据该树可以得到 R6 的路由表，如表 5-11 所示，其中计算了至 R5 的区域内部路由，并进一步计算了到 R5 所通告的目的网络 N12～N14 的外部路由。

表 5-11 图 5-19 中的自治系统不分区域时 R6 的路由表

目的地类型	目的地	代价	下一跳
Network	N1	10	R3
Network	N2	10	R3
Network	N3	7	R3
Network	N4	8	R3
Router	R5	6	R5
Network	N12	14	R5
Network	N13	14	R5
Network	N14	14	R5

3．OSPF 分组和链路状态公告

为减轻系统负载，OSPF（RFC 2328）通过 IP 组播发送报文。为了消除对 IGMP 的依赖，该协议预设了两个 IP 组播地址：224.0.0.5 用于所有路由器，224.0.0.6 用于所有指定的路由器。为避免将 OSPF 报文送出区域，要对路由器进行配置，防止它将发送给上述两地址的报文转发出去。OSPF 分组直接封装在 IP 数据报中发送，协议号为 89。

OSPF 共有 5 种分组类型。

（1）Hello 分组：在每个运行的路由器接口上发送，用于发现和维持路由器的邻居关系。在广播和非广播多路访问（non-broadcast multi access，NBMA）网络上，Hello 分组还用于选举指定路由器和候补指定路由器。

（2）数据库描述（database description）分组：汇总数据库内容。数据库描述和下面的链路状态请求分组用于形成邻接关系。数据库描述分组的发送取决于邻居的状态。

（3）链路状态请求（link state request）：用于下载数据库。

（4）链路状态更新（link state update）：用于数据库更新。每个链路状态更新分组携带一组新的链路状态公告（link state announcement，LSA）。单个链路状态更新分组可能包含不同路由器的 LSA。每个 LSA 用发起路由器的 ID 和链路状态内容的校验和来标记。LSA 分为如表 5-12 所示的 5 种类型。

（5）链路状态确认（link state acknowledgment）：用于对洪泛的确认。OSPF 的可靠更新机制通过链路状态更新和链路状态确认分组实现。

除了 Hello 分组外，OSPF 路由选择分组都仅在邻接路由器上发送，分组的 IP 源地址是邻接的一端，目的地址是邻接的另一端或者是 IP 组播地址。

每个 LSA 描绘 OSPF 路由域的一部分。每个路由器发起一个 Router-LSA。无论何时一个路由器被选为指定路由器，它就发起一个 Network-LSA。区域边界路由器为每个已知的区域间目的地（inter-area destination）发起单个 Summary-LSA。自治系统边界路由器为每个已知的自治系统外目的地发起单个 AS-External-LSA。

表 5-12 OSPF 链路状态公告类型及其描述

LSA 类型	LSA 名字	描述
1	Router-LSA	区域中的每个路由器发起一个 Router-LSA，描述路由器到本区域的接口的状态，仅洪泛遍及单个区域
2	Network-LSA	区域中的每个广播和 NBMA 网络由其指定路由器发起一个 Network-LSA，该 LSA 包含连到该网络上的路由器列表，仅洪泛遍及单个区域
3, 4	Summary-LSA	由区域边界路由器发起，洪泛遍及与本 LSA 相关的区域。每个 Summary-LSA 描述一条到区域外且还在自治系统内的一个目的地路由（即一个区域间路由）。类型 3 描述到网络的路由。类型 4 描述到自治系统边界路由器的路由
5	AS-External-LSA	由自治系统边界路由器发起，洪泛传遍自治系统。该 LSA 描述至另一自治系统中的一个目的地的路由。自治系统的默认路由也可以由 AS-External-LSA 描述

在洪泛过程中，许多 LSA 可以包含在单个链路状态更新分组中传送。然后所有 LSA 被洪泛传遍 OSPF 路由域。洪泛算法是可靠的，保证所有路由器拥有相同的 LSA 集合，即链路状态数据库。

注意，唯有 AS-External-LSA 要被洪泛传遍整个自治系统；所有其他类型的 LSA 仅在单个区域内洪泛。不过，AS-External-LSA 不被洪泛到末梢区域，这样可以减少末梢区域内路由器的链路状态数据库的大小。

每个路由器根据链路状态数据库构建以自己为根的最短路径树，进而构建路由表，算法略，可以参见 RFC 2328。

边界网关协议（BGP）

5.3.4 边界网关协议（BGP）

1．边界网关协议概述

边界网关协议（BGP）是设计用于 TCP/IP 互联网自治系统之间的路由选择协议。它的创建是基于外部网关协议（RFC 904）及其使用经验的。BGP 最初版本 BGP-1 于 1989 年在 RFC 1105 中发布，后来又分别在 RFC 1163、RFC 1267、RFC 1771 中发布了 BGP-2、BGP-3、BGP-4，最新 BGP-4 发布在 RFC 4271 中。BGP-4（以后简称 BGP）增加了对 CIDR 的支持。

每个自治系统都需要配置一个或多个路由器运行 BGP，这些路由器称为 BGP 发言人（BGP speaker）。一对通信的 BGP 发言人也可互称为 BGP 对端（BGP peer）。BGP 发言系统的主要功能是与其他 BGP 系统交换网络可达性信息。网络可达性信息包括可到达的网络信息以及到达网络所经过的一系列自治系统的信息。这些信息足以构建一个自治系统连通图，删除路由回路（routing loop），并可以在自治系统级别上实施一些策略决策（strategied decision）。

2. BGP 特点

BGP 特点如下。

（1）BGP 是一个自治系统之间的路由选择协议。

（2）BGP 发言系统的主要功能是与其他 BGP 系统交换网络可达性信息。BGP 通告下一跳和路径信息。

与距离向量路由选择协议类似，BGP 通告可到达的目的地和到达这些目的地的相关下一跳信息。BGP 发言人一般仅向其对端通告它自己使用的路由（指最首选的 BGP 路由，并且在转发中使用）。此外，BGP 还通告到达目的地的路径信息，允许接收方了解到达目的地的路径上的一系列自治系统，以避免路由环路以及执行路由策略。

（3）经由 BGP 交换的路由选择信息仅支持基于目的的转发范式（destination-based forwarding paradigm）。

BGP 假设路由器转发分组仅基于分组中的目的 IP 地址实现，这反过来决定了能够使用 BGP 实施的策略决策集。例如，有些策略不支持基于目的的转发范式，因而需要使用如源路由等技术来实施，这样的策略就不能使用 BGP 来实施。BGP 能够支持任何符合基于目的转发范式的策略。

（4）BGP 提供一组机制支持无类别域间路由选择。

这些机制包括支持将一组目的地作为一个 IP 前缀通告，并在 BGP 内部消除网络“类”的概念。BGP 还引入机制允许路由聚合，包括自治系统路径的聚合。

（5）BGP 假定一个自治系统内部的路由选择由内部网关协议完成，BGP 对各个自治系统使用什么内部网关协议没有特别的要求，对自治系统之间的互联拓扑不做限制。BGP 强调即使使用了多个内部网关协议和度量，一个自治系统的管理从其他自治系统看来应具有单个、一致的内部路由选择规划并对可达的目的地呈现一致的描述。

（6）BGP 使用 TCP 作为传输协议，在 TCP 端口 179 上监听。TCP 提供可靠传输服务，因此 BGP 不需要执行显式的 BGP 报文分段、重传、确认和排序。

（7）BGP 采用增量更新以节约网络带宽。

在两个 BGP 系统之间建立一个 TCP 连接，最初的数据流是输出策略所允许的 BGP 路由表（routing table）的一部分。以后当路由表发生变化时，再发送增量（变化的部分）更新。BGP 不要求周期性地刷新路由表。

（8）BGP 支持策略，不是简单地通告本地路由表中的路由，而是执行本地管理员选择的策略。例如，BGP 路由器经过配置，能够把自治系统内可达的目的地和允许通告给其他自治系统的目的地区分开来。

（9）BGP 需要周期性地发送保活报文确保连接是活跃的；当连接发生错误时，发送通知报文并关闭 TCP 连接。

（10）BGP 提供鉴别机制，允许接收方对报文进行鉴别，即确认发送方的身份。

5.4 IP 组播

前面几节介绍了 IP 数据报单播交付机制及其相关技术，本节探讨 IP 的另一特性：数据报的多点交付，即 IP 组播。IP 组播的概念是 Steve Deering 于 1985 年首次提出的。1992 年 3 月 IETF 首次在因特网上试验了会议音频的组播。目前我国的 IPTV 业务使用 IP 组播技术来实现。本节介绍 IP 组播的基本概念和主要相关技术。

5.4.1 IP 组播基本概念

IP 组播（multicast，也称多播）是对硬件组播的互联网抽象，它仍然表示到达一个主机子集（包含若干主机）的传输，但它的概念更广泛，允许主机子集跨越互联网上的任意物理网络。这个子集在 IP 术语中称为组播组（multicast group）。

对于一对多的通信，可以用单播实现，也可以用 IP 组播实现；相比而言，用 IP 组播实现可以大大节约网络资源。图 5-21 展示了组播的特点，其中网络 N1 和 N2 中的一些主机构成一个组播组 G，主机 S 是一个视频服务器，它可以不属于组播组 G。现在 S 要向 G 的成员发送一个包含视频信息的 IP 数据报。如果采用组播方式，源主机 S 只需要发送一个数据报，该数据报先到达路由器 R1，再到达 R2；在 R2 处再将数据报复制成两个副本，分别向 R3 和 R4 各转发一个副本；然后数据报被转发到具有硬件组播功能的局域网 N1 和 N2，即到达了成员主机，如图 5-21 中箭头所示。组播数据报仅在传送路径分叉时才需要先复制再转发。如果采用单播方式，假如组 G 成员有 100 个，从源主机 S 就要发送 100 个副本，显然这很浪费网络资源。不仅如此，通过源主机单播实现一对多的通信，必然导致源主机负担重从而引入较大时延，而这对于一些时延敏感的应用来说，通常是无法容忍的。

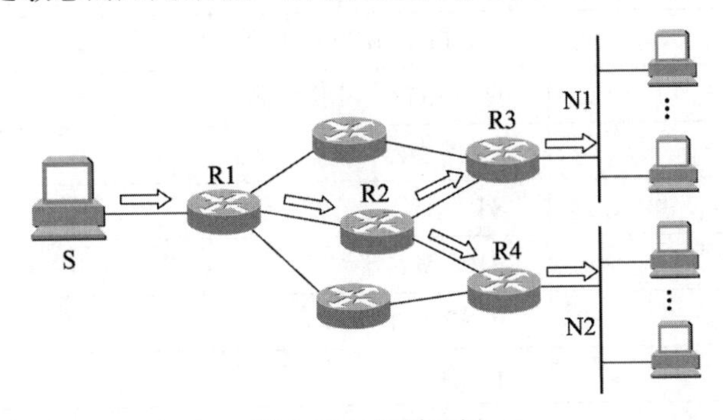

图 5-21 组播示例

当组播组中主机很多时，采用组播可明显减小网络资源的消耗。在因特网中组播主要靠运行组播协议的路由器（组播路由器）来实现。组播路由器可以是一个单独的路由器，也可以是运行组播软件的普通路由器。

从概念上讲，互联网组播系统有 3 个组成部分：组播编址机制、有效的通知和交付机制和有效的转发软件。主机需要一种通知机制把自己参与的组播组通知给组播路由器，路由器需要一种交付机制把组播数据报交付给主机。实现组播数据报正确、有效的转发是实现组播的关键，目标是能够沿最短路径转发组播数据报，不向没有组成员的路径发送数据报副本，允许主机在任何时刻参加或退出组播组。

5.4.2 IP 组播地址和 IP 协议对组播的处理

IP 组播需要把 D 类地址（224.0.0.0～239.255.255.255）作为目的地址。回顾一下 D 类地址，前 4 位是 1110，其余 28 位标识特定的组播组，其中不再有层次结构，也不包含任何其他信息。

IP 组播地址划分为两类：永久组地址和暂时性组地址。永久组地址也称熟知组地址，由 IANA 分配用于因特网上的主要服务以及基础结构维护。永久组始终存在，不管组中是否有成员。暂时性组地址可供临时使用，需要时创建使用暂时性组地址的暂态组播组（transient multicast group），没有组成员时则撤销该组播组。表 5-13 给出几个永久组地址的例子，更多永久组地址可参见 IANA 发布的相关信息。

表 5-13 永久组地址示例

永久组地址	含义
224.0.0.0	基地址（保留）
224.0.0.1	本子网上的所有系统
224.0.0.2	本子网上的所有路由器
224.0.0.4	DVMRP 路由器
224.0.0.5	OSPFIGP 所有路由器
224.0.0.6	OSPFIGP 指定路由器
224.0.0.7	ST 路由器
224.0.0.8	ST 主机
224.0.0.9	RIP2 路由器
224.0.0.10	IGRP 路由器
224.0.0.11	移动代理
224.0.0.12	DHCP 服务器/中继代理
224.0.0.13	所有 PIM 路由器
224.0.0.14	RSVP 封装

续表

永久组地址	含义
224.0.0.15	所有 CBT（core-based tree，基于核的树）路由器
224.0.0.16	指定的子网带宽管理器（subnet bandwidth manager，SBM）
224.0.0.17	所有的子网带宽管理器
224.0.0.22	IGMPv3

224.0.0.0～224.0.0.255 的地址保留用于路由选择协议和其他低级别的拓扑发现或维护协议。组播路由器不应该转发目的地址处于这个范围内的任何组播数据报，不管它的 TTL 值为多大。

IP 组播地址只可作为目的地址，不会出现在数据报的源地址字段中，也不会出现在源路由或记录路由选项中。此外，不会为组播数据报产生 ICMP 差错报告。例如，路由器对组播数据报 TTL 的处理，与对单播数据报的一样，路径上每个路由器将 TTL 减 1，如果减为 0 则丢弃数据报，其不同之处在于，不会发送 ICMP 报文。

组播数据报也要被封装在物理帧中发送，可分为两种情况。一种情况是，物理网络仅支持单播和广播传送，此时一般用硬件广播方式传送组播数据报。另一种情况是，物理网络支持单播、广播和组播传送，如以太网，此时一般采用硬件组播方式传送组播数据报。

IP 协议特别规定了 IP 组播地址到以太网地址的映射：将 IP 组播地址中的低 23 位放入以太网组播地址 01.00.5E.00.00.00 的低 23 位上。比如 224.0.0.1 映射为 01.00.5E.00.00.01。不过这种映射并不是唯一的。因为我们知道 IP 组播地址有效位数为 28，只取 23 位产生以太网组播地址，显然有 2^5 个 IP 组播地址会映射到同一个硬件组播地址上。理论上确实存在冲突的可能性，但事实上冲突的机会不多。而且即使发生硬件地址冲突也没关系，因为各主机的 IP 软件还会根据 IP 组播地址判别传入的数据报是否可以接收。

IP 组播可以用在单个物理网络上。在这种情况下，主机只要直接把数据报封装在帧中，就可以把它发给目的主机，不需要组播路由器，对用于本地网络控制的永久组的组播就是这样。

IP 组播也可以用在互联网上。在这种情况下，需要组播路由器负责在网络间转发数据报。为此，组播路由器要管理组信息、传播组播路由选择信息并转发组播数据报。主机把组播数据报发给路由器所用的技术与发送单播数据报时不同。后一种情况要查找主机路由表来确定初始路由器，并利用 ARP 解析路由器的硬件地址，将其作为帧的目的地址发送承载单播数据报的帧。而主机发送组播数据报时不用查询主机的路由表，只需要使用网络硬件的组播能力将数据报发送到本地网上。如果网络上有组播路由器，它将接收组播数据报，并根据目的地址将数据报转发到其他网络上。当组播数据报要穿越不支持组播的互联网时，可使用 IP 隧道（IP tunnel）技术传输，把组播数据报封装在常规的单播数据报中，单播数据报的源宿 IP 地址分别为隧道两头的组播路由器的 IP 地址。

在因特网中，并非所有主机都能参与组播通信。IP 协议规定，主机参与组播通信的方式有 3 级，如表 5-14 所示。注意，能发送组播数据报的主机未必能接收组播数据报，而能接收的必定能发送，因为前者可能是组外主机，而后者必然是组成员。

表 5-14 主机参与 IP 组播的 3 种级别

级别	含义
0	不能发送也不能接收 IP 组播数据报
1	能发送但不能接收 IP 组播数据报
2	既能发送也能接收 IP 组播数据报

为了使主机具有发送组播数据报的能力，只需要对原主机 IP 软件增加两个功能，一是使应用程序能够指定某组播 IP 地址作为本次传送的目的地址，二是网络接口软件能够将 IP 组播地址映射到相应的硬件组播地址（或广播地址，若硬件不支持组播）。

为了使主机具有接收组播数据报的能力，对原主机 IP 软件的扩展较为复杂，主要涉及以下几方面：（1）IP 软件必须提供应用程序加入或退出组播组的接口；（2）假如一个主机上有若干应用程序加入同一个组播组，IP 软件应为每一个应用程序传递一份发给该组的数据报的副本；（3）如果所有应用程序都离开了某个组播组，主机必须记住自己不再参与该组的通信；（4）IP 软件必须向本地组播路由器报告自己的组成员状态；（5）IP 软件必须为本机所连的每个网络分别维护一份组播地址列表，同时，应用软件要求加入或退出某组播组时，都要指定相关的具体网络。

5.4.3 IP 组管理协议

为了参与本网络的 IP 组播，主机必须使用允许收发组播数据报的软件。而为了加入跨越物理网络的 IP 组播，主机另外还必须事先通知本地组播路由器关于自己加入某组播组的信息（即组成员信息）。然后，各组播路由器之间再交换各自的组成员信息，并建立组播传送路由。本小节介绍组播路由器和参与组播的主机之间交换组成员信息所用的协议——互联网组管理协议（IGMP）。

IGMP 是 IP 协议的一部分，虽然 IGMP 和 ICMP 一样也使用 IP 数据报来携带报文。所有参与两级 IP 组播的主机必须包含 IGMP 软件。组播路由器都包含 IGMP 软件。目前最新版本是 IGMPv3（参见 RFC 3376、RFC 4604），不过它是向后兼容的，因此同一网络上可以同时使用 IGMP 的三个版本。

IGMPv3 定义了两种报文类型：成员关系查询（membership query）报文和成员关系报告（membership report）报文。成员关系查询报文是由路由器发送的组播组成员探询报文，有三种变形：通用查询（general query），特定组查询（group-specific query），特定组和源查询

（group-and-source-specific query）。成员关系报告报文用来报告主机接口的当前组播接收状态，组播接收状态的改变，由主机生成，发给组播路由器。IGMPv3 不仅允许主机报告加入某组播组，还可以指定接纳或拒绝来自特定源的发往该组播组的组播流量。

IGMP 工作过程分为两个阶段。

（1）当主机加入一个新的组播组时，向该组（使用该组的 IP 组播地址作为目的地址）发送一个 IGMP 报文，以声明其成员关系。本地组播路由器接收这个报文后，一方面将这个组成员信息记录下来，一方面向互联网上其他的组播路由器通告，以建立必要的路由。

（2）为适应组成员的动态变化，本地组播路由器周期性地探询（例如每隔 125 s 一次）其所连的本地网络上的主机，以确定本地网络中各个组播组是否仍然有成员存在。只要有一个主机为某个组做出响应，路由器就认为该组是活跃的（因为有成员）。如果经过若干次探询都没有某组成员做出响应，则组播路由器就停止向其他组播路由器通告该组的成员信息。

由于一个网络中可以有多个主机参加多个组播组，还可能有多个组播路由器，因此 IGMP 特别考虑采取如下措施，避免组成员查询与报告造成本地网络（子网）的拥塞、产生不必要的流量或给无关主机带来额外开销。

（1）主机与组播路由器之间的通信都尽量使用 IP 组播，以避免无关主机因接收和处理 IGMP 报文而付出额外开销。

在 IGMPv3 中，组播路由器以全系统组地址（224.0.0.1）为 IP 目的地址发送通用查询，以待查组的组地址为 IP 目的地址发送特定组查询、特定组和源查询。以 224.0.0.22 为 IP 目的地址，发送 IGMPv3 报告，所有支持 IGMPv3 的组播路由器监听 224.0.0.22。IGMPv1 或 v2 兼容系统将 IGMPv1 或 v2 报告发送给报告的组地址字段所指定的组播组。

（2）探询组成员情况时，不需要针对每个组播组发送一个查询报文，可以针对所有可能的组播组发送一个通用查询。路由器发送两次通用查询的间隔默认为 125 s。

（3）主机不会同时响应 IGMP 查询。在查询报文中包含一个字段指定组成员最大响应时间 N。当查询到达时，主机选择 $0\sim N$ 之间的一个随机时延，在这个时延之后再发送响应报文。这样可以避免同时响应造成本地网络拥塞。

（4）如果有多个组播路由器连接到同一个子网，它们会选出一个路由器负责本子网的组播查询。

（5）在 IGMPv3 中，主机可以用一个报文报告自己的多个组成员关系，以节约带宽。路由器必须掌握每个主机的组成员关系和对发送源的过滤情况。

在 IGMPv2 中使用了另一种节省带宽的方法。各主机会监听其他主机的成员关系报告，一旦有主机报告了一个组播组的成员关系，其他主机就会抑制自己的报告。

5.4.4 组播转发和路由选择

组播转发和路由选择比单播的情形要复杂得多，体现在以下几个方面。

（1）在单播路由选择中，只有当拓扑结构改变，链路带宽或负载发生改变，或者设备出故障时才需要改变路由，而组播路由选择则不同，主机上一个应用程序加入或退出组播组就有可能造成组播路由的变化。

（2）组播数据报可以从非组成员的主机上发起，并可能途经没有组成员的网络到达组成员主机。从特定源站到组播组所有成员的一组无环路径可以用转发树（或交付树）来描述。其中组播数据报的源站是树的根节点，组播路由器对应树中的一个节点，一条路径上的最后一个路由器称为叶路由器，连接在叶路由器上的网络称为叶网络。可见，对于某特定组播组，如果有多个处于不同物理网络上的数据报源站，将包含多个不同的转发树。

（3）转发组播数据报时组播路由器不仅要检查目的地址，为了避免路由选择出现环路，还必须检查数据报的源地址。组播路由器必须有一个常规的路由表，其中有到每个目的地的最短路由。当组播数据报到达时，组播路由器取出源地址，在常规路由表中查找通往源站的接口，并避免向该接口转发该数据报。该机制称为反向通路转发（reverse path forwarding，RPF）或反向通路广播（reverse path broadcasting，RPB）。

为了有效转发组播数据报，避免浪费带宽（如向既没有组成员也不通向组成员的网络传送组播数据报），组播路由器之间采用组播路由选择协议传播成员信息，构建组播路由表。组播路由表列出了通过路由器每个网络接口可以到达的组播组列表，每个表项由一对地址（组地址，源站的网络前缀）标识。注意，组播路由表的大小与互联网的网络数和组播组数的乘积成正比。

组播路由器使用数据报的源地址和目的地址做转发决策，分两个步骤。先用源地址查询常规路由器，应用 RPF 规则防止出现路由环路。再用目的地址查询组播路由表，检查可否通过路由器的某些接口到达目的地址指定的组成员，如果有就从这些接口转发数据报，如果没有就不从这些接口转发。此即为基本的组播转发模式，称为截短的反向通路转发（truncated reverse path forwarding，TRPF），或截短的反向通路广播（truncated reverse path broadcasting，TRPB）。

组播路由器使用组播路由选择协议传播组播路由信息。至今，IETF 已研究了不少组播路由选择协议，包括距离向量多播路由协议（distance vector multicast routing protocol，DVMRP）（RFC 1075）、多播开放最短通路优先（multicast open shortest path first，MOSPF）（RFC 1584）、基于核的树（CTB）、稀疏模式协议无关多播（protocol independent multicast-sparse mode，PIM-SM）（RFC 4601）、密集模式协议无关多播（protocol independent multicast-dense mode，PIM-DM）（RFC 3973）。有两种基本的路由选择方法：数据驱动（data driven）方法和需求驱动（demand driven）方法。下面简单介绍这几种组播路由选择协议。

DVMRP 是一种内部网关协议，允许自治系统内组播路由器相互传递组成员关系和路由选择信息。它扩展了 RIP 协议，结合了 TRPB 算法。通过 RIP 发现到源的最短路径，采用基于数据驱动的洪泛和修剪（flood and prune）策略构建转发树。

MOSPF 使用 OSPF 作为本地协议，将每一个路由器中的 IGMP 组成员通告作为 OSPF 区域中的一部分链路状态信息。MOSPF 可以使用路由器中的链路状态数据库构建基于源的组播分发树。

CBT 采用需求驱动的方式避免洪泛，并允许各源站尽可能地共享同一个转发树。CBT 为每个组构建一个共享的组播分发树，适于域间和域内的组播路由选择。CBT 把互联网划分为多个区（region），每个区里指定一个核心路由器（也称核心、聚合点），充当发送方和接收方之间的聚合点。区中有主机 H 加入组播组 G 时，本地路由器 L 一收到主机的请求，就生成一个 CBT 加入请求（JOIN_REQUEST）报文 J，并被单播发向核心路由器，动态建立转发树。在通往核心的路径上的每一个路由器都会对这个请求 J 进行检查。一旦已成为 CBT 共享树一部分的路由器 R 收到了该请求，R 就会向 L 返回确认（JOIN_ACK），继续传递 J，更新组播路由表并且开始向 H 转发组 G 的流量。在确认传回本地路由器 L 的过程中，中间路由器检查该报文，并配置路由表，以转发该组的流量。发送方可以将数据报通过隧道发给核心路由器。

PIM-DM 是一个与协议无关的，用于密集模式（网络中包含较多的组成员）的组播路由选择协议。采用数据驱动方式进行组播树的构造。它没有拓扑发现机制，而是使用下层的单播路由选择信息库提供反向通路信息，洪泛组播数据报到所有的组播路由器，并修剪报文避免把以后的数据报传播到没有组成员信息的路由器。所谓与协议无关，指的是 PIM 使用传统的单播路由表，但不限定使用何种单播路由选择协议建立这个表。

PIM-SM 是一个与协议无关的，用于稀疏模式（网络中包含很少的组成员）的组播路由选择协议。PIM-SM 构建单向的共享树，每个组以一个交会点（rendezvous point，RP）为树的根，所有发向一个组的源站共享这棵树，共享树也称为 RP 树。组播数据的发送方仅需要将数据发向组播组。发送方本地路由器接收这些数据，单播封装它们将其直接发给 RP。RP 接收这些单播数据报，去掉封装，将其转发到共享树上。分组然后沿着 RP 树转发，并在分叉处被复制，最终到达组播组的所有接收方。此外 PIM-SM 还可选择为每个源创建最短路径树。

5.5　移动 IP

随着无线通信的兴起以及便携计算机的流行，产生了允许主机移动而且不中断正在进行的通信的需求。前面讨论的 IP 编址和 IP 数据报转发机制都是针对固定环境设计的。本节讨论由 IETF 设计的、允许便携计算机从一个网络移动到另一个网络的 IP 技术，即 IP 移动性支持（IP mobility support），一般简称为移动 IP（mobile IP）。IETF 于 1996 年就公布了移动 IP 相关建议标准。本节仅简单介绍 IPv4 移动 IP。

5.5.1　移动 IP 的概念

因特网当前使用的无类别 IP 编址机制是针对固定环境设计和优化的，主机地址的前缀标识与主机相连接的网络。如果一台主机从一个网络移动到一个新网络，主机地址必须改变，或者因特网上所有路由器都有到该主机的特定主机路由表项。这两个选择都不太可行，因为更改地址会中断所有现有传输层 TCP 连接；另一个选择需要在因特网上传播到所有移动主机的特定主机路由信息，这在通信上需要耗费大量带宽，在存储上需要有超大存储器来存储路由表，显然从扩展性考虑这是极不可行的。

移动 IP 技术支持主机的移动，而且既不要求主机更改其 IP 地址，也不要求路由器获悉特定主机路由信息。它包括下列特征。

（1）宏观移动性：移动 IP 并不支持主机的频繁移动，它是针对主机在给定位置停留相对较长时间的情况而设计的。

（2）透明性：移动 IP 协议支持 IP 层以上的透明性，包括对活跃 TCP 连接和 UDP 端口绑定的维护。对主机移动并未涉及的路由器来说，移动也是透明的。

（3）与 IPv4 的互操作性：使用移动 IP 的主机既可以与运行常规 IPv4 软件的普通主机通信，也可以与其他移动主机通信，而且分配给移动主机的 IP 地址就是常规的 IP 地址。

（4）物理广泛性：移动 IP 允许在整个因特网范围内移动。

（5）安全性：移动 IP 提供了可确保所有报文都经过鉴别的安全功能。

总的说来，移动 IP 是一种在整个因特网上提供移动功能的方案，它具有可扩展性、可靠性、安全性，并使主机在切换链路时仍可保持正在进行的通信。特别值得注意的是，移动 IP 提供一种路由机制，使移动主机可以以一个永久 IP 地址连接到任何链路（物理网络）上。

移动 IP 实现主机移动性的关键是允许移动主机拥有两个 IP 地址。一个是应用程序使用的长期、固定的永久 IP 地址，称为主地址（primary address）或归属地址（home address，也称家乡地址），该地址是在归属网络（home network）上分配得到的地址。另一个是主机移动到外地网络（foreign network）时临时获得的地址，称为次地址（secondary address）或转交地址（care-of address，也称关照地址）。转交地址仅由下层的网络软件使用，以便经过外地网络转发和交付。

移动 IP 定义了 3 种必须实现移动协议的功能实体：移动主机、归属代理和外地代理。

归属代理（home agent）也称家乡代理，是指有一个端口与移动主机同属于一个物理网络的路由器。归属代理和外地代理都会周期性地发送代理通告消息，主机通过接收这些消息能够判定自己是否移动了。检测到自己移动后，主机通过与外地网络通信获得一个转交地址，然后通过因特网将其新获得的转交地址通知给它的归属代理。归属代理还会解析送往移动主机的归属地址的数据报，并将利用隧道技术传送到移动主机的转交地址上。

外地代理（foreign agent）也称外部代理，是指在移动主机的外地网络上的路由器。它可以为移动主机提供转交地址，帮助移动主机把它的转交地址通知给它的归属代理，并为已被归属代理设置了隧道的移动主机发送解封装后的 IP 数据报。但外地代理不是必需的。如果外地网络上有外地代理，则它将作为连接在外地网络上的移动主机的默认路由器。

5.5.2 移动 IP 的通信过程

移动 IP 通信过程包括 3 个主要部分：获取转交地址、注册和传送数据报。

1. 获取转交地址

主机移动后，要获取转交地址。转交地址可分为两种类型。当外地网络上没有外地代理时，移动主机可以通过动态主机配置协议（dynamic host configuration protocol，DHCP）获取一个当地地址，这个地址称为同址转交地址（co-located care-of address）。此时，移动主机要自己来处理所有转发和隧道动作。如果外地网络上有外地代理，移动主机首先利用 ICMP 路由器发现机制发现外地代理，然后与该代理通信，获得一个转交地址，该地址称为外地代理转交地址（foreign agent care-of address）。要注意的是，外地代理并不需要为每个移动主机分配一个唯一的 IP 地址，而是可以把自己的 IP 地址分配给每个到访的移动主机。

2. 注册

当移动主机发现它从一个网络移动到另一个网络时，就要进行注册。注册的主要目的是把移动主机的转交地址通知给它的归属代理，归属代理根据转交地址把目的地址为移动主机主地址的数据报通过隧道送给移动主机。注册过程包括移动主机和它的归属代理之间一次注册请求和注册应答的交互，分为以下两种情况。

（1）如果移动主机获得的是同址转交地址，则由移动主机直接进行注册，如图 5-22 所示。

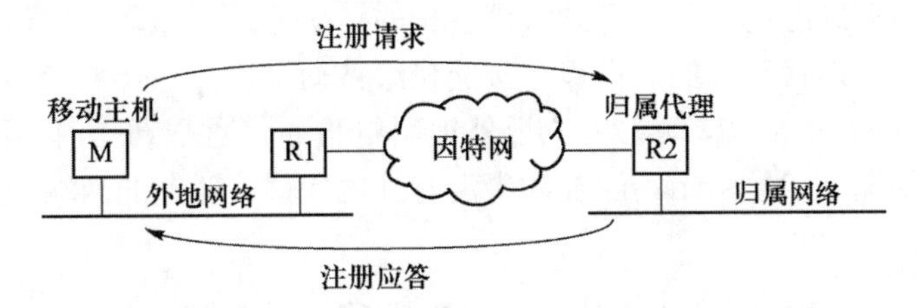

图 5-22 获得同址转交地址的移动主机的注册过程

（2）如果有外地代理，移动主机通过代理发现机制获得代理转交地址，然后通过外地代理把注册请求消息中继给移动主机的归属代理。归属代理发送的注册应答也要通过外地代理中继给移动主机，如图 5-23 所示。

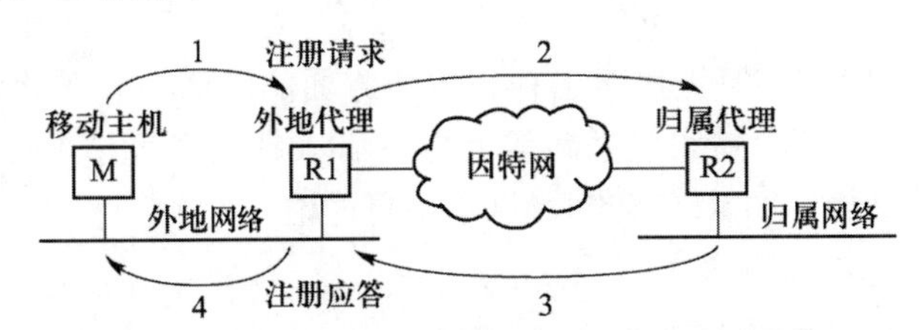

图 5-23 获得代理转交地址的移动主机的注册过程

移动主机回到归属网络后要进行注销。所有注册（包括注销）消息都是通过 UDP 发送的，注册请求消息必须被封装在目的端口号为 434 的 UDP 报文中。

3. 传送数据报

移动主机连接到外地网络上时，对它发出的或发往它的数据报要进行特殊的转发处理。

移动主机发送的数据报，源地址为移动主机的主地址，将被直接路由到通信对端。转发分为如下3种情况。

（1）移动主机连接到归属网络上时就像普通主机一样工作。与其他主机拥有相同的路由表，路由表项和IP地址可以通过手工配置、DHCP和PPP的IPCP得到，路由器的物理地址可以通过ARP得到。

（2）移动主机连接到外地网络上，并且采用代理转交地址时，一般以外地代理为移动主机当前的默认路由器。移动主机在外地网络时，禁止发送包含它的归属地址的ARP报文。外地代理的物理地址可以在包含代理通知消息（ICMP路由器广播消息的扩展）的帧中找到。

（3）移动主机连接到外地网络上，并且采用同址转交地址时，可以通过DHCP得到路由器的IP地址，通过发送包含同址转交地址的ARP请求获得路由器的物理地址。

发往移动主机的数据报，目的地址为移动主机的主地址，转发分为两种情况：

（1）向位于归属网络上的移动主机传送数据报，无须特殊处理。

（2）向位于外地网络上的移动主机传送数据报，数据报先被送往归属网络，由归属代理截获这些数据报，然后经隧道将其发送到移动主机的转交地址。如果是代理转交地址，则经过封装的数据报先到达外地代理，然后再被直接交付给移动主机。

由上面的介绍可以知道，移动主机位于外地网络与通信对端通信时，交互的数据报路由构成了三角路由，如图5-24所示，注意如果没有外地代理，隧道的两端应分别是归属代理和移动主机。

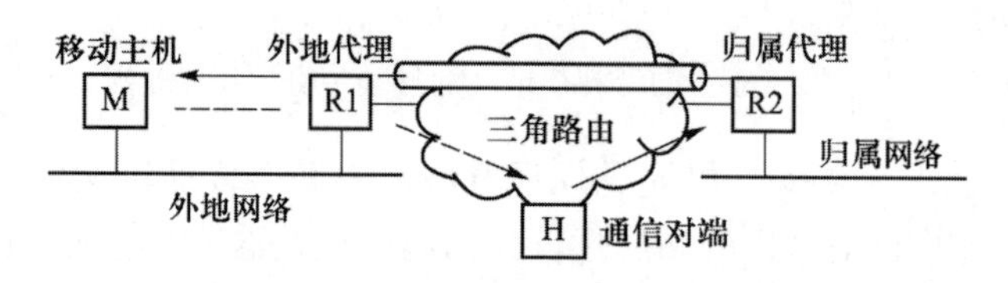

图5-24 三角路由

三角路由显然不够优化，但优化路由存在安全方面的障碍。有关移动IP路由优化、安全，以及移动主机如何收发广播和组播包等问题，有兴趣的读者请参阅IETF的mipv4和mipshop工作组公布的文档，如RFC 5944，这里不再讨论。

5.6 专用网络与互联

虚拟专用网（VPN）

5.6.1 虚拟专用网（VPN）

前面说过，可以把因特网看成是单一的虚拟网络，所有的计算机都与它相连，这是一种单层抽象结构。也可以把因特网看成一种双层结构。在这种结构中，每个机构有一个专用互联网，另外有一个中央互联网连接各个专用互联网。

专用互联网内主机之间的通信相对于外界应该是不可见的，即私密的。如果一个机构仅由一个网点组成，私密性容易得到保证。如果一个机构由分散的多个网点构成，为了保证私密性，最直接的方法就是租用数字线路或帧中继永久虚电路来连接各个网点，不过成本较高。虚拟专用网（virtual private network，VPN）技术提供了一种低成本的替代方法，允许机构使用因特网互联多个网点，并用加密来保证网点之间的通信量的私密性。

实现 VPN 有两种基本技术：隧道技术（tunneling）和加密技术（encryption technique）。VPN 定义的是一条从某网点的一个路由器到另一个网点的一个路由器之间的、通过因特网的隧道，使用 IP 隧道来封装要经过隧道转发的数据报。为了防止通过因特网时被窥探，在将外发数据报封装到另一个数据报之前，先要将整个数据报进行加密。VPN 使用的 IP-in-IP 封装如图 5-25 所示。

当发自一个网点的 IP 数据报通过隧道到达接收路由器时，路由器先将其数据部分解密，还原出内层 IP 数据报，再将其转发给另一网点内的某台主机。

下面简单了解一下 VPN 的路由选择技术。

如图 5-26 所示为一个 VPN 以及处理隧道的一个路由器的路由表。考虑从 128.9.2.0/24 网络上某主机向 128.9.4.0/24 网络上某主机发送数据报。发送主机首先将数据报转发给 R2，R2 再把数据报转发给 R1。根据路由表，R1 应将数据报通过隧道转发给 R3。因此，R1 先对数据报做加密处理，再把它封装在外层数据报中（源宿分别为 R1 和 R3）。然后，R1 通过本地 ISP 转发外层数据报，经过因特网的外层数据报到达 R3 并被识别后，R3 先将其数据部分进行解密，还原出原始数据报，再取出目的地址在本地路由表中查找，然后将原始数据报转发至 R4，由它进行最后的交付。

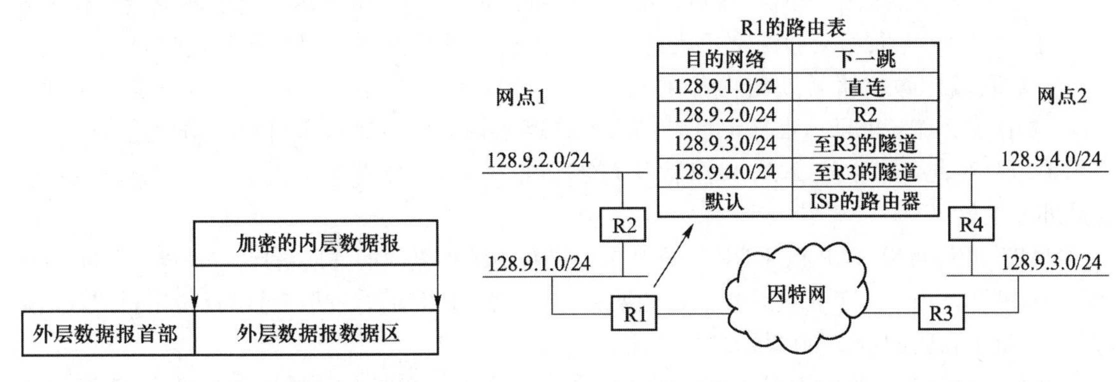

目的网络	下一跳
128.9.1.0/24	直连
128.9.2.0/24	R2
128.9.3.0/24	至R3的隧道
128.9.4.0/24	至R3的隧道
默认	ISP的路由器

图 5-25 VPN 使用的 IP-in-IP 封装

图 5-26 包含两个网点的 VPN 示例

VPN 能够为机构的各网点之间提供成本不高且保密的通信服务，网点中可以只有一台主机。例如，现在不少公司向其员工提供 VPN 软件，以便员工能够利用因特网相对安全（防窃听）地访问本公司的网络。

学习 CIDR 时，我们提到过为节约 IPv4 地址，各专用互联网可以使用专用地址。当采用专用地址时，每个网点只需要一个全球有效的 IP 地址，用于 VPN 实现隧道传输。

专用互联网内主机一般不仅需要和本互联网内主机通信，还需要访问因特网的其他部分。如果专用互联网没有为网点中每个主机都分配全球有效 IP 地址，那么可以使用应用网关（application gateway）或网络地址转换（network address translation，NAT）技术实现网点内使用专用地址的主机和因特网上本专用互联网外的主机通信。下面简单介绍 NAT 技术。

网络地址转换（NAT）

5.6.2 网络地址转换（NAT）

网络地址转换（NAT）是一种将 IP 地址从一个域映射到另一个域的方法，旨在为主机提供透明的路由。传统上，NAT 设备用于将使用专用 IP 地址的域连接到具有全局唯一注册 IP 地址的外部域。NAT 要求网点具有一条到因特网的连接，至少有一个全球唯一的 IP 地址。可在将网点和因特网互联的路由器上运行 NAT 软件，对有两个接口的 NAT 路由器，每个接口连接到一个域，提供两个域之间的透明路由。运行 NAT 软件的计算机称为 NAT 盒（NAT box）。有两种传统网络地址转换方法，一是基本网络地址转换（基本 NAT），二是网络地址和端口转换（network address and port translation，NAPT，也称网络地址和端口翻译）。

基本 NAT 对传入数据报和外发数据报中的地址进行转换。NAT 路由器用其连接到外部域的接口的 IP 地址（如 G）替代每个外发数据报中的源地址，同时在 NAT 转换表中记录外发数据报的源和目的地址。这样，从外部主机的角度看，所有数据报都来自盒（NAT 路由器）。传入的数据报从因特网到达 NAT 路由器时，NAT 路由器在转换表中查找传入数据报的源地址，提取相应的内部主机地址，用主机地址替换数据报中的目的地址，再通过网点内互联网把数据报转发给内部主机。整个过程对于通信双方是透明的。缺点是如果 NAT 路由器仅有一个全球唯一地址，则不允许网点内同时有多台主机并发访问给定的某个外部地址。对此，多地址 NAT（拥有多个全球唯一地址）支持多个内部主机并发访问给定的某外部主机。

NAPT 通过转换 TCP 或 UDP 协议端口号以及地址不受限的并发访问。NAPT 对 NAT 转换表要做扩展，除了一对源地址以外，还要包含一对源和目的协议端口号以及转化后的本地端口号（NAPT 使用的协议端口号）。

例 5-9 有 5 个内网主机在与外部主机通信，已知 NAPT 的全球有效地址为 G，NAPT 使用的网络地址与端口转换表如表 5-15 所示，请写出 NAPT 转换前后各 TCP 连接的五元组标识。

表 5-15　NAPT 的转换表举例

内部地址（专用地址）	内部端口	NAPT 端口	外部地址	外部端口	所用协议
10.10.8.27	21043	14007	211.23.33.12	80	TCP
10.10.9.23	43572	14012	211.23.33.12	80	TCP
10.10.9.12	21043	14013	211.23.33.12	80	TCP
10.10.12.124	9542	14015	130.126.13.45	21	TCP
10.10.1.10	5112	14018	202.115.232.57	6919	UDP

解：TCP 连接可以用五元组（本地端点的 IP 地址，端口号，对端主机的 IP 地址，端口号，TCP）来标识。表 5-15 中包括 4 个 TCP 连接，其中前 3 个表示主机正在访问同一外部主机的同一 TCP 端口。这 4 个连接在网点内部和网点外部（经过 NAPT 转换后）的五元组标识见表 5-16。

表 5-16　经过 NAPT 转换前后的 TCP 连接的五元组标识

在网点内部	经过 NAPT 转换后
（10.10.8.27, 21043, 211.23.33.12, 80, TCP）	（G, 14007, 211.23.33.12, 80, TCP）
（10.10.9.23, 43572, 211.23.33.12, 80, TCP）	（G, 14012, 211.23.33.12, 80, TCP）
（10.10.9.12, 21043, 211.23.33.12, 80, TCP）	（G, 14013, 211.23.33.12, 80, TCP）
（10.10.12.124, 9542, 130.126.13.45, 21, TCP）	（G, 14015, 130.126.13.45, 21, TCP）

从示例可以发现，NAPT 的优点是能够仅用一个全球有效地址获得通用性、透明性和并发性。主要缺点是通信仅限于 TCP 和 UDP。对于 ICMP，NAT 需要另做处理以维持透明性。此外，如果需要在应用协议数据中传递地址或端口信息，也不能使用 NAT，除非使 NAT 能够识别应用，并对协议数据做必要的修改。绝大多数 NAT 只能识别很少几个应用。

5.7　下一代互联网协议 IPv6

20 世纪 90 年代初，研究人员认为 32 位 IPv4 地址空间很快就会耗尽。但至今我们仍在使用 IPv4 地址。这主要归功于无类别编址 CIDR 技术使 IP 地址的分配更加合理，提高了地址的利用率；并且网络地址转换技术极大地缓解了 IP 地址空间的消耗。

IPv4 出现于 20 世纪 70 年代末，这是第一个实际应用的版本。目前主要用的还是 IPv4，下一个可能替代的版本是 IPv6，参见 1998 年的 RFC 2460 和 2017 年的 RFC 8200。更新 IP 的主要动机是提供一个比 IPv4 大得多的全局地址空间。

5.7.1 IPv6 的主要特点

IPv6 协议保留了 IPv4 赖以成功的许多特点，包括无连接交付、允许发送方选择数据报的大小、要求发送方指明数据报在到达目的地前允许经过的最大跳数，以及允许分片和支持源路由功能。

尽管 IPv6 与 IPv4 对许多概念的定义类似，但 IPv6 还是改变了许多协议细节，IPv6 完全修订了数据报的格式。IPv6 主要变化如下。

（1）扩展寻址能力。IPv6 把 IP 地址大小从 32 位扩展到 128 位，支持更多层次的地址分层、更大的可寻址节点数，及更简单的地址自动配置。组播地址增加了“范围”字段，以提高组播路由的可扩展性。定义了新的地址类型：任播地址（anycast address），用于发送一个分组到一组节点中的任何一个节点。

（2）简化首部格式。一些 IPv4 首部字段被删除或变为可选的，以减少数据报处理一般情况下的处理开销，并限制 IPv6 首部的带宽开销。

（3）首部格式更灵活。IPv6 定义了一组可选的扩展首部（extension header），用于取代 IPv4 中可变长度的选项字段。每个 IPv6 数据报除包含固定长度（40 B）的基本首部外，还可以包含若干扩展首部。路由器一般仅处理基本首部，对扩展首部不处理（逐跳扩展首部除外），这有利于路由器实现更高效的转发。IPv6 提供了一些 IPv4 所不具备的新选项功能。另外，对选项长度的限制不太严格，未来可灵活引入新选项。

（4）支持流标签和资源预分配。IPv6 增加了一个新能力：对发送方发出的一系列分组做标记，在网络中将它们当作一个流（flow）。通过将流与资源分配相关联可支持区分服务（DiffServ）功能。

（5）提供认证和加密功能。为 IPv6 指定了支持身份认证、数据完整性和（可选的）数据机密性的扩展。

IPv6 数据报格式如图 5-27 所示，包含基本首部（40 B）和 0 个或多个扩展首部，以及数据部分。注意扩展首部和数据合起来称为 IPv6 数据报的有效负载。

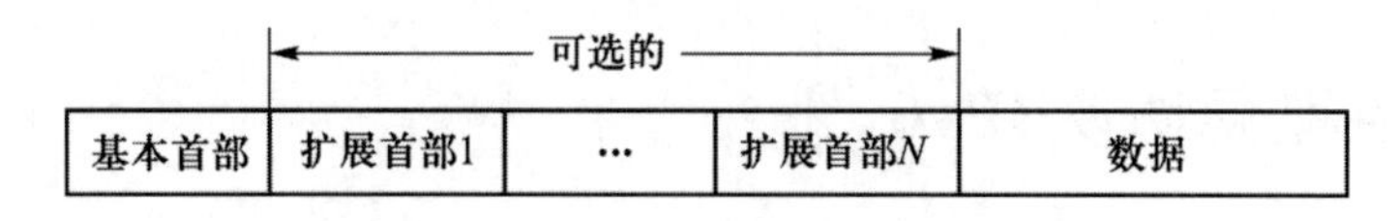

图 5-27 IPv6 数据报的一般形式

5.7.2 IPv6 基本首部格式

如图 5-28 所示，IPv6 基本首部包含了更长的地址字段，但所包含的字段数比 IPv4 少一些。首部包含信息的变化反映了协议的变化。

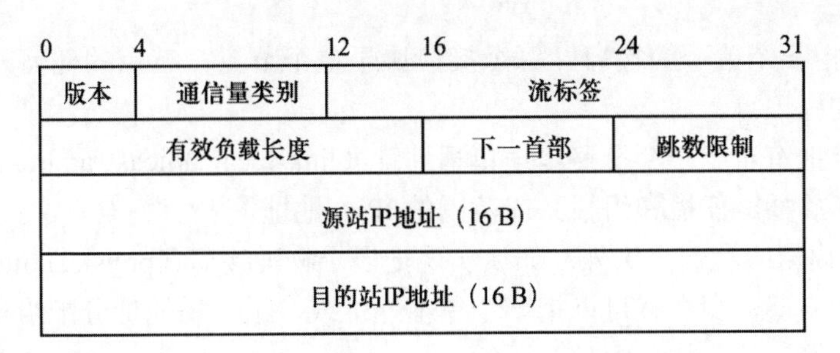

图 5-28 IPv6 基本首部的格式

与 IPv4 首部的固定部分相比，IPv6 基本首部主要有下列变化。

（1）由于基本首部长度固定，取消了 IPv4 中的首部长度字段，IPv4 中的数据报“总长度”字段被“有效负载长度”字段所取代。

（2）源站、目的站 IP 地址由 4 B 增大到 16 B（128 b）。

（3）分片有关字段被转移到了分片扩展首部中。

（4）“存活时间”字段改名为“跳数限制”（hop limit）字段。

（5）“服务类型”字段改名为“通信量类别”（traffic class）字段，并增加了“流标签”（flow label）字段，一并用于支持资源的预分配。

（6）“协议”字段由指明后续内容格式的“下一首部”字段替代，注意下一首部可能是 IPv6 数据报的扩展首部，也有可能是 ICMP、TCP、UDP、IGMP、OSPF 等首部。

IPv6 定义了下列扩展首部：逐跳选项、源路由、分片、目的地选项、认证和封装安全负载（encapsulating security payload）扩展首部。这里从略，详见 RFC 8200。

5.7.3 IPv6 编址

IPv6 编址方法

本节简单介绍 IPv6 编址方案。IPv6 寻址体系结构当前最新标准是 2006 年发布的 RFC 4291，其部分内容的更新见 RFC 5952、6052、7136、7346、7371 和 8064。

1. 编址模型

IPv6 地址有以下三种类型。

（1）单播（unicast）：单个接口的标识符。发向一个单播地址的分组被交付给由该地址标识的接口。

（2）任播（anycast）：一组接口（一般属于不同的节点）的标识符。发向一个任播地址的分组被交付给该地址标识的其中一个接口（最近的那个接口，根据路由选择协议的距离度量）。

（3）组播（multicast）：一组接口（一般属于不同的节点）的标识符。发向一个组播地址的分组被交付给由该地址标识的所有接口。IPv6 中没有广播地址，广播被看作是组播的一个特例。

与 IPv4 地址一样，所有类型的 IPv6 地址是分配给接口的，而不是分配给节点的。一个

IPv6 单播地址是指一个单一的接口。每个接口属于单个节点，节点的任何一个接口的单播地址可以用作节点的标识符。

所有接口要求拥有至少一个链路本地单播地址（link-local unicast address）。单个接口可以有多个任意类型（单播、任播和组播）或范围的 IPv6 地址。

但 IPv6 编址模型中有一个例外：如果实现把多个物理接口（physical interface）作为一个接口提供给互联网络层，那么就可以把一个单播地址或一组单播地址分配给多个物理接口。这对于基于多个物理接口的负载分配是有用的。

目前，IPv6 与 IPv4 模型类似，子网前缀与一个链路相关联。IPv6 允许给同一个链路分配多个子网前缀。

2．地址的文本表示

将 IPv6 地址表示为文本字符串，有 3 种约定的形式。首选的形式是 x:x:x:x:x:x:x:x，128 位 IPv6 地址被分为 8 个 16 位块，x 是其中一个 16 位块的 1～4 个十六进制数字，也称冒号分隔十六进制记法，例如：

ABCD:EF01:2345:6789:ABCD:EF01:2345:6789

2001:DB8:0:0:8:800:200C:417A

由于 IPv6 地址中常包含长 0 串，为使表示更简洁，可以用一个特殊的记法来压缩零，即使用::表示一组或多组 0。为避免混淆，在一个地址中::只允许出现一次，::也可以用于压缩一个地址中最前面或末尾的 0。

例 5-10 将下列地址记法进行零压缩。

单播地址 2001:DB8:0:0:8:800:200C:417A

组播地址 FF01:0:0:0:0:0:0:101

环回地址 0:0:0:0:0:0:0:1

未指定地址 0:0:0:0:0:0:0:0

解：上述地址记法零压缩后可以写成：

2001:DB8::8:800:200C:417A

FF01::101

::1

::

第三种 IPv6 地址表示形式是冒号和点分隔混合记法，即 x:x:x:x:x:x:d.d.d.d，这种形式在 IPv4 和 IPv6 节点混合使用时更方便，其中 x 是地址的 6 个高位（16 位块）十六进制值，d 是地址的 4 个低位（8 位块）十进制值（标准的 IPv4 表示）。例如，0:0:0:0:0:0:13.1.68.3，0:0:0:0:0:FFFF:129.144.52.38，或者用压缩形式表示为::13.1.68.3，::FFFF:129.144.52.38。

3．地址前缀的文本表示

IPv6 地址前缀的文本表示与 IPv4 地址前缀用 CIDR 记法书写的方式相似。IPv6 地址前缀由如下标记法表示：IPv6 地址/前缀长度。

例如，60 b 前缀 20010DB80000CD3（十六进制）的合法表示有：

2001:0DB8:0000:CD30:0000:0000:0000:0000/60

2001:0DB8::CD30:0:0:0:0/60

2001:0DB8:0:CD30::/60

上述前缀不合法的表示示例如下。

（1）2001:0DB8:0:CD3/60。在地址的任何一个 16 位块中，可以略去最前面的若干 0 而不是末尾的，所以 CD3 是 0CD3，不是 CD30。

（2）2001:0DB8::CD30/60。“/”左面的地址扩展为 2001:0DB8:0000:0000:0000:0000:0000:CD30。

（3）2001:0DB8::CD3/60。“/”左面的地址扩展为 2001:0DB8:0000:0000:0000:0000:0000:0CD3。

当既要写节点地址也要写节点地址的前缀（如节点的子网前缀）时，可以按如下形式进行合并：

节点地址　2001:0DB8:0:CD30:123:4567:89AB:CDEF

子网前缀　2001:0DB8:0:CD30::/60

可以缩写为 2001:0DB8:0:CD30:123:4567:89AB:CDEF/60。

4．地址空间的分配

IPv6 地址的高位标识 IPv6 地址的类型，见表 5-17。

表 5-17　IPv6 地址类型

地址类型	二进制前缀	IPv6 记法	解释
非特指	00…0 (128 b)	::/128	不可分配给任何节点，仅用作源地址，且路由器不转发源地址为非特指地址的 IPv6 分组
环回	00…1 (128 b)	::1/128	环回地址，不可分配给任何物理接口
组播	11111111	FF00::/8	用于标识一组接口（通常在不同的节点上），一个接口可以属于任意多个的组播组
链路本地单播	1111111010	FE80::/10	用于单个链路，仅在本地范围有意义
全球单播	其他	略	分配给某一主机服务器或路由器某个接口

任播地址来源于单播地址空间，语法上与单播地址不可分。如表 5-17 所示，所有不以表中前缀开头的地址是全球单播地址（global unicast addresses）。表中除组播地址外，都是单播地址。组播地址详见 RFC 4291，下面简单介绍单播地址和任播地址。

5．单播地址

IPv6 单播地址是可聚合的，前缀长度任意，类似于在无类别域间路由情况下的 IPv4 地址。IPv6 单播地址有全球单播、网点-本地单播和链路-本地单播几种类型。网点-本地单播最初设计用于在一个网点内部寻址而不需要全局前缀，2006 年之后其前缀作为全球单播对待。全球单播还有一些特殊用途的子类型，比如嵌入 IPv4 地址的 IPv6 地址。未来可以定义其他地址类型或子类型。

IPv6 节点可以非常了解也可以不了解 IPv6 地址的内部结构，这取决于其担当的角色，比如是主机还是路由器。极端情况是，一个主机可以认为单播地址（包括它自己的单播地址）没有内部结构，如图 5-29 所示。

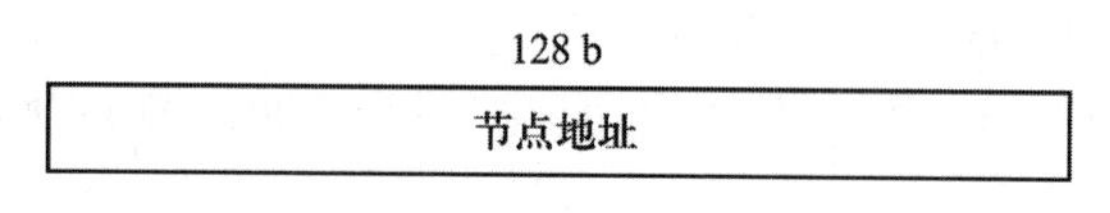

图 5-29 没有内部结构的 IPv6 地址

一个稍微复杂的主机（但仍然相当简单）还可以知道它连接到的链路的子网前缀，其中不同的地址可能有不同的值，如图 5-30 所示。

n b	$(128-n)$ b
子网前缀	接口ID

图 5-30 有子网前缀的 IPv6 地址

虽然一个非常简单的路由器可能不知道 IPv6 单播地址的内部结构，但路由器更熟知路由协议操作的一个或多个层次边界。已知的边界会有所不同，从路由器到路由器，这取决于路由器在路由层次结构中的位置。

除了在前一段中讨论的子网边界的知识外，节点不应该对 IPv6 地址的结构做出任何假设。

IPv6 全球单播地址的一般格式如图 5-31 所示。其中全球路由前缀是分配给一个网点（一簇子网/链路）的（通常是分层结构的），子网 ID 是网点内一个链路的标识符，接口 ID 用于标识链路上的接口。在某些情况下，接口标识符可直接由接口的链路层地址派生出来。同一接口标识符可以用于一个节点的多个接口，只要它们连接到不同的子网。非 000 开头的全球单播地址的接口 ID 长 64 b，以 000 开头的则不受此限制。

n b	m b	$(128-n-m)$b
全球路由前缀	子网ID	接口ID

图 5-31 IPv6 全球单播地址的一般格式

以 000 开头的全球单播地址的例子是在低 32 位中嵌入 IPv4 地址的 IPv6 地址。具体有两种形式，一种是 IPv4 兼容的 IPv6 地址（IPv4-compatible IPv6 address），简称兼容地址（compatible address），另一种是 IPv4 映射的 IPv6 地址（IPv4-mapped IPv6 address），如图 5-32 所示。

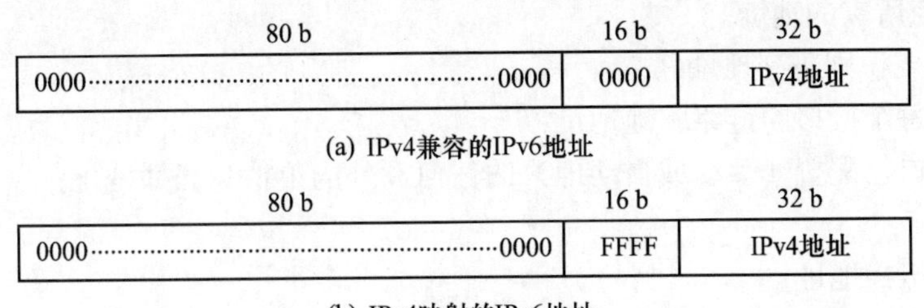

(a) IPv4兼容的IPv6地址

(b) IPv4映射的IPv6地址

图 5-32 嵌入 IPv4 地址的 IPv6 全球单播地址

链路本地地址在单个链接上使用，格式如图 5-33 所示。链路本地地址用于在单个链路上寻址，例如自动地址配置、邻居发现或没有路由器时使用。路由器不能转发任何带有链路本地源地址或目的地址的数据报到其他链路。

10 b	54 b	64 b
1111111010	0	接口ID

图 5-33 链路本地 IPv6 单播地址

6．任播地址

简单了解一下任播地址。任播地址从单播地址空间分配，使用任何已定义的单播地址格式，因此从地址本身无法区分二者。当单播地址分配给多个接口时，就转变成任播地址，被分配了该地址的节点必须被显式地配置为一个任播地址。

任播地址的一个预期用途是标识属于一个提供因特网服务的组织的路由器集。这样的地址可以用作 IPv6 路由首部中的中间地址，以便通过一个特定的服务提供者或一系列服务提供者来运送数据报。

其他一些可能的用途是标识连接到一个特定子网的路由器集，或者提供进入一个特定路由域的路由器集。

目前预定义的子网-路由器任播地址（subnet-router anycast address）格式如图 5-34 所示。其中“子网前缀”标识具体的链路，该任播地址语法与一个链路上接口的单播地址相同，接口标识符设置为 0。

n b	$(128-n)$ b
子网前缀	全0的接口ID

图 5-34 IPv6 子网-路由器任播地址格式

发给子网-路由器任播地址的数据报将被交付给该子网上一个路由器。要求所有路由器支持其直连子网的子网-路由器任播地址。子网-路由器任播地址用于一个节点需要和一组路由器中任何一个通信的应用中。

7. 一个节点所需的地址

一个主机需要识别下列地址：

- 它需要的每个接口的链路本地地址；
- 为节点接口已配置（手动或自动地）的任何额外的单播和任播地址；
- 环回地址；
- 所有节点组播地址；
- 每个单播和任播地址的被请求节点组播地址；
- 节点所属的所有其他组的组播地址。

一个路由器除需要识别一个主机需要识别的所有地址外，还应加上下列地址：

- 所有被配置为路由器的接口的子网-路由器任播地址；
- 给路由器配置的所有其他任播地址；
- 所有路由器组播地址。

5.7.4 IPv6 过渡机制

IPv6 过渡机制是一种技术，它推动因特网从 IPv4 基础设施向 IPv6 寻址和路由系统过渡。由于 IPv4 和 IPv6 网络不可直接互操作，所以设计了过渡技术，允许一个网络类型的主机与另一类型的主机通信。RFC 4213 为 IPv6 主机和路由器定义了一些基本的过渡机制，该文档指定了 IPv6 主机和路由器可以实现的 IPv4 兼容机制，指定了双栈（双 IP 层）和配置隧道两种机制。

IPv4 向 IPv6 过渡的方法

双栈意味着在主机和路由器中提供两个版本的互联网协议（IPv4 和 IPv6）的完整实现。在 IPv4 上配置的 IPv6 隧道提供了在未修改的 IPv4 路由基础设施上承载 IPv6 数据报的方法。

1. 双栈

IPv6 节点保持与纯 IPv4 节点（节点仅实现 IPv4，不理解 IPv6）兼容最直接的方式是提供一个完整的 IPv4 实现方案。提供完整的 IPv4 和 IPv6 实现的 IPv6 节点称为 IPv6/IPv4 节点。IPv6/IPv4 节点能够发送和接收 IPv4 和 IPv6 两种数据报，它们能够使用 IPv4 数据报直接与 IPv4 节点互操作，也能够使用 IPv6 数据报直接与 IPv6 节点互操作。

即使一个节点可配备支持这两个协议，但出于操作原因，可能会禁用一个栈。启用的栈被分配 IP 地址，但不会显式定义栈中任何特定应用程序。因此，IPv6/IPv4 节点可以按下面三种模式中的一种进行操作：（1）启用 IPv4 栈且禁用 IPv6 栈，（2）启用 IPv6 栈且禁用 IPv4 栈，（3）两个栈都启用。

禁用了 IPv6 栈的 IPv6/IPv4 节点将像纯 IPv4 节点那样工作，类似地，禁用了 IPv4 栈的 IPv6/IPv4 节点将像纯 IPv6 节点那样工作。

除双 IP 层操作之外，可以使用也可以不使用配置隧道技术。

因为 IPv6/IPv4 节点支持两个协议，节点可以配置 IPv4 和 IPv6 两种地址。IPv6/IPv4 节点使用 IPv4 协议（例如 DHCP）获取它们的 IPv4 地址，使用 IPv6 协议（例如无状态的地址自动配置和/或 DHCPv6）获取它们的 IPv6 地址。

在 IPv4 和 IPv6 中都使用域名系统（DNS）进行域名和 IP 地址之间的映射。在 RFC 3596 中为 IPv6 地址定义了一个新的 DNS 资源记录类型 AAAA。

2. 配置隧道机制

在大多数部署场景中，IPv6 路由基础设施将随着时间的推移逐步建立起来。在 IPv6 路由基础设施建立期间，现有的 IPv4 路由基础设施可用于承载 IPv6 流量。隧道提供了一种利用现有 IPv4 路由基础设施承载 IPv6 流量的方法。

IPv6/IPv4 主机和路由器可以通过将 IPv6 数据报封装在 IPv4 数据报内，在 IPv4 路由拓扑区域上隧道传输 IPv6 数据报。使用隧道的方式有以下几种。

（1）路由器-路由器：由一个 IPv4 基础设施互联的 IPv6/IPv4 路由器可以在它们之间通过隧道传输 IPv6 包。这种情况下，隧道跨越 IPv6 包所经过的端到端路径的一段。

（2）主机-路由器：IPv6/IPv4 主机可以将 IPv6 包通过隧道经由一个 IPv4 基础设施传输到一个中间的 IPv6/IPv4 路由器。这种类型的隧道跨越包的端到端路径的第一段。

（3）主机-主机：由一个 IPv4 基础设施互联的 IPv6/IPv4 主机可以在它们之间通过隧道传输 IPv6 包。这种情况下，隧道跨越 IPv6 包所经过的整个端到端路径。

（4）路由器-主机：IPv6/IPv4 路由器可以将 IPv6 包通过隧道经由一个 IPv4 基础设施传输到最终的目的 IPv6/IPv4 主机。这个隧道仅跨越包的端到端路径的最后一段。

配置隧道可以用于所有上述情况下，但由于需要显式配置隧道端点，所以最有可能被使用的是 router-to-router 隧道。

隧道的底层（underlying）机制如图 5-35 所示：（1）隧道的入口节点（封装器）创建封装 IPv4 首部，其中的协议值为 41，表示数据部分是 IPv6 包，然后发送封装包；（2）隧道的出口（解封装器）接收封装包，如果需要则进行包的重组，移去 IPv4 首部，再处理接收到的 IPv6 包；（3）封装器可能需要为每个隧道维护软状态信息，记录隧道 MTU 等参数。

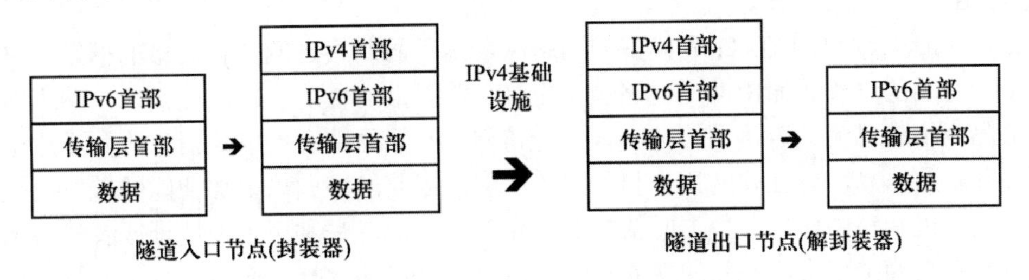

图 5-35 隧道两端的封装（将 IPv6 包封装到 IPv4 包内）与解封装

在配置隧道中，封装器根据为每个隧道存储的配置信息决定隧道端点地址。而哪些包将通过隧道发送则通常是根据封装器上的路由信息决定的，通常通过路由表完成，使用前缀掩码和匹配技术基于包的目的地址决定包的去向。

解封装器把协议值为 41 的 IPv4 包当作是从隧道收到的，仅接收 IPv4 源地址与解封装器上配置的隧道匹配的包。因此，管理员必须确保在封装器和解封装器上有相同的隧道 IPv4 地址配置方案。

5.8 网络互联设备

本节先介绍互联设备的分类，再介绍工作在网络层的网络互联设备路由器的组成和功能。

5.8.1 互联设备分类

网络互联设备有中继器、网桥、路由器、网桥路由器和网关。中继器是扩展局域网最简单的设备，它工作于物理层，用来连接不同的物理介质，并在各种物理介质中传输数据。它能接收并识别网络信号，然后再生信号并将其发送到网络的其他分支上。曾经常用的集线器（hub）就是有多个端口的中继器。目前常用的网络互联设备有工作在数据链路层的网桥、工作在网络层的路由器和工作在更高层的网关。

1. 网桥

网桥（birdge）工作于数据链路层。数据链路层以上各层的信息对网桥来说是毫无作用的。网桥包含了中继器的功能和特性，不仅可以连接多种介质，还能连接不同的物理分支，如以太网和令牌网。网桥的典型应用是将局域网分段，从而缓解数据传输压力，这样的网桥称为本地网桥。用于广域网上的网桥称为远地网桥。两种类型的桥执行同样的功能，只是所用的网络接口不同。

常用的以太交换机是一种多端口网桥，它能均衡网络负载，减小网络冲突域的规模，从而扩展了网络的有效带宽。交换机也称交换式集线器，具有自动寻址能力和交换能力。它根据分组中帧的目的地址，将接收的 MAC 帧从输入端口送至输出端口，避免和其他端口发生碰撞，因此交换机允许多对端口同时互不影响地传送 MAC 帧，提高了网络的实际吞吐量。

2. 路由器

路由器（router）工作在 OSI 模型的网络层，是不同网络之间互相连接的枢纽，路由器系统构成了因特网的骨架。路由器通过路由决定 IP 数据报的转发。比起交换机，路由器不但能过滤和分隔网络信息流、连接网络分支，还能访问 IP 数据报中更多的信息，并且路由器可以了解更多互联网信息，如互联网拓扑和各网络状态，因此能够做出更加智能的转发决策。

传统交换机和路由器转发数据时依据的对象不同。前者是利用物理地址或者说 MAC 地址通过查找站表来确定路由，站表的建立和维护由交换机自动进行。而路由器主要是利用网络地址来查找路由表进而确定数据包的路由，路由器遵照路由选择协议与其他路由器交换路由信息来维护路由表。

传统的交换机只能分割冲突域，不能分割广播域；而路由器可以分割广播域。由交换机连接的网段仍属于同一个广播域，广播数据包会在交换机连接的所有网段上传播，在某些情况下会导致通信拥挤和安全漏洞。连接到路由器上的网段属于不同的广播域，广播数据包不会穿过路由器。不过，第三层以上交换机具有 VLAN 功能，也可以分割广播域，但是各子广播域之间是不能通信交流的，它们之间的交流仍然需要路由器。

3. 网桥路由器

网桥路由器（brouter）又称桥路器，是网桥和路由器的合并，例如第三层交换机。在对一个数据流的第一个 IP 数据报进行路由后，三层交换机将会产生一个 MAC 地址与 IP 地址的映射表，当同样数据流的 IP 数据报再次通过时，将根据此表直接从二层通过而不是再次路由，从而消除了路由器因路由选择而造成的网络延迟，提高了数据报转发的效率。

4. 网关

网关（gateway）能互联异类的网络，网关从一个网络环境中读取数据，然后用目标网络的协议对数据进行重新包装。网关重新包装信息的目的是适应目标环境的要求，常用的网关有 IP 电话网关等。

5.8.2 路由器的组成和功能

本节主要讲述网络层的互联设备——路由器。路由器的处理器负责执行处理数据包所需的工作，如维护路由和桥接所需的各种表格以及做出路由决定等。路由器处理数据包的速度在很大程度上取决于处理器的类型。下面从内存、接口等几方面介绍路由器，以 Cisco 路由器为例。

1. 内存

路由器主要采用四种类型的内存：RAM、ROM、闪存和 NVRAM，其中只有 RAM 会在路由器启动或供电间隙时丢失其内容。下面简单说明路由器中各种内存的主要用途。

ROM（read-only memory，只读存储器）保存着路由器的引导（启动）软件，这是路由器运行的第一个软件，负责让路由器进入正常工作状态。有些路由器将一套完整的 IOS（internetworking operating system）保存在 ROM 中，以便在另一个 IOS 不能使用时，作救急之用。ROM 通常做在一个或多个芯片上，焊接在路由器的主机板上。

闪存（flash memory）的主要用途是保存 IOS 软件，维持路由器的正常工作。若路由器安装了闪存，则用它来引导路由器的 IOS 软件的默认位置。只要闪存容量足够，使可保存多个 IOS 映像，以提供多重启动选项。闪存要么做在主机板的单列直插式内存组件（SIMM）上，要么做成一张 PCMCIA 卡。

RAM（random access memory，随机存储器）的作用很广泛，IOS 通过 RAM 满足其所有的常规存储需要，例如 IOS 系统表和缓冲区。

NVRAM（non-volatile RAM，非易失性随机存储器）的主要作用是保存 IOS 在路由器启动时读入的配置数据。这种配置称为“启动配置”。配置信息包括路由器各接口的带宽配置、IP 地址和掩码配置等、静态路由配置、动态路由选择协议相关配置等。当切断电源时，NVRAM 用一个电池来维护其中的数据。

2. 路由器的启动过程

路由器的启动过程可分为以下几步。

（1）加电自检（POST），检测路由器的硬件。

（2）装载 ROM 中的引导程序（bootstrap）。这里的引导程序与 PC 的 BIOS 相似，用于初始化时启动路由器。路由器在此读取配置寄存器的内容以决定后面的操作。

（3）查找 IOS。一般情况下，IOS 放在闪存中，引导程序会告诉路由器 IOS 放在哪里，如果闪存中存在多个 IOS 镜像文件，还要由 NVRAM 中的配置文件来决定加载哪个镜像文件。

（4）装载 IOS。将 IOS 装载到 RAM 内存中，或者在闪存中直接加载。

（5）寻找配置。配置文件一般保存在 NVRAM 中，有时候，用户可以将路由器设置为从 TFTP 服务器寻找配置文件。

（6）装载配置，最后正常运行。

3. 接口

所有路由器都有“接口”（interface）。在采用 IOS 的路由器中，每个接口都有自己的名字和编号。一个接口的全名由它的类型标识以及至少一个数字构成。编号从 0 开始。

对那些接口已固定下来的路由器，或采用模块化接口且只有关闭主机才可变动的路由器，在接口的全名中，就只有一个数字，而且根据它们在路由器中的物理顺序进行编号。例如，Ethernet0 是第一个以太网接口的名称，而 Serial2 是第三个串口的名称。

若路由器支持“在线插入和删除”，或具有动态〔不关闭路由器〕更改物理接口配置的能力（支持热插拔），那么一个接口的全名至少应包含两个数字，中间用一个正斜杠（/）分隔。其中，第一个数字代表插槽编号，接口处理器卡将安装在这个插槽上；第二个数字代表接口处理器的端口编号。比如在一个 Cisco 7507 路由器中，Ethernet5/0 代表的便是位于 5 号槽上的第一个以太网接口——假定 5 号槽插接了一张以太网接口处理器卡。

有的路由器还支持“万能接口处理器”（VIP）。VIP 上的某个接口名由三个数字组成，中间也用正斜杠（/）分隔。接口编号的形式是“插槽/端口适配器/端口”。例如，Ethemet4/0/1 是指 4 号槽上第一个端口适配器的第二个以太网接口。

一个路由器至少包含两个网络接口，网络接口包含以太网接口、串口等。除网络接口外，几乎所有路由器都在路由器背后安装了一个控制台端口。控制台端口提供了一个 EIA/TIA-232（以前称为 RS-232）异步串行接口，通过它可以与路由器通信。此外，大多数 Cisco 路由器还配备了一个“辅助端口”（auxiliary port）。它和控制台湍口类似，提供了一个 EIA/TIA-232 异步串行连接。辅助端口通常用来连接调制解调器，以实现对路由器的远程管理。它的主要的作用是允许管理员在网络路径失效后访问一个路由器。

4. 配置文件

路由器有两种类型的 IOS 配置：运行配置和启动配置，两者均以 ASCII 文本格式显示。

运行配置有时也称“活动配置”，驻留于 RAM，包含了目前在路由器中“活动”的 IOS 配置命令。配置 IOS 时，就相当于更改路由器的运行配置。

启动配置驻留在 NVRAM 中，包含了希望在路由器启动时执行的配置命令。启动完成后，启动配置中的命令就变成“运行配置”了。有时也把启动配置称作“备份配置”。这是由于修改并认可了运行配置后，通常应将运行配置复制到 NVRAM 里，将做出的改动“备份”下来，以便路由器下次启动时调用。

5. 进程

一个 IOS 进程是指一个在路由器上运行着的、用于实现某种功能的特殊软件。例如，IP 包的路由选择是由一个进程完成的；而 AppleTalk 包的路由选择是由另一个进程完成的，IOS 进程的其他例子还有路由选择协议以及内存分配例程等。当将命令放入配置文件对 IOS 进行配置时，实际上相当于对构成 IOS 的各进程的行为加以控制。所有这些进程在路由器上是同时运行的。至于能在一个路由器上运行的进程数量和种类，则取决于路由器 CPU 的速度以及 RAM 的容量。这类似于 PC 上运行的程序数取决于 CPU 的类型以及配备的 RAM 容量。

6. 路由器的功能

路由器需要完成两个基本功能，一个是数据报的寻径与转发，第二个是维护路由表。

对于第一个功能，路由器是这样工作的。当接收到一个数据报，路由器首先提取其中的目的 IP 地址。然后，查找路由表，寻找与目的地址中网络号相匹配的项。每个路由表项包含了用来转发数据报的信息，如到目的地路径中的下一个路由器的 IP 地址，以及到下一跳经过的本路由器的接口。路由器的职责是把数据报传送到正确的网络，进而直接交付给目的主机。

对于第二个功能，除配置静态路由外，路由器需要采用路由选择协议实现。为此，管理员要对路由器进行正确的配置，包括对网络接口带宽、IP 地址与掩码、默认路由、动态路由协议等进行配置。下面举例说明。

例 5-11　已知一个公司网络如图 5-36 所示，该公司通过出口路由器 R 与外界因特网相连。

（1）请给路由器 R1、R2 和 R3 配置接口和 RIP 协议，并写出 R2 的路由表。

（2）请简述用户使用公司主机 H1 如何访问高等教育出版社主页。

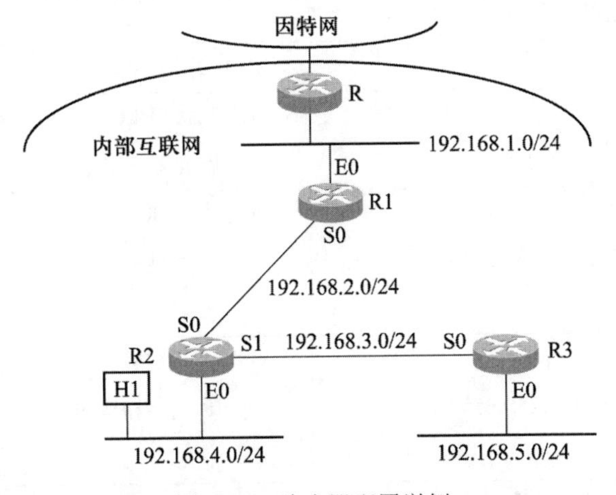

图 5-36　路由器配置举例

解：（1）本小题答案不唯一，这里给出一种答案。路由器 R1、R2、R3 的配置说明及路由器 R2 的路由表如表 5-18～表 5-21 所示。

表 5-18　路由器 R1 配置说明

配置	解释
hostname R1	主机名设为 R1
interface E0 ip address 192.168.1.1 255.255.255.0 no shutdown	以太网接口 E0： IP 地址和掩码
interface S0 ip address 192.168.2.1 255.255.255.0 bandwidth 1544 clockrate 1300000 no shutdown	串行接口 S0： IP 地址和掩码 带宽 时钟速率
router rip passive-interface ethernet0 network 192.168.1.0 network 192.168.2.0	启动 RIP 协议，RIP 相关配置： 设置 E0 接口不传送路由更新报文，但监听并接收到达 E0 的路由更新报文 通告到 192.168.1.0 的路由度量 通告到 192.168.2.0 的路由度量
ip classless	使用无类别路由

表 5-19　路由器 R2 配置说明

配置	解释
hostname R2	主机名设为 R2
interface E0 ip address 192.168.4.1 255.255.255.0	以太网接口 E0： IP 地址和掩码
interface S0 ip address 192.168.2.2 255.255.255.0 bandwidth 1544	串行接口 S0： IP 地址和掩码 带宽
interface S1 ip address 192.168.3.1 255.255.255.0 bandwidth 1544	串行接口 S1： IP 地址和掩码 带宽

续表

配置	解释
router rip	启动 RIP 协议，RIP 相关配置：
passive-interface ethernet0	设置 E0 接口不传送路由更新报文，但监听并接收到达 E0 的路由更新报文
network 192.168.2.0	通告到 192.168.2.0 的路由度量
network 192.168.3.0	通告到 192.168.3.0 的路由度量
network 192.168.4.0	通告到 192.168.4.0 的路由度量
ip classless	使用无类别路由
ip route 0.0.0.0 0.0.0.0 192.168.2.1	默认路由

表 5–20　路由器 R3 配置说明

配置	解释
hostname R3	主机名设为 R3
interface E0	以太网接口 E0：
ip address 192.168.5.1 255.255.255.0	IP 地址和掩码
interface S0	串行接口 S0：
ip address 192.168.3.2 255.255.255.0	IP 地址和掩码
bandwidth 1544	带宽
clockrate 1300000	时钟速率
router rip	启动 RIP 协议，RIP 相关配置：
network 192.168.3.0	通告到 192.168.3.0 的路由度量
network 192.168.5.0	通告到 192.168.5.0 的路由度量
ip classless	使用无类别路由

表 5–21　路由器 R2 的路由表

目的网络	下一跳	出接口
192.168.4.0/24	直连	E0
192.168.2.0/24	直连	S0
192.168.3.0/24	直连	S1
192.168.1.0/24	192.168.2.1	S0
192.168.5.0/24	192.168.3.2	S1
0.0.0.0/0	192.168.2.1	S0

按照上面的配置，路由器R1、R2、R3各端口的IP地址如图5-37所示，注意这里只标出了地址的后16位。

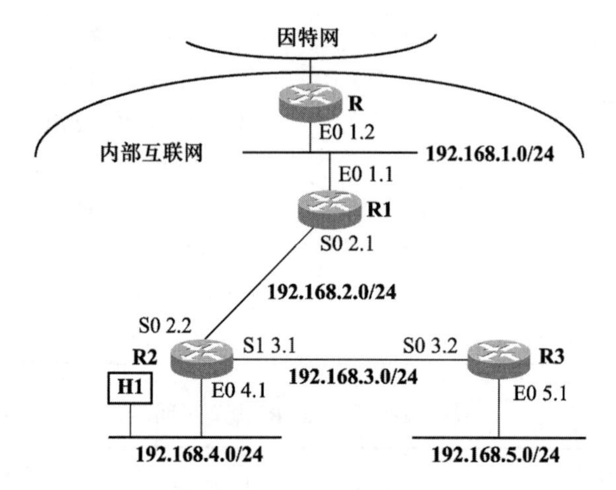

图5-37 路由器R1、R2、R3各端口的IP地址

（2）用户使用公司主机H1（地址设为192.168.4.9，默认路由器是192.168.4.1），访问高等教育出版社，已知主页所在Web服务器（设为S）的域名为www.hep.com.cn。用户在浏览器中输入域名后回车即可以获得主页，但主页面的获取实质上大致经过了如下过程。

① 浏览器调用本地域名解析软件对www.hep.com.cn进行域名解析，获得域名所对应的IP地址，具体细节请参阅应用层章节，图5-37中没有画出域名服务器。

② 浏览器主动与Web服务器S建立TCP连接，即双方进行握手。具体原理请参阅传输层章节。

③ 在已建立的TCP连接上，H1向S发送HTTP Get请求，S向H1返回HTTP响应，即页面的HTML文档（文本文件），页面比较大时会封装在多个TCP报文段（进一步被封装在IP包中）中传送到H1。HTTP（超文本传输协议）是用于Web应用的应用层协议。

④ 浏览器边接收HTML文档边解析，由于页面中除文本信息还包含图片等元素，所以浏览器还会再与S建立更多的TCP连接，下载图片等各个元素。

⑤ HTML文档、页面中各元素下载完毕后，分别释放相关的TCP连接。

TCP连接建立、应用数据传输和TCP连接释放都涉及H1和S之间IP数据报的传送。下面重点说明H1发出的IP数据报如何到达S，注意这些IP数据报源IP地址为192.168.4.9，目的IP地址为S的IP地址IP_S，传送大致分为如下几步。

① H1中的IP软件会根据IP_S判别S是否与自己在同一子网中，如果不是，则根据H1主机路由表中的默认路由，决定将IP数据报发给路由器R2。为此需要解析192.168.4.1对应的物理地址，然后将IP数据报封装在帧中发给R2，帧的源地址为H1的物理地址，而目的地址为R2的E0口的物理地址。IP数据报的源、目的地址不变。

② R2 根据 IP_S 查本地路由表，按照默认路由将 IP 包从 R2 的 S0 口发送给 R1 的 S0 口。

③ R1 根据 IP_S 查本地路由表（略），将 IP 包从 R1 的 E0 口发送给 R 的 E0 口。

④ R 根据 NAT 配置对外出 IP 包的源 IP 地址和内嵌 TCP 报文段的源端口进行地址、端口转换，请参阅有关 NAT 章节。转换后 IP 数据报的目的 IP 地址和 TCP 目的端口号不变，源 IP 地址和 TCP 源端口号改变。

⑤ R 从外出端口将 IP 包发给下一个路由器。由于路由器运行着内部、外部网关路由协议，所以一般能够维持路由表的正确性。因而经过若干路由器的转发，IP 包最终可以到达 Web 服务器 S。

组网与路由器配置实验

S 发出的 IP 包如何到达 H1 与上述本质一样。主机之间的通信主要依赖 IP 协议，不过 IP 包如何交给适当的进程还需要传输层的支持，请参阅下一章。

本 章 总 结

1．网络层编址。IP 编址屏蔽了物理网络编址细节。介绍了最初的有类别编址方案，能够给多个子网分配相同分类 IP 网络地址的子网划分方案，以及现在正在使用的、能够进一步提高地址空间利用率的无类别编址方案。

2．IP 地址到物理地址的解析协议——ARP。ARP 报文被直接封装在物理帧中发送，查询主机通过发送 ARP 请求和接收 ARP 响应解析本物理网络上另一主机的物理地址。

3．IP 协议的三大功能：无连接的数据报交付、数据报的转发、IP 差错与控制（ICMP）。数据报屏蔽了物理网络帧的细节。IP 软件负责数据报的转发，根据每个数据报中的目的地址查找源主机或路由器上的路由表以决定把数据报发往何处。ICMP 是 IP 的一个组成部分，当一个数据报产生差错时，使用 ICMP 向其源站报告差错情况，ICMP 也用于提供信息或网络测试。

4．因特网路径建立与刷新机制。介绍了自治系统（AS）的概念，用于 AS 内部的路由选择协议 RIP 和 OSPF，以及用于 AS 之间的路由选择协议 BGP-4。RIP 使用距离向量算法。而 OSPF 使用链路状态算法，并支持将自治系统划分为区域，因此适用于较大的自治系统。一个 AS 中的 BGP 发言人使用 BGP 与位于另一 AS 中的对端通信，双方相互通告自己的网络可达性信息，从而允许不同自治系统中的主机相互通信。

5．IP 组播。IP 组播是对硬件组播的抽象，它允许将一份从源站发出的数据报交付到多个目的站。IP 组播组是动态变化的，主机的应用程序可以在任何时候加入或退出组播组。IP 组播不限于单个物理网络。主机使用 IGMP 与组播路由器通信，报告自己的组成员关系。组播路由器传播组成员信息，并为组播数据报选择适当的路由，使所有组成员都能收到各数据报的副本。

6．移动 IP 允许主机从归属网络移动到另一个网络，而且不用更改其 IP 地址，也不需要所有路由器传播特定主机路由。移动主机有一个永久的主地址——归属地址。当移动主机处于外地网络时首先获得一个次地址，即转交地址，然后再向归属代理注册，请求它转发数据报，移动主机返回归属网络后要进行注销。

7．虚拟专用网 VPN 技术提供了一种低成本的方法，允许一个拥有分散的、多网点的机构，使用因特网互联多个网点，并保证网点之间通信的私密性。VPN 主要利用加密和隧道技术实现。

8．网络地址转换 NAT 提供了一种机制将使用专用 IP 地址的域和因特网连通。主要方法是在网点边界设置一个 NAT 盒，由它将外出数据报的源 IP 地址和源端口转换为一个全球唯一地址和一个 NAT 本地唯一的端口号，并在转换表中登记，以便对进入数据报做相应逆操作。

9．IPv6 数据报由固定长度（40 B）的基本首部、若干个扩展首部和一个数据区组成。IPv6 拥有 128 位地址，分为单播、任播和组播三种。

10．网络互联设备按照其工作的层次，可以分为物理层、数据链路层、网络层、高层互联设备。路由器基本功能包括路由查找与数据报转发和路由维护。

▶ 习题 5

5.1 网络互联有何实际意义？进行网络互联时，有哪些共同的问题需要解决？

5.2 转发器、网桥和路由器都有何区别？

5.3 试简单说明 IP、ARP、RARP 和 ICMP 协议的作用。

5.4 分类 IP 地址共分几类，如何表示？单播分类 IP 地址如何使用？

5.5 试说明 IP 地址与硬件地址的区别，以及为什么要使用这两种不同的地址。

5.6 简述以太网上主机如何通过 ARP 查询其默认路由器的物理地址。

5.7 试辨认以下 IP 地址的网络类别。

（1）138.56.23.13　（2）67.112.45.29　（3）198.191.88.12　（4）191.62.77.32

5.8 IP 数据报中的首部校验和并不校验数据报中的数据，这样做的最大好处是什么？坏处是什么？

5.9 当某个路由器发现一数据报的校验和有差错时，为什么采取丢弃的办法而不是要求源站重传此数据报？计算首部校验和为什么不采用 CRC 码？

5.10 在因特网中 IP 数据报片在哪儿进行组装？这样做的优点是什么？

5.11 假设互联网由两个局域网通过路由器连接起来。第一个局域网上某主机有一个 400 B 的 TCP 报文传到 IP 层，加上 20 B 的首部后成为 IP 数据报，要发向第二个局域网。但第二个局域网所能传送的最长数据帧中的数据部分只有 150 B。因此数据报在路由器处必须进行分片。试问第二个局域网向其上层要传送多少字节的数据？

5.12 一个数据报长度为 4 000 B（包含固定长度的首部）。现在经过一个网络传送，但此网络能够传送的最大数据长度为 1 500 B。试问应当划分为几个短些的数据报片？各数据报片的数据字段长度、片偏移字段和 MF 标志应为何值？

5.13 如何利用 ICMP 报文实现路径跟踪？

5.14 划分子网有何意义？子网掩码为 255.255.255.0 代表什么意思？某网络的现在掩码为 255.255.255.248，则该网络能够连接多少台主机？某一 A 类网络和一 B 类网络的子网号分别占 16 b 和 8 b，则这两个网络的子网掩码各为多少？

5.15 设某路由器建立了如表 5-22 所示的路由表。

表 5-22 某路由器路由表

目的网络	子网掩码	下一跳
128.96.39.0	255.255.255.128	接口 0
128.96.39.128	255.255.255.128	接口 1
128.96.40.0	255.255.255.128	R2
192.4.153.0	255.255.255.192	R3
*（默认）	—	R4

此路由器可以从接口 0 和接口 1 直接交付分组，也可通过相邻的路由器 R2、R3 和 R4 进行转发。现共收到 5 个分组，其目的站 IP 地址分别为：

（1）128.96.39.10 （2）128.96.40.12 （3）128.96.40.151 （4）192.4.153.17 （5）192.4.153.90

试分别计算其下一跳。

5.16 某单位分配到一个 B 类 IP 地址，其网络号为 129.250.0.0。该单位有 4 000 台机器，平均分布在 16 个不同的地点。如选用子网掩码为 255.255.255.0，试给每一个地点分配一个子网地址，并算出每个地点主机地址的最小值和最大值。

5.17 设某 ISP（因特网服务提供者）拥有 CIDR 地址块 202.192.0.0/16。先后有 4 所大学（A、B、C、D）向该 ISP 分别申请大小为 4 000、2 000、4 000、8 000 个 IP 地址的地址块，试为 ISP 给这 4 所大学分配地址块。

5.18 简述采用无类别编址时的 IP 数据报转发算法。

5.19 试简述 RIP、OSPF 和 BGP 路由选择协议的主要特点。

5.20 有个 IP 数据报从首部开始的部分内容如下所示（十六进制表示），请标出 IP 首部和传输层首部，并回答：

```
45 00 02 79 1C A4 40 00
80 06 00 00 0A 0A 01 5F
DA 1E 73 7B 07 38 00 50
19 71 85 77 7F 25 2B AA
50 18 FF FF 5B 6E 00 00
47 45 54 20 2F 73 2F 62
6C 6F 67 5F 34 62 63 66
64 64 63 64
```

（1）数据报首部长度和总长度各为多少字节？

（2）数据报的协议字段是多少，表示什么意思？

（3）源站 IP 地址和目的站 IP 地址分别是什么？（用点分十进制表示）

（4）TTL、校验和字段是多少？

（5）源端口和宿端口是什么？并请推测所用的应用层协议。

5.21 以下地址前缀中的哪一个与 2.52.90.140 匹配？

（1）0/4 （2）32/4 （3）4/6 （4）80/4

5.22 IGMP 协议的要点是什么？隧道技术是怎样使用的？

5.23 为什么说移动 IP 可以使移动主机以一个永久 IP 地址连接到任何链路（网络）上？

5.24 分析子网划分、无类别编址以及 NAT 是如何推迟 IPv4 地址空间的耗尽的。

5.25 简述 NAPT 的优缺点。

5.26 简述 VPN 主要作用及其技术要点。

5.27 IPv6 没有首部校验和。这样做的优缺点是什么？

5.28 IPv6 地址有几种基本类型？

第6章 传 输 层

传输层的作用是在通信子网提供的服务的基础上，为上层应用进程提供端到端的传输服务，使高层用户在相互通信时不必关心通信子网的实现细节和具体服务质量。传输层是网络体系结构的关键层次。

本章在讨论传输服务的基础上，基于 TCP/IP 体系结构，主要阐述无连接的传输层协议 UDP 和面向连接的传输层协议 TCP，重点是 TCP 为保证可靠传输而采用的连接管理、序号与确认、流量控制、拥塞控制等机制。

通过本章的学习，要理解传输层的功能和提供的服务，理解传输层的编址和套接字，掌握 UDP 格式和校验和计算方法，掌握 TCP 格式、连接管理、可靠传输、流量控制和拥塞控制机制。

6.1 传输层提供的服务

6.1.1 传输层的功能

在 OSI-RM 体系结构中，传输层的功能归属如图 6-1 所示。从通信处理的角度看，传输层属于面向通信功能的最高层，传输层与下面的三层一起共同构建网络通信所需的线路和数据传输通道。但从用户功能来划分，则传输层又属于用户功能中的最低层，因为无论何种网络应用，都需要通过通信子网把各种数据报传送到目的地。需要注意的是，在通信子网中没有传输层，传输层位于终端系统中。总体而言，传输层起到了承上启下的桥梁作用。

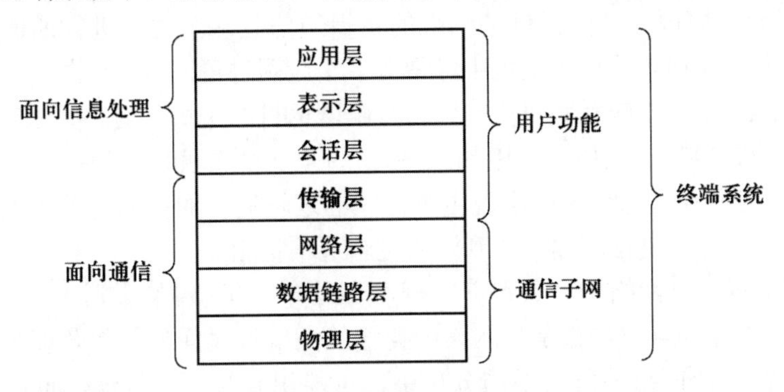

图 6-1　传输层的功能归属

前面讲解过，通信协议可分为多个层次，每一层和相邻层有接口，较低层通过接口向它的上一层提供服务，但这一服务的实现细节对上层协议是屏蔽的。传输层的目标是向其上层服务用户，也就是应用层提供高效、合理的服务。在传输层的内部，完成其功能层任务的硬件或者软件设施称为“传输实体”，网络层、传输层和应用层之间的接口如图 6-2 所示。

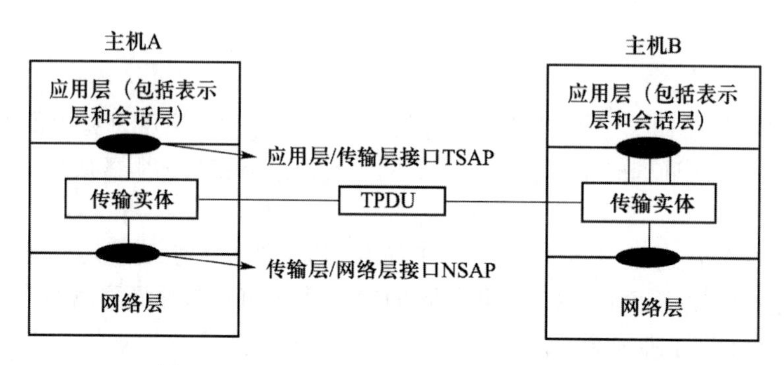

图 6-2 网络层、传输层和应用层之间的接口

传输层实现其功能的基本单位为传输协议数据单元（transport protocol data unit，TPDU），同其他层次的 PDU 类似，TPDU 也由首部和数据两个部分组成，后面会对 UDP 和 TCP 协议的具体格式做详细阐述。传输层与应用层之间的传输服务访问点（TSAP）是端口，传输层与网络层之间的网络服务接入点（NSAP）是 IP 数据报首部的 IP 地址。同一时刻，同一对网络实体间的应用进程可以有多个，比如我们可以同时进行 QQ 聊天、收发邮件、下载文件等网络应用，仅靠 NSAP 无法识别这些应用进程，必须借助传输层编址进行标识，TSAP 就相当于传输层的地址，可以用于识别应用层进程。

6.1.2 设置传输层必要性

面向连接的传输服务与面向连接的网络服务相似，无连接的传输服务与无连接的网络服务也相似。既然有了网络层，为何还要设置传输层？下面给出相应的解释。

（1）传输层为应用进程之间提供端到端的逻辑通信。两个主机进行通信实际上是两个主机中的应用进程间互相通信。一个主机中经常有多个应用进程同时分别与另一个主机中的多个应用进程通信。网络层协议或互联协议能够将分组送达目的主机，但它无法交付给主机中的某个应用进程（在 TCP/IP 协议族中，IP 地址标识的是一个主机，并没有标识主机中的应用进程）。因此，网络层是通过通信子网实现主机之间的逻辑通信的；而传输层则是依靠网络层的服务，在两个主机的应用进程间建立端到端的逻辑通信信道。

这里有必要解释一下网络中“点到点”和“端到端”的传输的区别。

“端到端”与“点到点”传输是从网络中传输的两端设备间的关系角度划分形成的两种不同的传输方式。在一个网络系统的不同分层中，可能用到端到端传输，也可能用到点到点传输。因特网的网络层及以下各层采用点到点传输，传输层及以上采用端到端传输。

点到点传输指的是发送方把数据传给与它直接相连的设备，这台设备在合适的时候又把数据传给与之直接相连的下一台设备，通过直接相连的设备间接力，把数据传到接收方。如图 6-3 所示，主机 A 与路由器 R1、路由器 R1 与路由器 R2、路由器 R2 与路由器 R3、路由器 R3 与主机 B 间的连接，属于点到点传输，因为这些连接链路的中间没有任何其他设备。

点到点传输的优点是发送方设备送出数据后，它的任务已经完成，不需要参与整个传输过程，这样不会浪费发送方设备的资源。另外，即使接收方设备关机或出现故障，点到点传输也可以采用存储转发技术进行缓冲。点到点传输的缺点是发送方发出数据后，不知道接收方能否收到或何时能收到数据。

端到端传输指的是在数据传输前，经过各种各样的交换设备，在两端设备间建立一条链路，好像它们是直接相连的一样，链路建立后，发送方就可以发送数据，直至数据发送完毕，接收方确认接收成功。如图 6-3 所示，主机 A 与主机 B 之间的连接，属于端到端传输，它们之间的传输经过了多个路由器帮忙转发。

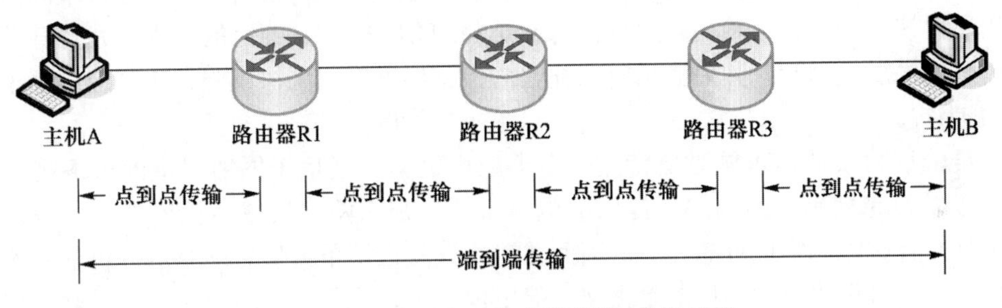

图 6-3 “点到点”和“端到端”传输示例

端到端传输的优点是链路建立后，发送方知道接收设备一定能收到。端到端传输的缺点是发送方的设备一直要参与传输，直到接收方收到数据为止。如果整个传输的延迟很长，那么将会对发送方的设备造成很大的浪费。端到端传输的另一个缺点是如果接收设备关机或出现故障，那么端到端传输将不可能实现。

（2）传输层对整个报文段进行差错校验和检测。因为 IP 数据报每经过一个路由器都要重新计算校验和。为了提高传输效率，IP 数据报首部中的首部校验和字段只校验 IP 数据报的首部是否出现差错而不检查数据部分。

为保证将应用数据正确交付给应用层，既要校验传输层 TCP 和 UDP 报文段首部也要校验其数据部分，并且只在发送方进行一次校验和计算，在接收方进行一次检测，报文段转发经过的中间路由器对 TCP 报文段和 UDP 用户数据报而言是透明的，不会重复计算报文段首部的校验和。图 6-4 示意了传输层和网络层差错校验的区别。

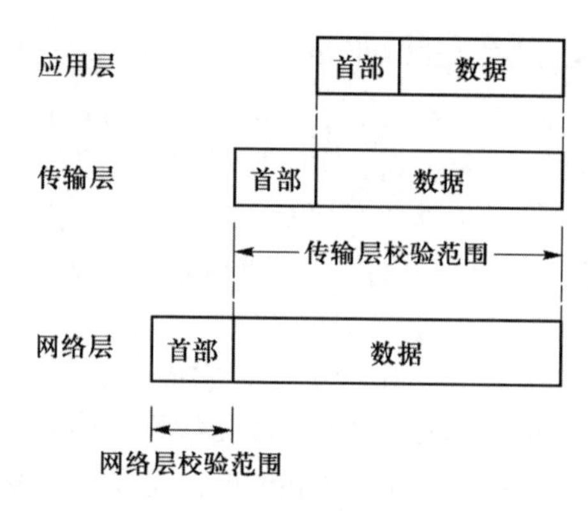

图 6-4 传输层和网络层差错校验示意图

（3）传输层的存在使得传输服务比网络服务更加合理、有效。网络层是通信子网的组成部分，用户不能对通信子网加以控制，无法解决网络层服务质量不佳的问题，更不可能通过改进数据链路层纠错能力来改善低层条件。解决这一问题的办法就是在网络层上面增加一层，即传输层。TCP/IP 协议的传输层既包括 TCP 协议，也包括 UDP 协议，它们提供不同的服务。如果应用层协议强调数据传输的可靠性，那么选择 TCP 较好，分组的丢失、残缺甚至网络重置都可以被传输层检测到，并采取相应的补救措施。如果应用层协议强调实时应用需求，那么选择 UDP 为宜。

一个传输层协议通常可同时支持连接多个应用进程。通信子网所提供的服务越多，传输协议就可以做得越简单。若网络层提供虚电路服务，那么网络层就能保证报文无差错、不丢失、不重复并且按序地实现可靠交付，因而传输协议就很简单。但若网络层提供的是不可靠的数据报服务（不可靠的交付，指的是报文可能出现丢失、重复、乱序交付，但是注意能够进行交付的报文应该是无差错的，因为如果出现差错，就无法通过网络各协议层的校验，报文会被丢弃，不能交付），为保证传输服务质量，主机就必须有一个复杂的传输协议。

（4）传输层采用标准原语集来提供传输服务。网络服务因不同的网络可能有很大差异。由于传输服务独立于网络服务，故可以采用一个标准的原语集提供传输服务。因为传输服务是标准的，它为网络向高层提供了一个统一的服务界面，所以用传输服务原语编写的应用程序就可以广泛适用于各种网络。

为说明传输层服务的思想，给出最基本的服务原语，如表 6-1 所示。

表 6-1 简单的传输服务原语

原语	原语中文说明	发送分组	含义
LISTEN	监听	无	阻塞，直到某个客户进程连接
CONNECT	建立连接	CONNECT REQ	客户主动尝试建立连接

续表

原语	原语中文说明	发送分组	含义
SEND	发送分组	DATA	发送分组
RECEIVE	接收分组	无	阻塞，直到有数据分组到达
DISCONNECT	释放连接	DISCONNECT REQ	释放连接

开始，服务器执行 LISTEN 原语，阻塞服务器，直到有客户请求到达。当有一个客户要跟服务器进行连接时，执行 CONNECT 原语，引起一个 CONNECT REQ TPDU 分组发往服务器。服务器接收到 CONNECT 原语后，给客户发回一个 CONNECT ACCEPTED TPDU 分组，至此双方的连接已经建立。此后，双方可以通过 SEND 和 RECEIVE 原语交换数据 DATA。当不再需要数据传输时，任何一方都可发出 DISCONNECT 原语，引起一个 DISCONNECT REQ TPDU 分组发往另一方，双方通信结束，连接释放。如图 6-5 所示。

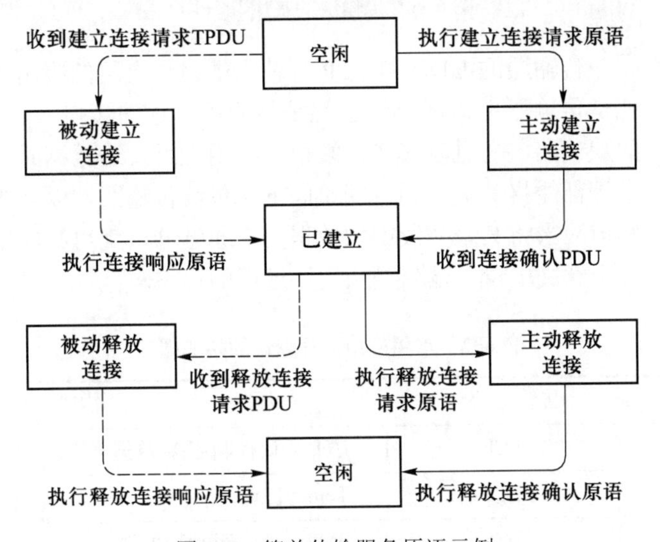

图 6-5 简单传输服务原语示例

显然，从以上分析可以看出要实现上述的功能，仅有网络层是不够的，在主机中就必须有传输层协议。

6.1.3 传输层编址

传输层向应用层提供服务的是传输层实体，传输层服务用户是应用层实体。传输层两个对等实体间遵循传输协议，保证了能够向应用层提供服务。传输层提供的服务需要使用网络层及其下层提供的服务。

传输层的一个很重要的功能就是复用（multiplexing）和分用（demultiplexing），如图 6-6

所示。传输层的复用功能指的是应用层不同进程提交的报文都通过传输层协议使用下层网络层提供的服务。当这些报文由网络层选路和控制经过主机与通信子网各中间节点之间若干链路的转送到达目的主机后，目的主机的传输层就使用传输层的分用功能，将报文分别交付给相应的应用进程。

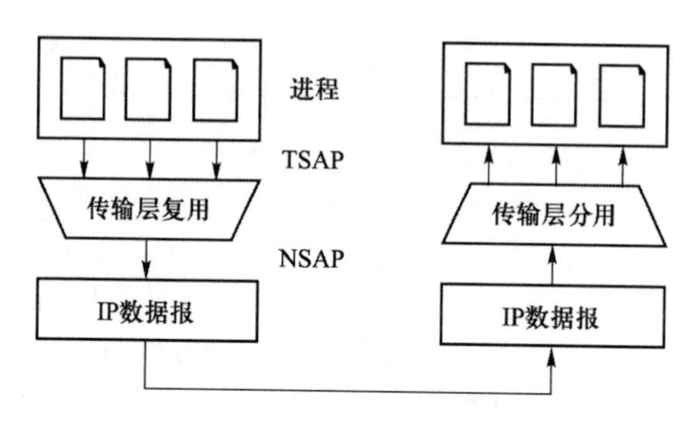

图 6-6 传输层的复用和分用

传输层编址

传输层的 UDP 和 TCP 都使用端口与上层的应用进程进行通信，端口就是传输服务访问点（也就是与应用进程的接口），一些常见的应用进程的默认端口参见表 6-2。端口的作用就是发送数据时让应用层的各种应用进程都能将其数据通过端口向下交付给传输层，以及接收数据时让传输层知道应当将其报文段中的数据向上通过端口交付给应用层相应的进程。从这个意义上讲，端口是应用层进程的标识。

表 6-2 常用应用进程默认的熟知端口

默认熟知端口	传输层协议	描述
20/21	TCP	FTP 协议控制连接/数据连接
23	TCP	Telnet 协议
25/110	TCP	SMTP 协议/POP3 协议
53	TCP/UDP	DNS 协议（可以使用 TCP 或者 UDP）
80	TCP	HTTP 协议
139	TCP	NetBIOS 协议
445	TCP	SMB 协议
67/68	UDP	DHCP 协议服务器端/客户端
69	UDP	TFTP 协议
161	UDP	SNMP 协议

在传输层与应用层的接口上设置端口为一个 16 位地址，并用端口号进行标识，所以 TCP 和 UDP 各有 65 536 个可用端口。注意，端口只有本地意义。传输层的端口有以下三种类型。

（1）熟知端口：专门分配给一些最常用的应用层进程，范围为 0～1 023。这些端口号是 TCP/IP 体系确定并公布的，因而是所有用户进程都熟知的。

（2）注册端口：范围是 1 024～49 151，分配给用户进程或应用程序。这些进程主要是用户选择安装的一些应用程序，而不是已被分配熟知端口的常用程序。

（3）动态端口：动态端口的范围是 49 152～65 535。之所以称为动态端口，是因为它一般不固定分配某种服务，而是动态分配的。

Web 服务默认熟知端口是 80，此时在 IE 的地址栏里输入网址的时候可以省略端口号。网络服务使用其他端口号时，应在地址后输入半角冒号“:”及相应端口号。比如使用“8080”作为 Web 服务的端口，则需要在地址栏里输入“网址:8080”。

6.1.4 套接字

两台计算机中的进程要互相通信，不仅需要知道双方的 IP 地址，通过 IP 地址可以找到对方的计算机（类似于学校的地址），而且还要知道对方的端口号，它标识了计算机中的应用进程（类似于信箱号）。通过学校地址和信箱号，就可以进行邮政通信了，而套接字（socket）就是 IP 地址和端口结合而成的，即（IP 地址，端口）。

因为套接字将 IP 地址和进程的端口号结合在一起，用 IP 地址唯一地标识全球互联网上的一台主机，该套接字的端口号部分则受限于 IP 地址，仅能标识该主机上的特定进程，而不会与其他主机上的相同进程混淆。因特网上使用如下所示的五元组来标识进行通信的双方的唯一连接：

套接字

（源 IP 地址，源端口，目的 IP 地址，目的端口，传输协议）

Wireshark 软件是一个网络协议分析软件，可以捕获网络数据报，并尽可能显示最为详细的网络数据报信息，本章将多次使用该软件进行协议分析。如图 6-7 所示是从主机 192.168.1.3 访问服务器 202.119.224.201 的情况，每一行都是一个唯一的五元组信息，标识唯一的连接，例如第一行中五元组是（192.168.1.3，56560，202.119.224.201，80，TCP）。

从图 6-7 可知，客户端使用的端口是一般端口，而且在一次访问中可能需要建立多个连接，需要使用多个不同的端口。而该服务器使用的是 Web 服务默认的 80 端口，HTTP 协议使用的传输层协议是 TCP 协议。

6.1.5 无连接服务和面向连接的服务

从通信的角度上看，网络中各层所提供的服务可以分成两大类：无连接（connectionless）服务与面向连接的（connection-oriented）服务。

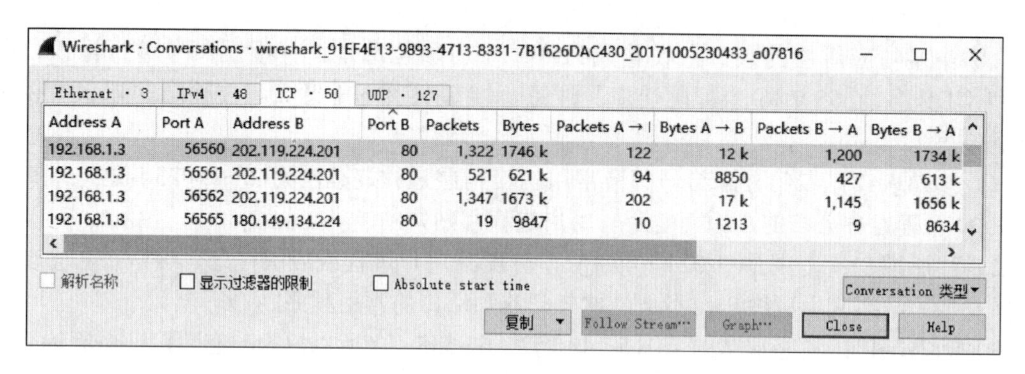

图 6-7 套接字的五元组举例

无连接服务和邮政系统的工作模式相似，两个实体之间的通信不需要先建立连接。这是一种不可靠的服务，也常被描述为“尽最大努力交付”或“尽力而为的服务”。面向连接的服务和电话系统的工作模式相似，可划分为连接建立、数据传输和连接释放三个阶段。无连接服务和面向连接的服务比较如表 6-3 所示。

表 6-3 两大类服务的比较表

对比项	无连接服务	面向连接的服务
连接建立	通信之前不需要建立连接	数据通信之前需要建立连接，传输过程中需要保持连接，数据通信完毕之后连接释放
分组顺序	分组可能经历不同路径到达目的主机，先发送的不一定先到，接收的数据分组可能出现乱序、重复或丢失	面向连接数据传输的收发数据顺序不变
地址信息	每个分组都携带完整的目的地址，各分组在系统中是独立传送的	数据传输过程中，各分组不需要携带目的地址
服务可靠性	不可靠交付	可靠交付
服务效率	协议简单，效率高	协议复杂，效率不高

无连接服务与面向连接的服务在网络体系结构的各层中都可提供，具体实现的协议示例如表 6-4 所示。

表 6-4 两大类服务的具体实现协议

协议层次	无连接服务	面向连接的服务
传输层	UDP	TCP
网络层	IP	X.25 分组级
数据链路层	CSMA/CD	PPP，HDLC

当传输层采用面向连接的协议（如 TCP）时，它为应用进程在传输实体间建立一条全双工的可靠逻辑信道，尽管下面的网络可能是不可靠的（如 IP 交换网络）。当传输层采用如 UDP 这样的无连接协议时，这种逻辑信道是不可靠的。

6.2 用户数据报协议

6.2.1 UDP 概述

用户数据报协议（UDP）只是在 IP 的数据报服务之上增加了端口复用/分用和差错控制的功能。UDP 协议具有如下特点。

（1）UDP 是无连接的。在传输数据前不需要与对方建立连接，UDP 的主机不需要维持复杂的有限状态机。

（2）UDP 提供不可靠的服务。数据可能并不能按发送顺序到达接收方，也可能会重复或者丢失数据。

（3）UDP 同时支持点到点和多点之间的通信，对网络实时应用（如 IP 电话、视频会议等）是很重要的。网络出现的拥塞不会使源主机的发送速率降低。

（4）UDP 的首部只占 8 B，报文首部短，传输开销小。

（5）UDP 是面向报文的。发送方的 UDP 协议对应用进程交下来的报文，在封装成 UDP 用户数据报之后就向下交付给网络层处理。接收方的 UDP 协议，对网络层交上来的 UDP 用户数据报，去掉首部之后提交给应用进程。需要说明的是，UDP 协议适于传输短的报文数据。

6.2.2 用户数据报格式

1. UDP 格式

UDP 用户数据报由两部分组成：UDP 首部和 UDP 数据，网络采集的 UDP 用户数据报的首部实例，如图 6-8 所示。将其抽象化后，如图 6-9 所示。

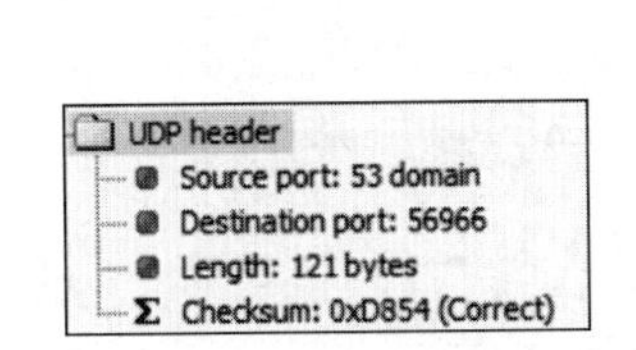

图 6-8 UDP 用户数据报的首部实例

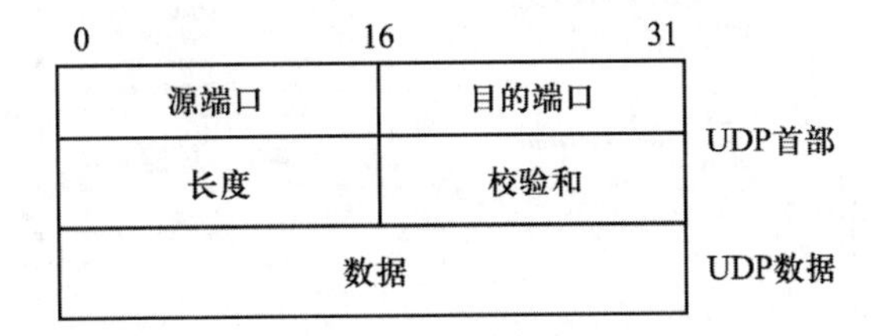

图 6-9 UDP 用户数据报格式

UDP 首部由 4 个字段组成，每个字段占 2 B。其中，“源端口”字段用于标识源端口号；“目的端口”字段用于标识目的端口号；“长度”字段用于标识 UDP 数据报的长度，以字节为单位，长度值包括UDP首部长度（8 B）；“校验和”字段用于在接收方校验收到的UDP数据报的正确性。

2．UDP校验

计算校验和时，要在UDP数据报之前增加12 B的伪首部，如图6-10所示。所谓“伪首部”是因为这种首部只在计算UDP校验和的时候使用，既不向下层传送，也不向上层提交。

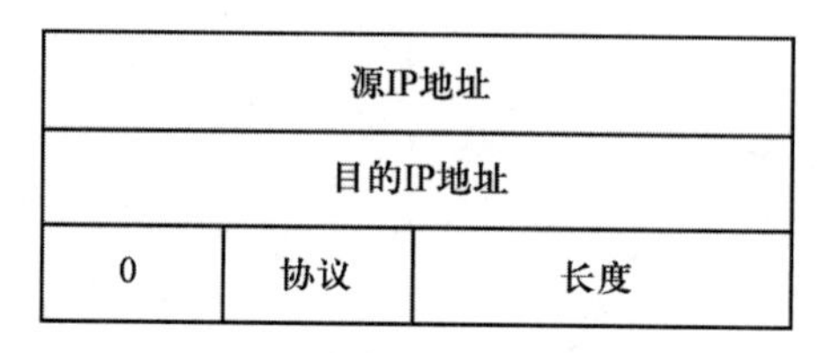

图6-10　计算校验和使用的伪首部

UDP 校验和的计算过程描述如下：首先把校验和字段置 0，把所有需要校验的数据按 16 位一组划分成序列，然后对序列进行反码求和，结果取反，便得到校验和。例6-1详细介绍校验和的计算过程。

这种计算校验和的方法，完整地校验了通信双方的5元组信息，包括源IP地址、源端口、目的IP地址、目的端口、传输协议。其特点是简单，处理快速，便于实现高速的数据传输。

例6-1　网络接收到的UDP数据如图6-11所示，该UDP报文正确吗？

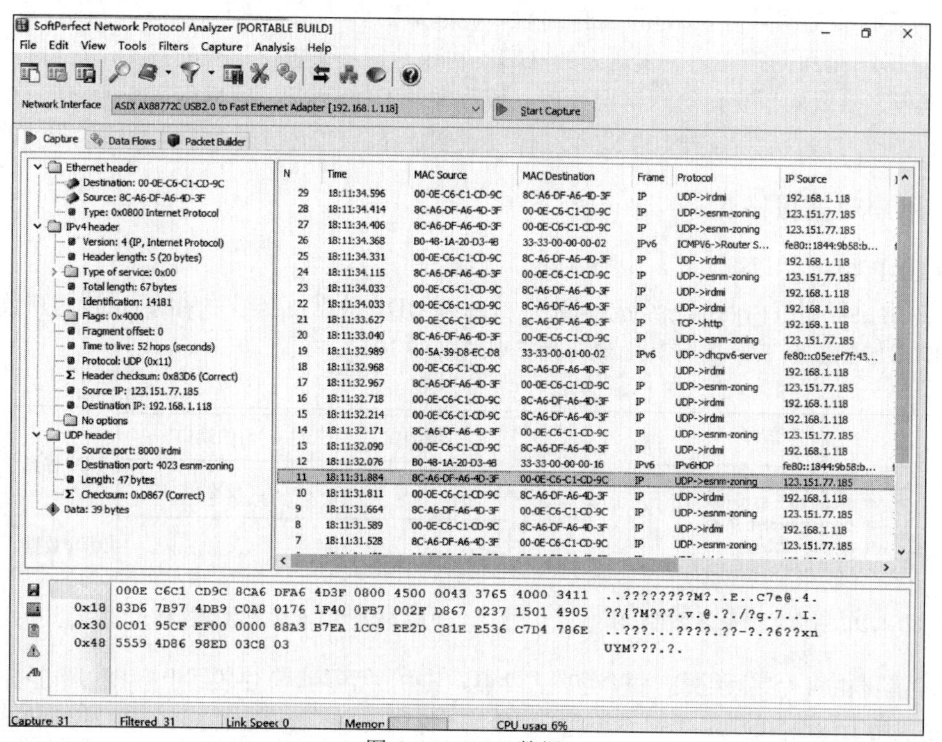

图6-11　UDP数据

解：这里首先解释软件 SoftPerfect Network Protocol Analyzer 采集到的 UDP 数据的含义。如图 6-11 所示，软件运行界面显示的主要信息分为上左、上右和下部三个窗格。其中，上右窗格显示的是采集到的数据的基本信息，包括采集的时间、MAC 地址、帧类型、上层协议等。上左侧窗格和下部窗格中的数据是一一对应的，采集到的数据以十六进制数显示。

UDP 校验和计算举例

以捕获的第 11 个数据帧为例，下部窗格每一行显示 24 个字节数据内容，故数据帧有 81 个字节。第一行前 14 个字节的数据是以太网帧的信息，其中前 6 个字节“00:0E:C6:C1:CD:9C”是目的 MAC 地址，此后的 6 个字节“8C:A6:DF:A6:4D:3F”是源 MAC 地址，接着两个字节“0800”表示网络层携带的帧数据是 IP 数据报。注意，帧尾 4 字节的 CRC 检验和该软件没有采集到，因为网卡没有提供 CRC 信息给软件的捕获引擎。

从第 15 个字节开始的数据是 IP 数据报的首部信息，因为 UDP 是封装在网络层的 IP 数据报中的。“45”表示该 IP 数据报是 IPv4，首部是固定的 20 B，“00”表示没有使用 ToS 字段，赋值全 0。“0043”表示 IP 数据报的总长度是 67 B（数据帧共占 81 B，去掉首部信息占用的 14 B 帧）。标识字段值为十六进制数“3765”，对应的十进制数为 14 181。标志字段第 3 位是 0。片偏移字段第 13 位是 0，和前面的标志字段的 MF（值为 0）联合起来表示该 IP 数据报没有分片。接下来的 1 字节“34”，表示 TTL 字段是 52。此后，“11”代表的十进制数 17，表示传输层的数据是 UDP。“83D6”是计算出的 IP 数据报校验和。接下来的“7B97 4DB9”和“C0A8 0176”，分别表示源 IP 地址 123.151.77.185 和目的 IP 地址 192.168.1.118。

UDP 首部为“1F40 0FB7 002F D867”，一共 4 个字段，每个字段占 2 B。所以源端口是 8000，目的端口是 4023，UDP 长度是 47 B，校验和是“D867”。接下来的是 UDP 的数据部分，占用 47 B−8 B= 39 B（扣除 8 B 的 UDP 首部长度）。

UDP 校验和计算过程如下。

（1）UDP 首部的校验和字段设置为 0，如果 UDP 数据域长度为奇数字节的话，则填充全“0”，保证是 16 的整数倍，所填充的“0”字节不会被接收方当作用户数据，因为有 UDP 长度字段指示了实际的 UDP 数据字段的长度。

（2）将 UDP 首部和 UDP 数据部分以 16 位为单位进行划分。

（3）伪首部部分参与校验和计算，源 IP 地址 123.151.77.185（十六进制数为 7B97 4DB9），目的 IP 地址 192.168.1.118（十六进制数为 C0A8 0176），IP 首部协议字段为 17（十六进制数为 11），UDP 长度字段为 47 字节（十六进制数为 002F）。

（4）进行反码求和运算。其规则是从低位到高位逐位进行计算。0+0=0；0+1=1；1+1=0，但要产生一个进位。如果最高位产生进位，加到末尾。

（5）最后对累加的结果取反码，即得到 UDP 校验和。上面步骤的计算结果十六进制数为 2798，取反码为“D867”，就是 UDP 校验和字段的值。

所以接收到的 UDP 报文正确。

6.2.3　UDP 实例

UDP 不保证可靠交付，但在传输数据之前不需要建立连接，UDP 比 TCP 的开销小很多。只要应用程序接受这样的服务质量就可以使用 UDP。在很多实时应用中（如 IP 电话、实时视频会议等），以及广播或者组播的情况下，必须使用 UDP 协议。传输层使用 UDP 协议的常见应用层协议如表 6-5 所示。

UDP 实例

表 6-5　使用 UDP 协议的应用层协议

协议名称	协议	默认端口	使用 UDP 协议原因说明
域名系统	DNS	53	减少协议开销
动态主机配置协议	DHCP	67	需要进行报文广播
简单文件传输协议	TFTP	69	实现简单，文件需同时提供给多台机器
简单网络管理协议	SNMP	161	传输 SNMP 报文开销小
	Trap	162	SNMP 接收 Trap 消息
路由选择信息协议	RIP	520	实现简单，路由协议开销小
实时传输协议	RTP	5004	因特网的实时应用
实时传输控制协议	RTCP	5005	

图 6-12 显示的是利用 UDP 协议进行双向通信的例子。图 6-13 显示的是双方通信的数据信息采集，从中可以看出双方是通过 UDP 协议进行通信的。

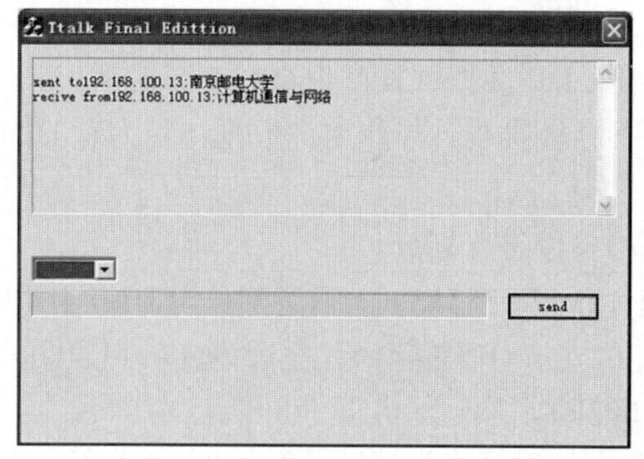

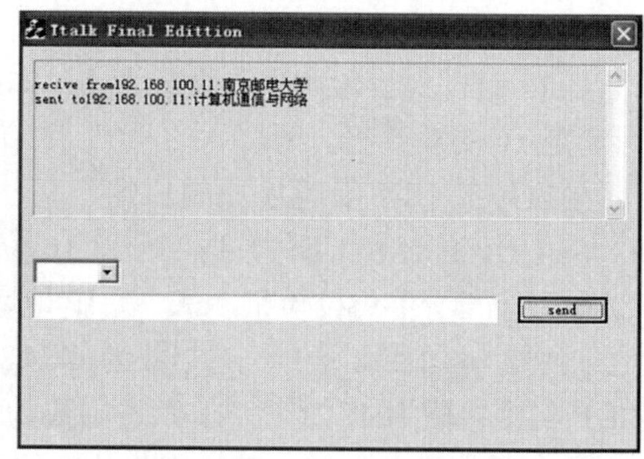

图 6-12　UDP 协议进行通信的例子

Source	Destination	Protocol	Info
192.168.100.11	192.168.100.13	OICQ	OICQ Protocol
192.168.100.13	192.168.100.11	OICQ	OICQ Protocol

图 6-13　通信双方的数据采集

由于 UDP 协议是无连接的，所以双方可直接进行通信，没有连接建立和连接释放过程。OICQ 程序在传输层就是使用 UDP 协议的。

6.3 TCP 协议

6.3.1 TCP 概述

TCP 是 TCP/IP 协议族中的最重要协议之一，因特网中各种网络特性参差不齐，必须有一个功能强大的传输协议来满足互联网可靠传输的要求。TCP 协议具有如下特点。

（1）TCP 是面向连接的。在通信之前双方必须建立 TCP 连接，需要复杂的有限状态机。

（2）TCP 提供可靠的服务。TCP 协议可以保证传输的数据按发送顺序到达，且不出差错、不丢失、不重复。

（3）TCP 只能进行点到点的通信。不提供广播或者组播服务。

（4）TCP 的首部固定部分是 20 B，最长可达 60 B。首部长，传输开销大。

（5）TCP 是面向字节流的。发送方的 TCP 协议将应用进程交下来的数据视为无结构的字节流，并且分割成 TCP 报文段进行传输，在接收方 TCP 协议向应用进程递交的也是字节流。

6.3.2 TCP 报文段格式

应用层的报文传送到传输层，加上 TCP 的首部，就构成 TCP 的数据传送单位，称为 TCP 报文段（TCP segment）。在发送时，TCP 报文段作为 IP 数据报的数据部分，加上首部后，成为 IP 数据报（IP 数据报首部协议字段值为 6 表示是 TCP 数据）。接收时，IP 数据报将其 IP 首部去除后上交给传输层，得到 TCP 报文段。再去掉 TCP 报文段首部，得到应用层所需的报文。

TCP 报文段由 TCP 首部和 TCP 数据两部分组成，网络采集的 TCP 报文段的首部实例如图 6-14 所示。将其抽象化后，得到如图 6-15 所示 TCP 报文段格式。TCP 首部的前 20 个字节是固定的，其后面是根据需要而增加的选项。下面介绍 TCP 报文段格式中部分字段的含义。

（1）源端口和目的端口：端口是传输层与应用层的服务接口。5 元组信息（包括源 IP 地址、源端口、目的 IP 地址、目的端口、TCP）可以唯一标识一个 TCP 连接。

（2）序号：TCP 是面向字节流的，TCP 传送的报文可看成连续的字节流。TCP 报文段中数据部分的每一个字节都有一个编号，该字段指明本报文段所发送的数据部分的第一个字节的序号。

（3）确认号：期望收到的下一个报文段首部的序号字段的值。确认号具有累积效果，若确认号为 M，则表明序号 M–1 前的所有数据都已经正确收到。

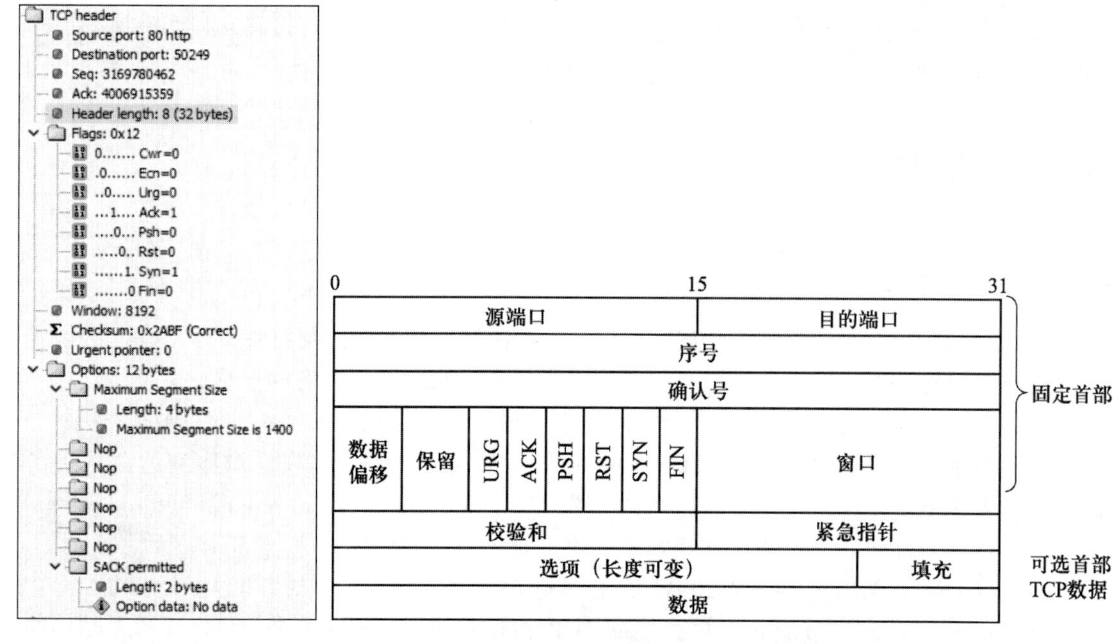

图6-14 TCP报文段的首部实例　　图6-15 TCP报文段的格式

（4）数据偏移：指出TCP报文段的首部长度，以4 B为单位。

（5）标志位：用于区分不同类型的TCP报文，每个标志位都占一位，相应标志位置“1”时有效，其含义如表6-6所示。

表6-6 TCP首部标志位的含义

标志位	置1的含义
URG	表明此报文段中包含紧急数据
ACK	表明确认号字段有效。注意ACK并不消耗序号
PSH	表明应尽快将此报文段交付给接收应用程序
RST	表明TCP连接出现严重差错，须释放连接，然后再重新建立连接
SYN	在连接建立时用来同步序号。注意SYN需要消耗掉一个序号
FIN	用来释放一个连接。注意FIN需要消耗掉一个序号

（6）窗口：该字段表明当前允许发送方发送的数据量，以字节为单位。TCP使用大小可变的滑动窗口机制进行流量控制。注意，窗口指的是从发送本报文段算起，接收方目前允许发送方发送的数据量，是接收方对发送方的流量控制，以保证接收方来得及接收数据。

（7）校验和：校验和字段检查的范围包括 TCP 伪首部（和 UDP 校验和计算方法完全相同，注意 TCP 伪首部协议字段值是 6）、TCP 首部以及 TCP 数据三部分。

（8）紧急指针：只有在 URG = 1 时才有效，指明本报文段中紧急数据的字节数。

（9）选项：长度范围是 0～40 B，注意其值必须是 4 B 整数倍。

① 最常用的选项字段是最大报文段长度（maximum segment size，MSS），MSS 是 TCP 报文段中数据字段的最大长度。注意，MSS 的值等于 TCP 报文段长度减去 TCP 首部长度，即 TCP 数据部分的最大长度。发送方 TCP 报文段使用接收方的 MSS 值作为所发送的每个报文段字节的最大值。

② 窗口规模选项：主要指的是滑动窗口的规模。因为在 TCP 报文段首部中相应的字段占 16 b，TCP 连接任何一端能够通告对端的最大窗口是 65 535 B，若超过此值，则利用此选项来增加 TCP 接收窗口的大小。窗口规模对于提高慢速网络上大于 64 KB 的数据传输效率非常有用，通过使用窗口扩大因子，接收窗口可能增加到最大 1 GB。

③ 选择性确认选项（SACK）：这也是一个 TCP 的选项，允许 TCP 单独确认非连续的片段，用于告知真正丢失的包，只重传丢失的片段。要使用 SACK，两个设备必须同时支持 SACK，建立连接的时候需要使用 SACK Permitted（SACK 允许）选项。该选项只允许在 TCP 连接建立时，对含 SYN 标志的报文进行设置，分别表示通信双方是否支持 SACK。

例 6-2 根据 TCP 报文段格式，回答以下问题：

（1）为什么端口字段放置在 TCP 报文段格式的最前面？

（2）为什么 TCP 首部的最大长度不能超过 60 B？

（3）TCP 首部中“URG”标志位和“紧急指针”字段是如何配合使用的？

（4）主机 A 向主机 B 连续发送了两个 TCP 报文段，其序号分别是 100 和 200。请问第一个报文段携带了多少字节的数据？主机 B 正确收到第一个报文段后发回的确认报文中的确认号字段值是多少？

（5）如果 TCP 协议使用的最大窗口大小为 65 535 B，假设传输信道不产生差错，带宽也不受限制。TCP 报文在网络上的平均往返时间为 20 ms，最大吞吐量是多少？

解：（1）网络传输时，TCP 报文段将作为 IP 数据报中的数据部分传输，将端口号放在 TCP 报文段格式的最前面，是因为当网络传输的 IP 数据报出错时，会向源端主机发送一个 ICMP 差错报告报文，把需要进行差错报告的 IP 数据报的首部和数据部分的前 8 个字节提取出来，作为 ICMP 差错报文的数据字段。而这个 8 个字节就包括了传输层的端口信息，端口信息是源端主机向高层协议报告出错连接的重要信息。

（2）TCP 首部中的“数据偏移”字段指出 TCP 报文段的首部长度，由于该字段占 4 b，所以能够表示的最大值是 1111，即十进制的 15。而该字段以 4 B 为单位，所以最大的 TCP 首部长度是 15×4 B= 60 B。

（3）当 URG 标志位置 1 时，表明发送应用进程的 TCP 有紧急数据传输（比如用户发出中断命令）。于是发送方 TCP 协议就将紧急数据插入到本报文段数据部分的最前面。这时候，紧急指针字段才有意义，紧急指针字段中的值指出本报文段中紧急数据的字节数。注意，即使窗口字段的值为 0，紧急数据也是可以发送的。

（4）TCP 是面向字节流的。主机 A 连续发送了两个 TCP 报文段，其序号分别是 100 和 200。所以第一个报文段的数据序号为 100～199，因此携带了 100 B 的数据。

TCP 首部中确认号字段的值是表示期望收到的下一个报文段首部的序号字段的值。所以主机 B 收到第一个报文段后发回的确认报文中的确认号字段值是 200。

（5）理论计算出最大吞吐量=65 535×8 b/20 ms=26.214 Mbps。

6.3.3 TCP 连接管理

TCP 是面向连接的传输协议。传输连接的建立和释放是每一次面向连接的通信中必不可少的过程。传输连接的管理就是使传输连接的建立和释放都能正常地进行。

1. 连接建立

TCP 连接建立采用的这种过程称为三次握手（three way handshake）。连接建立过程中应解决以下问题：要使每一方能够确知对方的存在，通信双方协商一些参数（如最大报文段长度、窗口规模，以及是否支持 SACK 等）。

TCP 连接建立

需要注意的是，TCP 报文段首部的 SYN 和 FIN 标志位置位的时候，需要消耗一个序列号，而仅在标志位 ACK 置位时不需要消耗序列号。在连接建立后，双方就可以进行双向数据传输了。如图 6-16 所示的是主机 A（192.168.100.11）和主机 B（192.168.100.13）间 TCP 三次握手连接建立的过程。

（1）主机 A 的 TCP 向主机 B 的 TCP 发出第一次握手连接请求报文段，其 TCP 报文段首部中的同步位 SYN 应置为 1，同时选择一个初始序号 Seq = 0（这里的 Seq = 0，指的是相对序号，其绝对的序号是 32 位的随机值）。

（2）主机 B 的 TCP 收到连接请求报文段后，则发回确认（第二次握手报文段），ACK 应置为 1，确认序号应为 Ack = 1（因为之前的连接请求报文段中 SYN 置 1，需要消耗掉一个序号，所以主机 B 此时期望接收的序号应该是 Seq = 1）。因为连接是双向的，所以主机 B 也发出和主机 A 的连接请求，在报文段中同时应将 SYN 置为 1，为自己选择一个初始序号 Seq = 0。

（3）主机 A 的 TCP 收到此报文段后，还要主机 B 给出确认（第三次握手报文段），其确认序号为 Seq = 1。注意，由于 ACK 置 1 的报文段并不消耗掉序号，所以，图 6-16 的第四行报文段所示，在主机 A 发往主机 B 的第一个数据序号，仍然是 Seq =1。注意，第四行报文段不属于三次握手，只是为了说明数据传输开始的序号是 Seq =1。

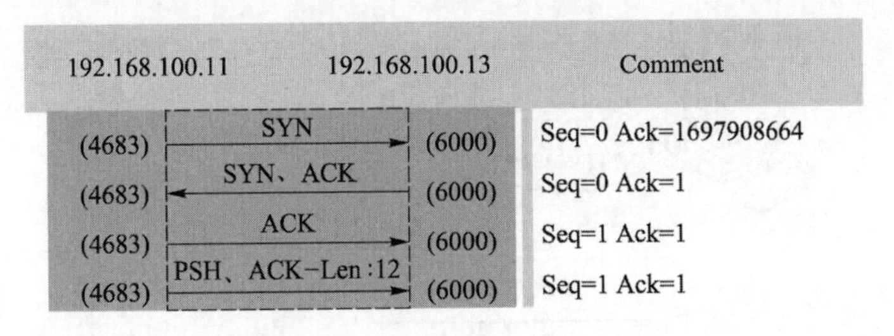

图 6-16 TCP 三次握手建立连接过程

例 6-3 仅仅使用二次握手而不使用三次握手时，会出现什么情况？

解：考虑主机 A 和主机 B 之间的通信，如图 6-17 所示。

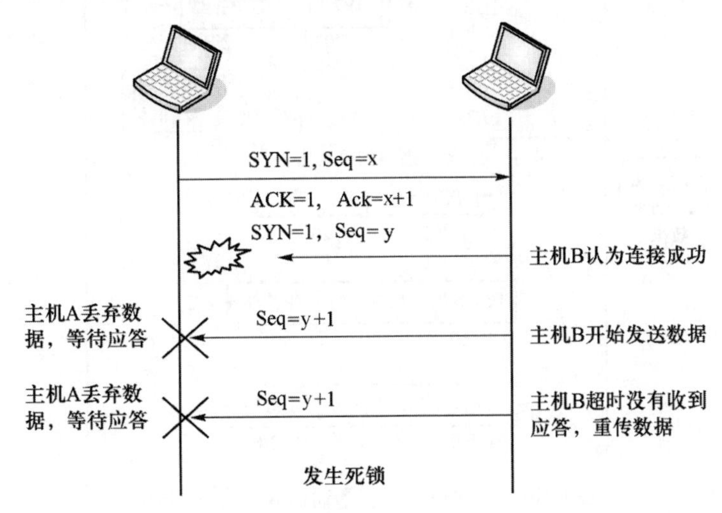

图 6-17 TCP 二次握手导致死锁

（1）假定 A 给 B 发送一个连接请求报文段，B 收到了这个报文段，并发送了确认应答报文段。按照两次握手的协定，B 认为连接已经成功地建立了，可以开始发送数据报文段。

（2）另一方面，若 B 的应答报文段在传输过程中丢失，A 将无法获知 B 是否已准备好，也不知道 B 将使用怎样的序号用于 B 到 A 的传输，不知道 B 是否同意 A 的初始序列号，A 甚至怀疑 B 是否收到了自己的连接请求报文段。在这种情况下，A 认为连接还未建立成功，将丢弃 B 发来的任何数据报文段，只等待接收来自 B 的连接确认应答报文段。

（3）而 B 在发出的数据报文段超时后，重复发送同样的报文段。这样就形成了死锁。

三次握手还有一个非常重要的功能，就是通信双方要协商最大报文段长度、窗口规模、是否支持 SACK 等参数。如图 6-18 所示，以 MSS 为例，在三次握手建立连接时，会在 TCP 的选项字段写入 MSS 选项，告诉对方自己的接口能够适应的 MSS 大小。然后通信双方在数据通信中会选择较小的一个 MSS 值。

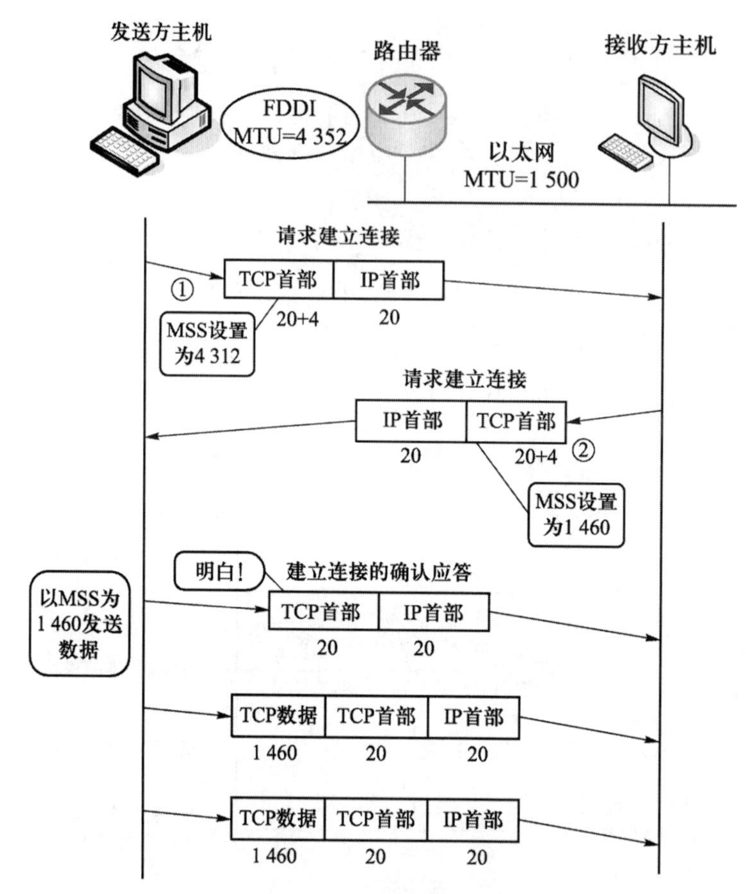

图 6-18　三次握手过程中通信双方协商 MSS

如图 6-18 所示，发送方主机初始的 MSS 值选择 4 312 B，而接收方主机选择 MSS 值为 1 460 B，最终通信双方使用 1 460 B 作为数据传输的 MSS 值。

2. 连接释放

在数据传输结束后，通信的双方都可以发出释放连接的请求。如图 6-19 所示的是主机 A（192.168.100.11）和主机 B（192.168.100.13）间 TCP 连接释放的过程。

TCP 连接释放

（1）主机 A 的 TCP 通知对方要释放从 A 到 B 这个方向的连接，将发往主机 B 的 TCP 报文段（图 6-19 的第一行 TCP 报文段），其首部的 FIN 置 1，序号为 Seq =13，而此时的确认号是 Ack =17，表示期望接收来自主机 B 的下一个序号是 17。

（2）主机 B 的 TCP 收到释放连接的通知后，即发出确认 ACK 且置 1（第二行 TCP 报文段），因为之前主机 A 发送的报文段 FIN 已置 1，所以需要消耗一个序号，所以其确认号为 Ack=14。这样从 A 到 B 的连接就释放了，连接处于半关闭状态。此时如果主机 B 继续发送数据，主机 A 仍可接收。

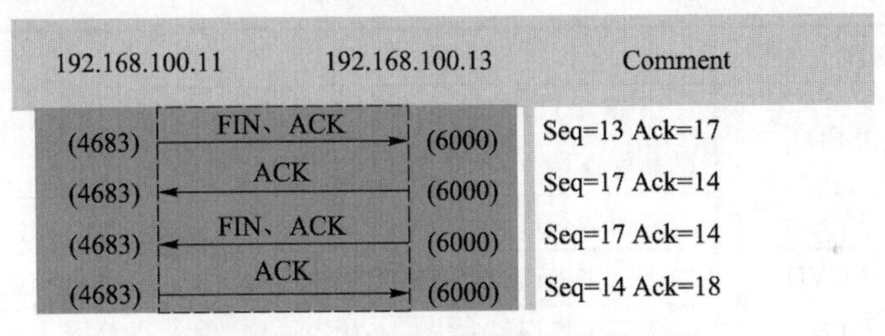

图 6-19　TCP 四次握手释放连接过程

（3）当主机 B 向主机 A 的数据发送结束后，TCP 释放主机 B 到主机 A 的连接（第三行 TCP 报文段）。主机 B 发出的连接释放报文段必须将 FIN 置 1，因为之前发送的 ACK 确认并不需要消耗序号，所以此时的序号仍然是 Seq = 17。

（4）主机 A 必须对此发出确认（第四行 TCP 报文段），因为 FIN 需要消耗一个序号，所以给出的 ACK 为 Ack = 18。最终，双方连接释放全部完成。

3. 有限状态机

TCP 将连接可能所处的状态及相应状态可能发生的变迁，画成如图 6-20 所示的有限状态机。图中的每一个方框就是 TCP 可能具有的状态名及其序号，如表 6-7 所示。状态之间的箭头表示可能发生的状态变迁，箭头旁边写明了动作序号以及引起变迁的原因或发生状态变迁后的动作。

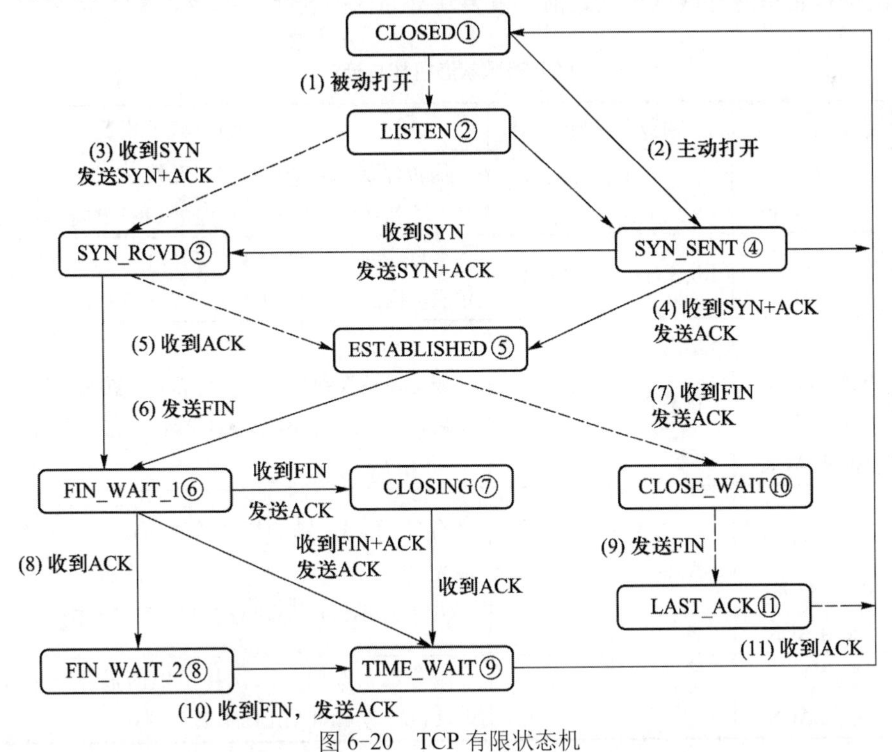

图 6-20　TCP 有限状态机

表 6-7 TCP 连接状态

状态序号	状态名	描述
①	CLOSED	阻塞、关闭状态，表示主机目前没有活动的传输连接或者正在进行的传输连接
②	LISTEN	监听状态，表示服务器在等待新的传输连接
③	SYN_RCVD	表示主机已经收到一个传输连接请求，但尚未确认
④	SYN_SENT	表示主机已经发出一个传输连接请求，等待对方确认
⑤	ESTABLISHED	传输连接建立，通信双方进入正常数据传输状态
⑥	FIN_WAIT_1	（主动关闭）主机已经发出关闭连接请求，等待对方确认
⑦	CLOSING	双方同时尝试传输连接关闭，等待对方确认
⑧	FIN_WAIT_2	（主动关闭）主机已经收到对方关闭传输连接确认，等待对方发送关闭传输连接请求
⑨	TIME_WAIT	完成双向传输连接关闭，等待所有分组消失
⑩	CLOSE_WAIT	（被动关闭）收到对方发来的关闭传输连接请求，并已经确认
⑪	LAST_ACK	（被动关闭）等待最后一个关闭传输连接确认，并等待所有分组消失

在应用进程希望进行数据传送之前，就要建立通信的连接，如表 6-8 所示。

表 6-8 TCP 有限状态机建立连接过程描述

操作方	动作	初始状态	变迁状态	引起变迁的描述
服务器	（1）被动打开	状态①	状态②	服务器从 CLOSED 状态开始，首先执行被动打开操作，连接尚未建立时一直处于 LISTEN 状态
客户端	（2）主动打开	状态①	状态④	客户端也从 CLOSED 状态开始，发起 SYN 置 1 的连接请求，执行主动打开的操作（TCP 连接建立第一次握手）
服务器	（3）收到 SYN，发送 SYN+ACK	状态②	状态③	服务器端收到来自客户端 SYN 置为 1 的连接请求报文后，发送确认 ACK（TCP 连接建立第二次握手）
客户端	（4）收到 SYN+ACK，发送 ACK	状态④	状态⑤	当客户端收到来自服务器的 SYN 和 ACK 时，客户端发送最后一个 ACK，进入连接已经建立的状态 ESTABLISHED（TCP 连接建立第三次握手）
服务器	（5）收到 ACK	状态③	状态⑤	服务器端在收到三次握手中的最后一个确认 ACK 时，也转为 ESTABLISHED 状态

当应用进程结束数据传送时，就要释放已建立的连接。这里假设是客户端先发起的连接释放过程，如表 6-9 所示。

表 6-9 TCP 有限状态机释放连接过程描述

操作方	动作	初始状态	变迁状态	引起变迁的描述
客户端	（6）发送 FIN	状态⑤	状态⑥	发送 FIN 置 1 的报文，等待确认 ACK 的到达（TCP 连接释放第一次握手）
服务器	（7）收到 FIN，发送 ACK	状态⑤	状态⑩	收到从客户端发送的 FIN 报文段，发出确认 ACK（TCP 连接释放第二次握手）
客户端	（8）收到 ACK	状态⑥	状态⑧	收到来自服务器端的确认 ACK 时，处于半关闭状态
服务器	（9）发送 FIN	状态⑩	状态⑪	数据传输完毕，就发送 FIN 置为 1 的报文给客户端（TCP 连接释放第三次握手）
客户端	（10）收到 FIN，发送 ACK	状态⑧ 状态⑨	状态⑨ 状态①	收到服务器发送的 FIN 置 1 的报文后，发送确认 ACK，此时客户端进入 TIME_WAIT 状态，这时另一条连接也关闭了（TCP 连接释放第四次握手）。但是 TCP 还要等待报文段在网络中最长寿命的两倍时间，TCP 才删除原来建立的连接记录，返回初始的 CLOSED 状态
服务器	（11）收到 ACK	状态⑪	状态①	收到客户端 ACK 时，服务器进程就释放连接，删除连接记录，状态回到原来的 CLOSED 状态

例 6-4 根据如图 6-20 所示 TCP 有限状态机，回答以下问题。

（1）在什么情况下会发生从状态 LISTEN 到状态 SYN_SENT，以及从状态 SYN_SENT 到状态 SYN_RCVD 的变迁？

（2）在 ESTABLISHED 状态下，主机 B 进程能否先不发送 Ack=x+1 的确认？（因为后面要发送的连接释放报文段中仍有 ACK=x+1 这一信息）

解：（1）当服务器端处于 LISTEN 状态时，发送连接请求报文 SYN，则进入到 SYN_SENT 状态；当处于 SYN_SENT 状态时，如果收到 SYN 请求报文，发送第二次的握手报文（即 SYN 和 ACK 同时置 1 的报文），则进入到 SYN_RCVD 状态。

（2）不能。因为主机 B 一旦向主机 A 发送了 FIN 和 ACK 置位的 Ack=x+1 报文，就说明主机 B 既不能发送数据，也不能接收数据了。如果省略了主机 B 向主机 A 发送的数据确认 Ack=x+1，主机 A 的有些数据将无法收到确认信息。

6.3.4　TCP 可靠传输

TCP 是可靠的传输层协议，主要通过序号确认机制、超时重传机制、定时器设置以及选择性确认机制四个方面实现可靠传输，下面分别做介绍。

TCP 序号确认机制

1．序号确认机制

序号确认机制是指，TCP 报文段中序号字段以字节为单位，对发送的数据进行编号，确保每个字节的数据都可以有序发送和接收。同时通过确认号字段，获知接收方已经正确接收的报文段。

TCP 将所要传送的整个应用层报文（这可能要嵌在多个报文段中发送）看成是一个个字节组成的数据流，然后对每一个字节编一个序号。在建立连接时，双方要商定初始序号。TCP 就将每一次传送的报文段中的第一个数据字节的序号，放在 TCP 首部的序号字段中。

TCP 的确认是对接收到的数据的最高序号（即收到的数据流中的最后一个字节的序号）表示确认。但返回的确认序号是已收到的数据的最高序号加 1。也就是说，确认序号表示期望下次收到的第一个数据字节的序号，具有“累积确认”效果。

由于 TCP 能提供全双工通信，因此通信中的每一方都不必专门发送确认报文段，而可以在传送数据时顺便把确认信息捎带传送。这样做可以提高传输效率。

例 6-5　用 TCP 传送 112 B 的数据。设窗口为 100 B，而 TCP 报文段每次传送 100 B 的数据。再设发送方和接收方的起始序号分别选为 100 和 200，试画出连接建立阶段到连接释放阶段的图。

解：从连接建立阶段到连接释放阶段如图 6-21 所示。

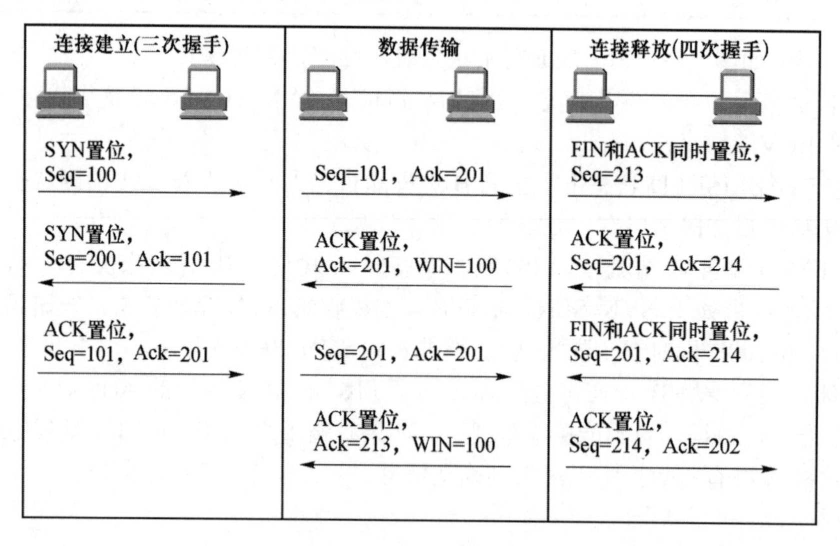

图 6-21　TCP 连接建立阶段到连接释放示意图

（1）连接建立时 SYN 置位，或者连接释放时 FIN 置位，都需要消耗掉一个序号（下一次传输时序号字段加 1），而如果仅仅是标志位 ACK 置位则不需要消耗序号。第一次握手报文段的初始序列号是 Seq=100，因为报文段中的标志位 SYN 置位要消耗一个序号，故第二次握手报文段的 Ack=101；第二次握手报文段的初始序列号是 Seq=200，因为报文段中的标志位 SYN 置位要消耗一个序号，故第三次握手报文段的 Ack=201；而第三次握手报文段仅仅是标志位 ACK 置位而不需要消耗序号，所以在数据传输的第一个报文段，其报文段序号还是 Seq=101。

（2）TCP 数据是按照字节编号的。由于每次只传送 100 B 的数据，所以对于 112 B 的数据，需要拆分成两个 TCP 报文段进行传输。第一个 TCP 报文段的序号字段值是 Seq=101，传输的字节流是 101～200；第二个 TCP 报文段的序号字段值是 Seq=201，传输的字节流是 201～212，一共 12 B。

（3）ACK 具有“累积确认”效果。在数据传输过程中，如果第一个确认报文段（Ack=201，WIN=100）丢失，但是收到第二个确认报文段（Ack=213，WIN=100），仍然表示序号 212 前的所有字节流都已经正确收到，不需要重传 TCP 报文段。

（4）TCP 连接释放时，第一个报文段的 Seq=213，因为报文段中的标志位 FIN 置位要消耗掉一个序号，故第二次握手报文段的 Ack=214；第三个报文段的 Seq=201，因为报文段中的标志位 FIN 置位要消耗掉一个序号，故第四次握手报文段的 Ack=202。

例 6-6 主机 A 向主机 B 发送一个很长的文件，其长度为 L B。假定 TCP 使用的 MSS 为 1 460 B。

（1）在 TCP 序号不重复使用的情况下，L 的最大值是多少？

（2）假定使用上面计算出的文件长度，而传输层、网络层和数据链路层所使用的首部开销共 66 B，链路的数据传输速率为 10 Mbps，试求这个文件所需的最小发送时间。

解：（1）TCP 序号共 32 b，$L_{max} = 2^{32}$ B = 4 GB = 4 294 967 296 B。

（2）因为 MSS 是 1 460 B，划分为 4 294 967 296/1 460≈2 941 759 个 TCP 报文段进行发送。

所以，需要增加的开销为 2 941 759×66 = 194 156 094 B

T_{fmin} =（4 294 967 296+194 156 094）×8/10^7 ≈ 3 591.3 s（约 1 h）

2．超时重传机制

TCP 往返时延

超时重传机制是指，发送方发出数据的同时，启动一个重传定时器，正常情况下确认报文段应该在重传定时器计时超时之前到达发送方，如果重传定时器超时了仍然没有收到来自接收方的确认报文段，则从缓存取出对应序号的 TCP 报文段重传。

超时重传机制最关键的因素是重传定时器的定时设置，但是确定合适的往返时延 RTT 是相当困难的事情。因为 TCP 的下层是一个互联网络环境。发送的报文段可能只经过一个高传输速率的局域网，但也可能是经过多个低传输速率的广域网，并且数据报所选择的路由还可能会发生变化。

TCP 采用了一种自适应算法。算法思想描述如下：记录每一个报文段发出的时间，以及收到相应的确认报文段的时间，这两个时间之差就是报文段的往返时延。将各个报文段的往返时延样本加权平均，就得出报文段的平均往返时延 RTT。每测量到一个新的往返时延样本，按如下方法重新计算一次平均往返时延：

$$\begin{cases}\mathrm{RTT}_{\mathrm{new}} = \mathrm{RTT}_{\mathrm{sample}}\text{（第一次测量得到的RTT样本值）} \\ \mathrm{RTT}_{\mathrm{new}} = \alpha \times \mathrm{RTT}_{\mathrm{old}}\text{(测量累计值)} + (1-\alpha) \times \mathrm{RTT}_{\mathrm{sample}}\text{（第二次以后的单次测量值）}\end{cases}$$

其中，$0 \leqslant \alpha < 1$。若 α 很接近于 1，表示新算出的往返时延 RTT 和测量累计值相比变化不大，而新的往返时延样本的影响不大。若选择 α 接近于零，则表示加权计算的往返时延受新的往返时延样本的影响较大。典型的 α 值为 7/8。

即使有了 $\mathrm{RTT}_{\mathrm{new}}$ 的值，要选择一个合适的超时重传间隔仍然是困难之事。正常情况下，TCP 使用 $\mathrm{RTO}=\beta\times\mathrm{RTT}_{\mathrm{new}}$ 作为超时重传间隔，最初的实现中，$\beta=2$，但经验表明常数值不够灵活，而且发生变化时不能很好做出反应。因此引入 RTT 的偏差的加权平均值 $\mathrm{RTTD}_{\mathrm{new}}$，计算方法如下：

$$\begin{cases}\mathrm{RTTD}_{\mathrm{new}} = \mathrm{RTT}_{\mathrm{sample}} / 2\text{（第一次测量得到的样本值）} \\ \mathrm{RTTD}_{\mathrm{new}} = \beta \times \mathrm{RTTD}_{\mathrm{old}}\text{(测量累计值)} + (1-\beta) \times \left| \mathrm{RTT}_{\mathrm{new}} - \mathrm{RTT}_{\mathrm{sample}} \right|\text{（第二次以后的单次测量值）}\end{cases}$$

其中，$0 \leqslant \beta < 1$。典型的 β 值为 3/4。

最后，超时重传时间 RTO 采用以下公式计算：

$$\mathrm{RTO}=\mathrm{RTT}_{\mathrm{new}}+4\times\mathrm{RTTD}_{\mathrm{new}}$$

例 6-7 已知 TCP 的往返时延的初始样本值是 30 ms。现在收到了三个连续的确认报文段，它们比相应的数据报文段的发送时间分别滞后的时间是 26 ms 和 32 ms。设 $\alpha=0.9$，$\beta=3/4$。分别计算每次新估计的往返时延值 $\mathrm{RTT}_{\mathrm{new}}$ 和超时重传间隔 RTO。

解：（1）初始的情况：

$\mathrm{RTT}_{\mathrm{new}} = \mathrm{RTT}_{\mathrm{sample}} = 30\text{ ms}$

$\mathrm{RTTD}_{\mathrm{new}} = \mathrm{RTT}_{\mathrm{sample}}/2 = 30\text{ ms}/2 = 15\text{ ms}$

$\mathrm{RTO} = \mathrm{RTT}_{\mathrm{new}} + 4\times\mathrm{RTTD}_{\mathrm{new}} = 30\text{ ms} + 4\times15\text{ ms} = 90\text{ ms}$

（2）第一个确认报文段在 $\mathrm{RTT}_{\mathrm{sample}} = 26\text{ ms}$ 到达时的情况：

$\mathrm{RTT}_{\mathrm{new}} = \alpha\times\mathrm{RTT}_{\mathrm{old}} + (1-\alpha)\times\mathrm{RTT}_{\mathrm{sample}}$

$= 0.9\times30\text{ ms}+(1-0.9)\times26\text{ ms} = 29.6\text{ ms}$

$\mathrm{RTTD}_{\mathrm{new}} = \beta\times\mathrm{RTTD}_{\mathrm{old}} + (1-\beta)\times|\mathrm{RTT}_{\mathrm{new}} - \mathrm{RTT}_{\mathrm{sample}}|$

$= 3/4\times15\text{ ms} + 1/4\times|29.6\text{ ms} - 26\text{ ms}| = 12.15\text{ ms}$

$\mathrm{RTO} = 29.6\text{ ms} + 4\times12.15\text{ ms} = 78.2\text{ ms}$

（3）第二个确认报文段在 $\mathrm{RTT}_{\mathrm{sample}} = 32\text{ ms}$ 到达时的情况：

$\mathrm{RTT}_{\mathrm{new}} = 0.9\times29.6+(1-0.9)\times32\text{ ms} = 29.84\text{ ms}$

$RTTD_{new}=3/4\times 12.15\ ms + 1/4\times|29.84\ ms - 32\ ms| = 9.652\,5\ ms$

$RTO = 29.84\ ms + 4\times 9.652\,5\ ms = 68.45\ ms$

上面所说的往返时间的测量，实现起来相当复杂。发送一个报文段后，超时重发时间到了，还没有收到确认，于是重发此报文段，后来收到了确认报文段。现在的问题是：如何判定此确认报文段是对原来的报文段的确认，还是对重发的报文段的确认？由于重发的报文段和原来的报文段完全一样，因此源站在收到确认后，就无法做出正确的判断了。

根据以上所述，Karn 提出了一个算法：在计算平均往返时时延，只要报文段重发了，就不采用其往返时延值作为样本。这样得出的平均往返时延和重发时间较为准确。

3. 定时器设置

TCP 定时器

定时器设置是指，TCP 设置了重传定时器、持续定时器、保活定时器、时间等待计时器四个定时器，确保在 TCP 各种特殊情况下实现可靠传输。

为了保证数据传输正常进行，TCP 实现中应用以下四个定时器。

（1）重传定时器：发送方发送数据后，就将发送的数据放到缓存中，同时设定重传定时器，如果重传时间 RTO 之内没有收到来自接收方的确认报文段，则将缓存数据重新发送。

（2）持续定时器：为接收方缓存满时，就会给发送方发送一个窗口字段值为 0 的报文段。当接收方缓存有空闲时候，会发送窗口更新报文段给发送方。考虑窗口更新报文段丢失这种情况。此时，接收方有了缓存空间，等待发送方发送数据；而发送方由于没有收到窗口更新报文段，不能发送数据，也处于等待状态，双方进入死锁。持续定时器就是为了避免这种情况发生而设定的。若持续定时器超时，发送方给接收方发送一个探寻消息，接收方响应将发送窗口更新报文段发给发送方。

（3）保活定时器：如果一个连接的双方空闲了比较长的时间，该定时器计时超时，于是发送一个报文段查看通信的另一方是否依然存在。如果对方无应答，则终止此连接。

（4）时间等待计时器：时间等待计时器是在连接终止期间使用的。当 TCP 释放一个连接时，并不认为这个连接立即就被真正释放了。这个计时器的值通常设置为一个报文段的最长寿命期待值的两倍。

4. 选择性确认机制

选择性确认机制是指，在支持 SACK 的情况下，可以仅重传丢失部分的数据，不需要重传那些已经被正确接收的数据。

若收到的报文段无差错，只是未按序号排列，那么应如何处理呢？TCP 对此未做明确规定，而是让 TCP 的实现者自行确定。目前有两种常用的处理方式：一是将不按序的报文段丢弃，二是先将其暂存于接收缓冲区内，待所缺序号的报文段收齐后再一起上交应用层。

例 6-8 如图 6-22 所示，发送方每个报文中含有 100 B 的数据，且一连发送了 5 个报文段，其序号分别为 1、101、201、301、401。设接收方正确收到了其中的 4 个，而未收到序号为 201 的报文段。请比较以上两种处理方式的优缺点。

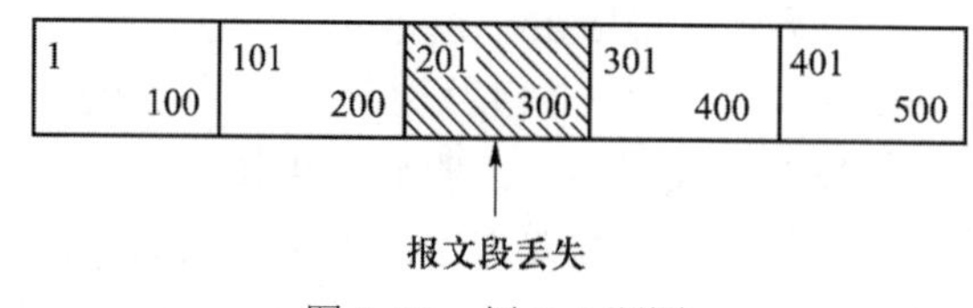

图 6-22 例 6-8 题图

解：（1）丢弃不按序到达的报文段。从序号 201 开始重传所有报文段。这种方法处理简单，不必缓存数据分片，但是效率不高。因为因特网采用的是数据报方式，有些报文段没有按照顺序到达，将导致重传后续已经正确到达的所有数据段。

（2）先将不按序的报文段暂存于接收缓存内，待所缺序号的报文段收齐后再一起上交应用层。接收方可以将序号为 Seq=301 和 Seq=401 的两个报文段先暂存起来，而发回 Ack= 201 的确认（即序号为 200 及这以前的都已正确收到了）。当发送方重发的序号为 201 的报文段正确到达接收方后，接收方就发回 Ack=501 的确认。这种方法较为复杂，而且需要较大的缓存空间。

为提高传输效率，TCP 使用了选择性确认 SACK 作为选项，它使接收方能告诉发送方哪些报文段丢失，哪些报文段重传了，哪些报文段已经提前收到等信息。根据这些信息 TCP 就可以只重传哪些真正丢失的报文段。

需要注意的是只有收到失序的分组时才可能发送 SACK，TCP 的 ACK 还是建立在累积确认的基础上的。也就是说，如果收到的报文段与期望收到的报文段的序号相同就会发送累积的 ACK，SACK 只是针对失序到达的报文段的。

TCP 报文段的首部选项字段中添加了一个支持 SACK 的选项。首先必须在建立 TCP 传输连接时的 SYN 报文段中包含 SACK-Permit（SACK 允许）字段选项，表示后续的传输中希望收到 SACK 选项。此外，在后续报文段中需要包含 SACK 字段，包含接收方要告知发送方已经收到的不连续报文段。原有的“确认号”字段同样有效，SACK 选项字段也仅在标志位 ACK 置位的确认报文段中才有效。

连接建立 SYN 置位报文段中的 SACK 允许字段格式如图 6-23 所示，SACK 允许字段包括类型和长度两个字段。其中，“类型”字段占 1 B，固定值为 4，表示允许使用 SACK 扩展确认选项；“长度”字段占 1 B，固定值为 2，表示在 SYN 允许扩展选项长度长 2 B。

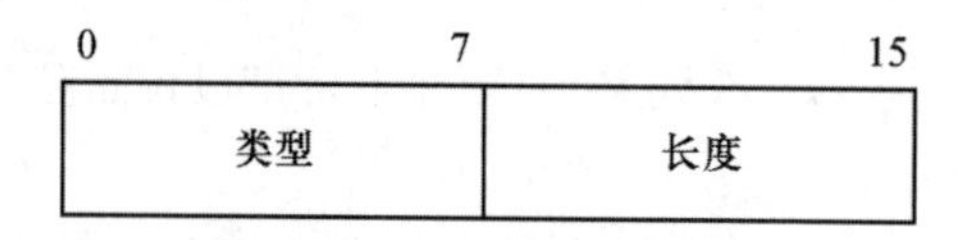

图 6-23 连接建立 SYN 置位报文段中的 SACK 允许字段格式

非连接建立 SYN 置位报文段中的 SACK 允许字段格式如图 6-24 所示。“类型”字段占 1 B，固定值为 5，表示为非连接建立报文段的 SACK 选项。“长度”字段占 1 B，字段值可变，以字节为单位表示 SACK 扩展选项的长度。最后是 n 个（$n \leqslant 4$）标识不连续块起始序号和结束序号部分，每个序号占 4 B。

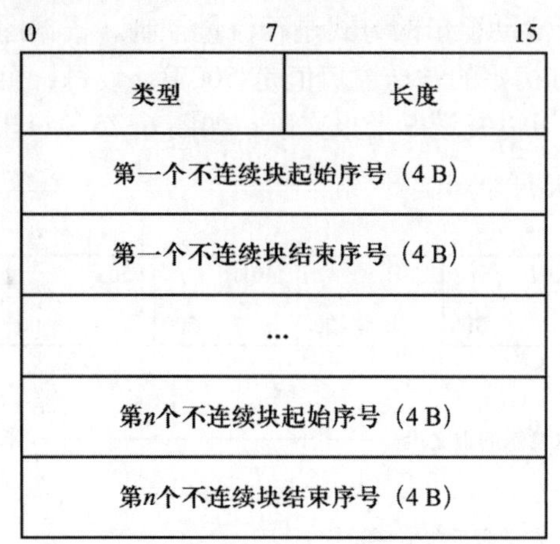

图 6-24 非连接建立 SYN 置位报文段中的 SACK 允许字段格式

在例 6-8 中，在接收方发送的确认报文段 Ack=201 时，在 SACK 扩展选项中标记不连续块起始序号 301，结束序号 501（结束序号减 1 才是字节块中的最后一个序号）。发送方就知道 Seq=301 和 Seq=401 的两个不连续的报文段已经正确接收了，只需要重传 Seq=201 的这一个报文段，从而节省了网络资源，提高了数据传输效率。

6.3.5 TCP 流量控制

TCP 还实现了流量控制和拥塞控制功能。流量控制是基于通信双方的数据发送和接收速率匹配考虑的，其目的就是让接收方来得及接收数据，是接收方对发送方的点对点控制。而拥塞控制是从网络传输中各段链路的带宽和网络设备处理能力等多方面综合考虑的，其目的是使网络可以处理现有的网络流量，同交通拥堵控制类似，拥塞控制是全局性的控制。本节介绍 TCP 的流量控制机制，下一节介绍 TCP 的拥塞控制机制。

TCP 采用大小可变的滑动窗口方式进行流量控制。窗口大小的单位是字节。根据接收方接收能力，通过接收窗口 rwnd（receive window）可以实现端到端的流量控制，接收方将接收窗口 rwnd 的值放在 TCP 报文的首部中的“窗口”字段，传送给发送方。

发送窗口在连接建立时，通信双方设置自己能够支持的最大报文段长度，并通过 TCP 报文段的“选项”字段通知对方，以后就按照这个数值传输数据。

在通信过程中，接收方可根据自己的资源情况，随时动态地调整自己的接收窗口，然后告诉发送方，使发送方的发送窗口和自己的接收窗口一致。这种由接收方控制发送方的做法，在计算机网络中经常使用。

通过大小可变的滑动窗口机制对发送窗口进行调节，不仅实现了流量控制，还实现了网络的拥塞控制。因为拥塞通常发生在通过网络传输的分组数量开始接近网络对分组的处理能力的时候。TCP 协议规定，发送窗口大小 Sendwin = min（rwnd，cwnd）。关于拥塞窗口 cwnd 将在下节介绍，本节假定 cwnd 值足够大，所以仅讨论 rwnd 的影响。

（1）TCP 采用大小可变滑动窗口的方式进行流量控制。根据图 6–25 的通信情况，设主机 A 向主机 B 发送数据。双方初始的发送窗口值是 500 B。设每一个报文段长 100 B，序号的初值为 Seq=1。所以，主机 A 可以发送 5 个报文段。如图 6–25（a）所示。

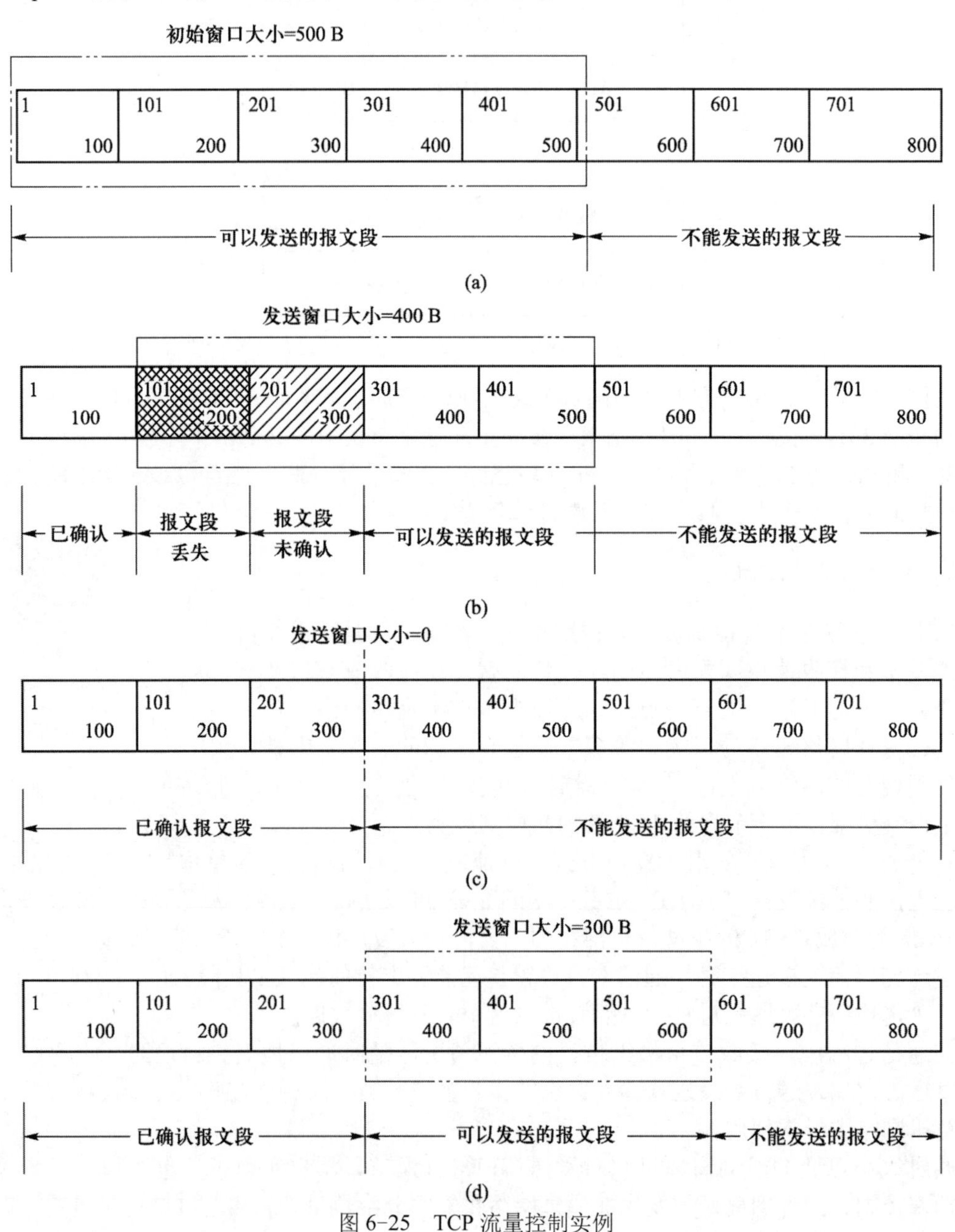

图 6–25 TCP 流量控制实例

（2）假定主机 A 发出了前三个报文段，但是 Seq=101 的报文段丢失了，主机 B 收到了 Seq=1 和 Seq=201 的报文段后，给主机 A 发出了 Ack=101 的确认报文段（期望接收 Seq=101 的报文段）。主机 B 对主机实施 A 第一次流量控制，将窗口大小从初始的 500 B 减小为 400 B。此时，主机 A 还可以发送 Seq=301 和 Seq=401 两个报文段。如图 6-25（b）所示。

（3）当主机 A 重传了 Seq=101 的报文段后，主机 B 累积应答发出了 Ack=301 的确认报文段。同时，主机 B 对主机 A 实施第二次流量控制，将窗口大小从 400 B 减小为 0。此时主机 A 就暂停数据发送了，这种状态将持续到主机 B 重新发出一个新的窗口值为止。但在这个时候，发送方仍然可以发送 URG=1 的紧急数据。如图 6-25（c）所示。

（4）如果主机 A 收到了来自主机 B 新的窗口值，则开始实施第三次流量控制，通告窗口大小从 0 变为 300 B。此时，主机 A 又可以发送从 Seq=301 开始的 3 个报文段了。如图 6-25（d）所示。

从例 6-8 可以看出，主机 A 和主机 B 之间的流量控制，就是接收方主机 B 通过 TCP 报文段中的“窗口”字段，通告主机 A 接收方可以接收数据的最大字节数，主机 A 可以发送的数据不能超过主机 B“窗口”字段通告的值，也就是接收方对发送方实施点对点流量控制。

为了提高传输效率，TCP 还采用了 Nagle 算法和 Clark 算法。Nagle 算法就是为了尽可能发送大块数据，避免网络中充斥着许多小数据块，算法思想是在任意时刻最多只能有一个未被确认的报文段。Clark 算法则是禁止接收方发送“窗口”大小为 1 B 的报文段，让接收方继续等待一段时间，使接收窗口 rwnd 有足够的空间可以容纳一个 MSS 或者缓存空间一半已空时（取两者的较小值）才发送确认报文段。

6.3.6 TCP 拥塞控制

拥塞控制的基本功能是避免网络发生拥塞，或者缓解已经发生的拥塞。与城市发生交通拥堵的原因多种多样类似，网络中发生拥塞的原因也是多方面的，而且网络结构越复杂，发生拥塞的原因也可能越复杂。如 TCP 连接的端到端链路上个别网络节点设备缓存空间太小，报文转发的处理能力太低，或者某段链路带宽太小，甚至接收方的处理数据能力太低等原因，都有可能引起网络拥塞。而且往往是多个引起网络拥塞的因素并存，所以处理拥塞控制问题也很困难，不能仅仅针对网络的某一方面问题加以解决，必须从网络全局角度寻找解决方案。

另一方面，如图 6-26 所示，纵坐标是网络有效处理负载能力的“吞吐量”，横坐标是网络输入负载，理想情况下两者是线性关系。实际情况中，当输入负载接近理论上最大吞吐量时，网络吞吐量早已呈现下降趋势，如果输入负载继续增加，最终可能导致网络实际吞吐量下降到 0，出现死锁。

TCP/IP 体系结构中，拥塞控制机制主要集中在传输层实现。虽然我们讨论了网络发生拥塞的原因，也了解了吞吐量和输入负载之间关系，想要解决拥塞问题也是很困难的。但是，发生网络拥塞的一个典型标志就是出现报文段的丢失。

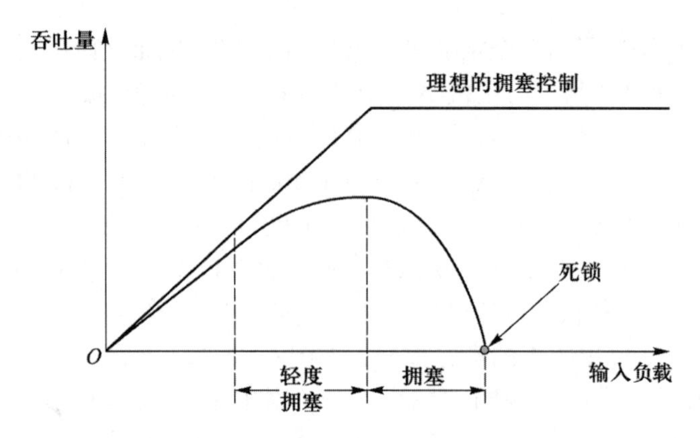

图 6-26 吞吐量和输入负载之间关系示意图

TCP 拥塞控制

TCP 为了进行有效的拥塞控制，需要通过拥塞窗口 cwnd（congestion window）来衡量网络的拥塞程度。注意，发送窗口的取值依据拥塞窗口和接收窗口中的较小的值，即 Sendwin = min（rwnd，cwnd）。

鉴于 rwnd 在流量控制中已阐述，在下文中将只关注 cwnd，且假设 rwnd 足够大。

为了更好地进行拥塞控制，Internet 标准推荐使用以下四种技术，即慢启动、拥塞避免、快速重传和快速恢复。拥塞控制算法将这几种技术有机结合在一起，如图 6-27 所示。

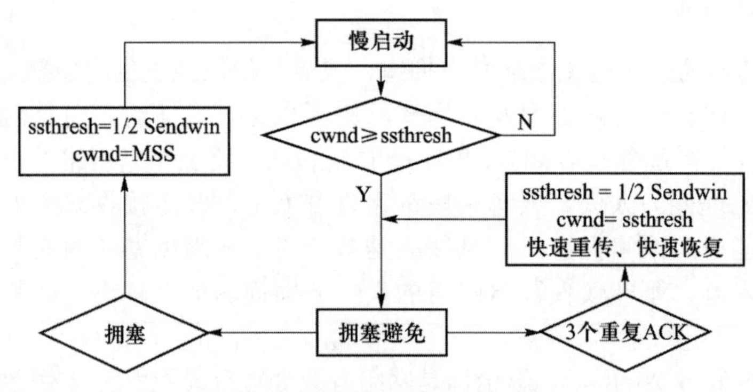

图 6-27 拥塞控制算法的关系图

（1）慢启动：指在 TCP 刚建立连接或者当网络发生拥塞超时的时候，将拥塞窗口 cwnd 设置成一个报文段大小，并且当 cwnd≤ssthresh（门限值）时，以指数方式增大 cwnd（即每经过一个传输轮次，cwnd 加倍）。

（2）拥塞避免：当 cwnd≥ssthresh 时，为避免网络发生拥塞，进入拥塞避免算法，这时候以线性方式增大 cwnd（即每经过一个传输轮次，cwnd 只增大一个报文段）。

（3）快速重传：快速重传算法是指发送方如果连续收到三个重复确认的 ACK，则立即重传该报文段，而不必等待重传定时器超时后再重传。

（4）快速恢复：快速恢复算法是指当采用快速重传算法的时候，直接执行拥塞避免算法，这样可以提高传输效率。

其中，门限值 ssthresh 是为了防止因发送数据过大引起网络拥塞而设置的，是在几种拥塞控制算法之间切换的阈值，其值设置为出现拥塞时的发送窗口 Sendwin 值的一半（大于或等于 2）。不管是在慢启动还是拥塞避免阶段，只要网络发生超时，就必须退回到慢启动阶段，cwnd 取 MSS 后重新开始。如果采用快速重传算法，则 cwnd 值就是调整后的门限值 ssthresh，可以提高网络吞吐量。下面将详细解释各拥塞控制的算法。

1．慢启动算法

慢启动算法是 TCP 为了避免出现网络拥塞而采取的初期预防方案。其基本思想是先发送小字节数的试探性数据，如果顺利收到这些报文段的确认，再慢慢增大发送的数据量，直到达到门限值 ssthresh。慢启动算法的实现机制如下所述。

（1）在 TCP 传输连接建立时，发送方将拥塞窗口 cwnd 初始化为 MSS，然后发送一个大小为 MSS 的报文段。

（2）如果在重传定时器超时之前发送方收到了对该报文段的确认，则发送方将拥塞窗口增大一倍，即 cwnd=2×MSS，可以发送两个大小为 MSS 的报文段。

（3）如果在（2）中发送的两个大小为 MSS 的报文段也都被确认了，则发送方将拥塞窗口再增大一倍，即 cwnd=4×MSS，可以发送 4 个大小为 MSS 的报文段。

（4）当拥塞窗口大小达到了 cwnd=n×MSS 时，如果所有 n 个报文段都被及时确认，则下一传输轮次拥塞窗口为上一个传输轮次拥塞窗口的两倍，即 cwnd=2n×MSS。

（5）如果发生数据丢失（发送方没有在重传定时器超时之前没有收到对报文段的确认），门限值 ssthresh 设置为当前 Sendwin 的一半大小，即 ssthresh=1/2Sendwin，而拥塞窗口重新设置为 cwnd=MSS，继续采用慢启动算法。

（6）如果拥塞窗口增长达到了门限值 ssthresh，而且没有发生数据丢失的话，那就进入拥塞避免算法。

2．拥塞避免算法

拥塞避免算法的基本思想是：当拥塞窗口 cwnd 的值增长达到了门限值 ssthresh，并且在重传定时器超时之前发送方收到了所有报文段的确认，则进入拥塞避免算法，拥塞窗口每经过一个传输轮次仅增加一个 MSS 大小。此时，拥塞窗口的增长速度要明显小于慢启动算法的增长速度。

（1）拥塞窗口 cwnd 的值增长达到了门限值 ssthresh 且没有发生数据丢失，则进入拥塞避免算法。假定当前 cwnd=m×MSS。

（2）如果在（1）中发送的 m 个大小为 MSS 的报文段也都被确认了，则发送方将拥塞窗口增大一个 MSS，即 cwnd=(m+1)×MSS。

（3）如果在（2）中发送的 m 个大小为 MSS 的报文段也都被确认了，则发送方将拥塞窗口再增大一个 MSS，即 cwnd=(m+2)×MSS。以此类推。

（4）在拥塞避免算法的过程中，一旦发生数据丢失，就会把门限值 ssthresh 设置为当前 Sendwin 的一半大小，即 ssthresh=1/2Sendwin，而拥塞窗口重新设置为 cwnd=MSS，重新启用慢启动算法。这样做的目的就是要迅速减少主机发送到网络中的分组数，使发生拥塞的路由器有足够时间把队列中积压的分组处理完毕。

3．快速重传和快速恢复算法

快速重传算法的基本思想：当接收方收到一个未按序到达的报文段时，TCP 立即发出重复确认，而不要等待自己发送数据时才进行捎带确认。在收到三个重复的 ACK 确认报文段后，即认为对应“确认号”字段的数据已经丢失，TCP 不用等待重传定时器超时，立即重传丢失的报文段。

快速恢复算法的基本思想：在发送方收到三个重复的 ACK 确认报文段后，将门限值 ssthresh 设置为当前门限值 Sendwin 的一半，即 ssthresh=1/2Sendwin，然后执行拥塞避免算法，从而减轻网络的负载负担。

快速重传算法具体的实例，如图 6-28 所示。

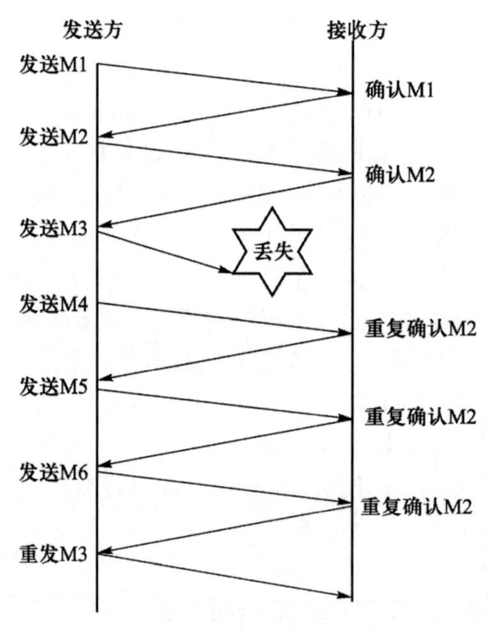

图 6-28 快速重传算法实例

（1）假定每次只发送一个大小为 MSS 的报文段，发送的 M1 和 M2 都顺利接收到了确认，但是 M3 报文段丢失了，后续的报文段也能正常收到。但是此时，接收方是不会再发送对其他报文段的确认的，直到收到 M3。

（2）发送方并不知道 M3 丢失了，继续发送 M4，接收方收到 M4 时，为了尽快通知发送方 M3 没有收到，于是再次发送一个对 M2 的确认报文段，期望接收 M3 报文段。

（3）此时发送方不会发送 M3，依然发送 M5 和 M6，在接收到每个报文段后，接收方都会发出一个重复确认 M2 的报文段。

（4）发送方收到了四个针对同一个 M2 报文段的确认（一个确认 M2，三个重复确认 M2），就会认为 M3 报文段丢失了，不用等待 M3 的重传定时器超时，立即重传报文段 M3。

例 6-9 TCP 的拥塞窗口 cwnd 大小（以报文段个数为单位）与传输轮次 n 的关系如表 6-10 所示（这里假设 rwnd 足够大，不予考虑）。

表 6-10 TCP 的拥塞窗口 cwnd 大小与传输轮次 *n* 的关系表

n	cwnd	*n*	cwnd
1	1	10	1
2	2	11	2
3	4	12	4
4	8	13	8
5	16	14	10
6	17	15	11
7	18	16	12
8	19	17	6
9	20	18	7

（1）请画出拥塞窗口和传输轮次的关系曲线图。

（2）请问各个传输轮次使用的是什么拥塞控制算法？

（3）各个阶段的门限值 ssthresh 各是多大？

（4）第 40 个报文段在第几个传输轮次发送？

解：（1）拥塞窗口和传输轮次的关系曲线图如图 6-29 所示。

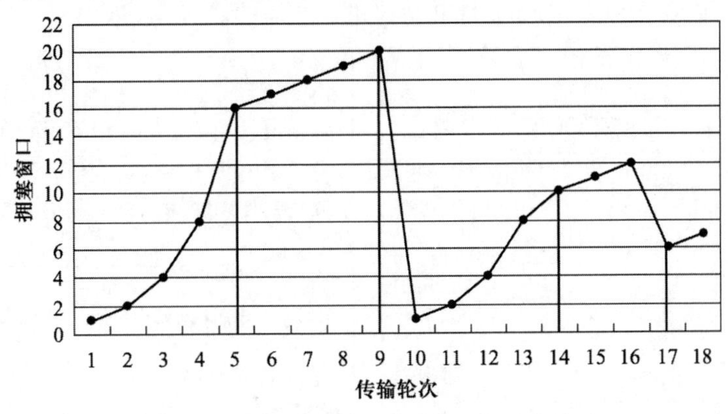

图 6-29 拥塞窗口和传输轮次的关系曲线图

（2）慢开始算法的时间间隔为[1，5]和[10，14]；拥塞避免算法的时间间隔为[5，9]、[14，16]和[17，18]。

（3）时间间隔[1，9]的初始门限值 ssthresh = 16。

时间间隔[10，16]的门限值 ssthresh = 10，因为 rwnd 足够大，在 Sendwin= 20 的时候发生了网络的超时（其根据就是发送方没有按时收到确认）。所以，ssthresh =1/2 Sendwin = 20 / 2 =10。

时间间隔[17，18]的门限值 ssthresh = 6，因为这是收到三个重复的 ACK，所以进入快速重传算法。

所以，ssthresh =1/2 Sendwin = 12/2 =6。

（4）表 6-10 中传输轮次可发送的报文段个数为依据，因为 1+2+4+8+16<40<1+2+4+8+16+17，所以第 40 个报文段在第 6 传输轮次进行传输。

TCP 实例

6.3.7　TCP 实例

TCP 面向连接，且提供序号与确认、流量控制、拥塞控制等机制来保障其可靠传输，应用层协议如果强调数据传输的可靠性，那么选择 TCP 较好。使用 TCP 协议的常见应用层协议如表 6-11 所示。

表 6-11　使用 TCP 协议的应用层协议

协议名称	协议	默认端口	使用 TCP 协议原因说明
文件传输	FTP	20 和 21	要求保证数据传输的可靠性
远程终端接入	Telnet	23	要求保证字符的正确传输
邮件传输	SMTP	25	要求保证邮件从发送方正确到达接收方
	POP3	110	
万维网	HTTP	80	要求可靠的交换超媒体信息

图 6-30 显示的是利用 TCP 协议进行双向通信的例子。图 6-31 显示的是双方通信的数据信息采集，从中可以看出双方是通过 TCP 协议进行通信的。

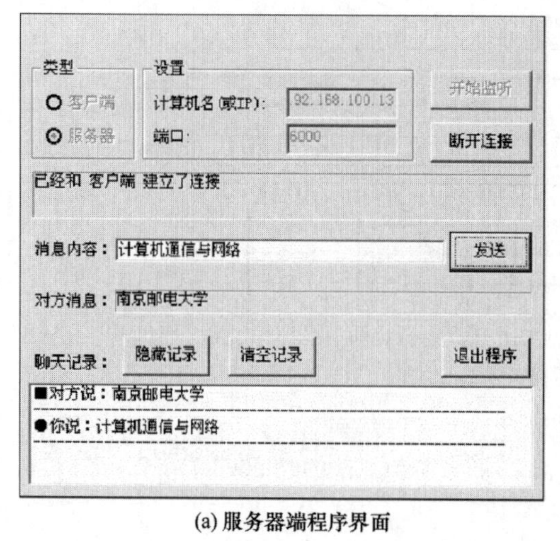

(a) 服务器端程序界面

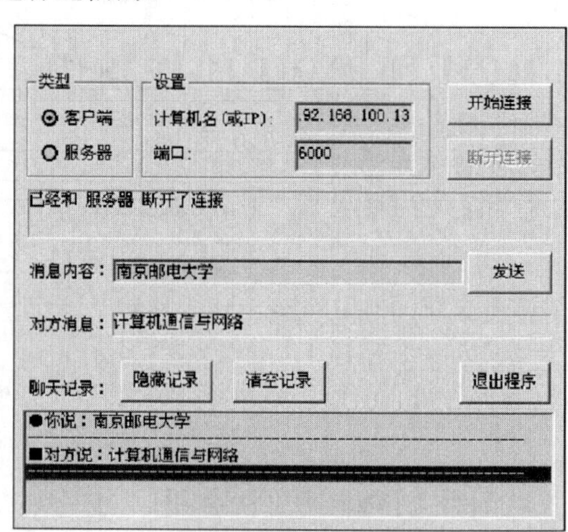

(b) 客户端程序界面

图 6-30　TCP 协议进行通信的例子

Source	Destination	Protocol	Info
192.168.100.11	192.168.100.13	TCP	spike > x11 [SYN] Seq=0 Win=16384 Len=0 MSS=1460
192.168.100.13	192.168.100.11	TCP	x11 > spike [SYN, ACK] Seq=0 Ack=1 Win=65535 Len=0 MSS=1460
192.168.100.11	192.168.100.13	TCP	spike > x11 [ACK] Seq=1 Ack=1 Win=17520 Len=0
192.168.100.11	192.168.100.13	TCP	[TCP segment of a reassembled PDU]
192.168.100.13	192.168.100.11	TCP	x11 > spike [ACK] Seq=1 Ack=13 Win=65523 Len=0
192.168.100.13	192.168.100.11	TCP	[TCP segment of a reassembled PDU]
192.168.100.11	192.168.100.13	TCP	spike > x11 [ACK] Seq=13 Ack=17 Win=17504 Len=0
192.168.100.11	192.168.100.13	TCP	spike > x11 [FIN, ACK] Seq=13 Ack=17 Win=17504 Len=0
192.168.100.13	192.168.100.11	TCP	x11 > spike [ACK] Seq=17 Ack=14 Win=65523 Len=0
192.168.100.13	192.168.100.11	TCP	x11 > spike [FIN, ACK] Seq=17 Ack=14 Win=65523 Len=0
192.168.100.11	192.168.100.13	TCP	spike > x11 [ACK] Seq=14 Ack=18 Win=17504 Len=0

图 6-31 通信双方的数据采集

服务器首先在本主机 192.168.100.13 的 6000 端口进行监听，客户端通过主动连接服务器端的监听端口，从而与服务器建立会话连接。此后，双方就可以进行双向通信了。通信完成后，双方断开连接，通话结束。

本 章 总 结

1．传输服务。传输层的作用是在通信子网提供的服务的基础上，为上层应用层提供有效的、合理的传输服务。传输层只存在于通信子网以外的主机中。传输层为应用进程提供端到端的逻辑通信；传输层对整个报文段进行差错校验和检测；传输层的存在使传输服务比网络服务更加合理、有效；传输层采用一个标准的原语集提供传输服务。

2．传输层编址和套接字。传输层的 UDP 和 TCP 都使用端口与上层的应用进程进行通信，端口是传输服务访问点，是应用层进程的标识。套接字就是 IP 地址和端口的结合。因特网使用五元组来标识进行通信的双方，即（源 IP 地址，源端口，目的 IP 地址，目的端口，协议）。

3．UDP 协议。用户数据报协议 UDP 只是在 IP 的数据报服务之上增加了端口复用/分用和差错控制的功能。主要掌握 UDP 用户数据报格式，以及 UDP 校验和的计算，注意在计算检验和时要增加 12 B 的伪首部。

4．TCP 协议。TCP 面向连接，通过三次握手建立连接，通过序号确认机制和超时重传机制来实现可靠传输，采用大小可变滑动窗口的方式进行流量控制，使用慢启动、拥塞避免、快速重传和快速恢复四种拥塞控制机制，使用有限状态机机制来刻画 TCP 连接可能处于的状态及各种状态可能发生的变迁。这些都是本章需要掌握的重点知识。

▶ 习题 6

6.1 既然互联网协议能够将源主机发出的分组按照协议首部中的目的地址交到目的主机，为什么还需要再设置一个传输层呢？

6.2 试述 UDP 和 TCP 协议的主要特点及它们的适用场合。

6.3 若一个应用进程使用传输层的用户数据报 UDP。但继续向下交给 IP 层后，又封装成 IP 数据报。既然都是数据报，是否可以跳过 UDP 而直接交给 IP 层？UDP 能否提供 IP 没有提供的功能？

6.4 请分析 SYN 洪泛攻击是如何利用三次握手的漏洞的。

6.5 TCP 报文段首部的十六进制信息为 04 85 00 50 2E 7C 84 03 FE 34 D7 47 50 11 FF 6C DE 69 00 00，请分析这个 TCP 报文段首部各字段的值。

6.6 以太网的数据帧封装中，若以太网的 MTU=1 500 B，IP 和 TCP 都只有首部固定长度，包含在 TCP 报文段中的数据部分最大是多少字节？最小又是多少字节？

6.7 试简述 TCP 协议在数据传输过程中收发双方是如何保证报文段的可靠性的。

6.8 为什么说 TCP 协议中即使某数据的应答包丢失也不一定会导致该数据重传？

6.9 主机甲与主机乙之间建立一个 TCP 连接，主机甲向主机乙发送了两个连续的报文段，分别包含 300 B 和 500 B 的有效负载，第一个报文段的序号为 1，主机乙正确接收到两个报文段后，发送给主机甲的确认号为多少？

6.10 若主机甲和乙之间已建立一个 TCP 连接，双方持续有数据传输，数据无差错和丢失。若甲收到一个来自乙的 TCP 报文段，该段的 Seq=1016，Ack=2017，该段的有效负载是 1 000 B。则甲立即发送给乙的 TCP 报文段中 Seq 和 Ack 分别是多少？

6.11 主机 A 向主机 B 连续发送了两个 TCP 报文段，其序号分别为 70 和 130。试问：

（1）第一个报文段携带了多少字节的数据？

（2）主机 B 收到第一个报文段后发回的确认中的确认号应当是多少？

（3）如果 A 发送的第一个报文段丢失了，但第二个报文段到达了 B。B 在第二个报文段到达后向 A 发送确认。试问这个确认号应为多少？

6.12 若 TCP 中的序号采用 64 b 编码，而每一个字节有其自己的序号，试问：在 75 Tbps 的传输速率下（这是光纤信道理论上可达到的数据传输速率），分组的寿命应为多大才不会使序号发生重复？

6.13 一个 UDP 的数据字段长度为 3 752 B。若使用以太网来传送，计算应划分为几个数据报分片？并计算每一个数据报分片的数据字段长度和片偏移字段的值。（注：IP 数据报固定首部长度，MTU=1 500 B）

6.14 考虑在一条具有 10 ms 往返时延的线路上采用慢启动拥塞控制而不发生网络拥塞情况下，接收窗口大小为 24 KB，且最大段长 2 KB，需要多长时间才能够发送第一个完全窗口？

6.15 主机甲和主机乙建立 TCP 连接传输数据，假定接收方主机乙通告的 rwnd=3 000 B，主机甲的发送窗口的取值是 1 000 B。那么，主机甲的拥塞窗口 cwnd 的值是多少？

6.16 主机甲乙之间已建立一个 TCP 连接，每个 TCP 报文段最大长度为 1 000 B，若主机甲的当前拥塞窗口大小为 4 000 B，在主机甲向乙连续发送两个最大段后，成功收到主机乙发送的第一段的确认 TCP 报文段，确认 TCP 报文段中通告的接收窗口大小为 1 000 B，则此时主机甲还可以向主机乙发送的最大字节数是多少？

6.17 主机甲和乙已建立了 TCP 连接，甲始终以 MSS=1 KB 大小的段发送数据，并一直有数据发送，乙每收到一个数据段都会发出接收窗口 rwnd 大小为 6 KB 的确认 TCP 报文段。若甲在 t=0 时刻发生超时时拥塞窗口 cwnd 为 8 KB。

（1）从 t=0 时刻起的 3 个 RTT 内不再发生超时情况下，主机甲的发送窗口分别是多大？

（2）从 t=0 时刻起的 5 个 RTT 内不再发生超时情况下，主机甲的发送窗口分别是多大？

（3）从 t=0 时刻起的 7 个 RTT 内不再发生超时情况下，主机甲的发送窗口分别是多大？

第7章　应　用　层

本章重点介绍常用的 Internet 应用服务及其对应的应用层协议，包括域名系统（DNS）、远程登录（Telnet）、文件传送协议（FTP）、简单文件传送协议（TFTP）、引导协议（BOOTP）、动态主机配置协议（DHCP）、电子邮件系统、简单邮件传送协议（SMTP）、邮局协议第 3 版（POPv3，简写为 POP3）、因特网报文接入协议（IMAP）、多用途互联网邮件扩展（MIME）、万维网（WWW）服务和超文本传送协议（HTTP）。

通过本章的学习，要求理解应用层协议的功能，掌握常用的应用层协议的工作过程。

7.1　应用层协议与网络应用模式

7.1.1　应用层协议

应用层是计算机网络体系结构的最高层，直接为用户的应用进程提供服务。应用层协议则是应用进程间在通信时必须遵循的约定。在因特网中，通过各种应用层协议为不同的应用进程提供服务。同样，应用层协议也会根据网络应用的实际需求，选择相应的传输层协议为其提供所需的传输服务。

图 7-1 列出了因特网部分应用层协议与传输层协议的对应关系。

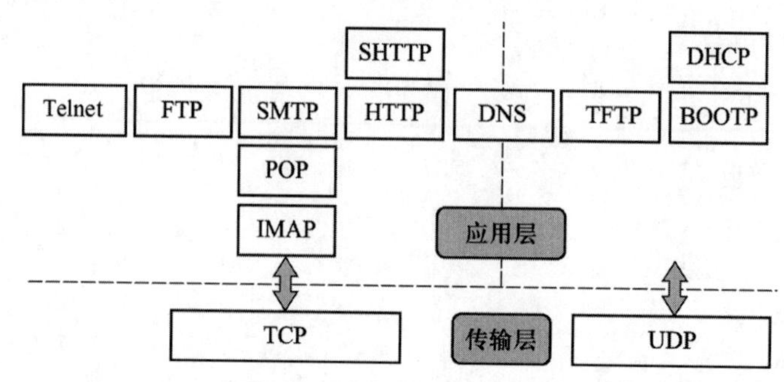

图 7-1　因特网部分应用层协议与传输层协议的对应关系

由第 6 章可知，传输层可为应用层实体提供两种服务协议：面向连接的传输控制协议（TCP）和无连接的用户数据报协议（UDP）。在图 7-1 所列协议中，远程登录（Telnet），文件传送协议（FTP），电子邮件服务中所用的简单邮件传送协议（SMTP）、邮局协议（POP3）、因特网报文接入协议（IMAP），万维网服务中所用的超文本传送协议（HTTP）及安全超文本传送协议（SHTTP）等均使用传输控制协议（TCP）；而简单文件传送协议（TFTP）、引导协议（BOOTP）以及动态主机配置协议（DHCP）则使用无连接的用户数据报协议（UDP）。与上述不同的是，域名系统（DNS）并非使用单一的传输层协议，在域名解析的过程中会同时用到 TCP 和 UDP。

7.1.2　网络应用模式

网络应用模式的演变伴随着计算机网络的发展进程，大体分为三个阶段：以大型计算机为中心的应用模式，以服务器为中心的应用模式和客户-服务器应用模式。随着网络应用的发展，又相继出现基于 Web 的客户-服务器应用模式以及 P2P 模式。

1．以大型计算机为中心的应用模式

以大型计算机为中心的（mainframe-centric）应用模式，也称为分时（time sharing）模式，用于面向终端的多用户计算机系统（主从结构）。这一模式的主要特点是：

（1）通过链路把简单终端（无独立处理能力）连接到主机或通信处理机；

（2）用户界面是由系统专门提供的；

（3）所有终端用户的信息都被送入主机处理；

（4）主机将处理的结果返回终端，显示在终端屏幕的特定位置；

（5）系统采用严格的集中式控制和广泛的系统管理、性能管理机制。

2．以服务器为中心的应用模式

在 20 世纪 80 年代初，个人计算机（PC）上市后，揭开了计算机神秘的面纱，使计算机通信与网络走上了高速发展之路。但早期的 PC 配置 CPU 为 8088，内存 64 KB～1 MB，硬盘才 20 MB。应用程序数据处理能力显然力不从心，于是局域网应运而生。LAN 采用以服务器为中心（server-centric）的应用模式，也称为资源共享（resource sharing）模式，为单个用户工作站（workstation）提供灵活的服务，但管理控制和系统维护工具的功能较弱。这一模式的主要特点是：

（1）主要用于共享驻留在服务器上的应用、数据等；

（2）每个用户工作站上的应用程序提供自己的界面，并对界面给予全面的控制；

（3）所有的用户查询或命令处理都在工作站完成。

3．客户-服务器应用模式

在客户-服务器（client/server，C/S）应用模式中，分成前端（front end）（即客户部分）和后端（back end）（即服务器部分），如图 7-2 所示。客户-服务器应用模式能够充分利用客户和服务器双方的智能、资源和计算能力，共同执行一个给定的任务，即负载由客户和服务器共同承担。

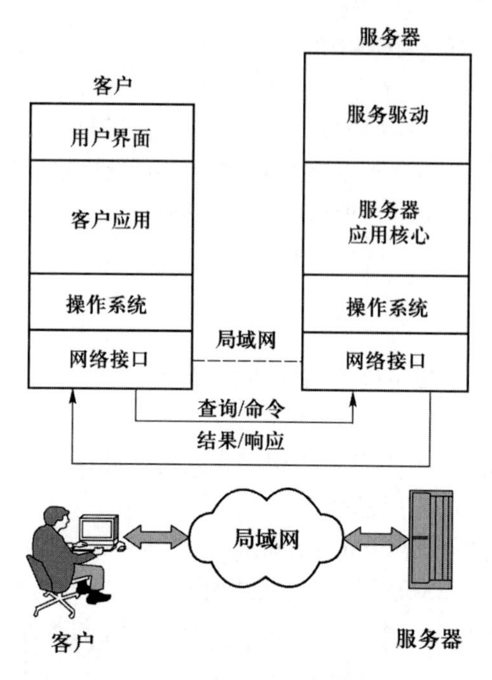

图 7-2 客户-服务器模式

从整体上看，客户-服务器应用模式有以下特点。

（1）桌面上的智能。客户负责处理用户界面，把用户的查询或命令变换成一个可被服务器理解的预定义语言，再将服务器返回的数据提交给用户。

（2）最优化地共享服务器资源（如 CPU、数据存储域）。

（3）优化网络利用率。由于客户只把请求的内容传给服务器，经服务器运行后把结果返回到客户，可不必传输整个数据文件的内容。

在低层操作系统和通信系统之上提供一个抽象的层次，使应用程序具有较好的可维护性和可移植性。

如何区分以服务器为中心的应用模式和 C/S 应用模式这二者呢？现通过工资管理的例子加以阐明。假设职工的工资记录存放在网上服务器的数据库里。在以服务器为中心的应用模式中，客户机上的应用进程请求服务器通过网络发送想要的数据库表，客户端收到从服务器传来的数据表，经检查并按需修改某些表项后，再送回到服务器。而在 C/S 应用模式下，服务器接收到请求后，自行修改数据库。由此可见，C/S 应用模式中的客户机只通过网络发送请求完成该操作的信息，服务器并不发送任何文件的内容。

中间件（middleware）是支持客户-服务器模式进行对话、实现分布式应用的各种软件的总称。其目的是解决应用与网络的过分依赖关系，透明地连接客户和服务器。

中间件的体系结构如图 7-3 所示。从应用的角度看，中间件对网络的作用类同于操作系统对本地计算机资源（内存、硬盘、外设等）的作用。例如，在本地计算机上编写软件时，应用程序员可以不必考虑磁盘寻道、内存换页或I/O端口。显然，这正是中间件要实现的效果。

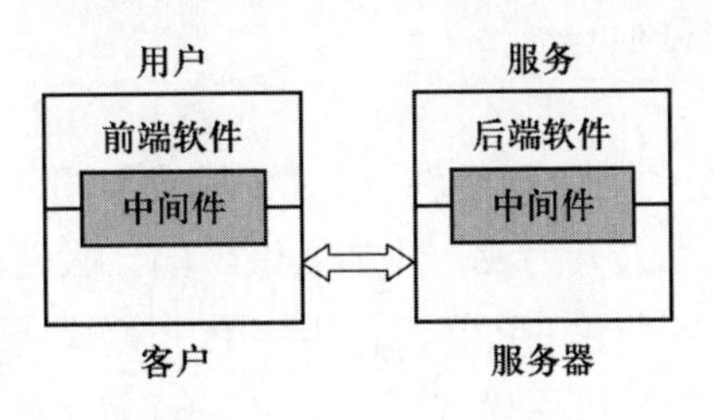

图7-3　中间件的体系结构

4．基于Web的客户-服务器应用模式

目前因特网上的应用大多采用了基于Web的客户-服务器应用模式，图7-4描述了该模式的基本结构：

- Web服务器；
- 客户机，即浏览器；
- 应用软件服务器；
- 专用功能的服务器（数据库、文件、电子邮件、打印、目录服务等）；
- Internet 或Intranet（内联网）网络平台。

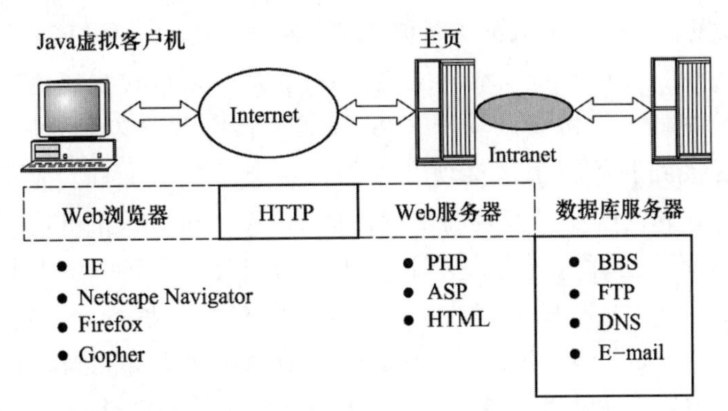

图7-4　基于Web的客户-服务器应用模式

基于Web的客户-服务器应用模式可以提供“多层次连接”，即浏览器-Web服务器-数据库服务器三层连接，又称客户-网络模式。利用Web客户和服务器之间的交互向用户提供万维网（world wide web，WWW）服务，支持主页（homepage）信息的组织、发布、检索和浏览等功能。Web服务器采用超文本置标语言（hypertext makeup language，HTML）、活动服务器页面（active server pages，ASP）、页面超文本预处理器（page hypertext preprocessor，PHP）

等技术编写并发布静态或动态的网页；Web 客户端对应各种类型的浏览器，比如微软的 IE（Internet Explorer）、Netscape Navigator、Mozilla Firefox 等，在 HTTP 和 TCP/IP 协议的支持下，从 Web 服务器获取 HTML 网页。

5．P2P 模式

P2P（peer-to-peer）意思是“对等网络”。与 C/S 模式不同，P2P 模式将互联网内的所有计算机进行对等连接，可以实现“人人为我，我为人人”的、大范围、大规模的资源共享。每台主机同时扮演客户机和服务器的角色。P2P 工作组将 P2P 模式定义为：通过在系统之间直接交换来共享计算机资源和服务的一种应用模式。该定义强调了分布式资源在不同端系统之间的直接交换，也就是以非集中方式使用分布式资源来完成关键任务。这里的资源包括计算能力、数据（存储和内容）、网络带宽和场景（含计算机、人以及应用环境等）；而关键任务则指分布式计算、数据/内容共享、通信和协同或平台服务。

其实 P2P 并不是一个新概念，传统的电话通信网提供的正是 P2P 通信服务模式。在因特网平台上，P2P 模式已经被广泛应用于电子商务、IP 电话、交互式游戏、交互式流媒体等领域。基于 P2P 模式或结构的应用层服务有不少，常见的包括迅雷下载、Gnutella 、Freenet、Skype、eMule、BitTorrent 等。当然，实际的网络应用服务在实现的时候，会使用多种不同的网络模式，比如，Napster、OpenNAP 等使用客户-服务器结构实现搜索功能，使用 P2P 模式实现另外一些功能。

下面以内容分发协议 BitTorrent（简称 BT）为例，简单介绍 P2P 网络模式在文件传输服务中的具体应用。BitTorrent 本质上是网络环境下分布式系统的文件传输协议。以 FTP 为代表的传统文件传输协议，基于 C/S 模式，将所有的文件资源集中存放在服务器中，客户机需要连接到服务器上，实现文件的上传或下载。文件传输的速度往往受到用户数量、服务器最高下载速度等因素的影响。而 BitTorrent 中文件的下载和上传直接发生在两个端用户之间，而且每个端用户在下载文件的同时，也可以为其他用户提供文件上传的服务，从而支持更大规模的分布式文件分发。用户数量越多，下载速度越快。

网络应用模式

BitTorrent 系统结构如图 7-5 所示。其中，Tracker 服务器并非用来集中存储文件资源，其主要任务是追踪参与文件下载和上传的用户。BT 客户端连接到 Tracker 服务器，获得包含所有正在下载和上传的用户信息列表（如 IP 地址、端口号等），根据自己所需或拥有的文件资源，选择一个或多个用户发起连接，开始实施文件的下载或上传。文件发布者需要制作 Torrent 种子文件，文件包含资源名称、Tracker 服务器地址、发布者信息等。BT 往往以组块（chunk）为单位分发文件，每个组块大小相同，一般为 256 KB 或者 1 MB。有关 BitTorrent 详细的协议内容请参考 BitTorrent Protocol Specification v1.0。

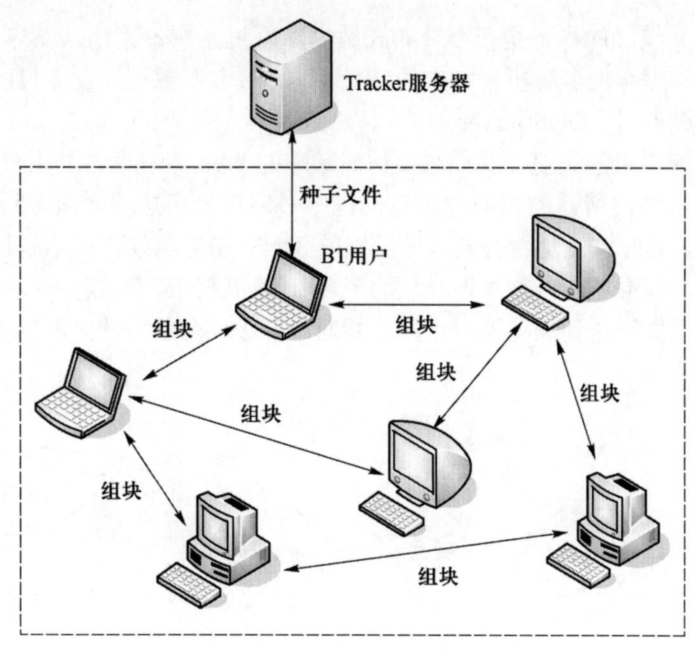

图 7-5 BitTorrent 系统结构

7.2 域名系统

7.2.1 域名系统概念

因特网有了 IP 地址，为什么还要有域名？什么是域名？众所周知，在电话网上所用的一连串的电话数字号码不好记，而具体的单位名称或姓名就容易记。同样，用点分十进制表示的 IP 地址确实也不好记，为了方便用户记忆，设计用字符型的名字来代替点分十进制的数字，而这个名字属性又分成一层一层的域来表示。表 7-1 列出了因特网域名系统（domain name system，DNS）与电话网的号簿系统的概念性对照。

表 7-1 因特网域名系统与电话网的号簿系统概念性对照

对比项	电话网	因特网
层次	电话号码簿	域名服务系统
	号簿分类	域
人们熟知记法	单位名称	域名 （主机或服务器名）
软件操作地址	电话号码	IP 地址 （逻辑地址）
硬件执行地址	交换机端口	网卡地址 （物理地址）

因特网的域名系统（DNS）是一个分布式数据库联机系统，采用 C/S 应用模式。客户机可以通过域名服务程序将域名解析为特定的 IP 地址。域名服务程序在专设的节点上运行，常将该节点称为域名服务器（DNS server）。

在图 7-6 中，客户机的浏览器程序想要访问远端的 Web 服务器，若用户仅提供 Web 服务器的域名信息，为了访问所需的页面，浏览器程序必须首先通过域名服务系统解析获得 Web 服务器的 IP 地址。此时，浏览器会向本地配置的 DNS 服务器发送域名解析请求报文，DNS 服务器收到请求后，根据域名查找本地存放的域名-地址映射表。若找到对应的 IP 地址，则将该地址封装成响应报文回送到浏览器。否则，要通过各级域名服务器之间的进一步交互，协作完成域名解析的任务。

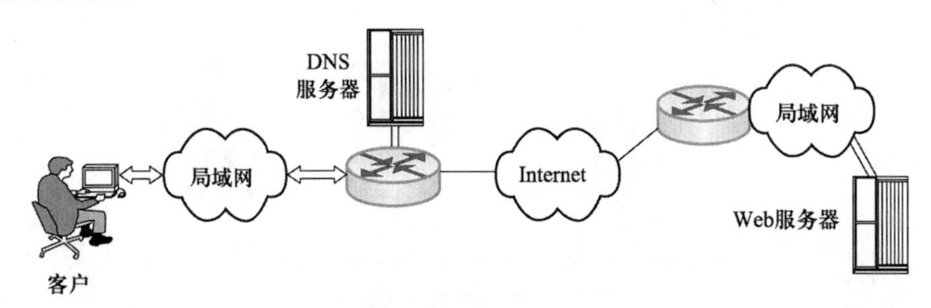

图 7-6　域名系统

7.2.2　域名结构

域名实质上是一种比 IP 地址更高级（抽象）的地址表示形式。域名系统主要涉及名字空间的划分和管理以及实现域名与 IP 地址之间的转换。

如何命名将涉及整个网络系统的工作效率。参照国际编址方案，因特网采用层次型命名的方法。域名结构使整个名字空间呈现为一个规则的倒树形结构，如图 7-7 所示。

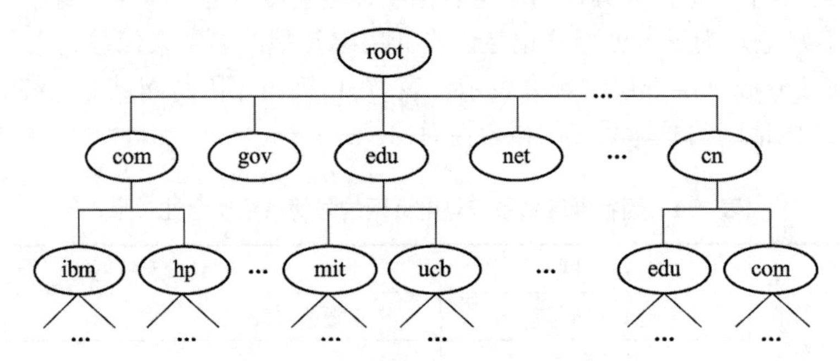

图 7-7　因特网的域名结构

DNS 的分布式数据库是以域名为索引的，每个域名实际上对应图 7-7 中逆向树的路径，这棵逆向树称为域名空间（domain name space）。树的最大深度不得超过 127 层，树中每个节点都有一个可以长达 63 个字符的文本标识。树根下一级的节点对应顶级域节点，再下一级是二级域节点，以此类推。最下面的叶子节点对应单台计算机。每个节点管理直连的下一级域节点。一台主机的域名就是从对应叶子节点到树根路径上各个节点标识的序列，例如高等教育出版社服务器的域名是 www.hep.com.cn。

域名的写法规则与 IP 地址的类似，同样用点号“.”将各级域分开，但域的层次顺序应自右向左，即右侧的域级别更高。在上例中 www.hep.com.cn 含 4 个标号，即 www，hep，com，cn。有三级域：

第一级域 cn

第二级域 com.cn

最低级域 hep.com.cn

所谓“域”指的是这个域名中的每一个标号右面的标号和点。在上述例子中，可以认为 com.cn 是 cn 的子域，hep.com.cn 又是 com.cn 的子域。显然，只要同一层不重名，主机名是不会重名的。

因特网并未规定域的层次数，它可以有二层、三层或多层。因此，在域名系统中，并不能从域名本身区分主机名还是一个域名。但在实际应用中是能分辨出来的，因为每个域有其特定的含义。为了保证在全球的域名统一性，因特网规定第一级（或称顶级）域名如表 7-2 所列（这里不区分大小写）。

表 7-2 第一级（或称顶级）域名

第一级域名	名称	第一级域名	名称
net	网络组织	store	专供商品交易的部门
edu	教育部门	info	专供资讯服务部门
gov	政府部门	nom	专供个人网址
mil	军事部门（仅美国使用）	firm	专供公司或企业
com	商业部门	web	专供从事 WWW 活动机构
org	非营利组织	art	专供文化团体
int	国际组织	rec	专供娱乐或休闲者

采用二字符的国家代码定为国家或地区名称，如 cn （中国）、jp （日本）等，由于因特网起源于美国，通常默认国家代码的第一级域均指美国。

举例来说，像 www.hep.com.cn 是按组织来划分域的，这种域名称为组织型域名。还可以按地理位置划分域，称为地理型域名，如 nj.js.cn（中国江苏南京）。

7.2.3 域名解析服务

因特网引入域名是方便了用户使用，真正进行网络通信仍然使用 IP 地址。那么，域名如何与 IP 地址对应呢？实现域名解析功能的是分布全球的各级域名服务器（或称名字服务器）。而提出域名解析请求的软件称为域名解析器，它实际上附加在许多网络应用软件中。

域名解析服务

由于域名结构本身的层次性，因特网上的域名系统也按照域名对应的层次结构，在每一级部署相应的域名服务器，如图 7-8 所示。域名服务器一般可分为以下几种。

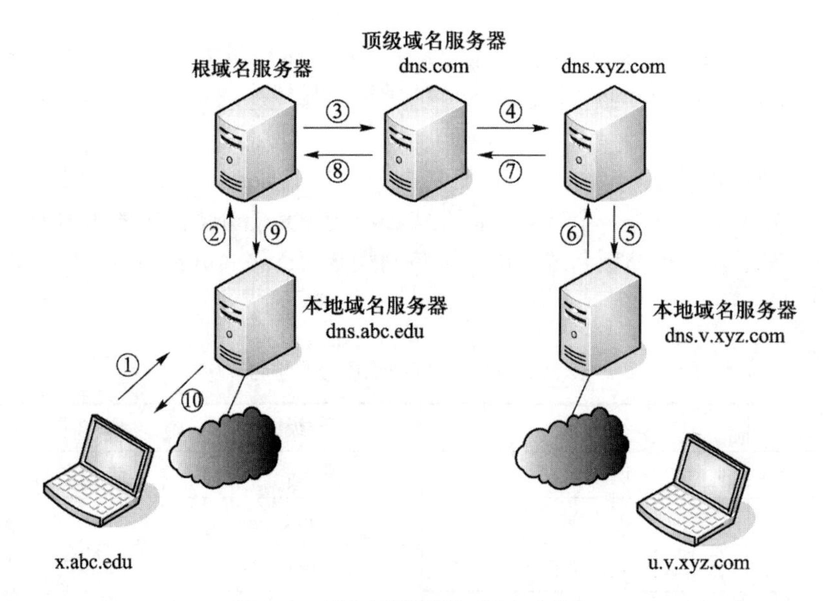

图 7-8 域名解析过程（递归方法）

（1）根域名服务器（root domain name server）：根域名服务器用于管辖第一级（顶级）域。它并不必对其下属的所有域名解析，但一定能连接到所有的二级域名的域名服务器。目前全球 IPv4 根域名服务器一共有 13 台，其中美国 10 个，欧洲两个，日本一个。

（2）授权域名服务器（authoritative domain name server）：每台授权域名服务器能将其管辖内的主机名解析为 IP 地址，每一台主机都必须在授权域名服务器处注册登记。

（3）本地域名服务器（local domain name server）：也称默认域名服务器，每个企业网、校园网都会配置一个或多个本地域名服务器。

因特网允许各单位内部自行划分为若干个域名服务器管理区，设置相应的授权域名服务器。例如图 7-8 中某单位 xyz 下设 v 分公司，v 分公司内部可以设置本地域名服务器 dns.v.xyz.com

专门负责解析本域内所有主机的域名。

域名解析有正向和反向两种。

1. 正向域名解析

所谓正向域名解析就是从域名求得对应的 IP 地址。由于域名系统对应树形层次结构，并且每一级域都部署域名服务器管理本级域内的域名和地址，所以，只要采用自顶向下的算法，从根开始向下，一定能找到所需名字的对应 IP 地址。

域名解析的基本方法有递归解析和迭代解析两种。

1）递归解析

递归解析是从根开始解析，一次性完成。例如，图 7-8 中域名为 x.abc.edu 的主机要得到域名为 u.v.xyz.com 的主机的 IP 地址，递归的过程如下。首先，x.abc.edu 的主机向本地域名服务器 dns.abc.edu 查询，若找不到对应的地址信息，本地域名服务器会代表主机将查询请求转发到根域名服务器。由于根域名服务器中保存有顶级域 com 对应的授权域名服务器地址，该域名查询请求被继续转发到 com 顶级域名服务器。后续的解析过程会按照④→⑤查询，最后包含主机（域名为 u.v.xyz.com）IP 地址的响应报文会按原路（⑥→⑦→⑧→⑨→⑩）返送给 x.abc.edu 主机。这一例共使用 10 个报文。

可见，递归的方法不需要用户参与，都由服务器一次性完成。但是，根域名服务器负担将非常重，一旦失效，全球的网络就将崩溃。为了减轻根域名服务器的负担，可以采用重复解析法（又称反复解析法）实现域名解析。具体思想是：当本地域名服务器接收到解析请求后，若找不到对应的地址信息，则将请求转向比本域高一层的授权域名服务器（或最靠近的），如找不到，再向高一层的域名服务器查询，直到能找到请求域名的地址。这里，每个域名服务器除了本身所管理的域名与地址信息外，还应知道上一级（或最靠近的）域名服务器的地址。仅当下层各级域名服务器都找不到时，才向根域名服务器查询。

2）迭代解析

与递归解析不同，迭代解析并非在域名服务器之间转发域名查询请求或应答。根域名服务器或者各级授权域名服务器收到查询请求后，如果不能找到对应的地址信息，则将自己所知道的下一级域名服务器的地址返回给本地域名服务器，由本地域名服务器主动联系下一级域名服务器。例如，图 7-9 中域名为 x.abc.edu 的主机为了得到域名为 u.v.xyz.com 的主机的 IP 地址，x.abc.edu 的主机先向本地域名服务器 dns.abc.edu 查询，如果没有找到对应的地址信息，则本地域名服务器 dns.abc.edu 向根域名服务器转发查询请求，根域名服务器收到请求后，返回顶级域名 com 的地址。接着，本地域名服务器 dns.abc.edu 又向顶级域名 com 服务器发送迭代查询，得到下一级域名服务器 dns.xyz.com 的地址。再经过两次迭代查询（⑥→⑦→⑧→⑨），本地域名服务器 dns.abc.edu 得到目的主机的 IP 地址，并将其返回给源主机。

不同的域名解析方法各有利弊，比如，传统的递归解析对根域名服务器依赖性大，迭代解析加重了本地域名服务器的负担。为了实现负载均衡，使域名解析能够长期、稳定、有效地提供服务，可以将这两种方法结合起来共同完成域名解析的任务。例如，源主机的本地域名服务器与根域名服务器之间采用迭代查询方法获得顶级域名服务器的地址，从本地域名服务器向顶级域名服务器发送查询请求开始，进入递归查询模式。这样同时减轻了根域名服务器和本地域名服务器的负担。

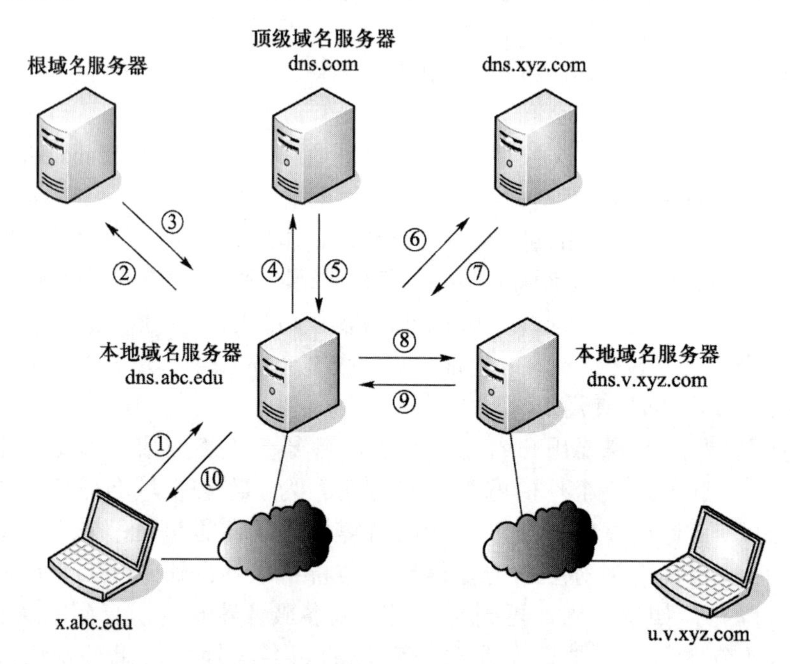

图 7-9 域名解析过程（迭代方法）

2．反向域名解析

反向域名解析，即从 IP 地址找出相应的域名。一个 IP 地址可能对应若干个域名，因此，理论上反向解析需要搜索整个服务器组，这在互联网上是不现实的。为此，专门构造一个特别域，称作反向解析域，记为 in-addr.arpa。欲解析的 IP 地址会被表示成以反向解析域为后缀的域名形式：

xxx.xxx.xxx.xxx.in-addr.arpa

其中 xxx.xxx.xxx.xxx 为倒过来写的 IP 地址，比如 IP 地址为 202.119.224.8，则反向解析域名写为 8.224.119.202.in-addr.arpa。实质上，反向解析域定义了一个以地址做索引的域名空间，从而将反向解析的大部分纳入正向解析过程中。

反向域名解析可以应用在邮件服务器中阻拦垃圾邮件。多数垃圾邮件发送者使用动态分配或者未注册域名的 IP 地址来发送垃圾邮件，以逃避追踪。邮件服务器接收到邮件后，会根据邮件首部记录的邮件发送方的 IP 地址进行反向域名解析。如果解析结果与发送邮件的服务器对应域名一致，接收邮件；否则，认为是垃圾邮件而拒绝接收。

在实际的应用中，每个服务器以及主机都有自己的缓存，存入自己常用的 IP 地址与域名的对应表。因此并不都要到外部去查询，这就大大节省了域名解析所需的时间，减少了流量。有关 DNS 的详细内容请参考 RFC 1034、RFC 1035。

7.3 远程登录

远程登录

远程登录（Telnet）是因特网中的基本应用服务之一，上网用户如果已在远程服务器开设了账户，就可以从本地的 PC（或终端）上登录到远端的服务器。因特网对用户是透明的，这种协议也称远程终端协议。Telnet 采用客户-服务器模式。在图 7-10 中，客户进程利用 TCP 协议将用户的击键信息发送到远端服务器或主机，并在屏幕上显示从服务器或主机接收到的数据。服务器的操作系统内核中的伪终端驱动程序提供一个网络虚拟终端（network virtual terminal，NVT），供操作系统和服务进程在 NVT 上建立注册，以及与用户进行交互操作。服务器上的应用程序可以不必考虑实际终端的类型。

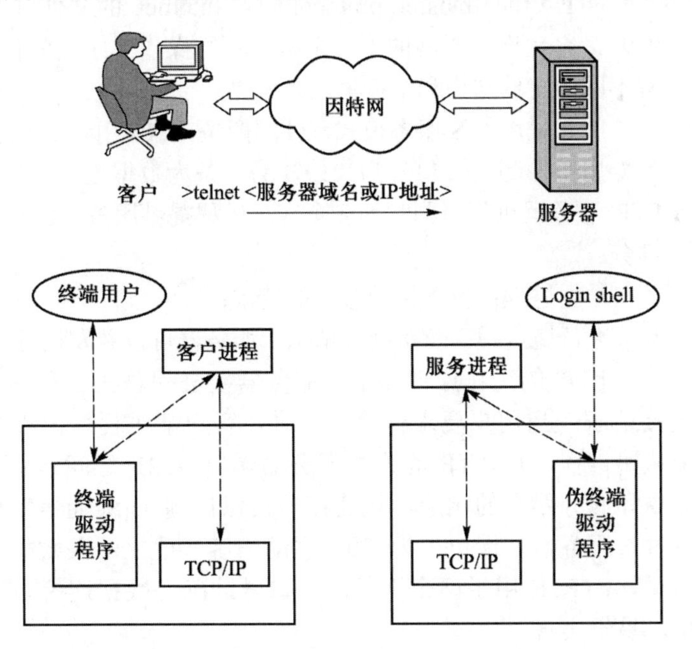

图 7-10 Telnet 协议工作流程

Telnet 客户软件把来自用户终端的按键和命令序列转换为 NVT 格式发送到服务器，而服务器软件将收到的数据和命令，从 NVT 格式转换为服务器系统需要的格式。同样地，Telnet 服务器将数据从服务器系统的格式转换为 NVT 格式发送给客户，而 Telnet 客户则将接收到的 NVT 格式数据再转换为本地格式。这样，利用 NVT 可以屏蔽不同计算机系统或操作系统在数据存储和表示上的差异，支持异构系统之间的远程交互。

NVT 格式规定所有的通信单位为字节。在传送时，NVT 采用 7 位的 ASCII 码传送数据，高位置 1 时作控制命令。NVT 只使用 ASCII 码的几个控制字符，而所有可打印的 95 个字母、数字和标点符号，其 NVT 的定义与 ASCII 码一致。

7.4 文件传送协议

因特网设计了两个有关文件传送的协议：文件传送协议（FTP）和简单文件传送协议（TFTP）。

7.4.1 文件传送协议

因特网上各个网站基本都设置典型的 FTP 服务器，存放共享软件、免费软件等，以便用户自由下载。

文件传送协议（上）

FTP（file transfer protocol）是 Internet 的文件传送标准（参见 RFC 959），它允许在联网的不同主机和不同操作系统之间传输文件，并许可含有不同的文件结构和字符集。

文件传送协议（下）

FTP 采用 C/S 服务模式，使用两条 TCP 连接来完成文件传输，一条连接专用于控制（端口号为 21），另一条为数据连接（端口号为 20）。一个 FTP 服务器进程可同时为多个客户进程提供服务。FTP 服务器进程分为两部分：

- 主进程：负责接受客户的请求；
- 从属进程：负责处理请求，服务器可以并发运行多个从属进程。

FTP 的工作原理如下：服务器主进程总在公众熟知端口（端口号为 21）监听客户的连接请求。当用户要求传输文件时，客户端进程发出连接请求，服务器主进程随即启动一个从属进程，在 FTP 客户与服务器端口号 21 之间建立一个控制连接，用来传送客户端的命令和服务器端的响应，该连接一直保持到 C/S 通信完成为止。当客户端发出数据传输命令时，服务器（端口号为 20）主动与客户建立一条数据连接，专门在该连接上传输数据。可见，FTP 使用了两个不同的端口号，确保数据连接与控制连接能够并发工作，使协议简单，易于实现。

图 7-11 给出了 FTP 的功能模块和连接的示意图。由图 7-11 可知，用户接口为终端用户提供交互界面，接收用户发出的命令，负责将其转换成标准的 FTP 命令，并将控制连接上的 FTP 响应转换为用户可显示的格式。通信双方的协议解释器直接处理 FTP 的命令和响应。

例 7-1 举例说明客户机与服务器之间处理 FTP 命令与响应过程。其中顺序号仅用来方便读者查看，实际处理过程中并不显示，所有过程均在操作系统命令提示符下进行交互，每一行的解释均以符号“;”开始。

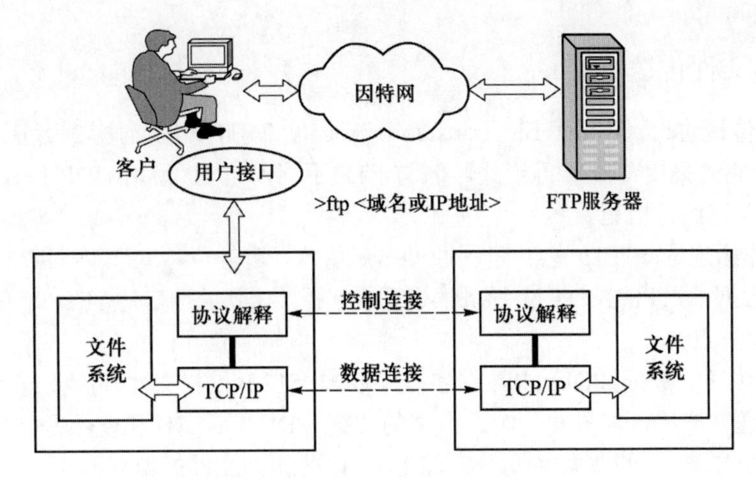

图 7-11 FTP 功能模块与连接

[01] ftp ftp.njupt.edu.cn ；用户要用 FTP 命令和南京邮电大学 FTP 服务器建立连接

[02] connected to ftp.njupt.edu.cn ；本地 FTP 发出的连接成功信息

[03] 220 nic FTP server （Sunos 4.1）ready. ；从远地服务器返回的信息，220 表示“服务就绪”

[04] Name: anonymous ；本地 FTP 提示用户输入名字。此例用户输入的名字为“匿名”

[05] 331 Guest login ok, send ident as password. ；数字 331 表示“用户名正确”，需要口令

[06] Password: xyz@ jsjxy.njupt.edu.cn ；本地 FTP 提示用户输入口令。用户这时可输入 guest 作为匿名的口令，也可以输入自己的电子邮件地址，例如南京邮电大学计算机学院（jsjxy） 的主机上的 xyz。

[07] 230 Guest login ok, access restrictions apply. ；数字 230 表示用户已经注册完毕。

[08] ftp> cd rfc ；“ftp>”是 FTP 的提示信息。用户输入的命令是将目录改变为包含 RFC 文件的目录。

[09] 250 CWD command successful. ；字符 CWD：Change Working Directory 是 FTP 的标准命令。

[10] ftp> get rfc959.txt ftp-file；用户要求将名为 rfc959.txt 的文件复制到本地主机上，并改名为 ftp-file

[11] 200 PORT command successful. ；字符 PORT 是 FTP 的标准命令，表示要建立数据连接。200 表示“命令正确”。

[12] 150 ASCII data connection for rfc959.txt

（128.36.12.27,1401） （4318 bytes）.；数字 150 表示“文件状态正确，即将建立数据连接”。

[13] 226 ASCII Transfer complete.

local: ftp-file remote: rfc959.txt

4488 bytes received in 15 seconds （0.3 Kbytes/s）. ；数字 226 是“释放数据连接”。现在一个新的本地文件已产生。

[14] ftp> quit ；用户输入退出命令。

[15] 221 Goodbye. ；221 表明 FTP 工作结束。

7.4.2 简单文件传送协议

简单文件传送协议（trivial file transfer protocol，TFTP）的版本 2 是因特网的正式标准（RFC 1350），它也采用 C/S 服务模式，但与 FTP 不同，TFTP 使用 UDP 协议，所以 TFTP 需要有应用层的差错纠正措施。

TFTP 工作原理是，TFTP 客户进程通过熟知端口（端口号为 69）向服务器进程发出读（或写）请求协议数据单元 PDU，TFTP 服务器进程则选择一个新的端口与 TFTP 客户进程通信。

TFTP 主要特点如下。

（1）每次传送的数据 PDU 中数据字段不超出 512 B。若文件长度正好是 512 B 的整数倍，在文件传送完毕后，需另发一个无数据的数据 PDU；若文件长度不是 512 B 的整数倍，则最后传送的数据 PDU 的数据字段不足 512 B，以此作为文件的结束标志。

（2）数据 PDU 形成一个文件块，每块按序编号，从 1 开始计数。TFTP 的工作流程执行停止等待协议，采用确认重发机制：当发完一文件块后应等待对方的确认，确认时应指明所确认的块编号。若发完块后，在规定时间内收不到确认，则重发文件块。同样，若发送确认的一方，在规定时间内收不到下一个文件块，也应重发确认 PDU。

（3）TFTP 只支持文件传输，对文件的读或写，支持 ASCII 码或二进制传送，但不支持交互方式。

（4）TFTP 使用简单的首部，没有庞大的命令集，不能列出目录，也不具备用户身份鉴别功能。

7.5 引导协议与动态主机配置协议

7.5.1 引导协议

引导协议（boot strap protocol，BOOTP）目前还只是因特网的草案标准，其更新版本（RFC 2132）在 1997 年发布。BOOTP 使用 UDP 为无盘工作站提供自动获取配置信息服务。

BOOTP 使用 C/S 服务模式。为了获取配置信息，协议软件广播一个 BOOTP 请求报文，使用全 1 广播地址作为目的地址，而全 0 作为源地址。收到请求报文的 BOOTP 服务器查找该计算机的各项配置信息（如 IP 地址、子网掩码、默认路由器的 IP 地址、域名服务器的 IP 地址）后，将其放入一个 BOOTP 响应报文，可以采用广播方式回送给提出请求的计算机，或使用收到广播帧上的硬件地址（网卡地址）进行单播。

BOOTP 是一个静态配置协议。当 BOOTP 服务器收到某主机的请求时，就在其数据库中查找该主机中已确定的地址绑定信息。当主机移动到其他网络时，BOOTP 就无法提供服务，除非管理员人工添加或修改数据库信息。

7.5.2　动态主机配置协议

动态主机配置协议（dynamic host configuration protocol，DHCP）是与 BOOTP 兼容的协议，所用的报文格式相似（参阅 RFC 2131、RFC 2132），但比 BOOTP 更先进，提供动态配置机制，也称即插即用联网（plug-and-play networking）。

DHCP 允许一台计算机加入新网可自动获取 IP 地址，不用人工参与。DHCP 对运行客户软件和服务器软件的计算机都适用。DHCP 对运行服务器软件而位置固定的计算机将赋予一个永久地址；当运行客户软件的计算机移动到新网时，可自动获取配置信息。

DHCP 使用 C/S 服务模式。当某主机新加入网络时，广播 DHCP 发现报文（DHCPDISCOVER，目的 IP 地址为全 1，源 IP 地址置全 0），主机成为 DHCP 客户。在本地网络的所有主机均能收到该广播发现报文，唯有 DHCP 服务器对此报文予以响应。DHCP 服务器先在其数据库中查找该计算机配置信息，若找到，则采用提供报文（DHCPOFFER）将其回送到主机；若找不到，则从服务器的 IP 地址池中任选一个 IP 地址分配给主机。

实际网络中，无须为每个本地网络都设置一台 DHCP 服务器。本地网络可以设置或指定一台 DHCP 中继代理（relay agent），负责将收到的 DHCP 发现报文以单播形式转发给 DHCP 服务器。在接收到来自 DHCP 服务器的提供报文后再转发给先前发出请求的本地网络用户。

主机入网需要配置的网络信息有 4 项，包括主机 IP 地址、子网掩码、默认路由器（或网关）的 IP 地址、域名服务器的 IP 地址。这些信息可以通过运行 DHCP 协议自动获得，也允许主机用户手工进行配置，例如，在安装 Windows 10 操作系统的主机上，打开“控制面板”，选择“网络和 Internet”，进入“网络和共享中心”界面，选择“更改适配器设置”，鼠标右键单击要配置的活动网络，选择“属性”，双击“Internet 协议版本 4（TCP/IPv4）”，弹出如图 7-12 的对话框，这里可以手动配置。

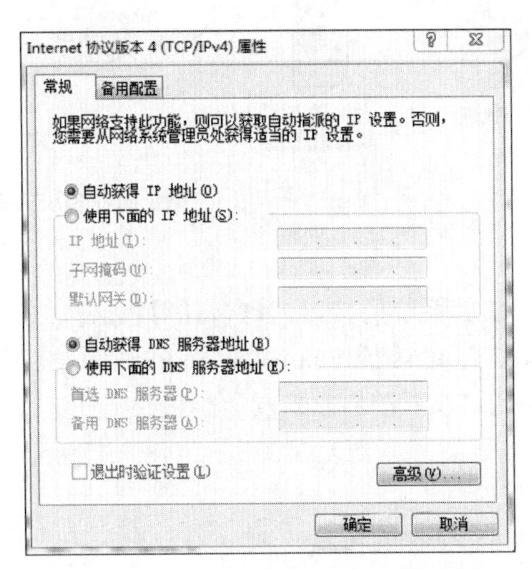

图 7-12　手动进行网络地址配置界面

7.6　电子邮件系统与 SMTP

电子邮件（e-mail）是因特网上最成功的应用之一。电子邮件不仅使用方便，而且传递迅速、费用低廉。在因特网上，电子邮件系统不仅支持传送文字信息，而且还可通过附件传送声音、图片、视频文件等，使用电子邮件提高了劳动生产效率，促进信息社会的发展。

随着网络技术的发展，1982 年制定了阿帕网上的电子邮件标准（RFC 821），即简单邮件传送协议（simple mail transfer protocol，SMTP）和电子邮件标准格式（RFC 822）。1984 年，原 CCITT（现为 ITU-T）制定了消息处理系统（message handling system，MHS），命名为 X.400 建议。过后 ISO 在 OSI-RM 中给出了面向消息的正文交换系统（message-oriented text interchange system，MOTIS）的标准，1988 年，原 CCITT 参考 MOTIS 修改了 X.400 建议，推出了 X.435 建议——电子数据交换（electronic data interchange，EDI）。

由于 SMTP 只能传送可打印的 7 位 ASCII 码邮件，1993 年又给出了多用途互联网邮件扩展（multipurpose internet mail extensions，MIME），于 1996 年修改后成为因特网的草案标准，参见 RFC 2045～RFC 2049。

7.6.1　电子邮件系统的组成

如图 7-13 所示，电子邮件系统基本由三个组件构成，分别是用户代理（user agent，UA）、邮件服务器以及电子邮件所用协议（如 SMTP、POP3、IMAP4 和 MIME）。

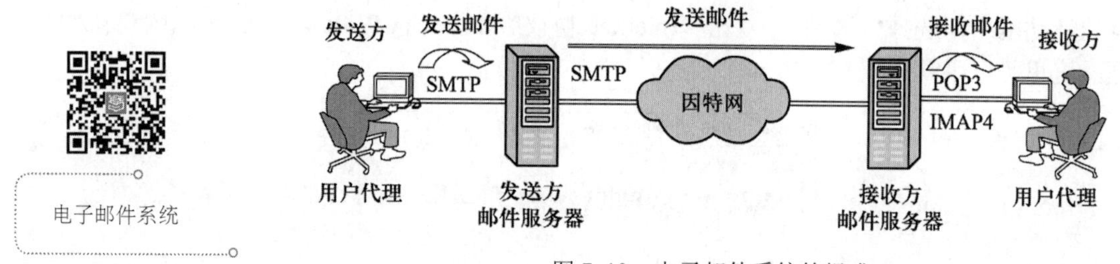

图 7-13　电子邮件系统的组成

1. 用户代理

用户代理是用户与电子邮件系统的接口。每台计算机必须安装相应的程序，在 Windows 平台上有微软公司的 Outlook Express 或 Foxmail、Eudora 等；在 UNIX 平台上有 mail、elm、pine 等。用户代理使用户能通过友好的界面来发送和接收邮件，目前提供了更为直观的窗口界面，便于操作。

用户代理的基本功能如下。

（1）撰写：为用户提供编辑信件的环境。

（2）显示：能方便地在计算机屏幕上显示来信以及附件内容。

（3）处理：包括收、发邮件。允许收信人能按不同方式处理信件，如阅读后存盘、转发、打印、回复、删除等，以及自建目录分类保存，对垃圾邮件可拒绝阅读。

2．邮件服务器

邮件服务器是电子邮件系统的关键组件，因特网上的各 ISP 都设有邮件服务器，其功能就是收发邮件，并可按用户要求报告邮件传送状况（如已交付或被拒绝等）。

邮件服务器使用 C/S 服务模式。一个邮件服务器既可作客户，也可作服务器，图 7-13 中发送方邮件服务器在向接收方邮件服务器发送邮件时，发送方邮件服务器作为 SMTP 客户，而接收方邮件服务器是 SMTP 服务器。

3．电子邮件所用的协议

下面将结合图 7-13 来介绍一份电子邮件的发送和接收过程。

（1）发信人调用用户代理，编辑待发邮件。用户代理采用 SMTP，按面向连接的 TCP 方式将邮件传送到发送方邮件服务器。

（2）发送方邮件服务器先将邮件存入缓冲队列，等待转发。

（3）发送方邮件服务器的 SMTP 客户进程发现缓存的待发邮件，向接收方邮件服务器的 SMTP 服务器进程发起 TCP 连接请求。

（4）当 TCP 连接建立后，SMTP 客户进程可向接收方 SMTP 服务器进程连续发送，发完所存邮件，即释放所建立的 TCP 连接。

（5）接收方 SMTP 服务器进程将收到的邮件放入各收信人的用户邮箱，等待收件人读取。

（6）收件人可随时调用用户代理使用 POP3 或 IMAP4 查看接收方邮件服务器的用户邮箱，若有邮件则可阅读或取回。

7.6.2　简单邮件传送协议（SMTP）

SMTP 与 MIME

简单邮件传送协议（SMTP）规定了两个相互通信的 SMTP 进程应如何交换信息，共设 14 条命令和 21 种应答信息。每条命令由 4 个字母组成，而每种应答信息通常只有一行信息，由 3 位数字的代码开始，后附（也可不附）简单的文字说明。

现通过 SMTP 通信的三个阶段介绍部分命令与响应信息。

1．连接建立

发信人将待发邮件放入邮件缓存，SMTP 客户每隔一定时间对邮件缓存扫描一次。如果有待发邮件，则使用端口号 25 与目的主机的 SMTP 服务器建立 TCP 连接。在连接建立后，SMTP 服务器发出服务就绪“220 Service Ready”消息。接着，SMTP 客户向 SMTP 邮件服务器发送 HELLO 命令，附上发送方主机名。若 SMTP 邮件服务器有能力接收邮件，则回送“250 OK”消息，表示接收就绪。当 SMTP 邮件服务器不可用，则回送服务暂不可用“421 Service not available”消息。

特别指出，TCP 连接总是在发送方和接收方两个邮件服务器之间直接建立。SMTP 不使用中间的邮件服务器。

2. 邮件传送

邮件传送从 MAIL 命令开始，MAIL 命令后随发信人邮件地址，如 MAIL FROM：jsjxy@njupt.edu.cn。当 SMTP 服务器已准备好接收邮件，则回送“220 OK”消息，不然，回送一个代码指明原因，例如，451（处理时出错）、452（存储空间不够）或 500（命令无法识别）等。

接着发送一个或多个 RCPT 命令，取决于同一邮件发送一个或多个收信人，其作用确认接收方系统能否接收邮件。格式为 RCPT TO：<收信人地址>。每发一个 RCPT 命令，应从 SMTP 服务器返回相应信息，如“250 OK”表示接收方邮箱有效，“550 No such user here”则说明无此邮箱。

下面发送 DATA 命令，表示要开始传送邮件的内容。SMTP 邮件服务器返回的信息“354 Start mail input； end with <CRLF>.<CRLF>”。接着 SMTP 客户发送邮件的内容。发送完毕，按要求发送两个<CRLF>表示邮件结束，<CRLF>表示回车换行，注意在两个<CRLF>之间用一个点隔开。SMTP 服务器若收到邮件正确，则返回“250 OK”，否则，回送出错代码。

3. 连接释放

邮件内容发完后，SMTP 客户应发送 QUIT 命令，SMTP 服务器返回信息“221”（服务关闭），表示 SMTP 同意释放 TCP 连接。

由于电子邮件系统的用户代理屏蔽了上述 SMTP 客户与 SMTP 服务器的交互过程，因此，电子邮件用户是看不到这些过程的。

7.6.3 MIME

RFC 822 文档定义了邮件内容的主体结构和各种邮件头字段的详细细节，但是，它没有定义邮件体的格式，RFC 822 文档定义的邮件体部分通常都只能用于表述可打印的 ASCII 码文本，而无法表达出图片、声音等二进制数据。另外，SMTP 服务器在接收邮件内容时，当接收到只有一个“.”字符的单独行时，就会认为邮件内容已经结束，如果一封邮件正文中正好有内容仅为一个“.”字符的单独行，SMTP 服务器就会丢弃掉该行后面的内容，从而导致信息丢失。

由于因特网的迅速发展，人们已不满足于电子邮件仅仅是用来交换文本信息，而希望使用电子邮件来交换更为丰富多彩的多媒体信息，例如，在邮件中嵌入图片、声音、动画和附件。所以，Nathan Borenstein 向 IETF 提出的多用途互联网邮件扩展（MIME）在 1996 年成为因特网的草案标准，解决了这类问题。

图 7-14 给出了 MIME 与 SMTP 之间的关系。当使用 RFC 822 邮件格式发送非 ASCII 码的二进制数据时，必须先采用某种编码方式将其“编码”成可打印的 ASCII 码字符后，再作为 RFC 822 邮件格式的内容。邮件读取程序在读到这种经过编码处理的邮件内容后，再按照

相应的解码方式解码出原始的二进制数据。

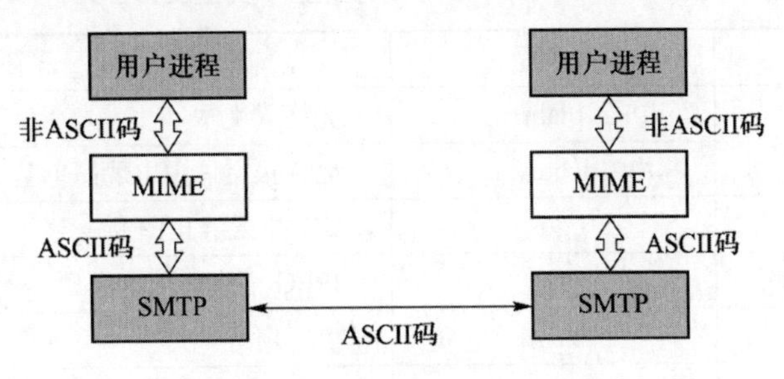

图 7-14　MIME 与 SMTP 的关系

可见，按图 7-14 MIME 需要解决以下两个技术问题：

（1）邮件读取程序如何发现邮件中嵌入的原始二进制数据所采用的编码方式；

（2）邮件读取程序如何找到所嵌入的图像或其他资源在整个邮件内容中的起止位置。

MIME 不是对电子邮件标准格式（RFC 822）的升级和替代，而是一种扩展。RFC 822 定义了邮件内容的格式和邮件首部字段的详细细节，而 MIME 则定义了如何在邮件体部分表示更丰富的数据内容，包括多段平行的文本内容、可执行文件及其他二进制对象以及传送非英语系文字，例如，在邮件体中内嵌的图像和视频附件等。另外，也可以避免邮件内容在传输过程中发生信息丢失。

1. MIME 标准的邮件首部字段

MIME 标准在 RFC 822 原有邮件格式的基础上扩展了一些 MIME 专用的邮件首部字段，例如：

（1）MIME 版本（MIME-version）：指定 MIME 的版本，现为 MIME-Version：1.0；

（2）内容类型（content-type）：指定邮件体的 MIME 内容类型；

（3）内容传送编码（content-transfer-encoding）：指定内容编码方法；

（4）内容处理方式（content-disposition）：指定邮件读取程序处理数据内容的方式；

（5）内容标识（content-iD）：用于为内嵌资源指定一个唯一标识号；

（6）内容所在位置（content-location）：用于为内嵌资源设置一个 URL 地址；

（7）内容基准路径（content-base）：用于为内嵌资源设置一个基准路径。

鉴于篇幅有限，这里仅介绍内容类型及内容传送编码的基本方法，详细内容参照 RFC 2045–2049。

2. 内容类型

MIME 标准规定了内容类型（content-type），必须使用内容类型（type）和子类型（subtype）加以说明，中间用“/”分开。表 7-3 列出了 MIME 标准定义了部分类型和子类型，并给出了简要的含义。

表 7-3 MIME 标准定义的类型/子类型及其含义

内容类型	子类型	含义
正文（text）	plain	无格式文本
	richtext	允许报文体中出现简单基于 SGML 的标志语言
图像（image）	gif	GIF 格式静止图像
	jpeg	JPEG 格式静止图像
音频（audio）	basic	可听声音
视频（video）	mpeg	MPEG 格式活动图像或影片
应用（application）	octet-stream	用户代理收到该类型的报文时先将其复制到一个文件中，文件名可由用户决定，然后处理
	postscript	接收方只要执行其中的附录程序就可显示到来报文
报文（message）	rfc822	MIME RFC 822 邮件
	partial	将邮件分开传送
	external-body	邮件从网上获取
组合（multipart）	mixed	表示报文体中的内容是组合类型，内容可以是文本、声音和附件等不同邮件内容的混合体
	related	表示报文体中的内容是关联（依赖）组合类型
	alternative	表示报文体中的内容是选择组合类型
	digest	每一部分是完整的 RCF 822 邮件

一封最复杂的电子邮件可含有邮件正文和邮件附件，邮件正文又可同时使用普通文本格式和 HTML 格式表示，并且 HTML 格式的正文中又引用了其他的内嵌资源。对于这种最复杂的电子邮件，可由图 7-15 所示的 MIME 组合消息结构进行描述。

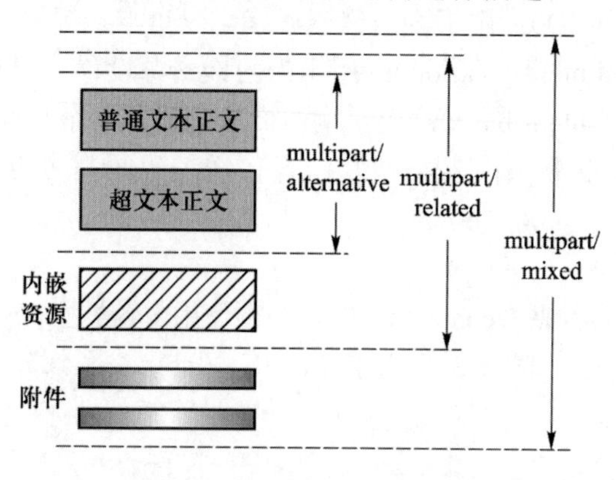

图 7-15 MIME 组合消息结构

从图 7-15 中可见，若要在邮件中添加附件，就必须将整封邮件的 MIME 类型定义为 multipart/mixed；如果要在 HTML 格式的正文中引用内嵌资源，那应定义 multipart/related 类型的 MIME 消息；如果普通文本内容与 HTML 文本内容共存，那就要定义 multipart/alternative 类型的 MIME 消息。

multipart 类型用于表示 MIME 组合消息，它是 MIME 标准中最重要的一种类型。一封 MIME 邮件中的 MIME 消息可以有三种组合关系：混合、关联、选择，它们对应 MIME 类型如下。

（1）multipart/mixed：表示邮件体中的内容是组合类型，内容可以是文本、声音和附件等不同邮件内容的混合体。例如图 7-15 中的整封邮件的 MIME 类型就必须定义为 multipart/mixed。

（2）multipart/related：表示邮件体中的内容是关联（依赖）组合类型，例如图 7-15 中的邮件正文要使用 HTML 代码引用内嵌的图片资源，它们组合成的 MIME 邮件的 MIME 类型就应定义为 multipart/related，表示其中某些资源（HTML 代码）要引用（依赖）另外的资源（图像数据），引用资源与被引用的资源必须组合成 multipart/related 类型的 MIME 组合邮件。

（3）multipart/alternative：表示邮件体中的内容是选择组合类型，例如一封邮件的邮件正文同时采用 HTML 格式和普通文本格式进行表达时，就可以将它们嵌套在一个 multipart/alternative 类型的 MIME 组合邮件中。这种做法的好处在于当邮件阅读程序不支持 HTML 格式时，可以采用其中的文本格式进行替代。

在内容类型（content-type）头字段中除了可以定义消息体的 MIME 类型外，还可以在 MIME 类型后面包含相应的属性，属性以“属性名=属性值”的形式出现，属性与 MIME 类型之间采用分号（;）分隔，即：

content-type:multipart/mixed;boundary="----=ABCD"

常用的属性如表 7-4 所示。

表 7-4 常用的属性

内容类型	属性名	说明
text	charset	用来说明文本内容的字符集编码
image	name	用来说明图片文件的文件名
application	name	用来说明应用程序的文件名
multipart	boundary	用来说明 MIME 消息之间的分割符

表 7-4 中“multipart”部分说明邮件体中包含有多段数据，每段数据之间使用 boundary 属性中指定的字符文本作为分隔标识符。

下面举例说明如何查看一份 MIME 电子邮件的源内容。在 Outlook Express 的收件箱中选中收件箱内的一邮件，如图 7-16（a）所示。单击鼠标右键，然后单击弹出菜单中的“属性”菜单项。在打开的属性对话框中，单击“详细信息”选项卡，如图 7-16（b）所示，然后单击

"邮件来源…"按钮，就可以看到邮件的源文件内容了，如图 7-16（c）所示。

MIME 邮件扩展了 RFC 822 文档中已经定义了的邮件首部字段的内涵，例如，定义了邮件主题首部字段中内容值的格式，以便通过编码的方式让 Subject 域也可以使用非 ASCII 码的字符。Subject 域首部字段中的值嵌套在一对"=?"和"?="标记符之间，标记符之间的内容由三部分组成：邮件主题的原始内容的字符集、当前采用的编码方式、编码后的结果，这三部分之间使用"?"进行分隔。

下面是一个对包含有非 ASCII 码字符的邮件主题进行编码的结果：

Subject: =?gb2312?B?u7bTrcq508MgT3V0bG9vayBFeHByZXNzIDY=?=

其中，"gb2312"部分说明邮件主题的原始内容为 GB2312 编码的字符文本，"B"部分说明对邮件主题的原始内容按照 Base64 方式进行编码，"u7bTrcq508MgT3V0bG9vayBFeHByZXNzIDY="为对邮件主题的原始内容"欢迎使用 Outlook Express 6"进行 Base64 编码的结果。

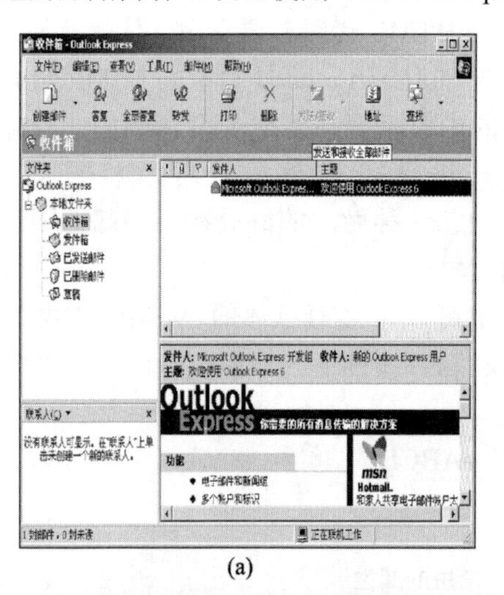

(a)

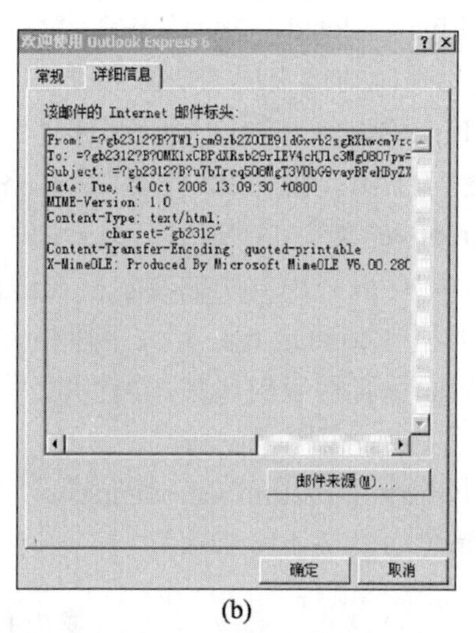

(b)

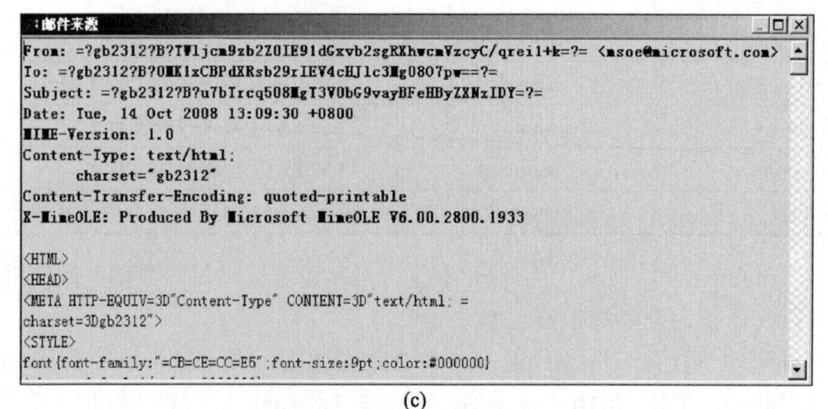

(c)

图 7-16　显示一份 MIME 邮件的源内容

3. 内容传送编码

MIME 邮件可以传送图像、声音、视频以及附件，这些非 ASCII 码的数据都是通过一定的编码规则进行转换后附着在邮件中进行传递的。编码方式存储在邮件的内容传送编码 Content-Transfer-Encoding 域中，一封邮件中可能有多个 Content -Transfer-Encoding 域，分别对应邮件不同部分内容的编码方式。

目前 MIME 邮件中的数据编码普遍采用 Base64 编码或 Quoted- printable 编码来实现。

1）Base64 编码

Base64 编码方法是将输入的二进制代码分成一个个 24 b 的单元，并将每个单元划分为 4 组（每组 6 b）。6 b 的二进制代码共有 64 个值，分别对应字符 A～Z、a～z、0～9、+、/。每 24 b 的数据内容会被转换成 4 个对应的 ASCII 码字符，当转换到数据末尾不足 24 b 时，则用“=”来填充。回车和换行都忽略。

例如，输入的二进制代码为 00001000 01110010 11111110。分成 4 组，则得 000010 000111 001011 111110，算出对应的 Base64 编码为 CHL+。再将其按 ASCII 编码发送，即 01000011 01001000 01001100 00101011。因此，Base64 编码的开销为 25%。

2）Quoted-printable 编码

Quoted-printable 编码方法也是将输入的信息转换成可打印的 ASCII 码字符。但它是根据信息的内容来决定是否进行编码，如果读入的字节是可直接打印的 ASCII 字符，位于十进制数 33～60、62～126 范围内的，则不要转换直接输出；若不是（如不可打印的 ASCII 字符、非 ASCII 码以及特定的等号“=”），则将该字节的二进制机内码分为 8 位一组、每组用一个十六进制数字来表示的形式，然后在前面加“=”，这样每个需要编码的字节会被转换成三个字符来表示。

例如，汉字“南京”的二进制机内码是 11000100 11001111 10111110 10101001，对应的十六进制码是：C4 CF BE A9，则 Quoted-printable 编码的结果是=C4=CF=BE=A9，都属于可打印的 ASCII 字符，但其编码开销达 200%。

如果输入的信息出现等号“=”，则它的 Quoted-printable 编码应为“=3D”。

7.6.4 POP3 和 IMAP4

POP3 与 IMAP4

邮局协议第 3 版（POP3）和因特网报文接入协议第 4 版（IMAP4，Internet message access protocol v4）是两个常用的邮件读取协议。

POP3 是邮局协议第 3 版（RFC 1939），已成为因特网的正式标准。它使用 C/S 服务模式。在接收邮件的用户 PC 上必须运行 POP3 客户程序，而在用户所连接的 ISP 邮件服务器中则运行 POP3 服务器程序，同时还运行 SMTP 服务器程序。

POP3 服务器在鉴别用户输入的用户名和口令有效后才可读取邮箱中邮件，POP3 协议的特点就是只要用户从 POP3 服务器读取了邮件，POP3 服务器就将该邮件删除。因此，使用

POP3 协议读取的邮件应立即将邮件复制到本地计算机中。

IMAP4（RFC 2060）是 1996 年发布的 IMAP 第 4 版，目前只是因特网的建议标准。在使用 IMAP4 时，ISP 邮件服务器的 IMAP4 服务器保存着收到的邮件，用户在 PC 上运行 IMAP4 的客户程序，与 ISP 邮件服务器的 IMAP4 服务器程序建立 TCP 连接。

IMAP4 是一个联机协议，用户在 PC 上可控制 ISP 邮件服务器的邮箱。当用户在 PC 上的 IMAP4 的客户程序打开 IMAP4 服务器的邮箱时，用户可看到邮件的首部。当用户要打开指定的邮件，该邮件才传到 PC 上。在用户未发出删除命令前，IAMP4 服务器邮箱中的邮件一直保存着，可节省 PC 上硬盘的存储空间。

7.7 万维网与 HTTP

物理学家蒂姆·伯纳斯·李（Tim Berners Lee）于 1990 年在当时的 NEXTSTEP 网络服务系统上开发出世界上第一个网络服务器和第一个客户端浏览器程序，即万维网（WWW），至今已成为因特网中最受瞩目的一种多媒体超文本（hypertext）信息服务系统。它基于客户-服务器模式，整个系统是由浏览器（browser）、Web 服务器和超文本传送协议（HTTP）等三部分组成。

HTTP 是一个应用层协议，使用 TCP 连接为分布式超媒体（hypermedia）信息系统提供可靠传送。

在 Web 服务器上，以网页或主页的形式来发布多媒体信息。而网页采用超文本置标语言或可扩展置标语言（extensible markup language，XML）来编写。使网页设计师可用一个超链接从本页面的某处链接到因特网上的任何一个其他页面，并使用搜索引擎方便地查找信息。

在客户端，选用微软 IE、Netscape Navigator 或 Net Communicator 或 Mozilla Firefox（火狐）等浏览器，使用统一资源定位符（uniform resource locator，URL）来唯一标志 WWW 上的各种文档。

现已有许多工具软件，如 FrontPage、Office 97/2000/XP 的 Word、PowerPoint 等均可方便地编写主页。此外，利用微软推出的活动服务器页面（ASP），通过创建服务器端脚本来实现动态交互式 Web 页面和应用程序，而且 ASP 脚本可与 HTML 语言、Java 小应用程序（Java applet）混合在一起书写。还可用 PHP 来创建有效的动态 Web 页面。若在网页上采用 Macromedia 公司的 Flash 5.0、Fireworks 和 Dreamweaver 组合工具，可设计出更加丰富多彩的网页动画。

7.7.1 超文本传送协议

超文本传送协议（HTTP）作为应用层协议，其本身是无连接的，但使用了面向连接的 TCP 提供的服务，确保可靠地交换多媒体文件。HTTP 有多个版本，RFC 1945 定义的 HTTP 1.0 是无状态的，目前使用 1999 年给出的 HTTP 1.1（RFC 2616）是因特网草案标准，SHTTP

是一个含安全规范的 HTTP 协议。

HTTP 是面向事务的客户服务器协议，从 HTTP 的角度看，万维网的浏览器是一个 HTTP 的客户，万维网服务器也称 Web 服务器。

万维网

1. 万维网的工作原理

万维网的工作原理，如图 7-17 所示。万维网上每个网站都设有 Web 服务器，它的服务器进程不断地监测 TCP 的端口 80，随时准备接收浏览器（客户进程）发出的连接建立请求。

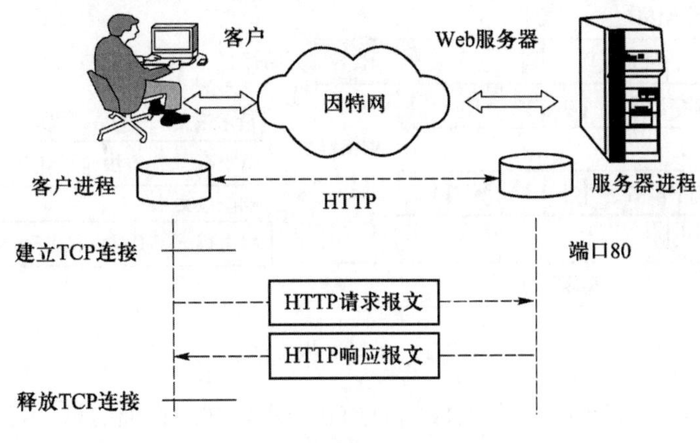

图 7-17 万维网的工作原理

用户通过浏览器页面的 URL 窗口输入网站域名或 IP 地址，也可用鼠标直接点击页面上的超链接。一旦监测到连接建立请求并建立了 TCP 连接，浏览器就向服务器发 HTTP 请求报文，随后服务器返回 HTTP 响应报文，接着释放 TCP 连接。图 7-18 给出了网上拦截的 HTTP 的请求报文（第 4 行阴影）和响应报文（第 5 行）。

HTTP 规定在客户与服务器之间的每次交互包括一个 ASCII 码串组成的请求报文和一个"类 MIME"的响应报文，相关的报文格式与交互规则就是 HTTP 协议。

2. HTTP 的报文格式

如前所述，HTTP 的报文分为两种，即 HTTP 请求报文和 HTTP 响应报文，其报文格式如图 7-19 所示，每个报文含三部分：开始行，首部行，实体部分。由图 7-19 可知，两种报文格式在开始行的定义上有所不同，HTTP 请求报文的开始行命名为请求行，而 HTTP 响应报文中称为状态行。在开始行定义的三字段间由一个空格分开，以 CRLF（回车换行）表示结束。首部行用来指示浏览器、服务器或报文内容的一些信息。允许有多个首部行，每个首部行设首部字段名和它的值，同样以 CRLF 表示结束。另用一个空行 CRLF 将首部行与实体部分分开。实体部分在请求报文中通常不用，在响应报文中也可没有该字段。

```
[172.16.9.3]     [218.2.103.166] TCP: D=80 S=2938 SYN SEQ=123615511 LEN=0 WIN:
[218.2.103.166]  [172.16.9.3]    TCP: D=2938 S=80 SYN ACK=123615512 SEQ=354981
[172.16.9.3]     [218.2.103.166] TCP: D=80 S=2938     ACK=3549805670 WIN=16561
[172.16.9.3]     [218.2.103.166] HTTP: C Port=2938 GET / HTTP/1.1
[218.2.103.166]  [172.16.9.3]    HTTP: R Port=2938 HTML Data
[218.2.103.166]  [172.16.9.3]    TCP: D=2938 S=80 FIN ACK=123615890 SEQ=354981
[172.16.9.3]     [218.2.103.166] TCP: D=80 S=2938     ACK=3549805882 WIN=1634'
[172.16.9.3]     [218.2.103.166] TCP: D=80 S=2938 FIN ACK=3549805882 SEQ=1236:
[218.2.103.166]  [172.16.9.3]    TCP: D=2938 S=80     ACK=123615891 WIN=65535
```

图 7-18 HTTP 请求/响应报文

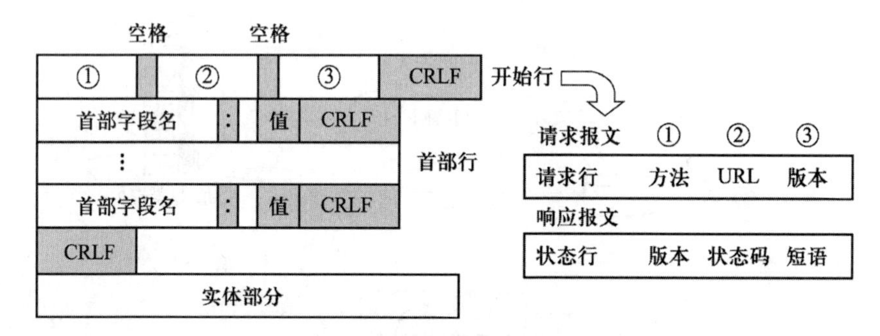

图 7-19 HTTP 报文格式

图 7-20 显示了图 7-18 中第 4 行对应的 HTTP 请求报文的详细信息。其中，Line 1 为请求行，Line 2～Line 7 为首部行，Line 8 为空行，表示首部行结束，事实上此例没有实体部分。下面给予简单的解释。

```
HTTP: ----- Hypertext Transfer Protocol -----
  HTTP:
  HTTP: Line  1:  GET / HTTP/1.1
  HTTP: Line  2:  Accept: image/gif, image/x-xbitmap, image/jpeg, image/pjpeg,
  HTTP:            application/x-shockwave-flash, application/vnd.ms-powerpoin
  HTTP:           t, application/vnd.ms-excel, application/msword, application
  HTTP:           /QVOD, */*
  HTTP: Line  3:  Accept-Language: zh-cn
  HTTP: Line  4:  Accept-Encoding: gzip, deflate
  HTTP: Line  5:  User-Agent: Mozilla/4.0 (compatible; MSIE 6.0; Windows NT 5.
  HTTP:           0)
  HTTP: Line  6:  Host: www.×××.edu.cn
  HTTP: Line  7:  Connection: Keep-Alive
  HTTP: Line  8:
```

图 7-20 HTTP 请求报文示例

（1）HTTP 请求行：“GET / HTTP/1.1”作为请求行，GET 是方法，表示请求若干选项信息。使用相对 URL、默认主机域名。版本为 HTTP/1.1。

（2）Accept：指浏览器或其他客户可以接受的 MIME 文件格式。服务器端小服务程序 Servlet 可以根据它判断并返回适当的文件格式。

（3）Accept-Language：指出浏览器可以接受的语言种类，如 zh-cn 表示中文，en 或 en-us 表示英语。

（4）Accept-Encoding：指出浏览器可以接受的编码方式。编码方式不同于文件格式，它是为了压缩文件并加速文件传递速度。浏览器在接收到 Web 响应之后先解码，然后再检查文件格式。

（5）User-Agent：客户浏览器名称为 Mozilla/4.0。

（6）Host：对应网址 URL 中的 Web 服务器名称和端口号。

（7）Connection：用来告诉服务器是否可以维持固定的 HTTP 连接。HTTP/1.1 使用 Keep-Alive 为默认值，这样，当浏览器需要多个文件时（比如一个 HTML 文件和相关的图形文件），不需要每次都建立连接。若使用 Close 则表示发完报文后就释放 TCP 连接。

当 HTTP 请求报文发出后，服务器将给出响应报文，如图 7-21 所示。

```
HTTP: ----- Hypertext Transfer Protocol -----
  HTTP:
  HTTP: Line  1:  HTTP/1.1 302 Found
  HTTP: Line  2:  Date: Mon, 01 Dec 2008 00:18:22 GMT
  HTTP: Line  3:  Server: Apache/2.2.3 (Red Hat)
  HTTP: Line  4:  X-Powered-By: PHP/5.1.6
  HTTP: Line  5:  location: new/
  HTTP: Line  6:  Content-Length: 0
  HTTP: Line  7:  Connection: close
  HTTP: Line  8:  Content-Type: text/html; charset=GB2312
  HTTP: Line  9:
  HTTP:
```

图 7-21 HTTP 响应报文示例

Line 1 为状态行，列出版本、状态码和解释状态码的短语。状态码为三位数字，分为 5 大类 33 种。例如，1xx 表示通知信息，2xx 表示成功，3xx 表示重定向，4xx 表示客户的差错，5xx 表示服务器的差错。

图 7-21 中 HTTP/1.1 302 Found 表示已发现，后续的行是首部行，其中，Date 表示服务器产生并发送响应报文的日期和时间；Server 表明该报文是由一个 Apache/2.2.3 Web 服务器产生的，类似于请求报文中的 User-Agent 字段；X-Powered-By 表明是使用 PHP（版本）的动态网页；Content-Length 表明被发送对象的字节数；Content-Type 表明实体中的对象是 HTML 文本。最后是内容（此例不存在），通常是一幅图像或一个网页。

7.7.2 超文本置标语言

1. HTML 的基本格式

元素（element）是 HTML 文档结构的基本组成部分。一个文档本身就是一个元素。每个 HTML 文档包含两个部分：首部（head）和主体（body）。图 7-22 是用微软 Frontpage 编写的

HTML 基本文档。

（1）首部以标签<head>与</head>为首部定界，包含文档的标题（title），这里标题相当于文件名，用户可使用标题来搜索页面和管理文档，并以标签<title>与</title>作为始末。

（2）文档的主体（body）是 HTML 文档的信息内容。以标签<body>与</body>作为始末。主体部分可分为若干小元素，如段落（paragraph）、表格（table）和列表（list）等。

图 7-22 主体有两个段落，分别用标签<p>与</p>作为始末，必须嵌在主体内。由此可见，以下 HTML 文档具有三个特殊意义的字符：

< 表示一个标签的开始；

> 表示一个标签的结束；

& 表示转义序列的开始，以分号“;”结束。当文件中出现上述三个字符，则使用“&”转义为“<”“>”“&”。

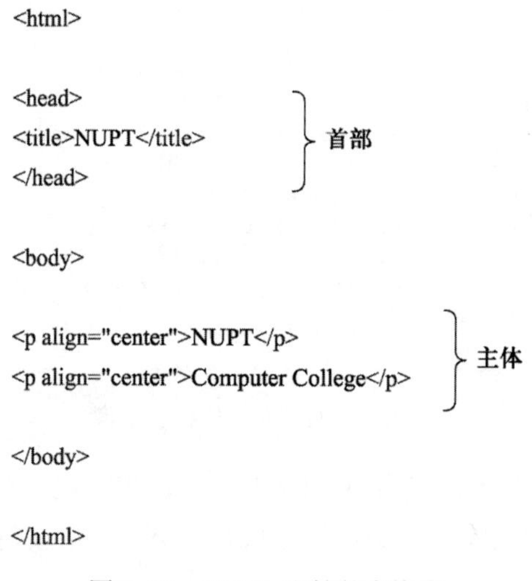

图 7-22　HTML 文档基本格式

在主体中可设标题，称之为题头。题头标签为<H*n*>及</H*n*>，其中 n 为题头的级别，分 6 级，1 级是最高级。

在段落标签名后，可附加属性，如 align=center 表示居中，align=right 表示右对齐，align=left 表示左对齐（默认属性）。

HTML 允许在网页上插入图像。标签<img>表示在当前位置嵌入一张图像，例如，<img border="0" src="file:///C: ER16-CS.jpg" width="132" height="248">的意思是插入图片 ER16-CS.jpg，边框宽度为 0，图片的尺寸（宽×高）为 132 像素×248 像素，以文件形式存放在 C 盘根目录。

2. 页面的超链接

超链接（hyperlink）是指从一个网页指向一个目标的连接关系。这个目标可以是另一个网页，也可以是同一网页上的不同位置，还可以是一个图片、一个电子邮件地址、一个文件，甚至是一个应用程序。而在一个网页中超链接的对象可以是一段文本或者是一个图片。万维网提供了分布式服务，没有超链接也就没有万维网。

在 HTML 文档中建立一个超链接的语法规定为：

<a href="url">X</a>

其中，超链接的标签是<a>与</a>。字符 a 是 anchor（锚）的首字母，X 是超链接的起点，而“url”表示超链接的终点，即统一资源定位符，href 与锚 a 之间留一空格，href 是 hyper reference 的缩写，意思是“引用”。用户单击<a>…</a>中的内容时，可打开一个链接文件，href 属性则表示这个链接文件的路径。例如链接到 admin.edu.cn/html 站点首页，就可以表示为<a href="http://www.admin.edu.cn/html">站长网 站长学院 admin.edu.cn/html 首页</a>。

此外，如果使用 target 属性，可以在一个新窗口里打开链接文件。例如，<a href="http://www.admin.edu.cn/html " target=_blank>站长网 站长学院 admin.edu.cn/html 首页</a>。

如果使用 title 属性，可以让鼠标悬停在超链接上的时候，显示该超链接的文字注释。例如，<a href="http://www.admin.edu.cn/html" title = "站长网 站长学院 网页制作的中文站点">站长网 站长学院网站</a>。

如果希望注释多行显示，可以使用
作为换行符。例如<a href="http://www.admin.edu.cn /html" title = "站长网 站长学院
网页制作的中文站点">站长网 站长学院网站</a>。

如果使用 name 属性，可以跳转到一个文件的指定部位。使用 name 属性，要设置一对。一是设定 name 的名称，二是设定一个 href 指向这个 name：

例如，<a href="#C1">参见第一章</a>

<a name="C1">第一章</a>

name 属性通常用于创建一个大文件的章节目录。每个章节都建立一个超链接，放在文件的开始处，每个章节的开头都设置 name 属性。当用户单击某个章节的超链接时，这个章节的内容就显示在最上面。如果浏览器无法找到 name 指定的部分，则显示文章开头，不报错。

在网站中，经常会看到“联系我们”的超链接，单击此超链接，就会触发邮件客户端，比如 Outlook Express，然后显示一个新建窗口。用<a>可以实现这样的功能，例如，<a href = "mailto:info@sina.com">联系新浪</a>。

超链接在本质上属于一个网页的一部分，它是一种允许与其他网页或站点之间进行连接的元素。各个网页链接在一起后，才能真正构成一个网站。当浏览者单击已设置超链接的文字或图片后，链接目标将显示在浏览器上，并且根据目标的类型打开或运行。

按照链接路径的不同,网页中超链接一般分为以下 3 种类型: 内部链接、锚点链接和外部链接。如果按照使用对象的不同，网页中的链接又可以分为文本超链接、图像超链接、E-mail链接、锚点链接、多媒体文件链接、空链接等。

超链接是一种对象，它以特殊编码的文本或图形的形式来实现链接，如果单击该超链接，则相当于指示浏览器移至同一网页内的某个位置，或打开一个新的网页，或打开某一个新的 WWW 网站中的网页。

网页上的超链接一般分为三种。第一种是绝对 URL 的超链接。URL 就是统一资源定位符，简单地讲就是网络上的一个站点、网页的完整路径，如 https://www.hep.com.cn；第二种是相对 URL 的超链接。如将自己网页上的某一段文字或某标题链接到同一网站的其他网页。还有一种称为同一网页的超链接，这就要使用到书签的超链接。

在网页中，一般文字上的超链接都是蓝色（当然，用户也可以自己设置成其他颜色），文字下面有一条下画线。当移动鼠标指针到该超链接上时，鼠标指针就会变成一个小手形状，这时单击鼠标左键，就可以直接跳到与这个超链接相连接的网页或 WWW 网站上去。如果用户已经浏览过某个超链接，这个超链接的文本颜色就会发生改变。只有图像的超链接访问后颜色不会发生变化。

本 章 总 结

1．应用层是计算机网络体系结构的最高层，直接为用户的应用进程提供服务。在因特网中，通过各种应用层协议为不同的应用进程提供服务。应用层协议则是应用进程间在通信时必须遵循的规定。介绍了因特网部分应用层协议与传输层协议的对应关系。

2．计算机网络的应用模式一般有三种：以大型计算机为中心的应用模式，以服务器为中心的应用模式，以及客户-服务器应用模式。重点阐述基于 Web 的客户-服务器应用模式，并提及 P2P 模式在因特网中的应用。

3．阐述了网络基本服务，诸如 DNS、Telnet、 FTP、TFTP、BOOTP 和 DHCP 等。在 DNS 中，领会域、域名、域名结构以及域名解析服务等基本概念；注意 FTP 与 TFTP 的区别，熟悉 FTP 命令与响应的操作过程；理解 BOOTP 和 DHCP 协议的不同应用环境。

4．电子邮件是因特网上最成功的应用之一，理解电子邮件系统的组成，熟悉 SMTP、POP3、IMAP 以及 MIME，重点理解 MIME 标准邮件首部字段、内容类型和内容传送编码的基本方法。领会 MIME 邮件中 Base64 编码或 Quoted- printable 编码技术。

5．万维网是因特网中最受瞩目的一种多媒体超文本信息服务系统。重点介绍万维网的工作原理和相应的超文本传送协议，领会 HTTP 的报文格式，包括请求报文和响应报文示例。理解 HTM 的基本格式以及页面超链接等基本概念。

▶ 习题 7

7.1 计算机网络的应用模式有几种？各有什么特点？

7.2 C/S 应用模式的中间件是什么？它的功能有哪些？

7.3 因特网的应用层协议与传输层协议之间有什么对应关系？

7.4 因特网的域名系统的主要功能是什么？

7.5 域名系统中的根服务器和授权服务器有何区别?授权服务器与管辖区有何关系？

7.6 解释 DNS 的域名结构。试说明它与当前电话网的号码结构有何异同之处。

7.7 举例说明域名转换的过程。

7.8 域名服务器中的高速缓存的作用是什么？

7.9 叙述文件传送协议 FTP 的主要工作过程。主进程和从属进程各起什么作用？

7.10 简单文件传送协议 TFTP 与 FTP 有哪些区别？各用在什么场合？

7.11 参考书中示例试用 FTP 的命令和响应访问校园网 FTP 服务器。

7.12 远程登录 Telnet 服务方式是什么？为什么使用网络虚拟终端 NVT？

7.13 试述 BOOTP 和 DHCP 协议有什么关系？当一台计算机第一次运行引导程序时，其 ROM 中有没有该主机的 IP 址、子网掩码或某个域名服务器的 IP 地址？

7.14 试述电子邮件系统的基本组成。用户代理 UA 有什么作用？

7.15 试简述 SMTP 发送与接收信件的过程。

7.16 电子邮件的地址格式是怎样的？请解释各部分的含义。

7.17 在电子邮件中，为什么必须使用 SMTP 和 POP 这两个协议？POP 与 IMAP 有何区别？

7.18 MIME 与 SMTP 的关系是怎样的？

7.19 试述 MIME 的组合消息结构。

7.20 Quoted-printable 编码和 Base64 编码的基本规则分别是什么？

7.21 一个二进制文件共 3 072 B。若使用 Base64 编码，并且每发送完 80 B 就插入一个回车符 CR 和一个换行符 LF，一共发送了多少个字节？

7.22 试对“欢迎”实施 Base64 编码，并得出最后传送的 ASCII 数据。

7.23 试对数据 11001100 10000001 00111000 实施 Base64 编码，并得出最后传送的 ASCII 数据。

7.24 试对数据 01001100 10011101 00111001 实施 Quoted-printable 编码，并求出可传送的 ASCII 数据，并计算其编码开销。

7.25 解释以下名词；WWW，URL，URI，HTTP，HTML，CGI，浏览器，超文本，超媒体，超链接，页面。写出各英文缩写词的原文。

7.26 假定一个超链接从一个万维网文档链接到另一个万维网文档，由于万维网文档上出现了差错而使得超链接指向一个无效的计算机名字。这时浏览器将向用户报告什么？

7.27 当使用鼠标单击一个万维网文档时，若该文档除了有文本外，还有一个本地 GIF 图像和两个远程 GIF 图像。试问：需要使用哪个应用程序，以及需要建立几次 UDP 连接和几次 TCP 连接？

7.28 试用 FrontPage 创建一个标题名为“计算机”万维网页面，请观察浏览器如何使用此标题，并查看其源代码。

7.29 假定某文档中有这样几个字：下载 RFC 文档。要求在单击时就能够链接到下载 RFC 文档的网站页面，试写出有关的 HTML 语句。

7.30 某页面的 URL 为 http://www.xyz.net/file/file.html。此页面中有一个网络拓扑结构简图（map.gif）和一段简单的解释文字。要求能从这张简图或者从这段文字中的“网络拓扑”链接到解释该网络拓扑详细内容的主页。试用 FrontPage 实现上述要求，并查看相应的 HTML 语句。

第 8 章　网络管理和网络安全

随着计算机网络的技术发展和应用的普及，网络的规模不断扩大，复杂性不断增加，用户对网络的性能和安全性要求也不断提高。网络管理和网络安全已成为网络技术中不可或缺的部分。为了保证网络的正常运行，有必要建设高效的网络管理系统对网络进行管理，并采取有效的安全措施，为用户提供令人满意的网络服务。

本章内容分为两大部分，一部分主要介绍网络管理的基本概念、主要功能和简单网络管理协议（SNMP），另一部分简要介绍网络安全相关的一些内容，包括网络安全的基本概念、加密技术、安全认证技术与访问控制技术等。通过本章的学习，要求掌握网络管理的基本概念、主要功能和网络管理协议，了解网络安全的相关知识，如加密方法、访问控制方法等。

8.1　网络管理的基本概念

网络管理的目的是提高网络性能，更加合理地分配网络资源，最大限度地提高网络的可用性，改善服务质量和网络安全，简化多厂商提供的网络设备在网络环境下的互联互通、互操作管理和控制网络运行成本。

网络管理经历了人工分散式管理到计算机智能化管理的演变过程。早期的人工分散式管理方式以人工方式收集、汇总、分析网络运行数据，不仅容易出错，而且无法及时进行网络故障诊断、排查和解决，很难保证网络长期、稳定地运行，不适应大规模网络的管理需求。计算机智能化管理基于被管理的网络，采用特定的管理协议，完成各种网络数据的自动收集、分析和统计工作，实时监控网络运行状态，判断网络中各部分的负载和运行质量，优化网络运行性能，并对出现的异常情况采取一定的措施予以纠正。

8.1.1　网络管理的主要功能

ISO 在 ISO/IEC 7498-4 文件中将开放系统的系统管理功能分成五个基本功能域，包括配置管理、性能管理、故障管理、计费管理、安全管理。下面分别叙述这五个基本功能。

1. 配置管理

配置管理（configuration management）的目的是实现某个特定功能或使网络性能达到最佳。配置管理涉及网络配置的收集、监视和修改等任务，如网络拓扑结构的规划、设备内各功能部件的配置、通信路由的建立与拆除，以及通过插入、修改和删除操作来修改网络资源的配置（重构网络资源）等。

配置管理是配置网络、优化网络的重要手段，它通过对被管理对象进行定义、初始化、控制、鉴别和检测，使被管对象的工作状态适应系统的要求。配置管理的主要功能包括：

（1）设置开放系统中有关路由操作的参数；

（2）修改被管对象的属性；

（3）初始化或关闭被管对象；

（4）根据要求收集系统当前状态的有关信息；

（5）更改系统的配置。

2．性能管理

典型的网络性能管理（performance management）分为性能监测和网络控制两部分。性能监测侧重于对系统运行及通信效率等系统性能进行评价，其能力包括收集、分析有关被管网络当前的数据信息。网络控制则根据性能监测的结果对被管对象的状态进行调整，其目的是保证网络提供可靠、连续的通信能力，并使用最少的网络资源和具有最小的时延。性能管理的主要功能包括：

（1）从被管对象中收集与性能有关的数据；

（2）被管对象的性能统计，包括与性能有关的历史数据的分析、统计、记录和维护；

（3）分析当前统计数据以检测性能故障，产生性能告警，报告性能事件；

（4）将当前统计数据的分析结果与历史模型比较以预测性能的长期变化；

（5）形成改进网络性能的评价准则和相关参数的门限值；

（6）以保证网络的性能为目的，对被管对象或被管对象组实施控制。

3．故障管理

所谓故障，是指引起系统非正常操作的事件，可分为：

（1）由损坏的部件或软件故障引起的故障，通常是可重复的；

（2）由环境影响引起的外部故障，通常是突发的，不可重复。

故障管理（fault management）主要对来自硬件设备或网络节点的告警信息进行监控、报告和存储，以及进行故障的诊断、定位与处理，是对系统非正常状态的监控。

故障管理是网络管理中最基本的功能之一。当网络中某个被管对象失效时，网络管理系统必须能迅速查找到故障点并及时报告或排除故障。另外，统计和存储既往网络故障信息对于分析故障原因、防止类似故障的再次发生相当重要。故障管理的主要功能包括：

（1）故障检测：接收故障报告，维护和检查故障日志，监视故障事件的发生，及时告警；

（2）故障诊断：通过执行诊断测试功能，寻找故障发生的准确位置，分析故障发生的原因；

（3）故障纠正：将故障点从正常系统中隔离出去，如有可能，根据故障原因进行修复。

4. 计费管理

计费管理（accounting management）主要管理被管网络中各种业务的资费标准，及用户业务使用情况等，为成本计算和收费提供依据。它可估算出用户使用网络资源可能需要的费用和代价以及已经使用的资源。网络管理者还可规定用户可使用的最大费用，从而防止用户过多占用网络资源。计费管理的主要功能包括：

（1）统计网络的利用率等效益数据，为网络管理人员设定不同时间段的费率提供依据；

（2）根据用户使用的特定业务，在若干用户之间公平、合理地分摊费用；

（3）允许采用信用记账方式收取费用，包括提供有关资源使用的详细记录供用户查询；

（4）当某个服务需要占用多个资源时，能计算各个资源的费用。

5. 安全管理

安全管理（security management）主要保护网络资源与设备不被非法访问。只有安全的网络，其可用性和可靠性才能得到保证。由于网络具有开放性和分布性，安全管理一直是其薄弱环节之一，而用户对网络安全的要求往往又相当高，因此网络安全管理就显得非常重要。安全管理的主要功能包括：

（1）保护网络数据不被入侵者非法获取；

（2）防止未授权用户入侵网络实施破坏网络安全性的活动；

（3）控制用户对网络资源的合法访问；

（4）安全日志的维护和检查；

（5）与安全相关信息的分发，与安全相关事件的通报等。

上述五个不同的管理功能需要的服务有许多是重复的。例如，日志的建立、维护和控制是多个管理功能域都要用到的。为此，ISO 把各管理功能域中共同的内容抽取出来，专门定义了一些管理功能服务以应用于不同的管理功能域。这些管理功能服务称为系统管理功能（SMF）。网络管理功能、系统管理功能与其他管理协议和服务之间的关系如图 8-1 所示。图 8-1 中的方框内只列出了一部分典型的系统管理功能。

8.1.2 网络管理系统的逻辑结构

网络管理系统是由监测和控制网络的一组软件，以及分散在被管网络内部的硬件平台及通信线路组成的，它可以帮助网络管理者维护和监视被管网络的运行。另外，通过对网络内部数据的采集和统计，网络管理系统还可以产生网络信息日志，用来分析和研究网络。

网络管理系统在逻辑上由被管对象、管理进程、管理协议三部分组成。

被管对象代表抽象的网络资源。网络管理系统对被管对象的属性、行为等方面进行抽象描述和具体定义，利用网络管理协议采集被管对象的各类数据，如设备的工作状态、工作参数、统计数据等，实时监视网络设备的运行状态和性能指标，并实施有效控制。

管理进程主要由软件模块构成。通过对被管对象的操作，对网络中的设备等进行全面的管理和控制，并根据网络中各个管理对象的变化对管理对象采取相应的操作。

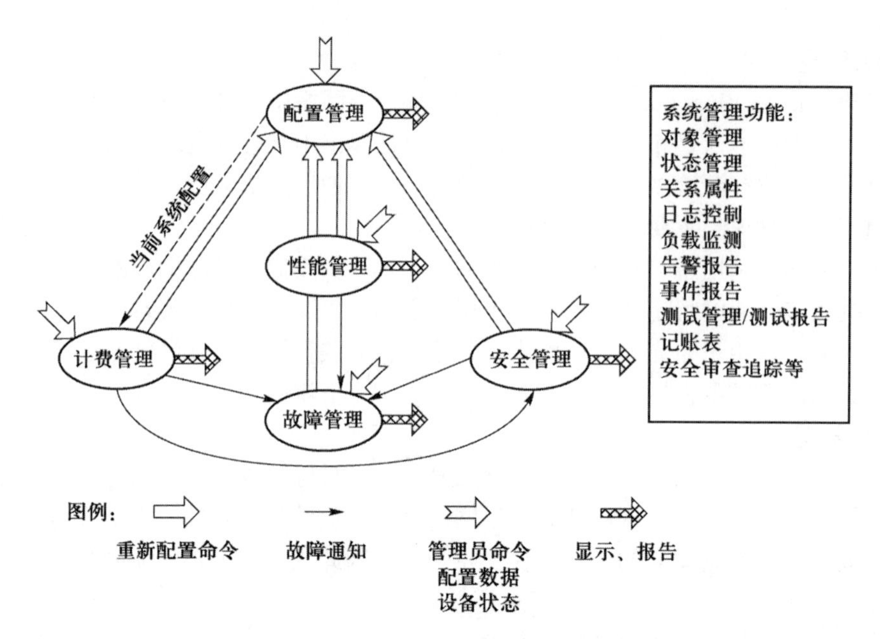

图 8-1 网络管理功能与系统管理功能间的关系

管理协议负责在管理系统与被管对象之间传送、解释操作命令，确保了管理进程中的数据与具体被管对象中的参数和状态的一致性。

网络管理功能按其作用分为三部分：操作，包括运行状态显示、操作控制、告警、统计、计费数据的收集与存储、安全控制等；管理，包括网络配置、软件管理、计费和账单生成、服务分配、数据收集、网络数据报告、性能分析、支持工具及人员、资产、规划管理等；维护，包括网络测试、故障告警、统计报告、故障定位、服务恢复、网络测试工具等，因此，网管系统也可称网络的操作管理和维护系统。

典型的网络管理系统逻辑模型如图 8-2 所示。其中，图 8-2（a）为网络管理系统的拓扑结构，图 8-2（b）为运行在管理中心的管理系统与运行在交换节点等设备上的被管系统之间的关系，代理是运行在被管系统上对被管对象实施直接管理操作的应用进程，往往视为管理进程的一部分。

8.1.3 Internet 网络管理逻辑模型

因特网的网络管理模型如图 8-3 所示。在因特网的管理模型中，用“网络元素”（network element，NE）来表示网络资源，这与 OSI 定义的被管对象的概念是一致的。每个网络元素都有一个负责执行管理任务的管理代理，整个网络有一至多个对网络实施集中式管理的管理进程（网管中心）。此外，因特网的网络管理逻辑模型中还引入了外部代理的概念，它与管理代理的区别在于：管理代理仅是管理操作的执行机构，是网络元素的一部分；而外部代理则是在网络元素外附加的，专为那些不符合管理协议标准的网络元素而设，完成管理协议转换、管理信息过滤以及统计信息或数据采集等操作。当一个网络资源不能与网络管理进程直接交换管理信息时，就要用到外部代理。外部代理相当于一个“翻译设备”，一边采用管理协议与管理进程通信，另一边则与所管的网络元素通信。一个外部代理能够管理多个同类的网络元素，但对于不同类型的网络元素，需要设计不同的外部代理。

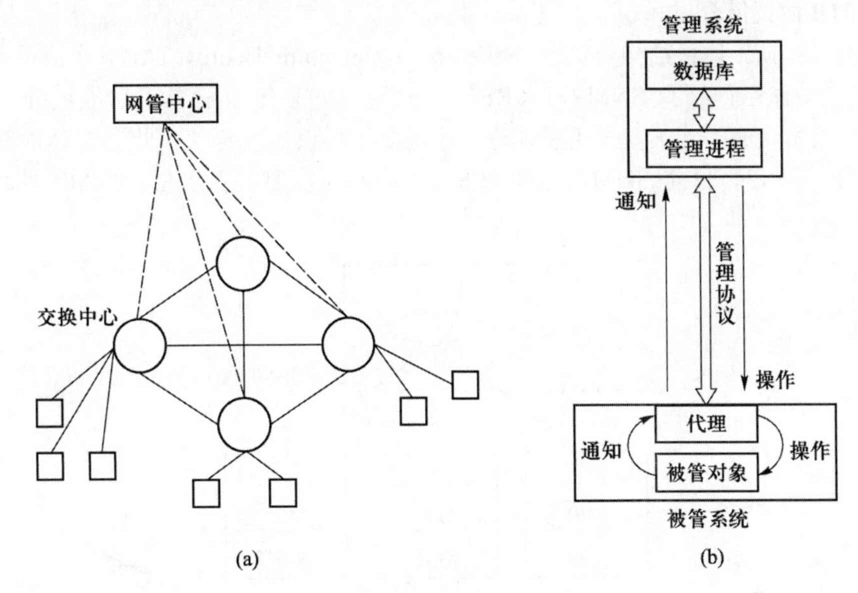

图 8-2　网络管理系统的逻辑模型

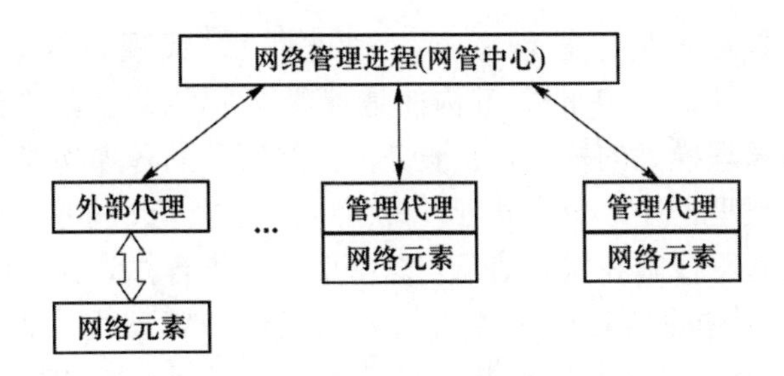

图 8-3　因特网的网络管理逻辑模型

8.2　网络管理协议

在网络管理系统中，管理进程与管理代理之间的信息交换必须遵循有关的网络管理协议标准。在 ISO 的开放系统互连参考模型（OSI-RM）的基础上，由 AT&T、IBM、HP、Sun 等 100 多家著名大公司组成的 OSI/NMF（开放系统互连网络管理论坛）定义了 OSI 网络管理框架下的五个管理功能区域，并形成了三个网络管理协议：公共管理信息协议（common management information protocol，CMIP）、简单网络管理协议（simple network management protocol，SNMP）以及 TCP/IP 上的 CMIP（CMIP over TCP/IP，CMOT）协议。下文将介绍 SNMP 协议的主要内容。

1．SNMP 协议简介

1988 年，Internet 体系结构委员会（Internet Architecture Board，IAB）在简单网关监控协议（SGMP）基础上公布了 SNMPv1（RFC 1157）；1993 年，发布了功能更强、更有效的 SNMPv2，该版本集成了若干安全机制，进一步提高了协议的安全性。此后 SNMPv2 又继续改进并升级为 SNMPv3。目前 SNMP 已成为事实上的网络管理工业标准。SNMP 的功能结构如图 8-4 所示。

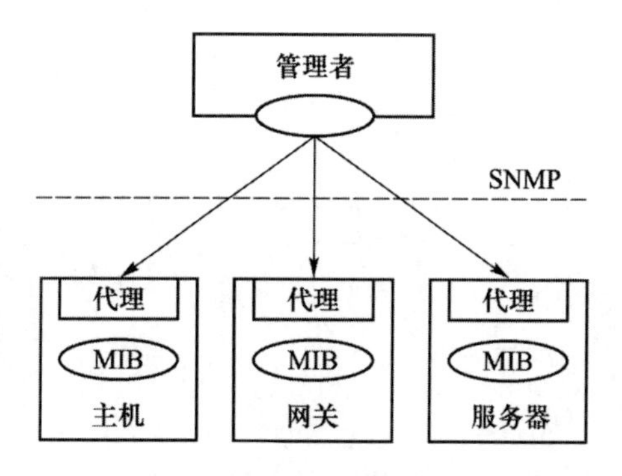

图 8-4 SNMP 的功能结构

SNMP 的三个基本元素是：管理者（管理进程）、代理、管理信息库（management information base，MIB）。管理者中的关键构件是管理程序，而管理程序运行时就成为管理进程。管理进程处于网络管理模型的核心，负责完成网络管理的各项功能。代理是运行于网络中被管设备上的网络管理代理程序，负责和管理者中运行的管理进程进行通信。被管对象必须维护可供管理进程读写的若干控制和状态信息，这些信息的集合称为管理信息库。

管理程序和代理程序按照客户-服务器的方式工作。管理程序作为客户端，运行的是 SNMP 客户程序，向某个代理程序发出请求（或命令），运行于被管对象中的代理程序则作为服务器，运行 SNMP 服务器程序，返回响应（或根据命令执行某种操作）。在网络管理系统中往往是少数几个客户程序与多个服务器程序进行交互。

2．管理信息库（MIB）

管理信息库是一个网络中所有可能的被管对象集合的数据结构，由 RFC 1212 定义可知。只有在 MIB 中的对象才能由 SNMP 来管理。例如，对于网络中的路由器，应当记录各网络端口的状态、出入的分组流量、差错情况的统计数据等，供网络管理系统随时读取；而对于网络中的调制解调器，则应当记录收发的字节数、波特率和呼叫统计信息等，供网络管理系统读取。这些信息都应该保存在各设备内部的 MIB 中。

MIB 使用层次型、结构化的形式定义了设备的网络管理信息。为了和标准的网络管理协议一致，每个设备必须使用 MIB 中定义的格式显示信息。

OSI 提出的 ASN.1（abstract syntax notation one，抽象语法记法 1）是一种数据类型描述语言，与面向对象程序设计语言提供的类型机制类似，它可定义任意复杂结构的数据类型，而不同的数据类型之间还可以有继承关系。ASN.1 的一个子集为 MIB 定义了语法。每个 MIB 都使用定义在 ASN.1 中的、以树形结构组织的所有可用信息。树形结构中每个节点包含一个对象标识符和对应的简短文本描述。

对象标识符（object identifier，OID）是由"."（点）隔开的一组整数，它命名节点并指示它在 ASN.1 树中的准确位置。用简短的文本对带标号的节点进行描述。一个带标号的节点可以拥有包含其他带标号节点的子树。如果带标号的节点没有子树，就是叶子节点，它包含一个值并被称为对象。

MIB 是一个树形结构，它存放被管设备上所有被管对象的信息。不同的被管设备在 MIB 中有相同或不同的对象。每一个对象都有 4 个属性，即对象类型（object type）、语法（syntax）、存取（access）、状态（status）。MIB 树的根节点没有编号，它下面有三棵子树，其名称和编号分别是：ccitt（0），表示该分支由国际电报电话咨询委员会 CCITT[①]管理；iso（1），表示该分支由国际标准化组织（ISO）管理；joint-iso-ccitt（2），表示该分支由 ISO 和 CCITT 共同管理。这个树形结构通常又被称为对象命名树（object naming tree），如图 8-5 所示。

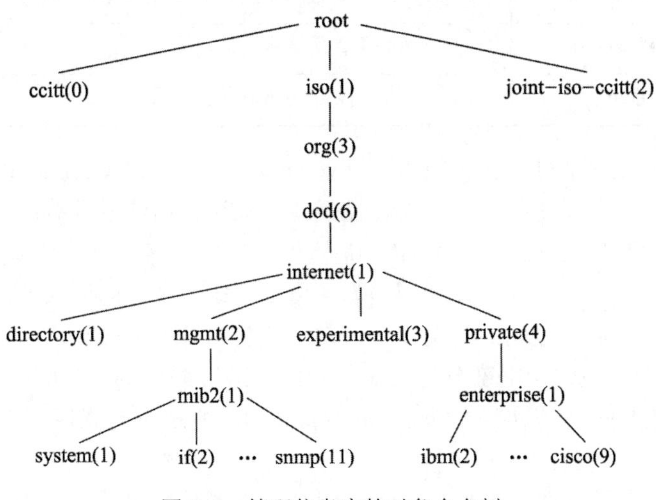

图 8-5 管理信息库的对象命名树

当描述一个对象标识符时，可以使用几种格式。最简单的格式是列出由根开始到所讨论的对象遍历该树所找到的整数值。用 ASN.1 记法来表示的标识符开头如下：

① 国际电报电话咨询委员会（CCITT）已改组为国际电信联盟电信标准化部门，即 ITU-T。

Internet OBJECT IDENTIFIER ::= {iso（1）org（3）dod（6）Internet（1）…}

或者用一种更简单的数字格式{1.3.6.1}来表示。

标准的 MIB 包含了一系列对象，这些对象由 Internet 标准组织管理，都是被严格定义和众所周知的。任何公司或机构都可以向 Internet 标准组织申请以获得对象的 MIB 标识，例如 MIB 中的对象{1.3.6.1.4.1}，即 enterprises（企业），其所属对象标识已超过 3 000 个，其中 IBM 为{1.3.6.1.4.1.2}，Cisco 为{1.3.6.1.4.1.9}等。从理论上说，世界上所有连接到 Internet 的设备都可以纳入 MIB 的数据结构中，并使用 SNMP 进行管理。目前可用的标准 MIB 是 MIB-Ⅱ（RFC 1213/1158）。

3．SNMP 的协议数据单元

SNMPv1 定义了五种协议数据单元（即 SNMP 报文），用来在管理进程和代理之间交换数据。协议数据单元的具体定义如表 8-1 所示。

表 8-1 SNMP 协议数据单元

PDU 编号	PDU 类型	功能
0	Get_Request	用来查询（取）一个或多个对象的值
1	Get_Next Request	允许在一个 MIB 树上检索下一个变量，此操作可反复进行
2	Get_Response	对 get/set 报文做出响应，并提供差错编码、差错状态等信息
3	Set_Request	对一个或多个变量的值进行设置
4	Trap	向管理进程报告代理中发生的事件

SNMP 报文包括三个部分：协议版本号（version）、管理域（community）和协议数据单元（PDU），报文格式如图 8-6 所示。所有数据都采用 ASN.1 语法进行编码传输。协议版本号是一个整数，标识当前数据发送方使用的 SNMP 协议版本号，该字段总是填入当前版本号减 1，即对于 SNMPv1，该字段填入 0。管理域是为了增加系统安全性而引入的，是一个字符串，用于存放管理进程和代理进程之间的明文口令，常用值是字符串“public”。

PDU 由三个部分组成，第一部分为表 8-1 中的 PDU 编号，第二部分为 get/set 首部或陷阱（trap）首部，第三部分为变量绑定（variable-binding），变量绑定指明一个或多个变量的名和对应的值。

虽然 SNMP 规定了五种协议数据单元，但从操作的角度来看 SNMP 只有两种基本的操作，即“读”操作和“写”操作。“读”操作主要是使用 get 报文来收集被管对象的状态，而“写”操作则是用 set 报文来改变各种被管对象的状态。

SNMP 实现网络监视功能是通过轮询操作来实现的，即 SNMP 管理进程定时向被管设备周期性地发送查询报文，轮询的时间间隔可通过 SNMP 的管理信息库来设置。轮询方式实现简单，但不够灵活，而且所能管理的设备数目不能太多，否则将导致轮询一周的时间间隔过大。另外轮询方式的开销也比较大，如果轮询频繁而并未得到有用的报告，则通信线路和网络管理系统的处理能力就被浪费了。

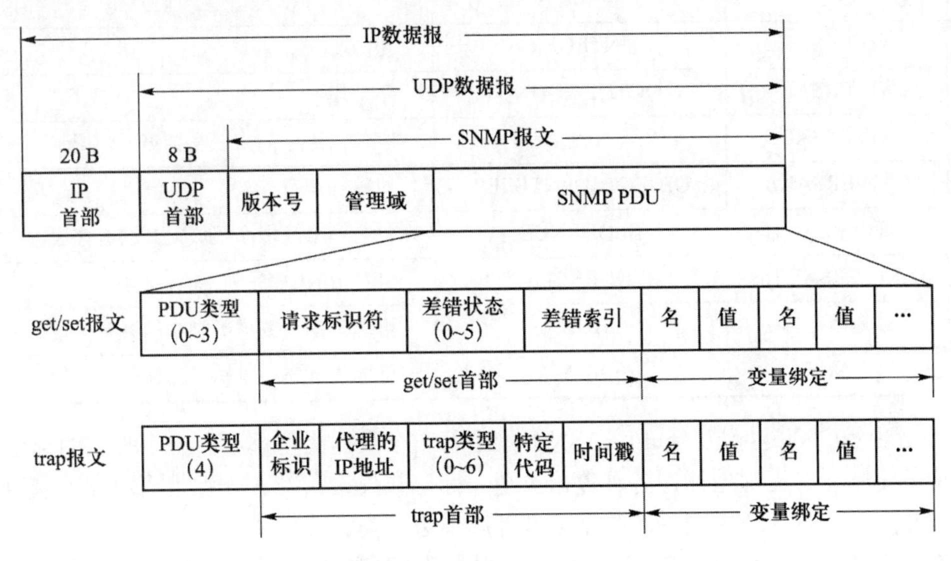

图 8-6 SNMP 的报文格式

除了轮询方式外，SNMP 也允许被管设备上的代理不经查询就向管理者发送某些信息。这种机制称为陷阱（trap）。由管理者设置的、要求被管对象捕捉的事件一旦发生，即使管理者未查询，被管对象也将立即向管理者发送信息，但这种陷阱信息的参数是受限制的。

总之，SNMP 协议既使用轮询方式对网络资源进行周期性的监视，同时也采用陷阱机制使管理者可及时获得特殊事件的报告，从而成为一种有效的网络管理协议。

SNMP 使用无连接的 UDP 作为传输协议，虽然缺少可靠性保证，但开销较小。运行代理程序的服务器端默认使用 161 号端口来接收 get 或 set 报文、发送响应报文（与该默认端口通信的客户端使用临时端口），运行管理程序的客户端则默认使用 162 号端口来接收来自各代理的 Trap 报文。

4. 管理信息结构

管理信息结构（structure of management information，SMI）由 RFC 1155 定义，是 SNMP 的另一个重要组成部分。SMI 标准规定了所有 MIB 变量必须使用 ASN.1 来定义。通过这种记法定义的数据的含义不存在任何二义性。例如，使用 ASN.1 的设计者不能简单地定义“一个整型变量”，而必须说明该变量的准确格式和整数的取值范围。这种定义方式对于在异构性日益突出的网络环境中的应用而言，尤为重要。

ASN.1 的功能包括：定义消息中所包含数据的类型以及消息的结构，为各种类型的数据如何在网络中传输制定基本编码规则（basic encoding rule，BER）。

SNMP 协议利用 ASN.1 定义的数据类型分为基本类型和构造类型两种，如表 8-2 所示。

表 8-2　SNMP 中使用的 ASN.1 的部分类型名称及其主要特点

分类	标记	类型名称	主要特点
基本类型	UNIVERSAL 2	INTEGER	整数
	UNIVERSAL 4	OCTET STRING	字节串
	UNIVERSAL 5	NULL	空值，用于尚未获得数据的情况
	UNIVERSAL 6	OBJECT IDENTIFIER	对象标识符
构造类型	UNIVERSAL 16	SEQUENCE	包含一个或多个组成元素的有序表
	UNIVERSAL 16	SEQUENCE OF	SEQUENCE 序列
	无标记	CHOICE	可选择多个数据类型中的某一个数据类型
	无标记	ANY	可描述事先还不知道的任何类型的任何值

表 8-2 中第二列是标记（tag）。ASN.1 规定每一个数据类型都要有一个唯一的标记，以便能在异构系统中无二义性地标识各种数据类型。标记共分为四类，分别是通用类、应用类、上下文类和专用类。表 8-2 中列举的数据类型都属于通用类。

ASN.1 规定的基本编码规则采用 TLV 方法，即把各种数据元素表示为由三个字段组成三元组形式：（标签，长度，内容），其中标签（tag）字段记录关于标签和编码格式的信息，长度（length）字段用于定义内容字段中数据的长度，内容（value）字段表示实际的数据。每个字段的长度都是字节的整数倍。

8.3　网络安全概述

计算机网络体系结构的开放性、网络信息资源的共享性和网络信道的公用性为各种威胁提供了可乘之机，使计算机网络的数据安全面临着很大的挑战。特别是，随着互联网应用的不断发展，人们的工作、生活对互联网的依赖性越来越大，国内外网络安全事件频繁发生。不法攻击者往往利用网络通信协议、操作系统、网络应用系统等内部存在的漏洞，对提供重要服务的网络应用系统实施攻击，影响合法用户使用网络服务，或访问未授权的资源，侵犯他人隐私，从而造成严重的经济损失。例如 2017 年 5 月 12 日，包括中国在内的多个国家网络遭受勒索病毒的攻击。计算机感染勒索病毒后，文件因被加密锁住无法打开，必须支付一定赎金后才能解密恢复文件。

8.3.1　网络安全目标

网络安全的主要目标是网络系统的硬件、软件及数据不受偶然或恶意因素的影响而遭到破坏、更改、泄露，保障网络中的各系统可以连续、可靠、正常地运行，网络服务不中断。

为了实现网络安全的目标，往往需要采用各种技术措施和管理措施，使网络系统在可靠性、可用性、保密性、完整性、不可抵赖性等方面得到充分的保证。

（1）可靠性：包括网络系统在硬件、软件、人员操作、环境等方面的可靠性。

（2）可用性：要求网络信息可被授权实体访问并按需求使用，并且当网络部分受损或需要降级使用时仍能为授权用户提供有效服务。

（3）保密性：要求网络上信息的内容不应被未授权的第三方所知。

（4）完整性：强调通信双方产生和接收的网络信息在内容上的一致性，防止消息在存储及传输过程中被偶然或蓄意地删除、修改、伪造、乱序、重放、插入等。

（5）不可抵赖性：即不可否认性。在网络系统的信息交互过程中，所有参与者都不可能否认或抵赖曾经完成的操作和承诺。

8.3.2 OSI 安全模型

国际电信联盟电信标准部（ITU-T）在标准 X.800 中描述了 OSI 的安全体系结构，明确定义了安全攻击、安全机制和安全服务等重要概念。其中，安全攻击被定义为任何可能会危及网络信息安全的行为；安全机制是用来检测、防范安全攻击从而保障系统安全运行的机制；安全服务是指系统为防范安全攻击、增强数据处理和信息传递的安全而提供的各种安全性服务。

1. 安全攻击

依据对网络信息的攻击形式不同，X.800 和 RFC 2828 将安全攻击划分为被动攻击和主动攻击两种。被动攻击是攻击者为了窃取消息或者观察通信流量的模式，对网络中传输的数据进行侦听、监视、截获和破译的行为。这类攻击通常不会干扰网络信息系统的正常工作。由于传输数据没有发生改变，被动攻击往往很难被检测到，但可以通过加密等手段进行防范。

主动攻击是指攻击者以各种方式有选择地破坏信息的行为，具体分为改写、冒充、重放、拒绝服务四类。其中，消息改写是指在非授权情况下对合法消息进行篡改、重排或者延迟传送；冒充攻击指攻击者伪造授权或合法用户的身份侵入到网络系统中实施破坏性攻击行为；重放攻击通过将截获网络消息序列重新传输到目的地，实现非授权下的非法访问行为；拒绝服务攻击针对特定的攻击目标，采用一定手段，阻止合法或授权用户对通信设施或者网络的正常访问。

2. 安全服务

在 X.800 中，安全服务被定义为开放网络系统协议层提供的、为保障系统或数据传输安全的服务。安全服务实现了各种安全策略。X.800 共描述了五类安全服务，分别是认证服务、访问控制服务、数据保密服务、数据完整性服务和不可抵赖服务。

认证服务主要任务是认证通信实体的身份，包括对等实体认证和数据源认证两种。前者用于在两个开放系统对等层的实体建立连接和数据传送过程中，对连接实体的身份进行鉴别，防止攻击者假冒或重放以前的连接。后者用于在非连接传输模式中，对数据源身份的真实性进行鉴别。

访问控制服务的目的是防止未经授权的用户非法使用系统资源。这种服务可以控制谁能访问资源、在何种条件下访问以及访问资源的权限等。

数据保密服务的任务是防范用户数据的泄露。这种服务主要通过加密技术达到保护网络信息安全的目的。被保护的数据可以是连接中包含的所有数据、单一数据块、连接或单一数据块中的选择域等。

数据完整性服务用来防止因未授权用户对网络数据进行篡改、插入、删除或重放，而造成数据的错误、延迟或丢失。这种服务可以保证接收到的信息与发送方发送的信息完全一致。

不可抵赖服务用来通过提供数据源证明来防止发送方否认自己曾经发送过的数据，或通过提供数据已交付的证据防止接收方否认自己曾经收到过数据。这种服务往往利用数字签名技术实现。

3. 安全机制

与安全服务相关的是安全机制。一个安全服务可以采用一种或多种安全机制实现。X.800规定了在特定协议层上执行的 8 种安全机制，分别是加密机制、访问控制机制、数字签名机制、数据完整性机制、身份认证机制、数据流填充机制、路由控制机制和公证机制。

加密机制用于使用数学算法将数据变换成攻击者不易理解的形式，是提供数据保密服务最常用的方法。数据的安全程度依赖于算法本身以及使用的加密密钥。用加密的方法与其他技术相结合，可以提供数据的保密性和完整性。使用加密机制后，还要有与之配合的密钥的分发和管理机制。

访问控制是按事先确定的规则判断用户对系统资源的访问是否合法。当一个用户试图非法访问一个未经授权的系统资源时，该机制将拒绝这一访问，并向审计追踪系统报告这一事件。审计追踪系统将产生报警信号或形成部分追踪审计信息。

数字签名是一种标识网络用户身份的方法，可有效地预防和解决用户对其在网络上的活动产生否认、伪造、冒充或篡改等安全问题。

数据完整性分为数据本身的完整性和数据序列的完整性两种。数据本身的完整性一般由数据的发送方和接收方共同保证。发送方利用特定的数学算法为发送的数据加上标记，例如以太网帧内的帧检验序列字段，接收方利用相同的算法来判断传输过程中数据是否被修改过。数据序列的完整性则是在接收方判断数据编号的连续性和时间标记顺序的正确性，以防范数据传送过程中可能发生的假冒、丢失、重发、插入或修改数据等安全问题。

身份认证机制通过在收发双方之间交换信息来确认实体身份的真实性。常用的技术包括口令技术和密码技术。口令一般由发送方提供，接收方进行检测，以判断用户的合法性。密码技术则是将交换的数据加密，只有合法用户才能解密，还原出原始的数据。

数据流填充机制又称防业务流分析机制，主要用于防止非法用户在线路上监听数据或者对数据流量进行分析。常用的方式是由保密装置在无信息传输时连续发出伪随机序列，使得窃听者无法判断其所接收的数据中哪些是有用信息、哪些是无用信息。

路由控制机制用于为某些数据选择特定的网络安全传输路径。在实际的网络环境中，从源节点到目的节点的路径可能有多条，它们的安全性各不相同。路由控制机制给信息的发送者提供了一种选择指定路由的功能，以保证数据的安全。

公证机制使用可信第三方来仲裁数据传输过程中出现的各种问题。引入公证机制后，所有需要公证服务的通信数据都必须经过公证机构来转送，以确保公证机构能得到必要的信息，供以后仲裁使用。

此外，还有与系统要求的安全级别直接相关的安全机制，如安全审计追踪（security audit trail）、可信功能（trusted function）、安全标签（security label）、事件检测（event detection）和安全恢复（security recovery）等。

8.4 数据加密技术

数据加密就是使用密码和特定的数学算法对原始数据加以变换，以防第三方窃取、伪造或篡改，达到保护原始数据的目的。数据加密模型如图 8-7 所示。

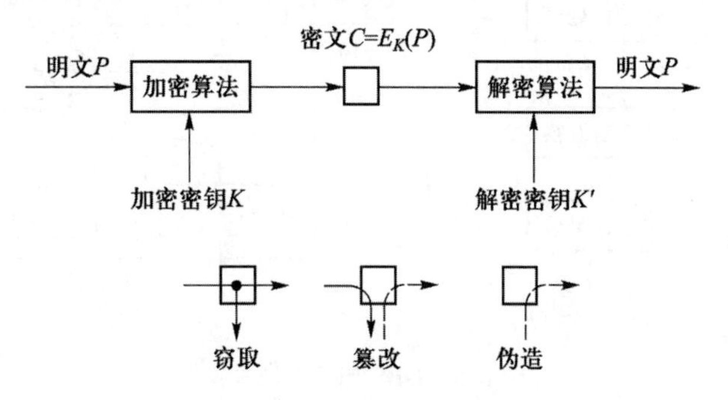

图 8-7 数据加密模型

数据加密模型中的明文(plaintext)P是原始消息或者数据，发送方通过加密算法将其变换为密文(ciphertext)C。加密算法记作 $C=E_K(P)$，以明文作为输入，加密密钥 K 作为参数。接收方用解密密钥 K' ，通过解密算法 D，将密文 C 还原为明文 P，即 $P=D_{K'}(C)$。

数据加密涉及两大关键技术：加密算法的研究与设计和密码分析（或破译），二者在理论上是矛盾的。设计密码和破译密码的技术统称为密码学。

密码设计方法有多种，按现代密码体制可分为两类：对称密钥密码系统和非对称密钥密码系统。

8.4.1 对称密钥密码技术

对称密钥密码（symmetric key cryptography）系统是一种传统的密码体制，发送方和接收方共享相同的密钥，即 $K=K'$ 。为了保障对称加密的安全性，除了需要强有力的加密算法之外，还要防止密钥泄露。所以，为了确保密钥的安全性，往往需要设计特定安全机制，使用安全的信道在发送方和接收方之间进行密钥分发。

根据对明文的处理方式，对称密钥密码技术可分为序列密码和分组密码。前者经常用在外交和军事等场合下对涉密数据进行加密处理，它通过有限状态机产生高品质的伪随机序列，对发送方产生的明文信息流逐位进行加密，得出密文序列，其安全强度完全取决于伪随机序列的品质。对称序列密码的典型例子是 Ron Rivest 在 1987 年设计的 RC4 算法。

对称分组密码一次处理一个固定长度的明文分组，并产生与输入分组对应的密文分组。目前，广泛使用的对称分组密码方案都是基于 IBM 设计的数据加密标准（data encryption standard，DES）的，该标准后又被 ISO 定为数据加密标准。DES 密码算法的输入为明文（64 b），密钥长度为 56 b，密文长度为 64 b。其算法框图如图 8-8 所示。

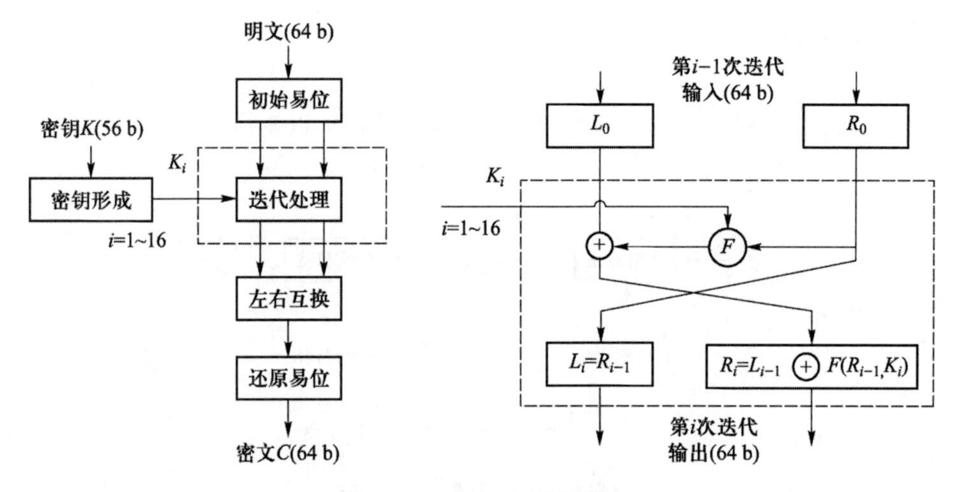

图 8-8 DES 加密算法框图

在 DES 加密算法中，明文 P（64 b）首先进行初始易位后得 P_0，其左半边 32 位和右半边 32 位分别记为 L_0 和 R_0，然后再经过 16 次迭代。若用 P_i 表示第 i 次迭代的结果，同时令 L_i 和 R_i 分别为 P_i 的左半边 32 位和右半边 32 位，则从图 8-8 可知，

$$L_i=R_{i-1} \tag{8-1}$$

$$R_i=L_{i-1}\oplus F(R_{i-1},K_i) \tag{8-2}$$

其中，i=1，2，…，16；K_i 是 48 位子密钥，由原始密钥 K 经过多次变换而成的。式（8-2）称为 DES 加密方程，在每次迭代中要进行轮函数 F 变换、模 2 加运算以及左右半边的互换。在最后一次迭代之后，左、右半边没有互换，这是为了使算法既能加密又能解密。最后一次变换是逆变换，其输入为 $R_{16}L_{16}$，输出为 64 位密文 C。

DES 加密中起核心作用的是函数 F。它是一个复杂的变换，先将 $F(R_{i-1},K_i)$中的 R_{i-1} 的 32 位变换扩展为 48 位，记为 $E(R_{i-1})$，再将其与 48 位的 K_i 按模 2 相加，所得的 48 位结果顺序地分为 8 个 6 位组 B_1，B_2，…，B_8，即

$$E(R_i-1)\oplus K_i=B_1B_2\cdots B_8$$

然后将 6 位长的组经过 S 变换转换为 4 位的组，或写成 $B_j \to S_j(B_j)$，其中，j=1，2，…，8。再将 8 个 4 位长的 $S_j(B_j)$按顺序排好，再进行一次易位，即得出 32 位的 $F(R_{i-1},K_i)$。

解密的过程与加密相似，但 16 个密钥的顺序正好相反。

DES 算法是公开的，其安全性完全取决于密钥的安全性。对密钥长度为 56 位的 DES 算法可提供 7.2×10^{16} 个密钥，如果使用每秒百万次运算的计算机来对 DES 加密算法进行破译，至少也需要运算约 2 000 年。DES 算法可以用软件或硬件实现，AT&T 首先用 LSI 芯片实现了 DES 的全部工作模式，即数据加密处理机（DEP）。在 1995 年，DES 的原始形式被攻破，但修改后的形式仍然有效。对 Lai 和 Massey 提出的 IDEA（international data encryption algorithm），目前尚无有效的攻击方法进行破译。另外，MIT 采用了 DES 技术开发的网络安全系统 Kerberos 在网络通信的身份认证上已成为工业界的事实标准。

8.4.2 非对称密钥密码技术

非对称密钥密码（asymmetric key cryptography）又称公开密钥密码系统。每个通信实体产生两个不同的密钥，一个为私人所有，称为私钥（privacy key），另一个是公开的，称为公钥（public key）。当用于加密通信时，发送方使用接收方公布的公钥加密数据，接收方利用自己的私钥来解密数据。由于只有正确的接收方才拥有私钥，公钥加密技术可以有效防止数据被截获和破译。除了用在数据加密服务中，公共密钥密码系统还可以被用来实现密钥分发和管理以及基于数字签名的身份认证。

一个实际网络应用环境往往采用非对称密码技术和对称密钥密码技术相结合的混合加密体制，即加解密数据内容时采用对称密钥密码技术，密钥的传送则采用非对称密钥密码技术，这样既解决了密钥管理困难的问题，又解决了加解密速度的问题。

最初的公钥方案是由 Rivest、Shamir 和 Adleman 三人于 1977 年在 MIT 提出的 RSA 算法。RSA 已成为被广泛接受和实现的加密方法。RSA 算法具有公开密钥系统的基本特征，例如，

（1）若用 PK（公开密钥，即公钥）对明文 P 进行加密，再用 SK（秘密密钥，即私钥）解密，即可恢复出明文，即 $P=D_{SK}(E_{PK}(P))$；

（2）加密密钥 PK 不能用于解密，即 $D_{PK}(E_{PK}(P))\neq P$；

（3）从已知的 PK 不能推导出 SK，但有利于计算机生成 SK 和 PK；

（4）加密运算和解密运算可以对调，即 $E_{PK}(D_{SK}(P))=P$。

根据这些特征，在公开密钥系统中，可将 PK 做成公钥文件发给用户，若用户 A 要向用户 B 发送明文 M，只需从公钥文件中查到用户 B 的公钥，设为 PK_{B}，然后利用加密算法 E 对 M 加密，得密文 $C=E_{PK_{\mathrm{B}}}(M)$。B 收到密文后，利用只有 B 用户所掌握的解密密钥 SK_{B} 对密文 C 解密，可得明文 $M=D_{SK_{\mathrm{B}}}(E_{PK_{\mathrm{B}}}(P))$。任何第三者即使截获 C，由于不知道 SK_{B}，也无从还原明文。

RSA 系统的理论依据是著名的欧拉定理：若整数 a 和 n 互为素数，则 $a^{\varphi(n)}=1(\mathrm{mod}\ n)$，其中，$\varphi(n)$是比 n 小且与 n 互素的正整数。

RSA 系统中，通信实体采用如下算法生成一对密钥：

（1）取两个足够大的素数 p 和 q（一般至少是 100 位以上的十进制数）；

（2）计算 $n=pq$，n 是可以公开的（事实上，从 n 分解因子求 p 和 q 是极其费时的）；

（3）求出 n 的欧拉函数 $z=\varphi(n)=(p-1)(q-1)$；

（4）选取整数 e，满足 $\gcd(e,z)=1$，即 e 与 $\varphi(n)$互素，e 可公开；

（5）计算 d，满足 $de=1(\text{mod } z)$，d 应保密；

（6）至此，该通信实体计算出自身的公钥（e,n）和密钥（d,n）。若其他对等实体要向其发送数据 M，则通过加密过程 $C=M^e(\text{mod } n)$计算出密文 C。当实体接收到密文 C 时，再利用解密过程 $M=C^d(\text{mod } n)$还原出明文 M。

为了理解 RSA 算法的使用，现举一个简单的例子。若取 $p=7$，$q=11$，则计算出 $n=77$，$z=60$。由于 17 与 60 没有公因子，因此可取 $d=17$，解方程 $17e=1(\text{mod } 60)$可以得 $e=53$。假设发送方发送字符串 HELLO，如图 8-9 所示，字母 H 在英文字母表中排在第 8 位，取其数字值为 8，则密文 $C=M^e(\text{mod } n)=8^{53}(\text{mod } 77)=50$。在接收方，对密文进行解密，计算 $M=C^d(\text{mod } n)=50^{17}(\text{mod } 77)=8$，恢复出原文。其他字母的加密与解密处理过程参见图 8-9。

明文字符	数字代码	发送方计算密文 $C=M^e$（mod n）	接收方计算明文 $M=C^d$（mod n）
H	8	8^{53}（mod 77）=50	50^{17}（mod 77）=8
E	5	5^{53}（mod 77）=59	59^{17}（mod 77）=5
L	12	12^{53}（mod 77）=45	45^{17}（mod 77）=12
L	12	同上	同上
O	15	15^{53}（mod 77）=64	64^{17}（mod 77）=15

图 8-9 RSA 算法示例

8.5 安全认证技术

身份认证（authentication）是建立安全通信的前提条件。用户身份认证是通信参与方在进行数据交换前的身份鉴定过程，以确定通信的参与方有无合法的身份。口令（password）是一种最基本的身份认证方法，早期的口令仅在本地显示时表示为不可见，在网络中是以 ASCII 码、按明文方式传送的，容易遭受在线或离线方式的攻击。现在几乎所有的操作系统都提供了对口令在传输时进行加密的措施。有的身份认证基于硬件设备，比如 IC 智能卡中个人识别号（PIN）需要通过读卡设备读入，并经鉴别有效后才能进行通信。

身份认证协议是用于身份鉴别服务的通信协议，它定义了参与认证服务的通信方在身份认证的过程中需要交换的所有消息的格式、语义和产生的次序，常采用加密机制来保证消息的完整性、保密性。

8.5.1 基于共享密钥的用户认证协议

假设在 A 和 B 之间有一个共享的秘密密钥 K_{AB}，当 A 要求与 B 进行通信时，双方可采用如图 8-10 所示的过程进行用户认证。

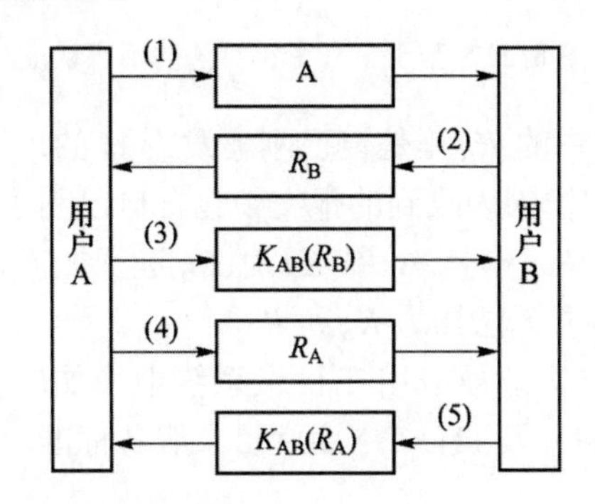

图 8-10 基于共享密钥算法的用户认证

（1）A 向 B 发送自己的身份标识。

（2）B 收到 A 的身份标识后，为了证实确实是 A 发出的，于是选择一个随机的大数 R_B，用明文发给 A。

（3）A 收到 R_B 后用共享的秘密密钥 K_{AB} 对 R_B 进行加密，然后将密文发回给 B；B 收到密文后就能确信对方是 A，因为除此以外无人知道密钥 K_{AB}。

（4）此时 A 尚无法确定对方是否为 B，所以 A 也选择一个随机大数 R_A，用明文发给 B。

（5）B 收到后用 K_{AB} 对 R_A 进行加密，然后将密文发回给 A，A 收到密文后也确信对方就是 B；至此用户认证完毕。

如果这时 A 希望和 B 建立一个秘密的、用于本次会话的密钥，它可以随机生成一个密钥 K_S，然后用 K_{AB} 对其进行加密后再发送给 B，此后双方即可使用 K_S 进行会话。K_S 就被称为“会话密钥”。在实际应用中，会话密钥可以不局限于某次会话过程，而是在一定的时间内有效；也可以每次会话都携带下一次会话将要使用的密钥，实现密钥的滚动变化，进一步加强安全性。

8.5.2 基于公开密钥算法的用户认证协议

基于公开密钥算法的身份认证过程如图 8-11 所示。

（1）A 选择一个随机数 R_A，用 B 的公开密钥 E_B 对 A 的标识符和 R_A 进行加密，将密文发给 B。

（2）B 解开密文后不能确定密文是否真的来自 A，于是它选择一个随机数 R_B 和一个会话密钥 K_S，用 A 的公开密钥 E_A 对 R_A、R_B 和 K_S 进行加密，将密文发回给 A。

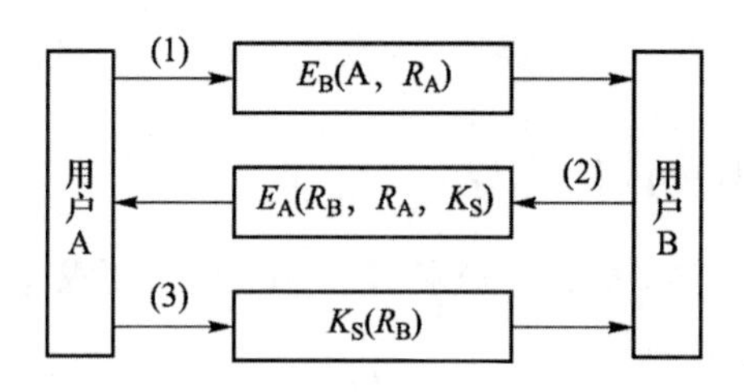

图 8-11　基于公开密钥算法的用户认证

（3）A 解开密文，看到其中的 R_A 正是自己刚才发给 B 的，于是知道该密文一定发自 B，因为其他人不可能得到 R_A，同样因为收到的报文中包含自己刚才发给 B 的 R_A，就证明这是一个最新的报文而不是一个复制品，于是 A 用 K_S 对 R_B 进行加密表示确认；B 解开密文，知道这一定是 A 发来的，因为其他人无法知道 K_S 和 R_B。

基于公开密钥算法的用户认证被应用在目录系统中，如轻量目录访问协议（lightweight directory access protocol，LDAP）及 ITU-T X.509 目录服务标准。

8.5.3　基于密钥分发中心的用户认证协议

基于密钥分发中心（key distribution center，KDC）的身份认证概念是 1978 年由尼德姆（Needham）和施罗德（Schroeder）提出的，其必要条件是 KDC 的权威性和安全性要有保障，并为网络用户所信任。每个用户和 KDC 之间都有一个共享的秘密密钥，系统中所有的用户认证工作、针对各用户的秘密密钥和会话密钥的管理都必须通过 KDC 来进行。

图 8-12 给出了一个最简单的、利用 KDC 进行用户认证的协议的实现过程。

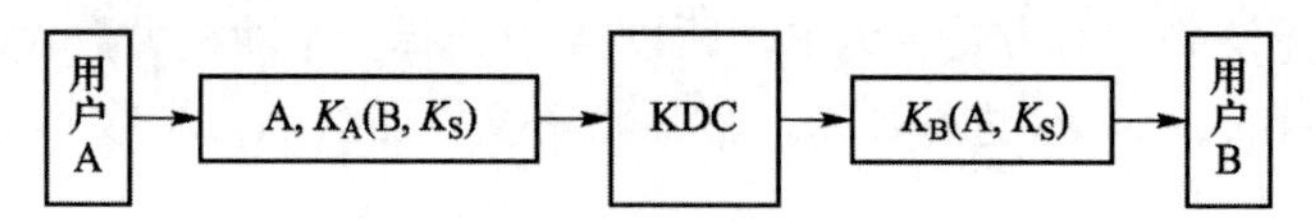

图 8-12　基于 KDC 的用户认证过程

（1）A 用户要求与 B 用户进行通信，A 可选择一个会话密钥 K_S，然后用与 KDC 共享的密钥 K_A 对 B 的标识和 K_S 进行加密，并将密文和 A 的标识一起发给 KDC。

（2）KDC 收到后，用与 A 共享的密钥 K_A 将密文解开，此时 KDC 可以确信这是 A 发来的，因为其他人无法用 K_A 发来加密报文。

（3）KDC 重新构造一个报文，放入 A 的标识和会话密钥 K_S，并用与 B 共享的密钥 K_B 加密报文，将密文发给 B；B 用密钥 K_B 将密文解开，此时 B 可以确信这是 KDC 发来的，并且获知了 A 希望用 K_S 与它进行会话。

如图 8-12 所示的认证协议的安全性并不高，存在着被重复攻击的可能性。假设 B 为银行，若用户 C 为 A 提供了一定的服务后，要求 A 用银行转账的方式向其支付酬金，于是 A 和 B（银行）建立一个会话，指定 B 将一定数量的金额转至 C 的账上。如果在这个过程中，C 将

KDC 发给 B 的密文和随后 A 发给 B 的密文都复制了下来，等会话结束后，C 将这些报文依序重发给 B，而 B 无法区分这是一个新的指令还是一个老指令的副本，因此又会执行相同的操作，将一定数量的金额转至 C 的账上，这种攻击方式称为重复攻击，也称为回放攻击。

在实际应用中，可以利用报文编号或者时间戳来有效识别并检测这类重复攻击。具体的方法为：通信双方在每个报文中都附加一个一次性的报文号，且每个用户都记住本次会话过程中所有已经用过的报文号，一旦收到重复编号的报文，就视为攻击报文，直接丢弃；或者在报文中附加一个时间戳，并规定有效期，当接收方收到一个过期的报文时直接丢弃。

8.5.4 数字签名

数字签名是通信双方在网上交换信息时采用公开密钥算法对所收发的信息进行确认，以防止伪造和欺骗的一种身份认证方法。数字签名系统的基本功能如下。

（1）接收方通过文件中附加的发送方的签名信息能认证发送方的身份。

（2）发送方无法否认曾经发送过的签名文件。

（3）接收方不可能伪造接收到的文件的内容。

使用公开密钥算法的数字签名要求加密过程和解密过程是可逆的，即同时满足 $D(E(P))=P$ 和 $E(D(P))=P$。图 8-13 描述了使用公开密钥算法的数字签名算法执行过程。

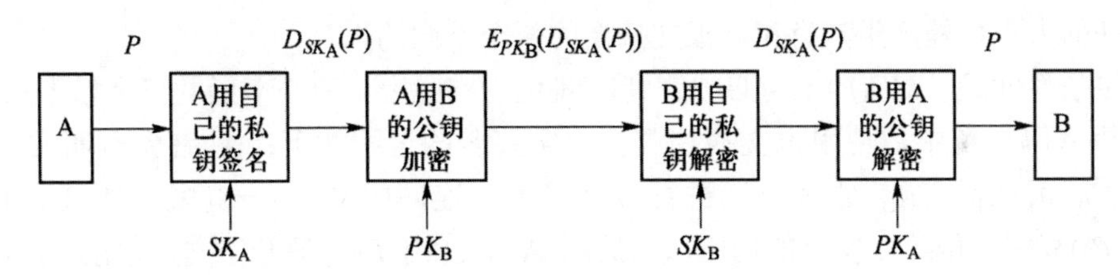

图 8-13 基于公开密钥算法的数字签名

（1）若 A 要向 B 发送报文 P，A 先用自身的私钥 SK_A 对明文 P 进行签字，得到 $D_{SK_A}(P)$，然后用 B 的公钥 PK_B 对 $D_{SK_A}(P)$加密，向 B 发送 $E_{PK_B}(D_{SK_A}(P))$。

（2）B 收到 A 发送的密文后，先用私钥 SK_B 解开密文，将 $D_{SK_A}(P)$复制一份放在安全的场所，然后用 A 的公钥 PK_A 将 $D_{SK_A}(P)$解开，取出明文 P。

如图 8-13 所示的认证算法可以用来提供不可抵赖的安全服务。一方面，若 A 发送过签名报文后试图否认其发送行为，B 可以出示 $D_{SK_A}(P)$作为证据。因为 B 没有 A 的私钥 D_{SK_A}，除非 A 确实发过 $D_{SK_A}(P)$，否则 B 是不会有这样一份密文的。通过第三方（公证机构），只要用 A 的公钥 PK_A 解开 $D_{SK_A}(P)$，就可以判断 A 是否发送过签名文件，证实 B 说的是否是真话。另一方面，B 也不可能将 P 伪造成 P'，因为 B 没有 A 的私钥 D_{SK_A}，B 无法向第三方出示 $D_{SK_A}(P')$。

这种数字签名在实际使用中也存在一些问题，但不是算法本身的问题，而是与算法的使用环境有关。例如，当 A 发送一个签名报文给 B 后，只有在 SK_A 没有泄露的情况下，B 才能证明 A 确实发过 $D_{SK_A}(P)$。如果 A 公开自己的私钥，并声称其私钥被盗用，这样包括 B 在内的其他用户都有可能发送 $D_{SK_A}(P)$。或者 A 改变了私钥，出于安全因素的考虑，这种做法显然也是无可非议的。但这时如果发生纠纷的话，仲裁方用 A 的新私钥解密 $D_{SK_A}(P)$，就会置 B 于非常不利的地位。因此，在实际的使用中，往往需要 KDC 记录所有密钥的变化情况及变化时间。

8.5.5 报文摘要

数字签名虽然可以确保收发双方互相确认身份，以及无法否认曾经收发过的报文，但数字签名机制同时使用了用户认证和数据加密两种算法，复杂度过高。对于有些只需要签名而不需要加密的应用，若将报文全部进行加密，将降低整个系统的处理效率。为此人们提出一个新的方案：使用一个单向的哈希（hash）函数，对任意长度的明文进行计算，生成一个固定长度的比特流，然后仅对该比特流进行加密。这样的处理方法通常称为报文摘要（message digest，MD），常用的算法有 MD5 和 SHA(secure hash algorithm)。

报文摘要必须满足以下三个条件：

（1）给定明文 P，很容易计算出 $MD(P)$；

（2）给出 $MD(P)$，很难反推出明文 P；

（3）任何人不可能产生具有相同报文摘要的两个不同的报文。

为满足条件（3），$MD(P)$至少必须达到 128 位。实际上，有很多函数符合以上三个条件。在公开密钥密码系统中，使用报文摘要进行数字签名的过程如下：A 首先对明文 P 计算出 $MD(P)$，然后用私钥 SK_A 对 $MD(P)$进行数字签名，连同明文 P 一起发送给 B。B 将密文 $D_{SK_A}(MD(P))$复制一份放在安全的场所，然后用 A 的公钥 PK_A 解开密文，取出 $MD(P)$。然后 B 对收到的报文 P 进行摘要计算，如果计算结果和 A 送来的 $MD(P)$相同，则将 P 接收下来，否则就说明 P 在传输过程中被篡改过。

当 A 试图否认发送过 P 时，B 可向仲裁方出示 P 和 $D_{SK_A}(MD(P))$来证明 A 确实发送过 P。

8.6 访问控制技术

8.6.1 访问控制基本原理

访问控制的实质是对系统资源的使用加以限制。在计算机系统中设立安全机制的最初目的就是控制用户对系统资源的访问。访问控制的方法主要有自主访问控制（discretionary access control，DAC）、强制访问控制（mandatory access control，MAC）和基于角色的访问控制（role-based access control，RBAC）。

DAC 是一种最普遍的访问控制手段。在这种方式下，用户可以按照自己的意愿对系统参数适当地进行修改以决定哪些用户可以访问他的文件。在 MAC 方式下，用户和资源都有一个固定的安全属性，匹配者才能访问。

目前最常用的是基于角色的访问控制方法。其基本思想是将权限同角色关联起来，而用户则通过扮演角色来获得相应的权限，用户拥有的全部权限由授予该用户所有角色的权限的并集决定。角色是 RBAC 模型中一个重要的概念。在一个组织中，角色往往根据组织成员的职责和义务来划分，如经理、项目主管、程序员等。用户通过扮演角色来获得相应的权限。如程序员可以查看、修改源代码，一个用户如果成为程序员这个角色，就可以获得修改源代码的权限；同时，一个用户只要改变他扮演的角色，就可以改变他相应的权限。从本质上来说，角色处在用户和权限的中间，通过角色把用户和权限联系起来，如图 8-14 所示。

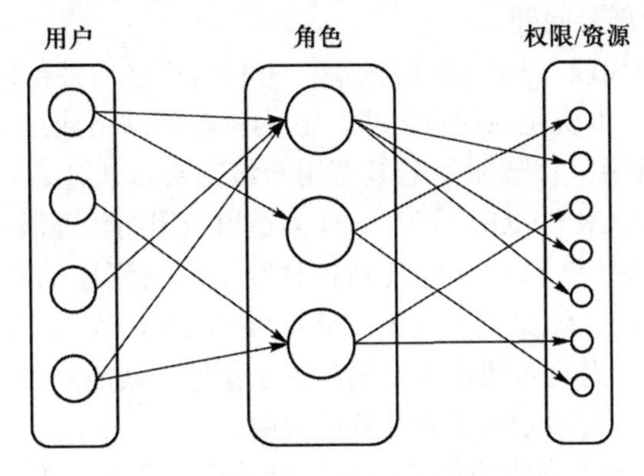

图 8-14 基于角色的访问控制模型

8.6.2 防火墙技术

防火墙是网络之间一种特殊的访问控制措施，是一种屏障，用于隔离 Internet 的某一部分，限制这部分网络和 Internet 其他部分之间数据的自由流动。通常被隔离出的小部分网络称为内部网部或内联网（intranet），其余部分网络称为外部网络或外网。防火墙（firewall）是建立在内外网络边界上的 IP 过滤封锁机制，如图 8-15 所示。内部网络被认为是安全的，而外部网络（如 Internet）被认为是不安全的和不可信任的。

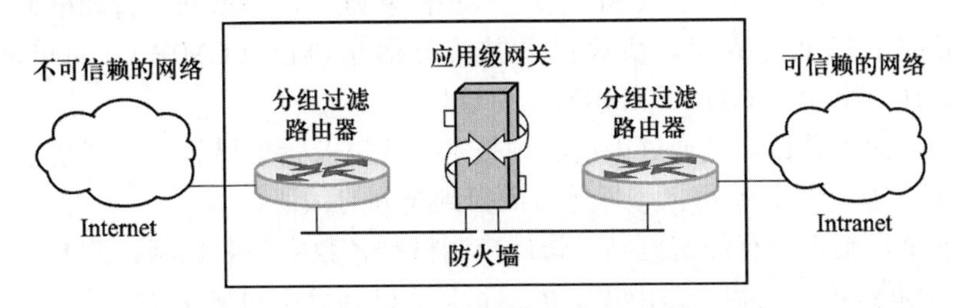

图 8-15 防火墙的一般原理

防火墙的作用就是防止未经授权的通信量进出受保护的内部网络，通过边界控制强化内部网络的安全。防火墙技术可分为三大类型：IP 级防火墙、应用级防火墙和链路级防火墙。目前的防火墙系统大多混合使用上述三种类型，可由软件或硬件来实现。

IP 级防火墙大多基于包过滤（packet filtering）技术实现，通过检查来往的 IP 数据报头的源地址、目的地址、协议号、TCP/UDP 端口号等信息，来决定是否允许该数据报通过。思科路由器通过访问控制列表（access control list, ACL）来设置包过滤的规则。ACL 对应路由器接口的命令列表，它告诉路由器哪些数据报可以进入或离开内部网络。IP 过滤模块防火墙对解决某些企业内外网络边界的安全问题起到一定的作用，但它并不能解决所有网络安全问题，更不能认为网络安全措施就是建立防火墙。防火墙只能是网络安全政策和策略中的一个组成部分，只能解决网络安全的部分问题。

应用级防火墙又称为代理（proxy）防火墙，它利用连接内外部网络的代理服务器来限制内部用户访问 Internet，其本质是应用层网关，它为特定的网络应用通信充当中继的角色，整个通信过程对用户完全透明。代理服务器具有用户级的身份认证、日志记录和账号管理等功能。日本 NEC 提出的 SOCK5（RFC 1928）作为通用应用的代理服务器，由一个运行在防火墙系统上的代理服务器软件包和一个链接到各种网络应用程序的库函数包组成，支持基于 TCP、UDP 的应用。现在的主流浏览器（IE、Mozilla Firefox 等）都支持 SOCK5。代理服务器的缺点是不仅速度比较慢，而且若要提供全面的安全保证，就需对每一项网络应用服务都建立对应的应用层网关，这就大大地限制了新业务的应用。

链路级防火墙的工作原理和组成结构与应用级防火墙类似，但它并不针对专门的应用协议，而是一种通用的 TCP（或 UDP）连接中继服务，并在此基础上实现防火墙的功能。

尽管各种网络安全技术取得了不少进展，但若将 Internet 推向以满足承载流媒体业务为主的全业务网，解决安全性问题、可管理性问题仍然任重而道远。

本章总结

1．ISO 在 ISO/IEC 74984 文件中将开放系统的系统管理功能分成五个基本功能域，包括故障管理、计费管理、配置管理、性能管理、安全管理。

2．在 ISO 的开放系统互连（OSI）参考模型的基础上，根据网络管理框架下的五个管理功能区域，形成了三个网络管理协议：公共管理信息协议（CMIP）、简单网络管理协议（SNMP）以及 TCP/IP 上的 CMIP（CMOT）协议。

3．网络安全的主要目标是通过采用各种技术措施以及管理措施，使网络系统在可靠性、可用性、完整性、保密性、不可抵赖性等方面得到充分的保证。

4．网络安全机制主要有加密机制、访问控制机制、数字签名机制、数据完整性机制、身份鉴别机制、数据流填充机制、路由控制机制和公证机制等；网络安全服务主要有身份鉴别服务、访问控制服务、数据保密服务、数据完整性服务、不可否认性服务等。

5. 加密算法可分为对称密钥密码系统和非对称密钥密码系统，典型的算法如 DES 算法和 RSA 算法。

▶ 习题 8

8.1 网络管理的主要功能包括哪些?

8.2 网络管理系统在逻辑上有哪些功能模块?

8.3 SNMP 的两个基本操作是什么?

8.4 SNMP 中 MIB 是什么?

8.5 在网络管理系统中，什么是代理? 代理与外部代理有何异同?

8.6 下面哪些故障属于物理故障?哪些属于逻辑故障?

(1) 设备或线路损坏。

(2) 网络设备配置错误。

(3) 系统的负载过高引起的故障。

(4) 线路受到严重电磁干扰。

(5) 网络插头误接。

(6) 重要进程或端口关闭引起的故障。

8.7 在某网络中，在网管工作站上对一些关键服务器，如 DNS 服务器、E-mail 服务器等实施监控，以防止磁盘占满或系统死机造成网络服务中断。分析下列的操作哪个是不正确的，试解释。

(1) 为服务器设置严重故障报警陷阱，以及时通知网管工作站。

(2) 在每台服务器上运行 SNMP 守护进程，以响应网管工作站的查询请求。

(3) 在网络配置管理工具中设置相应监控参数的 MIB。

(4) 收集这些服务器上的用户信息存放于网管工作站上。

8.8 举例说明网络安全有哪些主要的威胁因素。

8.9 在 ISO/OSI 定义的安全体系结构中规定了哪五种服务?

8.10 什么是对称密钥密码技术? 其特点是什么?

8.11 什么是非对称密钥密码技术? 其特点是什么?

8.12 简述数字签名的原理。

8.13 简述防火墙的工作原理。

参 考 文 献

[1] 沈金龙. 计算机通信与网络[M]. 北京：北京邮电大学出版社，2002.

[2] 杨心强，陈国友. 数据通信与计算机网络[M]. 5 版. 北京：电子工业出版社，2018.

[3] 谢希仁. 计算机网络[M]. 7 版. 北京：电子工业出版社，2017.

[4] TANENBAUM A，WETHERALL D. Computer Networks[M]. 5th ed.[S.l.]：Pearson. 2010.

[5] DOUGLAS E C. 用 TCP/IP 进行网际互连：第一卷：原理、协议与结构[M]. 林瑶，张娟，王海，等译. 北京：电子工业出版社，2007.

[6] 周明天，汪文勇. TCP/IP 网络原理与技术[M]. 北京：清华大学出版社，1993.

[7] 高传善，毛迪林，曹袖. 数据通信与计算机网络[M]. 2 版. 北京：高等教育出版社，2004.